D1753514

Mathematik heute 5

Realschule

Herausgegeben von
Heinz Griesel, Helmut Postel

Schroedel

Mathematik heute 5

Realschule

Herausgegeben und bearbeitet von

Professor Dr. Heinz Griesel
Professor Helmut Postel

Heiko Cassens, Dr. Rudolf vom Hofe, Bernhard Humpert, Swantje Huntemann, Dirk Kehrig, Wolfgang Krippner, Heinz Ludwig, Christiane Meiritz, Manfred Popken, Jürgen Viehrig, Dieter Wolny

Zum Schülerband erscheint:
Lösungen
Best.-Nr. 83845

ISBN 3-507-**83825**-7

© 2000 Schroedel Verlag GmbH, Hannover

Alle Rechte vorbehalten. Dieses Werk sowie einzelne Teile desselben sind urheberrechtlich geschützt. Jede Verwertung in anderen als den gesetzlich zugelassenen Fällen ist ohne vorherige schriftliche Zustimmung des Verlages nicht zulässig.

Druck A [5 4 3 2 1] / Jahr 04 03 02 01 2000

Alle Drucke der Serie A sind im Unterricht parallel verwendbar. Die letzte Zahl bezeichnet das Jahr dieses Druckes.

Titel- und Innenlayout: Helke Brandt
Illustrationen: Dietmar Griese; Zeichnungen: Günter Schlierf
Satz: Konrad Triltsch, Print und digitale Medien GmbH, 97070 Würzburg
Druck: H. Stürtz AG, 97080 Würzburg

CHLORFREI

Gedruckt auf Papier, das nicht mit Chlor gebleicht wurde. Bei der Produktion entstehen keine chlorkohlenwasserstoffhaltigen Abwässer.

Inhaltsverzeichnis

5 Zum Aufbau des Buches

6 Kapitel 1

6 **Natürliche Zahlen und Größen**
7 Darstellen von Zahlen in Diagrammen
9 Zahlen über 1 Million
17 Anordnung der natürlichen Zahlen
28 Römische Zahlschreibweise
30 Bist du fit?
31 Längen und Längenmessung
38 Maßstab
41 Gewichte und Gewichtsmessung
47 Zeitspannen – Zeitpunkte
51 Vermischte Übungen
53 Bist du fit?
54 Im Blickpunkt: Ein Blick ins Weltall

56 Kapitel 2

56 **Rechnen mit natürlichen Zahlen und Größen**
57 Addieren und Subtrahieren von Zahlen und Größen
65 Schriftliche Verfahren beim Addieren und Subtrahieren
72 Vermischte Übungen zum Addieren und Subtrahieren
74 Bist du fit?
75 Multiplizieren und Dividieren von Zahlen und Größen
84 Potenzieren
86 Schriftliche Verfahren beim Multiplizieren
90 Schriftliche Verfahren beim Dividieren
97 Vermischte Übungen
99 Bist du fit?
100 Im Blickpunkt: Fernsehgewohnheiten

102 Kapitel 3

102 **Terme, Rechengesetze, Gleichungen**
103 Rechenwege „auf einen Blick" – Klammern
111 Vorteilhaft rechnen – Rechengesetze
121 Gleichungen und Ungleichungen
126 Bist du fit?

128 **Kapitel 4**

128 **Geometrische Figuren und Körper**
129 Achsensymmetrische Figuren – Punkte und Strecken
136 Vielecke – Koordinatensystem
140 Körper – Ecken, Kanten, Flächen
143 Geraden – Beziehungen zwischen Geraden
155 Rechtecke – Parallelogramme
159 Herstellen von Würfeln und Quadern aus einem Netz
162 Schrägbild vom Quader
165 Vermischte Übungen
168 Bist du fit?

170 **Kapitel 5**

170 **Flächeninhalte**
171 Flächenvergleich – Messen von Flächen
179 Umwandeln in andere Maßeinheiten – Kommaschreibweise
183 Rechnen mit Flächeninhalten
188 Berechnungen am Rechteck
192 Vermischte Übungen
193 Bist du fit?

194 **Kapitel 6**

194 **Volumina**
195 Volumen (Rauminhalt) eines Körpers – Angabe durch Zahlenwert und Maßeinheit
202 Umwandlung in andere Volumeneinheiten – Kommaschreibweise
206 Rechnen mit Volumina (Rauminhalten)
210 Berechnungen am Quader
216 Vermischte Übungen
217 Bist du fit?
218 Im Blickpunkt: Wir planen eine Klassenfahrt

220 Lösungen zu „Bist du fit"
222 Verzeichnis mathematischer Symbole
223 Stichwortverzeichnis
224 Bildquellenverzeichnis

Zum Aufbau des Buches

Zum methodischen Aufbau der einzelnen Lerneinheiten

Die einzelnen Lerneinheiten sind mit einer Überschrift versehen. Sie bestehen aus:

1. *Einstiegsaufgabe mit vollständiger Lösung*
   Die Einstiegsaufgabe soll beim Schüler eine Aktivität in Gang setzen, die zum Kern der Lerneinheit führt. Die Lösung sollte im Unterricht erarbeitet werden.
2. *Zum Festigen und Weiterarbeiten*
   Dieser Teil der Lerneinheit dient der ersten Festigung der neuen Inhalte sowie ihrer Durcharbeitung, indem diese Inhalte durch Variation des ursprünglichen Lösungsweges sowie Zielumkehraufgaben, benachbarte Aufgaben und Anschlussaufgaben zu den bisherigen Inhalten in Beziehung gesetzt werden. Die Lösungen sollten im Unterricht erarbeitet werden.
3. *Informationen und Ergänzungen*
   Informationen und Ergänzungen werden gegeben, wenn dies günstiger als erarbeitendes Vorgehen ist.
4. *Zusammenfassung des Gelernten*
   In einem roten Rahmen werden die Ergebnisse zusammengefasst und übersichtlich herausgestellt. Musterbeispiele als Vorbild für Schreibweisen und Lösungswege werden in blauem Rahmen angegeben.
5. *Übungen*
   Übungen sind als Abschluss jeder Lerneinheit zusammengefasst.
   Aufgaben mit Lernkontrollen sind an geeigneten Stellen eingefügt.
   Spiele und spielerische Übungsformen setzen Arbeitsweisen der Grundschule fort.
   Die methodische Freiheit des Lehrers wird dadurch gewahrt, dass die große Zahl der Aufgaben auch eigene Wege gestattet.
   Grundsätzlich lassen sich viele Übungsaufgaben auch im Team bearbeiten. In einigen besonderen Fällen werden Anregungen zur *Teamarbeit* gegeben.
6. *Vermischte Übungen*
   In fast allen Kapiteln findet sich am Ende ein Abschnitt mit der Überschrift *Vermischte Übungen*, in welchem die erworbenen Qualifikationen in vermischter Form angewandt werden müssen. Weitere vermischte Übungen sind auch in die übrigen Abschnitte eingestreut.
   Grundsätzlich lassen sich viele Übungsaufgaben auch im Team bearbeiten. In einigen besonderen Fällen werden Anregungen zur *Teamarbeit* gegeben.
7. *Bist du fit?*
   Am Ende eines jeden Kapitels gibt es einen Abschnitt mit der Überschrift: *Bist du fit?* Hier werden in besonderer Weise Grundqualifikationen, die im Kapitel erworben worden sind, abgetestet. Die Lösungen dieser Aufgaben sind auf den Seiten 220–221 abgedruckt.
8. *Im Blickpunkt*
   Unter dieser Überschrift werden Sachverhalte, bei denen das systematische Lernen zugunsten einer komplexeren Gesamtsicht oder einer Gesamtaktivität der Klasse zurücktritt, behandelt.

Zur Differenzierung

Der Aufbau und insbesondere das Übungsmaterial sind dem Schwierigkeitsgrad nach gestuft. Dem Lehrer sei daher empfohlen, bei den schwierigeren Aufgaben zu überprüfen, welche für seine Schüler noch angemessen sind. Eine weitere Hilfe für die individuelle Förderung der einzelnen Schüler geben die folgenden Zeichen:
Etwas anspruchsvollere Aufgaben sind mit roten Aufgabenziffern versehen.
Zusatzstoffe sind durch △ und ▲ gekennzeichnet.

Natürliche Zahlen und Größen

„Wie viele sind es?" Diese Frage ist schon sehr alt. Als unsere Vorfahren Jäger und Sammler waren, zählten sie bereits ihre Häute und Faustkeile. Dabei benutzten sie aber nur wenige Zahlen. Noch in der heutigen Zeit gibt es Volksstämme, die nur wenige Zahlen kennen. Nördlich von Australien leben auf einigen kleinen Inseln die Torres-Insulaner. Sie kennen nur zwei Zahlwörter: „urapun" für eins und „okosa" für zwei. Um weiterzuzählen, kombinieren sie diese beiden Wörter: „urapun-okosa" für drei, „okosa-okosa" für vier. Kannst du ihre Zahlwörter für fünf und sechs angeben?

Für die Zahlen ab sieben haben die Insulaner keine Namen. Sie sagen dann einfach: „viel". Auch in den Sagen und Märchen aus Europa spielt die Zahl „sieben" eine besondere Rolle. Sie wird oft im Sinne von „viel" oder „weit" benutzt, zum Beispiel bei den „Siebenmeilenstiefeln" oder „Hinter den sieben Bergen". Vielleicht haben unsere Vorfahren ähnlich gedacht wie die Torres-Insulaner.

Heute können wir mühelos mit sehr großen Zahlen umgehen.
Wusstest du schon, dass

- dein Herz im Jahr ungefähr 42 000 000-mal schlägt?
- die Sonne etwa 150 000 000 Kilometer von der Erde entfernt ist?
- im Jahre 1996 auf der Erde etwa 5 825 000 000 Menschen lebten?

Darstellen von Zahlen in Diagrammen

Diagramme – Strichlisten

Aufgabe

1.

Die Schülerinnen und Schüler der Klasse 5 a der Ursulinen-Realschule Werl kommen aus vier verschiedenen Grundschulen. Sie fertigen Namenskärtchen an. Diese heften sie an die Wandtafel und ordnen sie den Grundschulen zu, die sie vorher besucht haben.

a. Lies von dem Tafelbild ab, wie viele Schüler die jeweiligen Grundschulen besucht haben.

b. Fertige ein Säulendiagramm an.

Lösung

a. Grundschule Wickede: 6 Schüler
Grundschule Höingen: 9 Schüler
Grundschule Büderich: 7 Schüler
Grundschule Werl: 3 Schüler

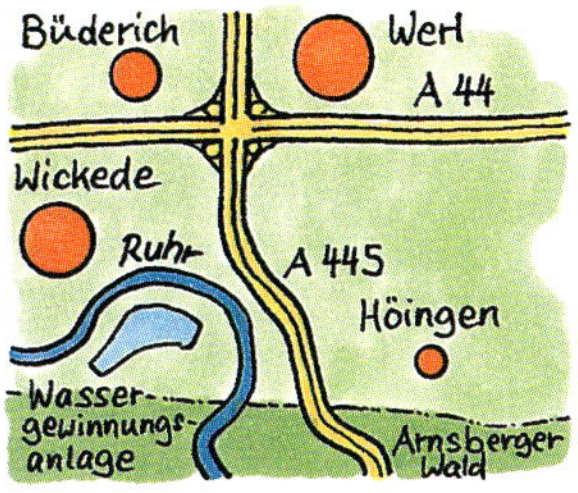

b. (1) Zeichne in deinem Heft auf den Karolinien eine waagerechte und eine senkrechte Linie.
(2) Teile die senkrechte Linie kästchenweise ein und beschrifte sie mit den Ziffern 1 bis 9.
(3) An die waagerechte Linie schreibst du die vier Schulorte.
(4) Zeichne vier Säulen. Die Höhe der Säulen richtet sich nach der Anzahl der Schüler. Die Breite der Säulen spielt keine Rolle.

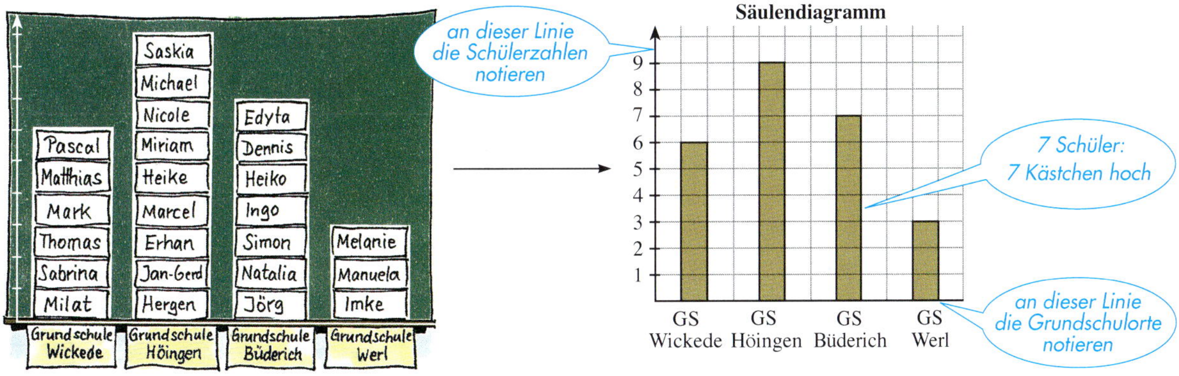

Zum Festigen und Weiterarbeiten

2. Fertige ein Säulendiagramm wie in Aufgabe 1 für deine Klasse an.

3. Die Schüler der Klasse 5 b wurden nach der Anzahl der Geschwister befragt. Zeichne zu der *Strichliste* das zugehörige Säulendiagramm.

Geschwisterzahl	0	1	2	3	4
Schülerzahl	𝍸 |	𝍸 𝍸	𝍸 ||	||||	|

Übungen

4. Die Mädchen und Jungen der 5. Klassen wurden gefragt, welche Sportart sie am liebsten betreiben.

a. Wie viele Mädchen, wie viele Jungen wurden befragt?

b. Zeichne ein Säulendiagramm für die einzelnen Sportarten bei den Mädchen.
Wähle 1 Kästchenlänge für jedes Mädchen.

c. Zeichne das entsprechende Diagramm für die Sportarten bei den Jungen.

Sportart	Mädchen	Jungen
Schwimmen	𝍸 ||||	𝍸 |
Fußball	||	𝍸 𝍸 |||
Reiten	𝍸 𝍸 |	||
Radfahren	||	||||
Tischtennis	|||	||||
Tennis	|	|||
Turnen	||||	|
Skisport	||	|

5. a. Das Säulendiagramm zeigt, wie viel mm Niederschlag (Regen, Schnee, Hagel) durchschnittlich in den einzelnen Monaten in Hannover fallen.

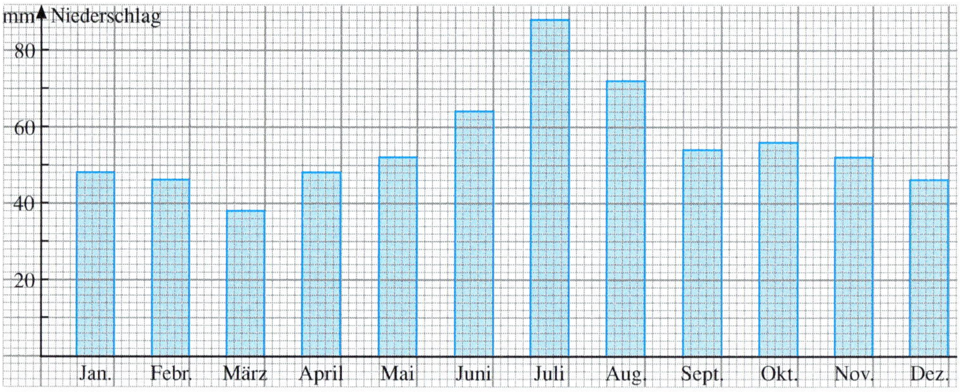

Lies die Niederschlagshöhe (in mm) für jeden Monat ab. Lege eine Tabelle an.

b. Zeichne ein Säulendiagramm für die folgenden Niederschlagshöhen in Essen.
Wähle 1 mm Säulenhöhe für je 1 mm Niederschlagshöhe.

Jan.	Febr.	März	April	Mai	Juni	Juli	Aug.	Sept.	Okt.	Nov.	Dez.
81 mm	56 mm	75 mm	68 mm	74 mm	96 mm	89 mm	77 mm	73 mm	70 mm	81 mm	90 mm

6. Die Schüler der Klasse 5b haben in ihrer Klasse eine Befragung über die Länge ihrer Schulwege durchgeführt.
Zeichne ein Säulendiagramm.
Wähle 1 Kästchenlänge für je 1 Schüler.

Ergebnisse der Befragung (*Strichliste*)

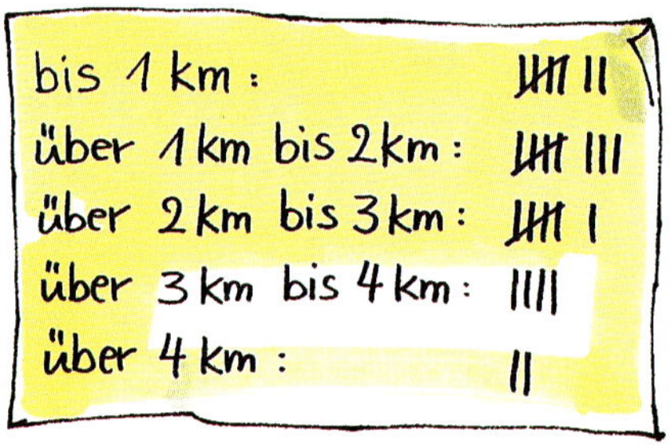

Zahlen über 1 Million

Große Zahlen – Stellentafel

Aufgabe

1. *Aus der Welt der Märchen:*
In einem fernen Lande lebte einmal ein König. Er suchte im ganzen Lande jemanden, der ihm einen neuen Brunnen bauen sollte. Eines Tages kam Mula und versprach einen Brunnen zu bauen.
Mula erbat sich als Lohn für den ersten Tag 1 Taler, für den zweiten Tag 2 Taler, für den dritten Tag 4 Taler, für den vierten Tag 8 Taler usw.
Der König hielt diesen Vorschlag für sehr bescheiden. Nach einigen Tagen merkte er aber, dass er überlistet worden war. Als der Brunnen fertig war, war der König ein armer Mann.

a. Wie viele Taler erhielt Mula am 5., am 6., am 7., ..., am 30. Tag?
An welchem Tag verlangte Mula erstmals mehr als 1 000 Taler?
An welchem Tag erstmals mehr als 1 000 000 Taler?

b. Am 32. Tag wurde der Brunnen fertig. Wie viele Taler forderte Mula für den 32. Tag?

Lösung

a. In der Tabelle steht, wie viele Taler Mula an den einzelnen Tagen verlangte.
Am 11. Tag erhielt Mula erstmals mehr als 1 000 Taler, nämlich 1 024 Taler. Am 21. Tag waren es erstmals mehr als 1 000 000 Taler, nämlich 1 048 576 Taler.
Die Zahl 1 048 576 wird gelesen:
1 Million 48 Tausend 576
Am 30. Tag verlangte Mula 536 870 912 Taler (gelesen:
536 Millionen 870 Tausend 912).

Tag	Taler
1.	1
2.	2
3.	4
4.	8
5.	16
6.	32
7.	64
8.	128
9.	256
10.	512
11.	1 024
12.	2 048
13.	4 096
14.	8 192
15.	16 384

Tag	Taler
16.	32 768
17.	65 536
18.	131 072
19.	262 144
20.	524 288
21.	1 048 576
22.	2 097 152
23.	4 194 304
24.	8 388 608
25.	16 777 216
26.	33 554 432
27.	67 108 864
28.	134 217 728
29.	268 435 456
30.	536 870 912

b. *31. Tag:*

  536 870 912
+ 536 870 912
1 073 741 824

1 Milliarde 73 Millionen 741 Tausend 824

32. Tag:

  1 073 741 824
+ 1 073 741 824
2 147 483 648

2 Milliarden 147 Millionen 483 Tausend 648

Ergebnis: Am 32. Tag verlangte Mula 2 147 483 648 Taler.

Information

(1) Stellentafel

Große Zahlen sind oft nicht leicht zu überblicken. Wenn man sie in einer **Stellentafel** darstellt, gewinnt man eine Übersicht über ihren Aufbau.

Billionen			Milliarden			Millionen			Tausender						
									HT	ZT	T	H	Z	E	Gelesen
									8	6	2	1	2	5	862 Tausend 125
							1	2	5	6	3	4	5	0	12 Millionen 563 Tausend 450
						3	0	5	0	0	0	0	8	4	305 Millionen 84
					2	0	0	0	0	4	8	0	0	0	2 Milliarden 48 Tausend
					4	2	9	4	0	0	0	0	0	0	4 Milliarden 294 Millionen
		7	0	6	7	0	0	0	0	0	0	0	0	0	7 Billionen 67 Milliarden

Hier ist die letzte Zahl aufgeschrieben: 7 067 000 000 000. Anstelle der dicken Striche lässt du Zwischenräume. Gelegentlich wird auch ein Punkt gesetzt. Es entstehen Dreierpäckchen. Notiere auch die anderen Zahlen aus der Stellentafel so.

(2) Zehnersystem, Stufenzahlen

Wir schreiben unsere Zahlen im *Zehnersystem*.
Dazu reichen die *zehn* Ziffern 0, 1, 2, 3, 4, 5, 6, 7, 8, 9 aus.

Stufenzahlen im Zehnersystem:

1 Zehner = 10 Einer = 10
1 Hunderter = 10 Zehner = 100
1 Tausender = 10 Hunderter = 1 000 usw.

Tausend: 3 Nullen
Million: 6 Nullen
Milliarde: 9 Nullen
Billion: 12 Nullen

1 Million (kurz: 1 Mio.) = 1 000 Tausender = 1 000 000
1 Milliarde (kurz: 1 Mrd.) = 1 000 Millionen = 1 000 000 000
1 Billion = 1 000 Milliarden = 1 000 000 000 000

Zum Festigen und Weiterarbeiten

2. Julia hat Schwierigkeiten die hohen Zahlen bei Mulas Geldbeträgen (Aufgabe 1) zu lesen. Daher trägt sie die Zahlen vom 20. Tag an in eine Stellentafel ein.

	Milliarden			Millionen			Tausender					
							HT	ZT	T	H	Z	E
20. Tag							5	2	4	2	8	8
21. Tag						1	0	4	8	5	7	6
22. Tag						2	0	9	7	1	5	2

a. Zeichne die Stellentafel ab und trage die Zahlen bis zum 32. Tag ein. Lies die Zahlen.

b. Trage ein, wie viele Taler Mula am 33. Tag, 34. Tag, 35. Tag, 36. Tag fordern würde. Lies die Zahlen.

c. An welchem Tag übersteigt sein Tageslohn zum ersten Mal 1 Billion Taler?

3. Lies die Zahlen und schreibe sie. Achte auf „Dreierpäckchen".

a.

Millionen			Tausender			H	Z	E
		1	5	7	6	5	0	0
	1	7	9	3	0	0	0	0
	2	0	8	5	0	0	0	0
1	4	8	2	0	0	0	0	0
4	5	5	0	0	0	0	0	0

b.

Bill.		Milliarden			Millionen			Tausender			H	Z	E
				5	1	6	4	0	8	0	5	6	1
			1	6	3	0	9	4	5	0	0	1	4
		7	4	2	6	0	0	5	8	5	0	0	0
	4	3	5	2	6	5	5	8	1	5	2	1	2
7	6	0	4	1	3	4	9	0	0	7	3	0	4

4. *Gehe auf Entdeckungsreise:* Suche in Zeitungen, Zeitschriften und Büchern nach großen Zahlen. Wer kann die größte Zahl finden?

5. Lies die Zahlen. Trage sie dann in eine Stellentafel ein.

a. 2 400 000	**b.** 1 650 000	**c.** 1 335 440 578	**d.** 7 348 655 423 282
25 500 000	13 585 000	38 467 005 151	15 278 050 730 000
536 000 000	475 150 970	778 966 630 065	23 000 006 583 620

6. Schreibe nur mit Ziffern.

a. 4 Millionen	**b.** 15 Millionen	**c.** 34 Millionen 6 Tausend
40 Millionen	60 Millionen	280 Millionen 19 Tausend
4 Milliarden	700 Milliarden	10 Milliarden 60 Millionen
400 Milliarden	3 Milliarden	3 Billionen 700 Milliarden

7. **a.** Um wie viel € war der zuerst angegebene Betrag in der Zeitungsmeldung zu hoch?

b. Hänge bei 50 000 € eine Null an. Um wie viel € vergrößert sich der Betrag?

c. Streiche bei 900 000 € eine Null. Um wie viel € nimmt der Betrag ab?

> **Auf die Null kommt es an**
> In der letzten Bekanntmachung hatte sich ein Fehler eingeschlichen. Es wurden nicht 400 000 € zur Sportförderung bewilligt, wie irrtümlich mitgeteilt, sondern nur 40 000 €

8. Notiert euch jeweils 5 Zahlen, die mindestens 6-stellig und höchstens 13-stellig sind. Diktiert sie euch abwechselnd partnerweise und vergleicht, ob sie richtig aufgeschrieben wurden.

Teamarbeit

Übungen

9. Trage in eine Stellentafel ein.

a. 7 550 366	**b.** 91 012 817	**c.** 657 112 455	**d.** 8 053 183 253
14 576 791	75 072 190	840 234 987	6 726 745 500 953
150 418 691	567 880 710	6 547 503 464	28 273 762 112 035

6 ZT + 5 H + 2 Z + 3 E = 60 523

10. Schreibe mit Ziffern. Achte auf Nullen.

a. 8 T + 4 Z + 4 E	**b.** 2 Mio. + 6 HT	**c.** 3 Mrd. + 40 Mio. + 6 HT
2 HT + 3 ZT + 8 H + 5 Z	1 Mio. + 3 HT	10 Mrd. + 800 Mio. + 9 HT + 4 ZT
8 ZT + 4 T + 2 Z + 5 E	7 Mrd. + 225 Mio.	100 Mrd. + 300 Mio. + 7 HT + 3 T
6 HT + 1 ZT + 7 H + 4 Z	2 Mrd. + 140 Mio.	6 Bill. + 200 Mrd. + 35 Mio. + 8 HT

11. Zerlege die Zahlen in Bill., Mrd., Mio., HT, ZT, T, H, Z, E (siehe Aufgabe 10).

a. 846 856	**b.** 751 930	**c.** 690 097	**d.** 2 450 000	**e.** 4 850 200 000
425 746	434 018	305 037	6 072 500	1 004 090 000
249 220	780 657	801 402	18 003 020	8 795 012 006 000

12. Schreibe nur mit Ziffern.

a. 15 Milliarden	**b.** 13 Milliarden 8 Millionen 7 Tausend
36 Billionen	1 Billion 5 Milliarden 13 Tausend 67
200 Millionen	29 Billionen 823 Millionen
5 Millionen 800 Tausend 17	72 Billionen 8 Tausend
5 Milliarden 12 Millionen 50 Tausend	138 Billionen 93 Millionen 216

Milliarde Billion Billion Milliarde

13. *Rohstoffreserven der Erde:*

Gold	11 Tausend Tonnen	Kupfer	308 Mio. Tonnen
Silber	170 Tausend Tonnen	Blei	91 Mio. Tonnen
Zink	123 Mio. Tonnen	Eisen	100 Mrd. Tonnen
Kohle	5000 Mrd. Tonnen	Aluminium	1 Mrd. 117 Mio. Tonnen
Erdöl	95 Mrd. Tonnen	Zinn	4 Mio. 250 Tausend Tonnen

Schreibe diese Angaben mit Ziffern.

14. Auf einem Scheck ist der €-Betrag auch in Worten angegeben.

a. Schreibe mit Ziffern.
(1) siebentausenddreihundertsiebzehn
(2) neunzehntausendsiebenhundertvierzig
(3) achtunddreißigtausendfünfhundertvier
(4) neunhundertsechzehntausendfünfhundertsieben

b. Schreibe in Worten.
(1) 204 (2) 752 (3) 4550 (4) 9820 (5) 38500 (6) 240712

15. In China leben ungefähr 1 Milliarde Menschen. Wie viele Millionen Menschen sind das?

16. **a.** In der Bundesrepublik Deutschland waren 1997 ungefähr 2303000000 1-DM-Stücke in Umlauf.
Gegen wie viele Tausendmarkscheine hätte man diese Münzen tauschen können?

b. Von den Münzarten war 1997 das 1-Pf-Stück am meisten verbreitet. Es gab 16800000000 1-Pf-Stücke.
Gegen wie viele 1-DM-Stücke hätte man sie tauschen können?

Spiel

17. Jeder Schüler nimmt sich einen Zettel. Je 2 Partner schreiben die gleiche (mindestens 6-stellige) Zahl auf ihre Zettel und geben sie dem Spielleiter. Dieser mischt die Zettel und verteilt sie neu.
Nacheinander nennen jetzt alle Schüler ihre Namen und die neue Zahl.
Nun beginnt ein Schüler: „Mein Partner heißt … und hat die Zahl …“ Der angesprochene Schüler zeigt seine Zahl. Sind die Zahlen gleich, setzt er sich zu seinem Partner.
Anschließend besteht die Gelegenheit sich gegenseitig näher kennen zu lernen.

Zum Knobeln

18. Miriams Mutter kauft einen Fernseher für 830 €. Mit wie vielen 100-€-Scheinen und 10-€-Scheinen könnte sie den Fernseher bezahlen?
Es gibt mehrere Möglichkeiten. Findest du alle?

19. Schreibe mit Ziffern.

a. 11 Hundert **b.** 11 Hundert 11 **c.** 11 Tausend 11 Hundert 11

△ Stufenzahlen als Zehnerpotenzen

Information

In manchen Büchern findest du Angaben wie in der folgenden Abbildung.
Die Zahlenangaben sind Entfernungen der Planeten zur Sonne (in km).

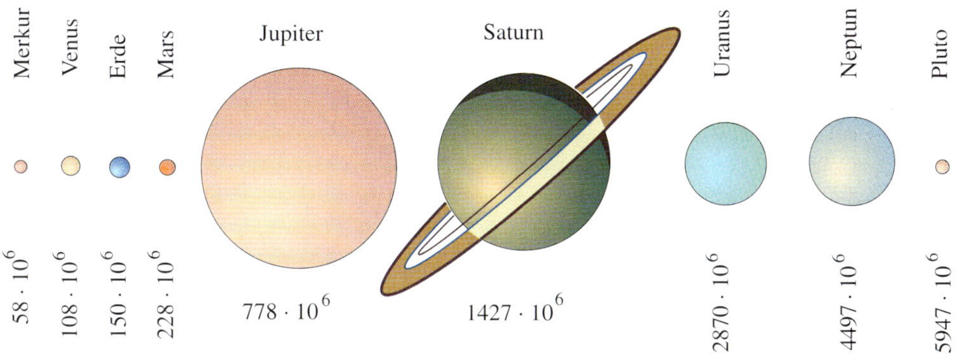

Große Stufenzahlen lassen sich wegen der vielen Nullen nur umständlich schreiben.
Man kann Stufenzahlen, zum Beispiel 10000, kürzer schreiben.

Für $10 \cdot 10 \cdot 10 \cdot 10$ schreibt man kurz:
10^4 (gelesen: *10 hoch 4*)
10^4 ist eine **Potenz (Zehnerpotenz)**.
Sie hat die *Grundzahl* 10 und die *Hochzahl* 4.
Es gilt: $10^6 = 10 \cdot 10 \cdot 10 \cdot 10 \cdot 10 \cdot 10 = 1\,000\,000$
Man schreibt auch: $10^1 = 10$

Hochzahl (Exponent)

$$10^4$$

Grundzahl (Basis)

10^4
Die 10 viermal als Faktor hinschreiben:
$10 \cdot 10 \cdot 10 \cdot 10$

Aufgabe

△ **1. a.** Schreibe als Malaufgabe und berechne: 10^3, 10^5, 10^2, 10^8.

b. Schreibe die Stufenzahlen 10, 100, 1 000, ..., 1 000 000 000 als Zehnerpotenzen.

c. Berechne und vergleiche: (1) 10^5 und $10 \cdot 5$; (2) 10^7 und $10 \cdot 7$.

Lösung

a. $10^3 = 10 \cdot 10 \cdot 10 = 1\,000$
$10^5 = 10 \cdot 10 \cdot 10 \cdot 10 \cdot 10 = 100\,000$
$10^2 = 10 \cdot 10 = 100$
$10^8 = 10 \cdot 10 \cdot 10 \cdot 10 \cdot 10 \cdot 10 \cdot 10 \cdot 10 = 100\,000\,000$

b. $10 = 10^1$; $100 = 10^2$; $1\,000 = 10^3$; ...; $1\,000\,000\,000 = 10^9$

c. (1) $10^5 = 10 \cdot 10 \cdot 10 \cdot 10 \cdot 10 = 100\,000$, aber $10 \cdot 5 = 50$.
(2) $10^7 = 10 \cdot 10 \cdot 10 \cdot 10 \cdot 10 \cdot 10 \cdot 10 = 10\,000\,000$, aber $10 \cdot 7 = 70$.

Zum Festigen und Weiterarbeiten

△ **2. a.** Schreibe die Zahlen mit Zehnerpotenzen.

(1) 500 (2) 80 000 (3) 5 000 000 (4) 400 000 000
9 000 300 000 60 000 000 9 000 000 000

b. Gib die Zahlen ohne Zehnerpotenzen an.

(1) $7 \cdot 10^3$ (2) $2 \cdot 10^5$ (3) $3 \cdot 10^6$ (4) $4 \cdot 10^7$

$6\,000 = 6 \cdot 1\,000 = 6 \cdot 10^3$

$5 \cdot 10^4 = 5 \cdot 10\,000 = 50\,000$

▲ **3.** Schreibe die Zahlen in der Stellentafel wie im Beispiel.

$84056000 = 8 \cdot 10^7 + 4 \cdot 10^6 + 5 \cdot 10^4 + 6 \cdot 10^3$

	Billionen			**Milliarden**			**Millionen**			**Tausender**					
										HT	**ZT**	**T**	**H**	**Z**	**E**
	10^{14}	10^{13}	10^{12}	10^{11}	10^{10}	10^9	10^8	10^7	10^6	10^5	10^4	10^3	10^2	10^1	1
								4	6	0	8	5	0	0	1
						3	0	0	7	5	0	0	0	0	4
	3	0	6	1	4	5	0	0	4	0	2	0	0	0	0

Übungen

△ **4.** Schreibe die Zahlen ohne Zehnerpotenzen wie in Aufgabe 2b.

a. $6 \cdot 10^2$; $2 \cdot 10^1$
b. $9 \cdot 10^3$; $7 \cdot 10^4$
c. $1 \cdot 10^5$; $8 \cdot 10^6$
d. $13 \cdot 10^4$; $11 \cdot 10^5$
e. $27 \cdot 10^9$; $36 \cdot 10^8$

△ **5.** Schreibe die Zahlen mit Zehnerpotenzen wie in Aufgabe 2a.

a. 700; 4000
b. 80000; 5000
c. 900000; 30000
d. 50000000; 7000000
e. 30000000000; 2000000000

△ **6.** *Wissenswertes aus der Biologie*

a. Wusstest du, dass der Mensch im Jahr 35000 Haare verliert?

b. Wusstest du, dass das Herz 42000000-mal im Jahr schlägt und dabei 2500000 Liter Blut durch die Adern pumpt?

c. Wusstest du, dass von unseren 100000000000 Gehirnzellen jährlich 36500000 absterben?

d. Wusstest du, dass durch das Atmen jährlich 7000000 Liter Luft durch die Lungen strömen?

e. Wusstest du, dass der Körper durch 3000000 Schweißdrüsen täglich mindestens einen halben Liter Flüssigkeit verliert?

Schreibe die großen Zahlen mit Zehnerpotenzen.

▲ **7.** Die Erde ist vor $5 \cdot 10^9$ Jahren entstanden, die Lebewesen später. Schreibe die folgenden Zeitangaben ohne Potenzen.

Bakterien: $6 \cdot 10^8$ Jahre
Fische: $45 \cdot 10^7$ Jahre
Insekten: $4 \cdot 10^8$ Jahre
Saurier: $2 \cdot 10^8$ Jahre
Blütenpflanzen: $7 \cdot 10^7$ Jahre
Mensch: 10^5 Jahre

▲ **8.** Gib die Zahlen ohne Zehnerpotenzen an.

$7 \cdot 10^3 + 2 \cdot 10^1 + 3 = 7023$

a. $6 \cdot 10^3 + 8 \cdot 10^2 + 1 \cdot 10^1 + 9$
$5 \cdot 10^3 + 4 \cdot 10^2 + 3 \cdot 10^1 + 1$
$7 \cdot 10^4 + 2 \cdot 10^3 + 6 \cdot 10^2 + 4 \cdot 10^1$
$9 \cdot 10^6 + 3 \cdot 10^4 + 4 \cdot 10^3 + 6 \cdot 10^2$

b. $8 \cdot 10^9 + 6 \cdot 10^7 + 5 \cdot 10^4 + 3 \cdot 10^1$
$1 \cdot 10^8 + 3 \cdot 10^6 + 4 \cdot 10^3 + 9 \cdot 10^1 + 3$
$4 \cdot 10^9 + 7 \cdot 10^6 + 1 \cdot 10^5 + 2 \cdot 10^3 + 1 \cdot 10^1$

▲ **9.** Schreibe mit Zehnerpotenzen wie in Aufgabe 3.

a. 8120; 6045; 35800
b. 18300; 245000; 400072
c. 604900; 7505000; 3046070
d. 1608700; 4000609; 17500060
e. 12000500000; 5007000200; 20060200000

Vorgänger, Nachfolger
Die unbegrenzte Folge der natürlichen Zahlen

Aufgabe

1. a. Der Fahrrad-Tachometer zeigt für den Kilometerstand die Zahl 10099 an.
Wie heißt die vorhergehende natürliche Zahl (der *Vorgänger*)?
Wie heißt die nachfolgende natürliche Zahl (der *Nachfolger*)?

b. Bis zu welcher natürlichen Zahl kann das Gerät zählen?

c. Wie müsste man das Gerät erweitern, damit es noch weiter zählen könnte?

Lösung

a. Vorgänger 10098
Zahl 10099
Nachfolger 10100

b. Das Gerät kann bis 99999 zählen.

c. Man erweitert die Anzeige um weitere Stellen.

Anzeige für die	Das Gerät zählt bis
Zehntausender	99999
Hunderttausender	999999
Millionen	9999999
Zehnmillionen	99999999

Zum Festigen und Weiterarbeiten

2. *Gehe auf Entdeckungsreise:* Wo findet man Zählgeräte wie den Tachometer?

3. Wie heißt der Nachfolger der Zahl? Wie heißt der Vorgänger der Zahl?
Denke an einen Kilometerzähler.

a. 150 **b.** 529 **c.** 1000 **d.** 90000 **e.** 250000 **f.** 529889 **g.** 39989999

4. Welche Zahlen liegen zwischen den folgenden beiden Zahlen?

a. 197 und 205 **b.** 9996 und 10005 **c.** 199989 und 200003 **d.** 4979992 und 4980007

5. a. 418, 590, 125 sind dreistellige Zahlen. Wie viele dreistellige Zahlen gibt es?

b. 1025, 6441, 8000 sind vierstellige Zahlen. Wie viele vierstellige Zahlen gibt es?

6. Daniela hat auf einen Zettel 80 Neunen hintereinander geschrieben. Max hat auf seinem Zettel eine 1 und dahinter hundert Nullen geschrieben.
Beide behaupten: „Das ist die größte natürliche Zahl, die es gibt.“ Was meinst du dazu?

Information

Zu jeder (noch so großen) natürlichen Zahl kann man eine nachfolgende Zahl (den Nachfolger) finden; man braucht nur 1 zu addieren. Daher kann man *ohne Ende* weiter zählen.
Trotzdem reichen zum Schreiben die zehn Ziffern 0, 1, 2, 3, 4, 5, 6, 7, 8, 9 aus.

Spiel

7. *Der Dritte im Bunde*
Jeder Schüler nimmt drei Zettel und schreibt auf den ersten eine beliebige 4-stellige Zahl, auf den zweiten den Vorgänger und auf den dritten den Nachfolger dieser Zahl. Ein Spielleiter nimmt die Zettel von 4 Schülern und mischt sie. Dann wählt er 12 Mitspieler aus und befestigt ihnen je einen Zettel auf dem Rücken, ohne dass sie ihre eigene Nummer sehen können.

Auf ein Kommando des Spielleiters versuchen die Mitspieler möglichst schnell herauszufinden, zu welcher „Vorgänger-Zahl-Nachfolger"-Gruppe sie gehören, und sich zu dritt in der richtigen Reihenfolge aufzustellen. Die Siegergruppe wird durch drei neue Mitspieler ersetzt. Es beginnt eine neue Runde mit neuem Spielleiter und neuen Zetteln für alle. Wenn vier Siegergruppen ermittelt sind, wird eine Endrunde gespielt.

Übungen

8. Zeichne die Tabelle ab. Fülle sie aus.

Vorgänger				1799					8397889
Zahl	487	900			46000		899000		
Nachfolger			2400			2959000		780000	

9. Schreibe alle natürlichen Zahlen auf, die zwischen folgenden Zahlen liegen.
a. 993 und 1010 **b.** 9994 und 10010 **c.** 199995 und 200004

10. Wie viele natürliche Zahlen liegen zwischen den folgenden beiden Zahlen?
a. 75 und 84 **b.** 4990 und 5005 **c.** 25988 und 26000 **d.** 99987 und 100007

11. Im Zoo wird heute der 1000000. Besucher erwartet. Der Zoodirektor möchte ihm ein Geschenk überreichen. Das Zählwerk am Zooeingang zeigt gerade die Zahl 999976, als die Klasse 5b sich an der Kasse anstellt. In der Klasse sind 28 Schüler. Eric als Klassensprecher soll das Geschenk in Empfang nehmen.
Wie viele Mitschüler müssen vor ihm durch den Eingang gehen, damit er der 1000000. Besucher wird?

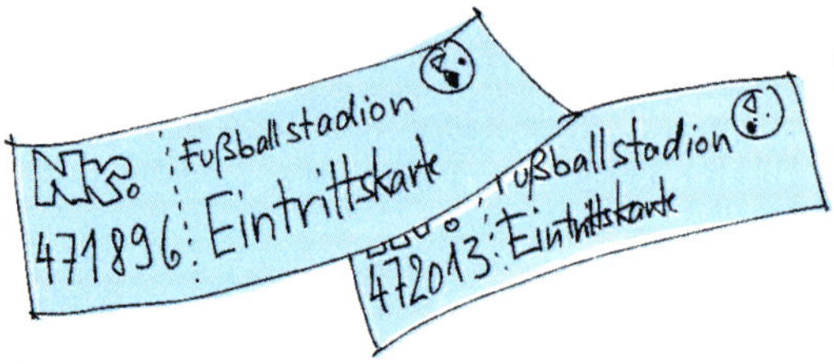

12. Lena und Zehra besuchen ein Fußballspiel. Lena kauft ihre Eintrittskarte etwas später als Zehra.
Wie viele Besucher haben in der Zwischenzeit eine Eintrittskarte gekauft?

13. Wie viele Zahlen sind **a.** zweistellig; **b.** fünfstellig; **c.** neunstellig?

Anordnung der natürlichen Zahlen

Zahlenstrahl – Skalen

(1)

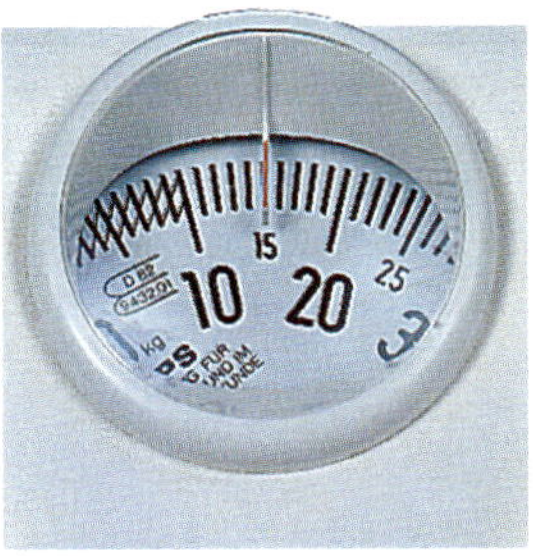

(2)

(3)

(4)

In der Abbildung oben siehst du unterschiedliche Skalen mit verschiedenen Größenangaben. Als Skala für die natürlichen Zahlen kann man den Zahlenstrahl verwenden.

Aufgabe

1. Die natürlichen Zahlen kann man auf dem Zahlenstrahl darstellen.

a. Zeichne einen Zahlenstrahl. Beginne bei 0. Der Abstand zwischen benachbarten Zahlen soll immer 1 cm sein. Wie weit kommst du?

b. Was kann man tun, um auch große Zahlen auf dem Zahlenstrahl darzustellen?

Lösung

a.

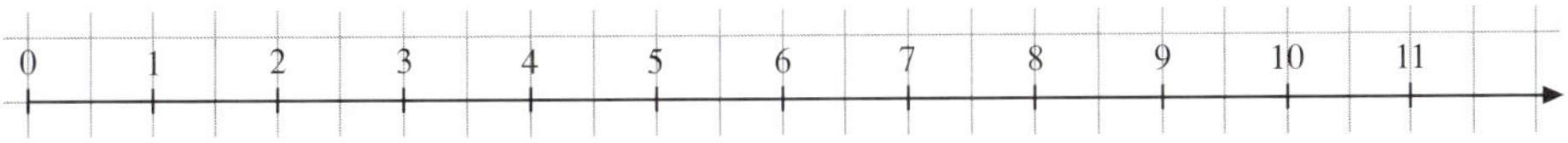

Die Folge der natürlichen Zahlen ist unbegrenzt. Der Zahlenstrahl hat einen Anfangspunkt, aber nach rechts keinen Endpunkt.

b. Man verkleinert den Abstand zwischen den Zahlen.

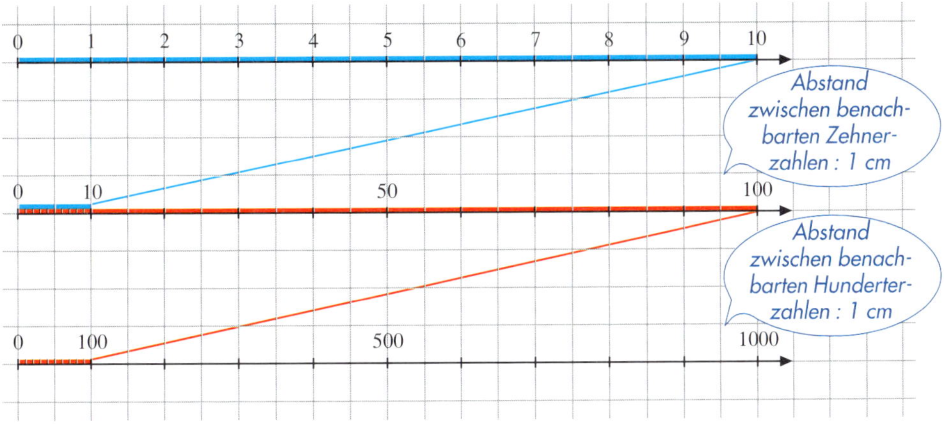

Zum Festigen und Weiterarbeiten

2. a. Lies auf jeder Skala oben die angezeigte Zahl oder Größe ab. Wozu benutzt man die abgebildeten Geräte?

b. *Gehe auf Entdeckungsreise:* Wo findest du weitere Skalen?

3. An dem folgenden Zahlenstrahl sind einige rote Striche. Wie heißen die zugehörigen Zahlen?

a.

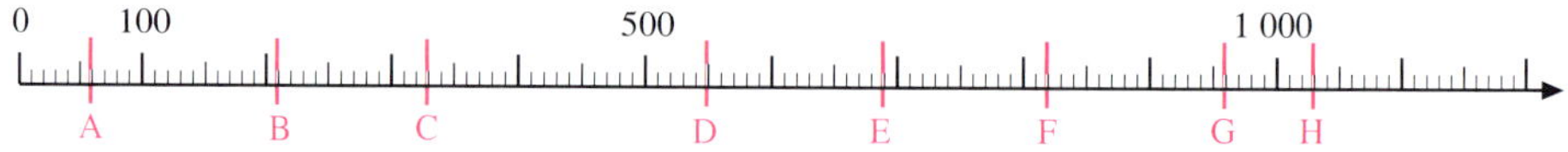

b.

c.

4. a. Sieh dir die Skala an. Welche Zahl liegt genau in der Mitte zwischen 400 und 760?

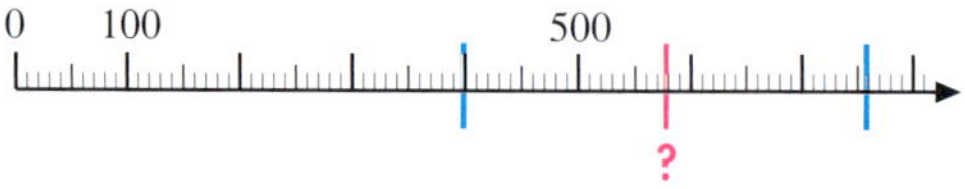

b. Welche Zahl liegt genau in der Mitte zwischen 280 und 600?

c. Welche Zahl liegt genau in der Mitte zwischen 100 000 und 500 000? Denke an den Zahlenstrahl. Aufgabe 3 c. hilft dir bei der Lösung.

Übungen

5. Auf dem Zahlenstrahl sind Zahlen durch rote Striche markiert. Schreibe die Zahlen auf.

a.

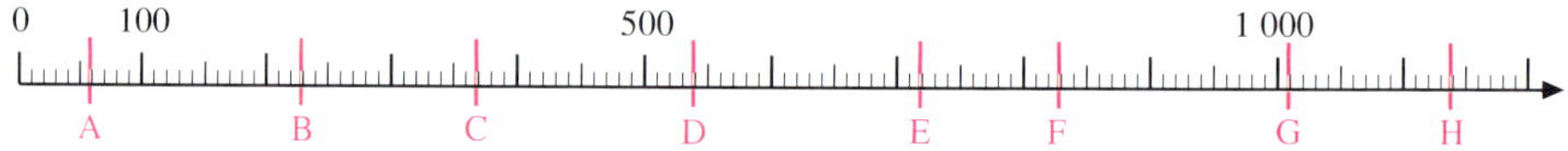

b.

c.

d.

6. Sieh dir die folgenden Zahlen an. Zeichne zu a. und zu b. je einen geeigneten Zahlenstrahl, auf dem du die Zahlen markierst.

a. 700; 1 300; 200; 1 800; 1 100

b. 18 000; 24 000; 11 000; 6 000; 20 000

7. Welche Zahl liegt genau in der Mitte zwischen den eingetragenen Zahlen?

a.

b.

c.

8. Zähle von der Zahl 98 500 weiter

a. in Hunderter-Schritten;

b. in Tausender-Schritten;

c. in Fünfziger-Schritten;

d. in Fünfhunderter-Schritten.

Kleiner, größer – Ordnen von Zahlen

Aufgabe

1. In der Klasse 5b kommen einige Schüler mit dem Fahrrad zur Schule. Dabei legen sie folgende Weglängen (in Metern) zurück:

Daniel	655	Sebastian	1 274
Nicole	3 406	Sven	2 391
Stefanie	1 540	Annika	385
Feryal	4 200	Pascal	3 912

a. Wer hat den kürzesten Schulweg? Wer hat den längsten Schulweg?

b. Ordne die Schulwege nach der Länge. Beginne mit dem kürzesten.

Lösung

a. Annika hat den kürzesten Schulweg. Feryal hat den längsten Schulweg.

b.

Annika	Daniel	Sebastian	Stefanie	Sven	Nicole	Pascal	Feryal
385	655	1 274	1 540	2 391	3 406	3 912	4 200

Information

Man kann Zahlen nach ihrer Größe vergleichen. Es gibt zwei Möglichkeiten:

(1) *ist kleiner als* (<): **85 < 91**

Auf dem Zahlenstrahl liegt der Punkt für 85 *links* von dem Punkt für 91.
Beim Zählen kommt 85 *früher* als 91.

(2) *ist größer als* (>): **91 > 85**

Auf dem Zahlenstrahl liegt der Punkt für 91 *rechts* von dem Punkt für 85.
Beim Zählen kommt 91 *später* als 85.

Zum Festigen und Weiterarbeiten

Kleinerzeichen: < Denke an das K

2. Vergleiche. Setze für ■ das passende Zeichen (< oder >) ein.

a.
2 568 ■ 20 270
3 580 ■ 990
75 385 ■ 8 953
265 ■ 1 122

b.
3 255 ■ 3 522
74 878 ■ 74 788
525 678 ■ 524 769
13 480 ■ 13 478

c.
2 365 677 ■ 2 365 766
3 938 752 ■ 3 938 572
5 633 521 ■ 5 633 612
1 043 750 ■ 1 034 570

3. Ordne die Zahlen nach der Größe. Beginne mit der kleinsten.

$137 < 574 < 1\,250 < 1\,500$

a. 998; 49; 6 410; 560; 18 000

b. 345; 195 066; 4 580; 75 365; 45 990

c. 10 757; 1 750; 10 575; 1 575; 15 075

d. 67 575; 65 765; 66 575; 66 577; 65 576

4. Ordne die Zahlen nach der Größe. Beginne mit der größten.

$13\,400 > 1\,325 > 755 > 360$

a. 412; 750; 13 500; 89; 1 590

b. 125; 1 436; 52; 62 000; 2 036; 520

c. 16 800; 2 850; 890 500; 1 987; 15 900

d. 248 400; 486 000; 384 600; 468 500; 348 700

5. Gib zu der Zahl die beiden benachbarten Hunderterzahlen, Tausenderzahlen, Zehntausenderzahlen an. Schreibe wie im Beispiel.

a. 75 844 **c.** 280 890 **e.** 129 955
b. 498 950 **d.** 27 759 **f.** 549 920

Benachbarte	
Hunderter:	41 500 < 41 568 < 41 600
Tausender:	41 000 < 41 568 < 42 000
Zehntausender:	40 000 < 41 568 < 50 000

Spiel

6. *Wer hat die höchste Hausnummer?*
Fertige eine Tabelle mit 3 [4] Spalten an. Jeder Mitspieler würfelt mit einem Würfel 3-mal [4-mal] und entscheidet nach jedem Wurf, in welche der 3 [4] Spalten er sein Ergebnis eintragen möchte. Es entsteht eine 3-stellige [4-stellige] Zahl.
Wer die größte Zahl in seiner Tabelle stehen hat, gewinnt.
Variante: Ihr könnt auch „Wer hat die kleinste Hausnummer?" spielen. Dann gewinnt, wer die kleinste Zahl in seiner Tabelle stehen hat.

Übungen

7. Vergleiche. Setze für ■ das passende Zeichen (< oder >).

a.	b.	c.	d.
41 568 ■ 1 658	17 568 ■ 17 685	8 157 ■ 9 650	2 191 233 ■ 2 191 322
27 899 ■ 727 989	440 755 ■ 440 666	14 750 ■ 14 570	6 667 765 ■ 6 666 775
33 572 ■ 3 293	45 457 ■ 46 444	48 960 ■ 180 550	9 453 340 ■ 9 453 499
69 456 ■ 569 546	691 875 ■ 689 995	95 000 ■ 9 990	12 865 745 ■ 12 856 745

8. Ordne die Zahlen nach der Größe. Beginne mit der kleinsten Zahl.

a. 8 450; 5 450; 195; 55 900; 890
b. 3 658; 3 750; 3 121; 6 570; 3 715
c. 46 640; 44 660; 6 460; 66 040; 406 400
d. 456 654; 456 564; 465 654; 466 554; 456 646

9. Ordne die Zahlen nach der Größe. Beginne mit der größten Zahl.

a. 844; 2 540; 15 480; 1 966; 970
b. 1 429; 270; 23 600; 163; 8 267
c. 171 250; 4 150 000; 314 571; 49 350; 757 170
d. 986 500; 865 900; 968 500; 887 450; 869 400

10. Schülerzahlen in den Ländern der Bundesrepublik Deutschland (Stand 1998):

Baden-Württemberg	1 261 389	Hamburg	175 687	Rheinland-Pfalz	476 349
Bayern	1 403 906	Hessen	692 326	Saarland	121 197
Berlin	426 449	Mecklenburg-Vorpommern	279 649	Sachsen	599 896
Brandenburg	394 147	Niedersachsen	945 540	Sachsen-Anhalt	374 351
Bremen	75 050	Nordrhein-Westfalen	2 258 206	Schleswig-Holstein	317 676
				Thüringen	345 124

a. In welchen Ländern sind mehr als 500 000 Schüler?
b. Ordne die Länder nach der Anzahl ihrer Schüler.

11. Anzahl der Fluggäste auf Flughäfen in der Bundesrepublik Deutschland (Stand 1998):

Berlin-Tegel	8 882 000	Frankfurt	42 734 000
Berlin-Tempelhof	934 000	Hamburg	9 126 000
Berlin-Schönefeld	1 947 000	Hannover	4 829 000
Bremen	1 715 000	Köln/Bonn	5 384 000
Dresden	1 689 000	Leipzig/Halle	2 102 000
Düsseldorf	15 755 000	München	19 321 000
		Münster/Osnabrück	1 280 000
		Nürnberg	2 518 000
		Stuttgart	7 237 000

Ordne die Flughäfen nach der Anzahl der Fluggäste.

12. Jedes Fernsehgerät hat eine Seriennummer. Elektrohändler Schmedes hat Fernsehgeräte eines bestimmten Typs an folgende Kunden verkauft (hinter dem Namen die Seriennummer):

Stefanie Meyer	742605	Sebastian Schmid	742091	Kathrin Schulz	741977
Christian Lehmann	742890	Anne Köhler	742108	Volker Blume	742308
Johanna Müller	742229	Jutta Brandt	742306	Britta Lange	742268

Bei den Geräten mit den Nummern 742103 bis 742288 stellt die Herstellerfirma einen Montagefehler fest. Diese Geräte werden zurückgenommen.
Sind auch Kunden von Elektrohändler Schmedes betroffen?

13. *Groß gewinnt (... nicht immer!)*

Spiel (2 bis 4 Spieler)

Jeder schneidet aus einem DIN-A-4-Blatt 8 gleich große Spielkarten und beschriftet sie jeweils mit einer Zahl aus dem Bereich von 1 bis 10000.
Bildet Gruppen von 2, 3 oder 4 Spielern. Mischt die Karten eurer Gruppe und verteilt sie gleichmäßig an die Mitspieler. Jeder hat jetzt einen Stapel von 8 Karten verdeckt vor sich liegen. Alle decken die oberste Karte auf.
Wer die größte Zahl hat, bekommt die Karten und legt sie unter seinen Stapel. Gewonnen hat, wer zuerst alle Karten abgeben konnte.
Variante: Wer die kleinste Zahl hat, bekommt die Karten und legt sie unter seinen Stapel.

Zum Knobeln

14. a. Stefan möchte mit den drei Ziffernkärtchen alle möglichen dreistelligen Zahlen legen.
Notiere alle Zahlen, die Stefan legen kann.
Ordne die Zahlen nach ihrer Größe.

b. Mit den Ziffern 4, 5, 6, 7 kann man vierstellige Zahlen legen.
Wie heißen die sechs kleinsten Zahlen?
Wie heißen die sechs größten Zahlen?

15. Wie heißt die kleinste fünfstellige Zahl, die an der Tausenderstelle eine 7 hat?

Diagramme – Runden von Zahlen

Aufgabe

1. Einwohnerzahlen werden manchmal in **Bilddiagrammen** veranschaulicht; dabei werden die genauen Zahlen *gerundet*.

a. Vergleiche die Anzahl der Figuren für Hannover und Düsseldorf mit den genauen Einwohnerzahlen (Stand 1998):

Düsseldorf 568 440 Hannover 516 157

Warum hat Düsseldorf eine Figur mehr als Hannover?

b. Wie viele Figuren braucht man für die folgenden Einwohnerzahlen?

Frankfurt	643 857	Hamburg	1 700 089
Köln	962 580	Dresden	452 827

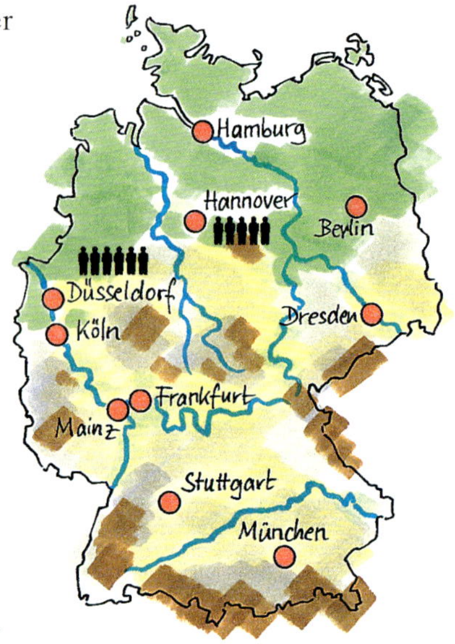

Lösung

a. Jede Figur bedeutet 100 000 Einwohner. Das Diagramm gibt die Einwohnerzahl nicht genau, sondern auf Hunderttausender gerundet an.

Für Düsseldorf zeichnet man 6 Figuren:
- für jeden vollen Hunderttausender eine Figur
- für den Rest von 68 440 eine Figur, weil 68 440 mehr als die Hälfte von 100 000 ist.

Die Einwohnerzahl von Düsseldorf wird also *aufgerundet*: $568\,440 \approx 600\,000$

Das Zeichen $\approx$ wird gelesen: *ist ungefähr (rund)*.

Für Hannover zeichnet man nur 5 Figuren:
- für jeden vollen Hunderttausender eine Figur
- für den Rest von 16 157 zeichnet man keine Figur, weil 16 157 weniger als die Hälfte von 100 000 ist.

Die Einwohnerzahl von Hannover wird also *abgerundet*: $516\,157 \approx 500\,000$

b. Runde die Zahlen zuerst auf volle Hunderttausender:

Frankfurt:	$643\,857 \approx 600\,000$,	also	6 Figuren
Köln:	$962\,580 \approx 1\,000\,000$,	also	10 Figuren
Hamburg:	$1\,700\,089 \approx 1\,700\,000$,	also	17 Figuren
Dresden:	$452\,827 \approx 500\,000$,	also	5 Figuren

Bei 0, 1, 2, 3, 4, **ab**runden; bei 5, 6, 7, 8, 9 **auf**runden

Information

Oft ist es nicht erforderlich, eine Zahl ganz genau anzugeben. Dann kann man die Zahl **runden.** Gehe dabei so vor:

(1) Suche die Rundungsstelle.

(2) Ist die Ziffer rechts von der Rundungsstelle *kleiner als 5*, so wird abgerundet. Dabei bleibt der Zahlenwert der Rundungsstelle erhalten. Alle Ziffern rechts davon werden 0.

(3) Ist die Ziffer rechts von der Rundungsstelle *5 oder größer als 5*, so wird aufgerundet. Dabei wird der Zahlenwert der Rundungsstelle um 1 erhöht. Alle Ziffern rechts davon werden 0.

Runden auf **Hunderter:**

$1\,737 \approx 1\,700$

Rechts von der Rundungsstelle steht eine 3. Hier muss man abrunden.

Runden auf **Tausender:**

$76\,780 \approx 77\,000$

Rechts von der Rundungsstelle steht eine 7. Hier muss man aufrunden.

Zum Festigen und Weiterarbeiten

2. a. Runde auf Zehner [auf Hunderter]:
(1) 261 (2) 317 (3) 750 (4) 995 (5) 708 (6) 1 345 (7) 1 996 (8) 48

b. Runde auf Tausender [auf Zehntausender]:
(1) 23 608 (2) 44 550 (3) 19 755 (4) 81 845 (5) 42 759 (6) 44 685

c. Runde auf Millionen [auf Hunderttausender]:
(1) 12 588 570 (2) 7 498 995 (3) 2 574 710 (4) 5 677 500 (5) 9 003 506

3. a. Gib vier Zahlen an, die beim Runden auf Hunderter die Zahl 1 200 ergeben.

b. Wie heißt die größte [kleinste] Zahl, die beim Runden auf Hunderter die Zahl 1 200 ergibt?

4. In welchem der folgenden Fälle darf man nicht runden? Begründe deine Entscheidung.
(1) Tim zahlt für eine Fahrkarte 52 €.
(2) Langes haben die Telefonnummer 3 64 27.
(3) Mikes Sparbuch hat die Nummer 677 476.
(4) Herr Müller fuhr im März 2 697 km.

London, Großbritannien

5. *Einwohnerzahlen einiger Millionenstädte in Europa:*

Athen	3 148 000	London	6 803 000
Berlin	3 466 000	Madrid	3 010 000
Brüssel	950 000	Warschau	1 645 000
Moskau	9 003 000	Rom	3 660 000
Paris	9 320 000	Wien	1 533 176
Prag	1 214 174	Budapest	2 009 000

Damit das zugehörige Bilddiagramm nicht zu groß wird, soll eine Figur hier 1 Million Einwohner bedeuten.
Wie viele Figuren braucht man für die einzelnen Einwohnerzahlen der angegebenen Städte?

Hinweis: Überlege bei jeder Zahl, ob du aufrunden oder abrunden musst.

6. a. Die roten Linien in dem Diagramm veranschaulichen die Höhe jedes einzelnen Baumes.
Zeichne das Diagramm nur mit den roten Linien ab. Lass Platz nach oben und nach rechts.

b. Ergänze in deinem Diagramm: Apfelbaum (10 m); Eiche (50 m); Birnbaum (18 m); Tanne (75 m).

c. Die höchsten Bäume sind der Mammutbaum (140 m) und der Eukalyptusbaum (150 m).
Wie lang müssten in dem Diagramm die Linien für diese Bäume sein?

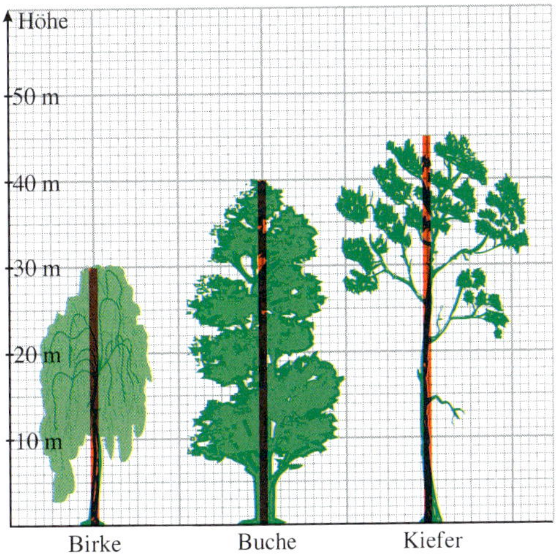

Übungen

7. Runde auf Millionen [auf Hunderttausender].

a. 6142718	**b.** 1555000	**c.** 2295000	**d.** 23949243	**e.** 15495000	**f.** 103260000
3433100	6790980	5453640	29492000	45500750	897400
4080999	8500270	7498000	40513500	19600800	1098950

8. Runde die Zahlen
(1) auf die vorderste Stelle; (2) auf die beiden vordersten Stellen.

a. 685547	**b.** 75001	**c.** 3986	**d.** 19389	**e.** 95959
4572	24887	6500	14999	966
64855	98000	1984	55000	9000

48375 ≈ 50000

9. Runde auf volle € [auf volle 10 Cent].

a. 36,75 €	**b.** 39,50 €	**c.** 63,50 €	**d.** 195,95 €	**e.** 40,86 €	**f.** 30,50 €
69,70 €	49,95 €	145,35 €	70,75 €	998,80 €	59,49 €

10. **a.** Bei einem Tennisturnier waren 5913 Zuschauer anwesend. Der Reporter rundet auf Tausender. Welche Zuschauerzahl wird er angeben?

b. Bei einem Fußballspiel waren 54000 Zuschauer. Diese Zahl ist auf Tausender gerundet. Wie viele Zuschauer waren es mindestens, wie viele waren es höchstens?

11. Darf man hier runden? Begründe deine Entscheidung.

(1) Der Wagen von Frau König hat die Fahrgestell-Nummer 840665.
(2) Von Hannover bis Berlin sind es 292 km.
(3) Bingen am Rhein hat die Postleitzahl 55411.
(4) Die Eisenbahnen in der Bundesrepublik Deutschland besitzen 7133 Lokomotiven, 14041 Personenwagen und 313264 Güterwagen.

12. *Kraftfahrzeugbestand (Pkw und Kombi) in einigen Ländern:*

Deutschland	39515800	Großbritannien	24347712	Niederlande	6275412
Frankreich	29048456	Italien	31144498	Spanien	15832260
Australien	9484244	Japan	61498554	Südafrika	6370880

Links siehst du ein angefangenes Bilddiagramm. Welche Zahl wird durch eine Figur veranschaulicht? Vervollständige das Diagramm in deinem Heft.

13. Einwohnerzahlen der Länder der Bundesrepublik Deutschland (Stand 31.12.1997)

Baden-Württemberg	10 397 000	Niedersachsen	7 845 000
Bayern	12 066 000	Nordrhein-Westfalen	17 974 000
Berlin	3 426 000	Rheinland-Pfalz	4 018 000
Brandenburg	2 573 000	Saarland	1 081 000
Bremen	674 000	Sachsen	4 522 000
Hamburg	1 705 000	Sachsen-Anhalt	2 702 000
Hessen	6 032 000	Schleswig-Holstein	2 756 000
Mecklenburg-Vorpommern	1 808 000	Thüringen	2 478 000

Zeichne ein Bilddiagramm. Jede Figur bedeutet 1 Million Einwohner.

Strecken-diagramm

14. *Längen einiger Flüsse:* 1 mm entspricht 10 km Flusslänge

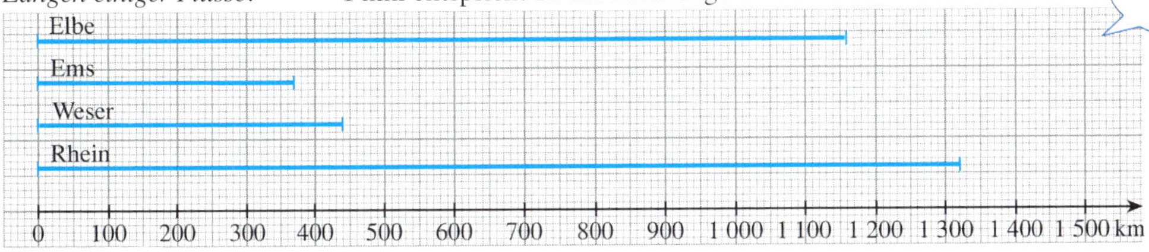

a. Wie lang sind die Flüsse? Auf wie viel km genau kannst du die Längen ablesen?

b. Wie viel mm benötigt man in dem Säulendiagramm für folgende Flusslängen? Runde zuvor auf 10 km.

Mosel	514 km	Main	524 km	Neckar	371 km
Leine	241 km	Saale	427 km	Ruhr	235 km

15.

Höhen einiger Berge			
Brocken	1 142 m	Mont Blanc	4 810 m
Zugspitze	2 963 m	Kilimandscharo	5 955 m
Watzmann	2 713 m	Mount Everest	8 872 m

Zeichne ein Streckendiagramm für die obenstehenden Höhen.
Runde dazu geeignet; überlege, wie viel m Höhe 1 mm entsprechen soll.

Mount Everest

16. *So alt können Tiere werden (Angaben in Jahren):*

Zeichne ein Säulendiagramm. Überlege zunächst, wie viele Jahre du für eine Kästchenlänge wählen solltest.

▲ Zahlenfolgen

Aufgabe

▲ **1.** Corinna beherrscht zu Beginn der 5. Klasse 30 englische Wörter. Jeden Monat kommen 20 neue Wörter hinzu.

a. Wie viele Wörter kennt sie nach 2 Monaten, nach 3 Monaten, ..., nach 6 Monaten?

b. Wie viele Wörter wird Corinna nach 12 Monaten kennen?

Lösung

a. Jeden Monat werden es 20 Wörter mehr.

Am Anfang	Nach 1 Monat	Nach 2 Monaten	Nach 3 Monaten	Nach 4 Monaten	Nach 5 Monaten
	+ 20 Wörter	+ 20 Wörter	+ 20 Wörter	+ 20 Wörter	+ 20 Wörter
30 Wörter	50 Wörter	70 Wörter	90 Wörter	110 Wörter	130 Wörter

Rechne weiter: 130 Wörter $\xrightarrow{+20 \text{ Wörter}}$ 150 Wörter
Nach 6 Monaten kennt Corinna 150 Wörter.

b. Wenn du weiter rechnest, findest du: Nach 12 Monaten wird Corinna 270 Wörter kennen.

Information

Die Zahlen 30, 50, 70, 90, 110, ... bilden eine **Zahlenfolge.**
Sie hat die *Anfangszahl* 30 und ist nach der *Regel* $\xrightarrow{+20}$ aufgebaut:

30 $\xrightarrow{+20}$ 50 $\xrightarrow{+20}$ 70 $\xrightarrow{+20}$ 90 $\xrightarrow{+20}$ ...

Man kann die Zahlenfolge so weit fortsetzen, wie man will.

Zum Festigen und Weiterarbeiten

▲ **2.** Schreibe zu der Regel die ersten acht Zahlen der Zahlenfolge auf.

	a.	b.	c.	d.
Anfangszahl	10	40	3	100
Regel	$\xrightarrow{+30}$	$\xrightarrow{+25}$	$\xrightarrow{\cdot 2}$	$\xrightarrow{-8}$

▲ **3.** Gib die nächsten acht Zahlen der Zahlenfolge an. Überlege dir zuerst die Regel.

a. 4, 12, 20, 28, ... **b.** 300, 285, 270, 255, ... **c.** 10, 25, 40, 55, 70, ...

▲ **4.** Gib die nächsten zehn Zahlen an.

a. Zu der Zahlenfolge 5, 8, 16, 19, 27, ... gehört die Regel $\xrightarrow{+3}$ $\xrightarrow{+8}$ Überprüfe das.

b. 5, 12, 22, 29, 39, ... (Regel $\xrightarrow{+7}$ $\xrightarrow{+10}$)

c. 7, 22, 20, 35, 33, ... (Regel $\xrightarrow{+15}$ $\xrightarrow{-2}$)

d. 5, 11, 13, 19, 21, 27, ... **e.** 10, 100, 150, 240, 290, 380, ...

Übungen

▲ **5.** Schreibe die ersten acht Zahlen der Zahlenfolge auf; Anfangszahl: 20.

a. Regel $\xrightarrow{+40}$ (bis 340) **b.** Regel $\xrightarrow{+70}$ (bis 580) **c.** Regel $\xrightarrow{+80}$ (bis 660)

▲ **6.** Setze anstelle von □ die passenden Zahlen.

a. □, □, □, 50, 65, 80, 95, □, □
b. □, □, □, 100, 130, 160, □, □, □
c. □, □, □, 400, 475, 550, □, □, □
d. □, □, □, 75, 90, 105, 120, □, □, □
e. □, □, □, 100, 85, 70, 55, □, □, □
f. □, □, □, 1 400, 1 650, 1 900, □, □, □

▲ **7.** Wie heißen die nächsten acht Zahlen?

a. 20, 40, 35, … (Regel $\xrightarrow{+20}\xrightarrow{-5}$)
b. 20, 16, 31, … (Regel $\xrightarrow{-4}\xrightarrow{+15}$)
c. 20, 40, 25, … (Regel $\xrightarrow{\cdot 2}\xrightarrow{-15}$)
d. 25, 50, 30, … (Regel $\xrightarrow{\cdot 2}\xrightarrow{-20}$)
e. 200, 50, 450, … (Regel $\xrightarrow{-150}\xrightarrow{+400}$)
f. 1, 2, 12, … (Regel $\xrightarrow{\cdot 2}\xrightarrow{+10}$)

Endzahlen: 75, 95, 175, 180, 342, 1 450.

▲ **8.** Gib die nächsten acht Zahlen an.

a. 10, 15, 17, 22, 24, 29, …
b. 18, 28, 31, 41, 44, 54, …
c. 25, 40, 44, 59, 63, 78, …
d. 10, 19, 27, 36, 44, 53, …
e. 250, 500, 350, 600, 450, 700, …
f. 500, 1 300, 1 450, 2 250, 2 400, 3 200, …

Endzahlen: 57, 106, 121, 154, 1 100, 6 300

▲ **9.** Hier sind Folgen bildlich dargestellt. Wie heißen die nächsten fünf Zahlen?

a.

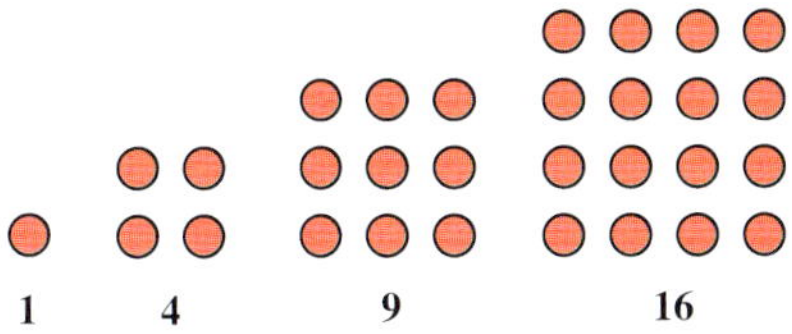

c.

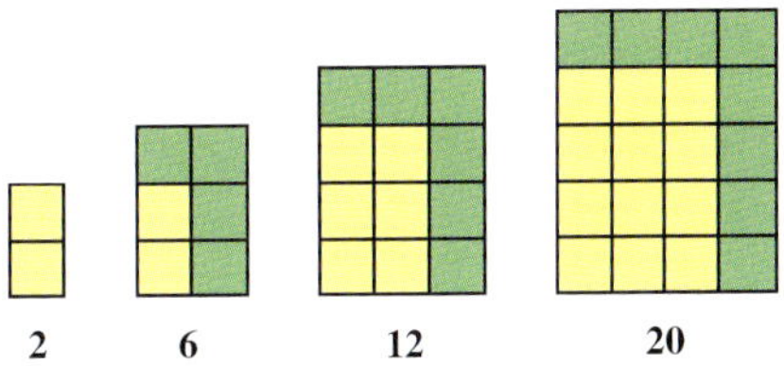

b.

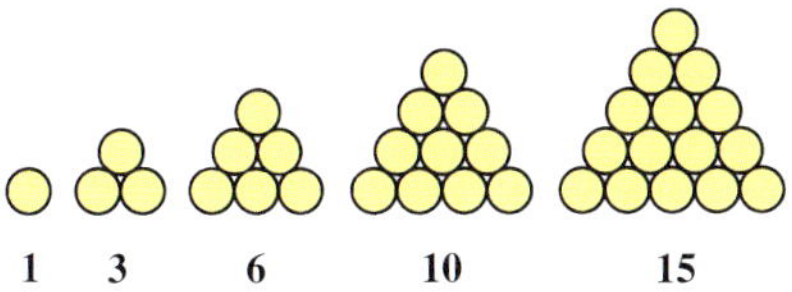

d.

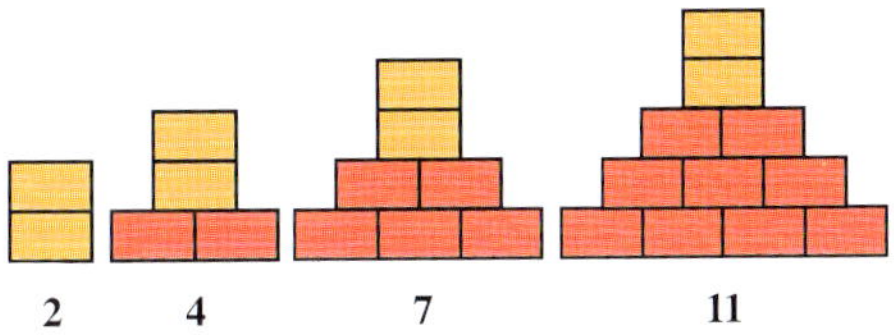

Teamarbeit

▲ **10.** *Übung mit Folgen*

a. Du denkst dir eine Zahlenfolge aus und notierst sie. Dein Nachbar versucht die Regel herauszubekommen. Er hat dazu 30 Sekunden Zeit.

b. *Für Profis:* Baue in eine Zahlenfolge absichtlich einen Fehler ein. Dein Nachbar muss die Regel und den Fehler entdecken.

Zum Knobeln

▲ **11.** Hier wird es schwieriger! Wer findet die nächsten fünf Zahlen?

a. 2, 5, 9, 14, 20, …
b. 1, 5, 10, 16, 23, …
c. 8, 10, 14, 20, 28, …
d. 7, 8, 10, 13, 17, …

Römische Zahlschreibweise

Information

Unsere Ziffern 0, 1, 2, 3, 4, 5, 6, 7, 8, 9 sind erst seit ungefähr 500 Jahren in Europa verbreitet. Sie stammen aus Indien und wurden von den Arabern nach Europa gebracht. Sie heißen daher *arabische Ziffern*.
Vorher wurden bei uns die römischen Zahlzeichen benutzt. Noch heute findet man römische Zahlzeichen an Gebäuden, wie am Alten Museum in Berlin (Bild rechts).

Römische Zahlzeichen:

I	V	X	L	C	D	M
1	5	10	50	100	500	1000

Aufgabe

1. a. Schreibe mit arabischen Ziffern: VIII, XXVI, CCLXV, DCLXI

b. Schreibe mit römischen Zahlzeichen: 22, 133, 580, 1271

c. So schrieben die Römer die Zahlen:
4 = IV, 9 = IX, 40 = XL, 90 = XC, 400 = CD, 900 = CM. Was fällt dir auf?

d. Wann wurde das Alte Museum in Berlin gebaut?

Lösung

a. VIII = 5 + 1 + 1 + 1 = 8
XXVI = 10 + 10 + 5 + 1 = 26
CCLXV = 100 + 100 + 50 + 10 + 5 = 265
DCLXI = 500 + 100 + 50 + 10 + 1 = 661

b. *Überlegung:* 22 = 10 + 10 + 1 + 1
X X I I

Ergebnis: 22 = XXII; 133 = CXXXIII
580 = DLXXX; 1271 = MCCLXXI

c. Bei den Zahlen 4, 9, 40, 90, 400, 900 steht ein Zeichen mit einem *kleineren* Wert *vor* einem Zeichen mit einem *größeren* Wert. Der kleinere Wert wird von dem größeren abgezogen: IV = 5 − 1; IX = 10 − 1; XL = 50 − 10; XC = 100 − 10 = 90 usw.

d. Die Werte der einzelnen Zeichen werden zusammengezählt:
M D C C C X X V I I I
1000 + 500 + 100 + 100 + 100 + 10 + 10 + 5 + 1 + 1 + 1 = 1828
Ergebnis: MDCCCXXVIII = 1828

Information

Bei der **römischen Zahlenschreibweise** gelten meist folgende Regeln:

(1) Die Zeichen M, C, X, I werden nach ihrem Wert geordnet so oft wie nötig hintereinander geschrieben, jedoch höchstens dreimal bei einer Zahl.

(2) Die Zeichen D, L, V kommen nur einmal vor.

(3) Wo eigentlich vier gleiche Zeichen stehen müssten, schrieben die Römer so:

IV	IX	XL	XC	CD	CM
vier	neun	vierzig	neunzig	vierhundert	neunhundert

Zum Festigen und Weiterarbeiten

△ **2.** *Gehe auf Entdeckungsreise:* Wo findest du römische Zahlzeichen in deiner Umgebung? *Beachte:* Zeitweise schrieben die Römer auch IIII für 4, VIIII für 9, XXXX für 40 usw. Auch heute noch benutzt man gelegentlich diese Schreibweise.

△ **3.** Schreibe mit römischen Zahlzeichen die Zahlen:
a. von 1 bis 20; **b.** 33, 66, 85, 821, 625, 1 872 **c.** 89, 124, 144, 1 984, 1 409, 1 939

△ **4.** Schreibe mit arabischen Ziffern:
a. XXXVII, CXXV, DCCLII, MCCCXXVI, MDCLXVI, MDCCLXIII
b. XLII, XXIV, XXXIX, XCIII, XCIV, MCMXIX, MCMXLIX

▲ **5.** Welche Zahlen werden im Zehnersystem, welche Zahlen in der römischen Zahlschreibweise mit genau einem Zeichen geschrieben?

▲ **6.** **a.** Das Zehnersystem ist ein Stellenwertsystem, d.h. der Wert einer Ziffer richtet sich nach der Stelle, an der die Ziffer steht.
Begründe: Die römische Zahlschreibweise ist kein Stellenwertsystem.
b. Man kann im Zehnersystem schon an der (unterschiedlichen) Anzahl der Ziffern erkennen, welche von zwei Zahlen die kleinere ist.
Ist das im römischen System auch so?

Übungen

△ **7.** Gib die Nummern der folgenden Asterix-Hefte mit arabischen Ziffern an.

Asterix BAND XXX OBELIX AUF KREUZFAHRT

BAND XXIV Asterix bei den Belgiern

Asterix BAND XIX DER SEHER

△ **8.** Gib im Zehnersystem an. Beachte die römische Schreibweise für 4, 9, 40, 400, 900.

a.	b.	c.	d.	e.	f.
XVI	XXXVIII	LXI	XCVI	LXIX	CDXC
XXII	XVII	LXXII	CDXXX	CXLIV	CMXL
XXXI	XIII	LXXXV	CMLXII	DCXLIX	CMXCIV

△ **9.** Schreibe mit römischen Zahlzeichen.

a.	b.	c.	d.	e.	f.	g.	h.
26	48	56	63	94	236	197	484
39	79	92	31	149	282	337	319
72	81	117	75	167	373	556	845

▲ **10.** Schreibe folgende Jahreszahlen mit arabischen Ziffern.
a. CMXLII, MCCLXXVI, MCMXLIX **b.** MCCCXXIX, MCMXXIV, MDCCCLXXII

▲ **11.** Schreibe mit römischen Zahlzeichen.
a. 1 256 **b.** 1 806 **c.** 1 939 **d.** dein Geburtsjahr **e.** das jetzige Jahr

Zum Knobeln

▲ **12.** Suche möglichst viele Zahlen, die man mit zwei römischen Zahlzeichen schreiben kann.

Bist du fit?

1. Schreibe nur mit Ziffern.

a. 4 HT + 8 T + 9 Z + 2 E
b. 4 Mio. + 6 HT + 2 ZT + 3 T
c. 5 Mio. + 5 ZT + 4 T
d. 8 Mio. + 5 HT + 2 ZT + 7 T
e. 4 Mrd. + 200 Mio. + 750 T
f. 3 Mrd. + 35 Mio. + 12 T

2. Schreibe nur mit Ziffern.

a. 50 Millionen
b. 120 Millionen
c. 600 Milliarden
d. 32 Milliarden
e. 4 Billionen 180 Milliarden
f. 32 Milliarden 40 Millionen

3. Ordne die Zahlen der Größe nach. Beginne mit der größten.
761; 7061; 1067; 6017; 176; 6071; 1076; 167

4. Schreibe den Vorgänger und den Nachfolger der Zahl auf.

a. 790 **b.** 4000 **c.** 14889 **d.** 92999 **e.** 300000 **f.** 60000000

5. Schreibe alle natürlichen Zahlen zwischen den folgenden beiden Zahlen auf.

a. 997 und 1006 **b.** 8998 und 9003 **c.** 99995 und 100004 **d.** 999997 und 1000005

6. Welche Zahlen gehören zu den roten Strichen? Schreibe die Zahlen auf.

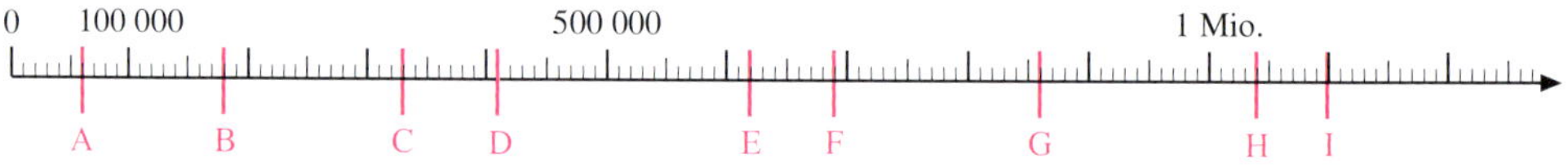

7. Welche Zahl liegt genau in der Mitte zwischen

a. 300 und 700 **b.** 1000 und 2400 **c.** 200000 und 500000 **d.** 600000 und 1300000?

8. Vergleiche. Setze für ▢ das passende Zeichen (< oder >)

a. 3946 ▢ 9396 **b.** 4554 ▢ 4545 **c.** 70684 ▢ 70864 **d.** 4325500 ▢ 4352100

9. Runde 6475, 13704, 9550, 1499 **a.** auf Hunderter; **b.** auf Tausender.

10. **a.** Lies die Höhe jedes Bauwerkes

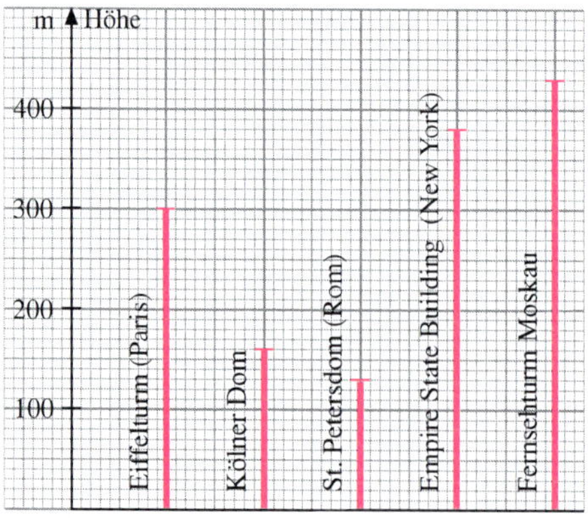

b. In einer Stadt mit 100000 Einwohnern kommen jährlich etwa 5600 Tonnen Verpackungsmaterialien auf den Hausmüll. Zeichne ein Säulendiagramm.
Wähle 1 mm Höhe für je 50 Tonnen.

Längen und Längenmessung

Längenmessung – Längeneinheiten

Teamarbeit

1. Messt die folgenden Gegenstände aus:
Mathebuch (Länge, Breite, Dicke); Musikkassette (Länge, Breite, Dicke); Euro-Geldstück (Dicke); Tintenpatrone (Länge); Schulhof (Länge, Breite).
Als Messgeräte stehen zur Verfügung:
Bandmaß, Tafellineal, Tafelgeodreieck, kleines Geodreieck, Lineal.
Schätzt zuerst. Messt dann genau.
Welche Maßeinheit und welches Messgerät ist zweckmäßig?
Gebt die gemessenen Werte – sofern möglich – auch in zwei Maßeinheiten an.
Zeigt die einzelnen Maßeinheitsstrecken auf den Messgeräten.

Lösung

Tragt in eine Tabelle ein:

Gegenstand	Messgerät	Maßeinheit	gemessener Wert	in 2 Maßeinheiten
Mathebuch (Länge) usw.	Lineal	cm	26,5 cm	26 cm 5 mm

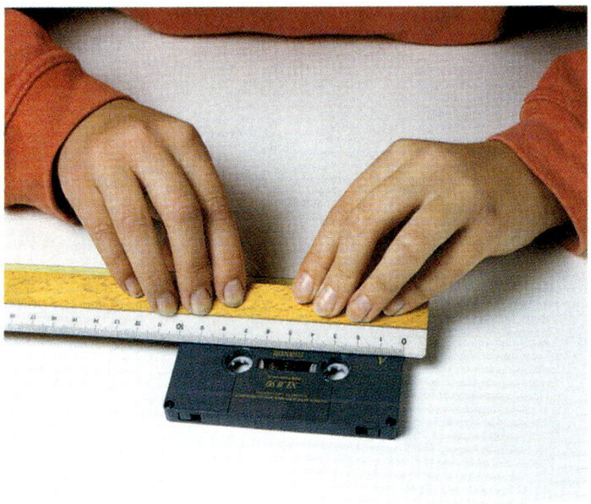

Information

Längenmessung

Eine Strecke ist 4 cm lang.
Das bedeutet: Man kann auf der Strecke 4 Zentimeterstrecken abtragen.

Mit dem Lineal wird das Abtragen und Abzählen der Einheitsstrecken schnell ausgeführt.

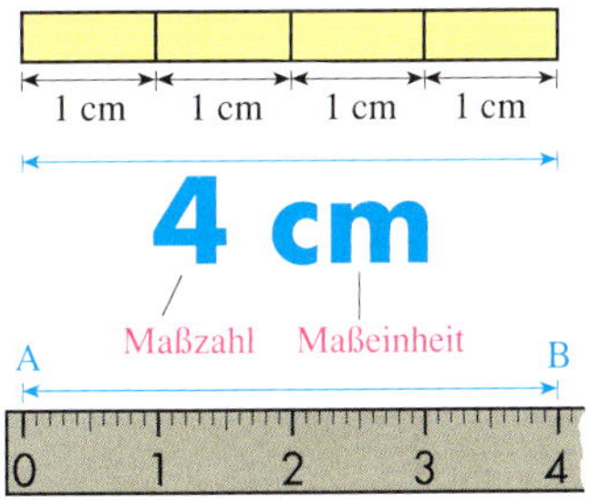

Längeneinheiten

Kilometer	Meter	Dezimeter	Zentimeter	Millimeter
1 km	1 m	1 dm	1 cm	1 mm
$2\frac{1}{2}$ Runden beim Sportplatz	*Länge des Tafellineals*	*Länge einer Kassette*	*ungefähr die Dicke einer Kassette*	*etwas kleiner als die Dicke eines Euro-Stücks*

Alte Längeneinheiten
1 Spanne (etwa 22 cm bis 28 cm)
1 Fuß (etwa 25 cm bis 39 cm)
1 Elle (Länge des Unterarmes; etwa 55 cm bis 65 cm)
1 Schritt (etwa 70 cm bis 80 cm)
1 Zoll (Breite des menschlichen Daumens; etwa $2\frac{1}{2}$ cm)

Die Längeneinheiten früherer Zeiten waren in einzelnen Gegenden sehr unterschiedlich. So war zum Beispiel 1 Fuß in Westfalen ungefähr gleich 29 cm, in Hessen gleich 25 cm bis 29 cm, in Berlin gleich 39 cm.

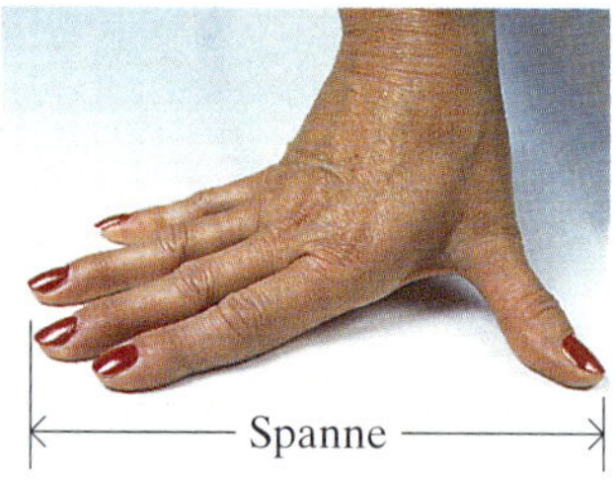

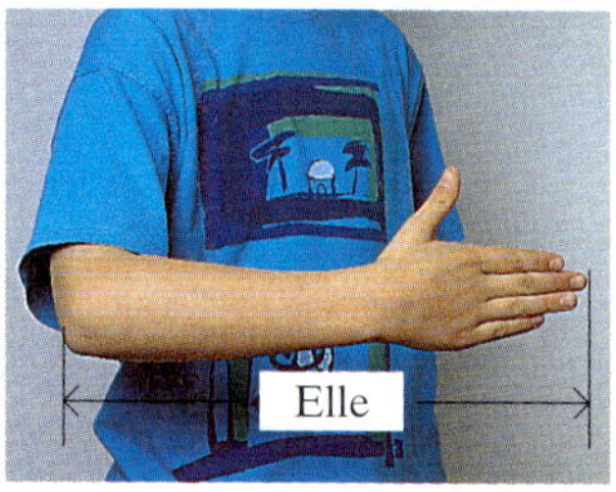

Übungen

2. Schätze die Längen folgender Insekten (ohne Fühler) im Bild. Miss dann genau. Gib die Längen auch in cm und mm an.

Ohrwurm

Honigbiene

Marienkäfer

Maikäfer

3. Zeichne eine Strecke folgender Länge:

a. 17 cm **c.** 1 dm **e.** 1 dm 4 cm **g.** $2\frac{1}{2}$ cm **i.** $\frac{1}{4}$ m

b. 28 mm **d.** 4 cm 6 mm **f.** 1 dm 6 cm 3 mm **h.** $3\frac{1}{2}$ dm **j.** $\frac{1}{4}$ dm

4. *Gehe auf Entdeckungsreise:*

a. Suche im Klassenraum Strecken der Länge 1 m, 1 dm, 1 cm, 1 mm.

b. Gib in deinem Wohnort eine Entfernung von 1 km an.

5. In welcher Maßeinheit gibt man zweckmäßig an:

(1) die Höhe eines Baumes
(2) die Länge eines Nagels
(3) die Breite einer Tür
(4) die Dicke eines Drahtes
(5) die Tiefe eines Flusses
(6) die Entfernung des Mondes von der Erde
(7) die Höhe einer Treppenstufe
(8) die Entfernung von Düsseldorf nach Bielefeld
(9) die Länge eines Bleistiftes
(10) die Breite einer Straße?

△ **6.** In der Luftfahrt wird heute noch die Maßeinheit Fuß verwandt. 1 m ist ungefähr gleich 3 Fuß.

a. Aus einer Wettermeldung für Sportflugzeuge: „Höhe der Wolkendecke 3 000 Fuß“. Wie viel m ist die Wolkendecke hoch?

b. Ein Flugzeug fliegt in einer Höhe von 4 800 Fuß. Gib die Flughöhe in Metern an.

△ **7.** Miss deine Handspanne, deine Fußlänge, deine Unterarmlänge, deine Schrittlänge in Zentimetern. Vergleiche mit den Angaben auf Seite 32 oben.

8. Ein Schüler legt zwei Finger im Abstand von 10 cm [5 cm; 3 cm; 16 mm; 1 m] auf den Tisch.
Der Partner kontrolliert durch Nachmessen.
Hinweis: Ihr könnt auch zwei Punkte auf einem Zeichenblatt markieren.

Teamarbeit

Umwandlung von Längeneinheiten

Aufgabe

1. Zu jedem Auto gehört ein Fahrzeugschein, in dem viele Maße des Autos notiert sind, auch seine Länge (L) und seine Breite (B) und seine Höhe (H). Damit das möglichst genau ist, erfolgen diese Angaben der Länge in mm (siehe rechts).

5	OTTO		01	6	Höchstgeschwindigkeit km/h		177
7	Leistung kW bei min $^{-1}$		0066/05250				
8	Hubraum cm ^{3}		01760				
9	Nutz- oder Aufliegelast kg		---	10	Rauminhalt des Tanks m ^{3}		....
11	Steh-/Liegeplätze		-- --	12	Sitzplätze einschl. Führerpl. u. Nots.		005
13	Maße über alles mm	L	04570	B	1700	H	1430
14	Leergewicht kg		01125	15	Zul. Gesamtgewicht kg		001650

a. Miriam hat die Breite des Autos ihrer Eltern auf cm genau gemessen: 170 cm.
Welchem Eintrag im Fahrzeugschein (in mm) entspricht diese Messung?

b. Wandle die Angabe der Länge des Autos in cm sowie in m um.

Lösung

a. Wir stellen uns vor:
1 cm-Strecke besteht aus 10 mm-Strecken.
170 cm-Strecken bestehen aus
170 · 10 mm-Strecken, also aus
1 700 mm-Strecken.
Ergebnis: 170 cm = 1 700 mm

b. (1) *Umwandlung von 4570 mm in cm*
Wir stellen uns vor:
10 mm-Strecken hintereinander sind so lang wie 1 cm-Strecke.
70 mm-Strecken hintereinander sind so lang wie 7 cm-Strecken.
570 mm-Strecken hintereinander sind so lang wie 57 cm-Strecken
4 570 mm-Strecken hintereinander sind so lang wie 457 cm-Strecken.
Ergebnis: 4 570 mm = 457 cm.

(2) *Umwandlung in m und cm*

Wir stellen uns vor:
100 Strecken der Länge 1 cm sind so lang wie eine Strecke der Länge 1 m.
400 Strecken der Länge 1 cm sind so lang wie 4 Strecken der Länge 1 m.

Ergebnis: 457 cm = 4 m 57 cm; 4570 mm = 4 m 57 cm

Information

1 km $\xrightarrow{:1000}$ 1 m $\xrightarrow{:10}$ 1 dm $\xrightarrow{:10}$ 1 cm $\xrightarrow{:10}$ 1 mm

1 km = 1 000 m

1 m = 10 dm

1 dm = 10 cm

1 cm = 10 mm

Beachte auch: 1 m = 100 cm; 1 m = 1 000 mm

Zum Festigen und Weiterarbeiten

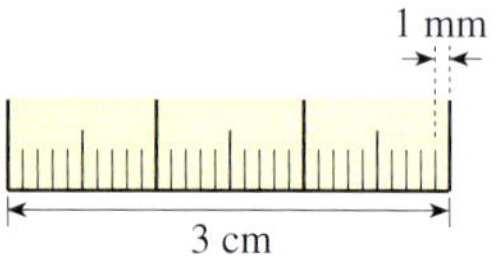

3 cm = 30 mm

2. a. Wie viele Strecken der Länge 1 dm musst du hintereinanderlegen, um eine Strecke der Länge 8 m [5 m] zu erhalten?

b. Wie viele Strecken der Länge 1 cm musst du hintereinanderlegen, um eine Strecke der Länge 4 dm [7 dm] zu erhalten?

c. Wie viele Strecken der Länge 1 mm musst du hintereinanderlegen, um eine Strecke der Länge 3 cm [28 cm] zu erhalten?

3. Schreibe mit der in Klammern angegebenen Maßeinheit.

a.	**b.**	**c.**	**d.**
7 cm (mm)	4 m (cm)	310 cm (dm)	41 dm (mm)
3 m (dm)	9 km (m)	720 mm (cm)	24 m (mm)
8 dm (cm)	370 dm (m)	8 100 cm (m)	37 000 m (km)

4. Wandle in die kleinere Maßeinheit um.

a.	**b.**	**c.**	**d.**	**e.**
3 cm 4 mm	8 m 4 dm	5 dm 8 cm	2 km 140 m	5 km 40 m
15 m 3 dm	19 m 7 dm	47 dm 9 cm	4 km 293 m	8 km 9 m

5. Schreibe mit zwei Maßeinheiten.

a.	**b.**	**c.**	**d.**	**e.**
43 mm	12 dm	54 cm	4 719 m	5 008 m
218 mm	281 dm	319 cm	13 010 m	19 040 m

Übungen

6. Schreibe mit der in Klammern angegebenen Maßeinheit.

a.	**b.**	**c.**	**d.**
8 m (dm)	85 cm (mm)	19 km (mm)	41 dm (mm)
9 km (m)	830 dm (m)	24 m (mm)	24 km (cm)
3 dm (cm)	34 000 m (km)	3 000 mm (dm)	3 m (mm)

7. In der Bauanleitung für einen Briefhalter sind die Maße in mm angegeben. Wandle in cm um.

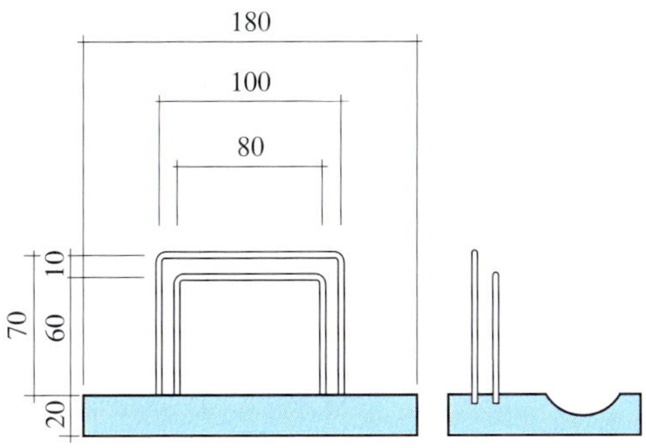

Briefhalter (Maße in mm)

8. Wandle in die kleinere Maßeinheit um.

a. 2 cm 3 mm
4 cm 5 mm
18 m 3 dm
5 km 417 m

b. 34 dm 2 cm
7 dm 5 cm
59 m 8 dm
17 km 12 m

9. Schreibe mit zwei Maßeinheiten.

a. 93 mm
84 cm

b. 42 cm
193 dm

c. 57 mm
498 cm

d. 8750 m
3842 m

e. 19004 m
10010 m

10. *Gehe auf Entdeckungsreise:* Schau im Fahrzeugschein des Autos deiner Eltern oder in Bastelanleitungen nach, welche Maße vorkommen.
Wandle geeignet in m, cm und mm um.

Kommaschreibweise – Einheitentabelle

Aufgabe

1. Längen werden oft mit einem Komma geschrieben. Schreibe die folgenden Längen ohne Komma.
Was geben die Ziffern vor dem Komma, was geben die Ziffern nach dem Komma an?

a.

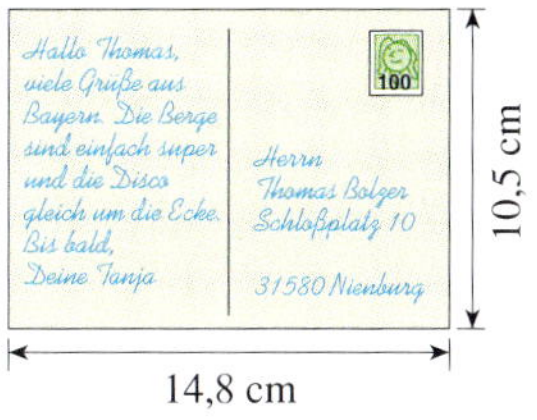

b.

c.

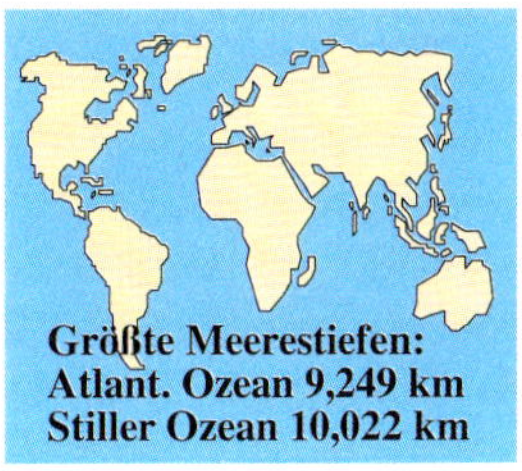

Lösung

An einer Tabelle (Einheitentabelle) kann man erkennen, was die Ziffern vor dem Komma und die Ziffern nach dem Komma angeben.

a.

Vor dem Komma		Nach dem Komma
dm	cm	mm
1	4	8
1	0	5

14,8 cm = 14 cm 8 mm
10,5 cm = 10 cm 5 mm

b.

Vor dem Komma	Nach dem Komma	
m	dm	cm
2	0	5
21	6	2

2,05 m = 2 m 5 cm
21,62 m = 21 m 62 cm

c.

Vor dem Komma	Nach dem Komma
km	m
9	249
10	022

9,249 km = 9 km 249 m
10,022 km = 10 km 22 m

Information

Die Einheitentabellen auf Seite 35 lassen sich zu einer großen **Einheitentabelle** ergänzen. Sie liefert eine gute Übersicht über die Kommaschreibweise.

km					m			dm	cm	mm	Schreibweisen
HT	T	H	Z	E	H	Z	E				
				3	2	4	9				3 km 249 m = 3,249 km = 3 249 m
				7	5						7 km 500 m = 7,5 km = 7 500 m
							8	7	5		8 m 75 cm = 8,75 m = 875 cm
				0	7	5					750 m = 0,75 km
							3	4			3 m 4 dm = 3,4 m = 34 dm
									7	9	7 cm 9 mm = 7,9 cm = 79 mm
							0	4			4 dm = 0,4 m
								5	0	3	5 dm 3 mm = 5,03 dm = 503 mm
									0	6	6 mm = 0,6 cm

Zum Festigen und Weiterarbeiten

2. Schreibe zunächst in zwei Maßeinheiten. Wandle dann in die kleinere Maßeinheit um.

> 3,45 m = 3 m 45 cm
> = 345 cm

a.	**b.**	**c.**	**d.**	**e.**	**f.**
4,75 m	0,85 m	3,75 m	7,2 m	2,005 km	3,45 dm
8,03 m	0,4 m	9,03 m	0,5 km	7,3 dm	9,08 dm
13,4 cm	0,7 cm	36,7 cm	0,7 cm	0,7 dm	8,4573 km
7,945 km	0,513 km	0,5 m	0,25 m	8,74 dm	2,475 m
53,8 km	0,2 km	9,4 km	2,04 m		

3. Schreibe mit Komma in der in Klammern angegebenen Maßeinheit.

a.	**b.**	**c.**	**d.**
14 cm 3 mm (cm)	87 dm (m)	7 km 350 m (km)	4 mm (cm)
3 m 5 dm (m)	6 mm (cm)	5 700 m (km)	9 dm (m)
42 m 23 cm (m)	4 275 m (km)	1 m 5 dm (m)	3 dm (m)
12 dm 4 cm (dm)	314 m (km)	27 dm 8 cm (dm)	8 m (km)

Übungen

4. Schreibe in zwei Maßeinheiten. Wandle dann in die kleinere Maßeinheit um.

a.	**b.**	**c.**	**d.**	**e.**	**f.**
7,83 m	0,82 m	6,04 m	4,923 km	8,009 km	9,04 dm
8,4 cm	0,4 cm	9,2 km	9,4 cm	0,07 dm	4,765 m
7,952 km	0,3 km	0,8 cm	3,6 m	8,257 m	0,472 m
3,04 km	2,6 cm	0,4 dm	2,64 dm	0,04 km	0,002 km

5. Schreibe mit Komma in der in Klammern angegebenen Maßeinheit.

a.	**b.**	**c.**	**d.**
23 cm 3 mm (cm)	85 cm (m)	4 cm (dm)	4 m 10 cm (m)
8 m 5 dm (m)	500 m (km)	78 mm (dm)	13 cm 4 mm (cm)
14 m 27 cm (m)	8 mm (cm)	8 dm (m)	7 km 420 m (km)
4 m 3 dm (m)	293 m (km)	800 m (km)	9 km 250 m (km)

6. Fertige eine Einheitentabelle an und trage ein. Notiere die drei Schreibweisen (siehe Aufgabe 2).

a.	**b.**	**c.**	**d.**	**e.**
517 cm	73,57 km	2,005 km	18 m 5 cm	12 dm 4 mm
75 dm	84,05 m	38 km 400 m	19 m 50 cm	8 m 7 dm
865 mm	3,5 km	12 km 40 m	12 cm 4 mm	3 km 4 m
4 319 km	6,9 dm	81 dm	66 cm	9,6 dm

7. Schreibe die Weglängen ohne Komma. Es gibt mehrere Möglichkeiten.

8. Gib in der in Klammern angegebenen Maßeinheit an.

a. 3 mm (cm)
7 cm (dm)
4 dm (m)

b. 0,04 m (dm)
0,02 dm (cm)
0,28 m (dm)

c. 7,2548 km (m)
0,0284 km (m)
0,0004 km (m)

d. 0,7 km (cm)
2,8 m (mm)
0,5 dm (mm)

Vermischte Übungen

9. Gib zwei andere Schreibweisen an.

2,7 m = 2 m 7 dm
= 27 dm

a.	b.	c.	d.
3,7 m	92,97 m	12,67 km	5 mm
4 km 90 m	1,25 dm	0,75 m	2 cm
3,05 dm	20 dm	0,09 m	3,5 dm
47 m 28 dm	24 m	0,7 cm	0,8 cm

10. Schreibe die folgende Angabe auf einem Fahrradtachometer in zwei Maßeinheiten.

a. 482,7 km **b.** 182,5 km **c.** 317,8 km

11. Gib die Längen in zwei Maßeinheiten an.

a. Strafraum beim Fußballspiel

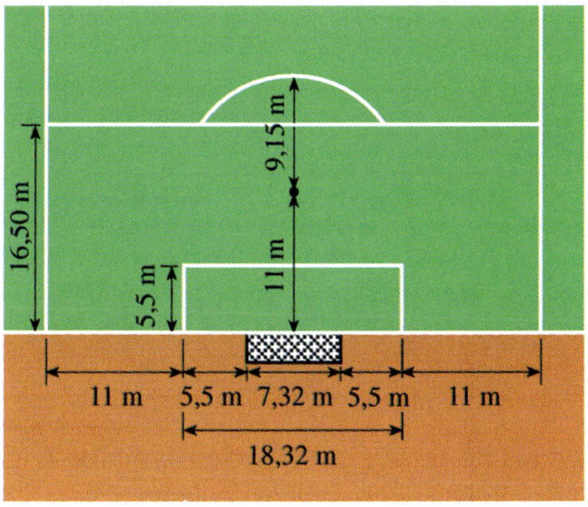

b. Tennisfeld

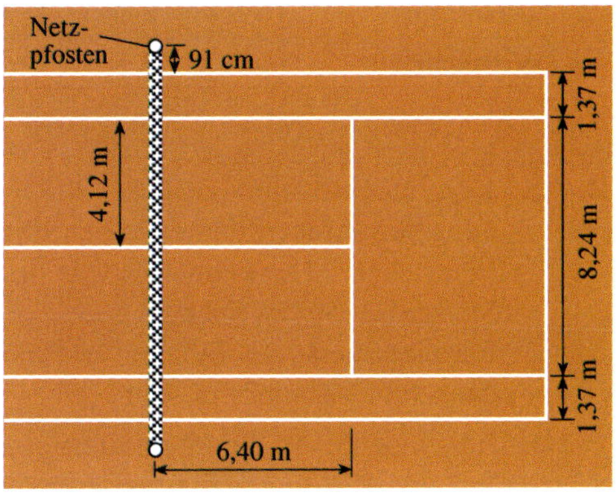

12. Ordne der Größe nach. Beginne mit der größten Länge.

a. 23 km; 400 m; 2,3 km; 0,003 km; 200 km; 700 km; 1,5 km; 1 km 50 m

b. 36 m; 400 cm; 3,6 m; 0,36 m; 300 m; 700 mm; 2,5 m; 2 m 4 dm

Spiel (2 bis 4 Spieler)

13. Fertigt Karten wie im Beispiel rechts an zu den Längen
15 mm; 15 cm; 150 cm; 1 500 m;
25 mm; 25 cm; 250 cm; 2 500 m.
Mischt die Karten und verteilt sie an die Spieler. Der erste Spieler zieht von seinem Nachbarn eine Karte. Dann kommt der nächste an die Reihe, immer reihum weiter. Wer drei gleiche Längen hat, darf die drei Karten ablegen. Gewonnen hat, wer als erster keine Karten mehr hat.

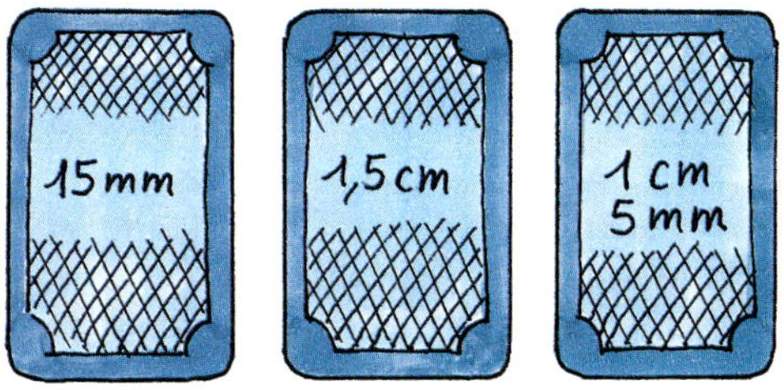

Maßstab

Aufgabe

1. Julia bekommt im neuen Haus ein eigenes Zimmer. Der Architekt hat einen Plan des Zimmers gezeichnet. Julias Vater sagt zu ihr: „Das Zimmer ist im Maßstab 1:100 (gelesen: *eins zu hundert*) gezeichnet. Das bedeutet: 1 cm in der Zeichnung sind 100 cm (also 1 m) in der Wirklichkeit."
Julia möchte die Maße ihres Zimmers wissen. Sie legt eine Tabelle an.
Ergänze die Tabelle in deinem Heft.

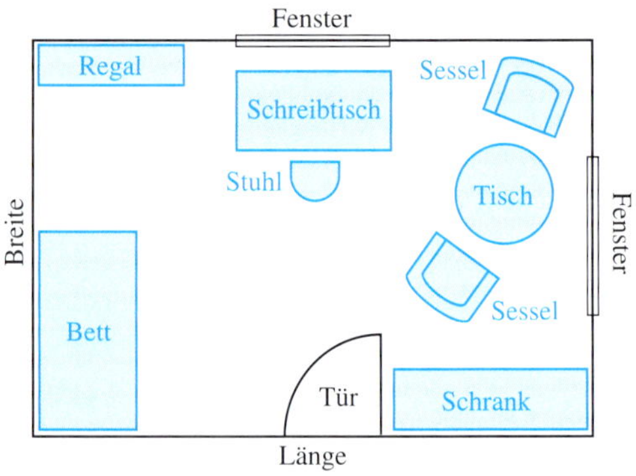

	Länge	Breite	Fensterbreite	Türbreite	Schreibtischlänge	Schranklänge	Bettbreite
Zeichnung 1 cm	5 cm						
Wirklichkeit 1 m	5 m						

·5

Lösung

	Länge	Breite	Fensterbreite	Türbreite	Schreibtischlänge	Schranklänge	Bettbreite
Zeichnung	5 cm	3 cm	2 cm	1 cm	1,5 cm	2 cm	1 cm
Wirklichkeit	5 m	3 m	2 m	1 m	1,5 m	2 m	1 m

Zum Festigen und Weiterarbeiten

2. a. Julia möchte eine größere Zeichnung von ihrem Zimmer haben. Ihr Vater sagt: „Du kannst es z. B. im Maßstab 1:50 zeichnen."
Ergänze zuerst die Tabelle; zeichne dann Julias Zimmer in dein Heft.

Zeichnung	Wirklichkeit
1 cm	50 cm
·2	·2
	1 m
·5	·5
	5 m

b. Julia möchte ihr Zimmer anders einrichten als in der Zeichnung der Aufgabe 1.
Wie würdest du das Zimmer einrichten? Zeichne.

3. Zeichne ein Rechteck mit der Länge 2 m und der Breite 1,6 m im Maßstab 1:20.
Lege vorher eine Tabelle an.

Zeichnung	Wirklichkeit
1 cm	20 cm
	200 cm
	160 cm

4. Tim misst die Länge seines Modellautos: 24 cm. Er weiß, dass dieses Fahrzeug in Wirklichkeit 4,32 m lang ist.
In welchem Maßstab ist das Modellauto hergestellt?

Modell	Wirklichkeit
24 cm	4,32 m = 432 cm
: 24	: 24
1 cm	

5. Man kann einen Maßstab auch benutzen, um Gegenstände vergrößert darzustellen. Im Bild unten siehst du die Zahnräder einer Armbanduhr im Maßstab 3 : 1 (dreifach vergrößert). Die Abmessung auf dem Bild beträgt 42 mm. Wie groß ist sie in Wirklichkeit?

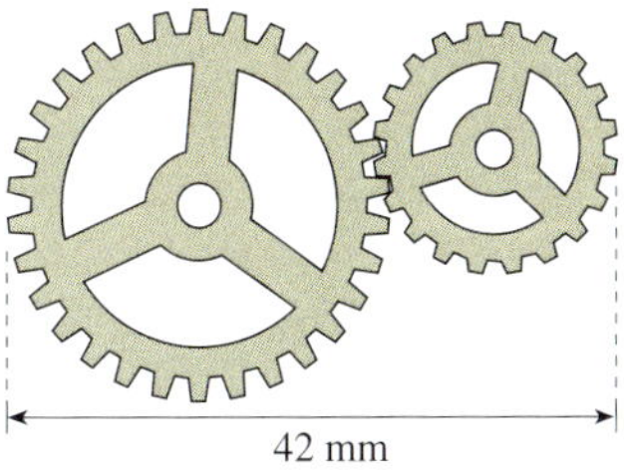

Bild	Wirklichkeit
3 mm	1 mm
42 mm	

Gegenstände werden oft verkleinert (oder vergrößert) dargestellt. Damit man weiß, wie groß sie in Wirklichkeit sind, werden sie mithilfe eines **Maßstabes** gezeichnet. Er gibt an, wievielmal größer (oder kleiner) eine Strecke in Wirklichkeit ist.

Beispiele:

Maßstab 1 : 50 (gelesen: *eins zu fünfzig*) bedeutet: Jede Strecke ist in Wirklichkeit 50-mal größer als in der Zeichnung, d. h. 1 cm in der Zeichnung entspricht 50 cm in der Wirklichkeit.

Maßstab 5 : 1 bedeutet: Jede Strecke ist in Wirklichkeit 5-mal kleiner als in der Zeichnung, d. h. 5 cm in der Zeichnung entspricht 1 cm in der Wirklichkeit bzw. 1 cm in der Zeichnung entspricht 1 cm : 5 = 10 mm : 5 = 2 mm in der Wirklichkeit.

Übungen

6. Das Rechteck unten ist auf einem Bauplan im Maßstab 1 : 100 dargestellt. Ergänze die Tabelle im Heft und bestimme **a.** die Länge, **b.** die Breite des wirklichen Rechtecks.

Zeichnung	Wirklichkeit
1 cm	100 cm

7. Bestimme (1) die Länge, (2) die Breite des wirklichen Rechtecks.

a. Maßstab 1 : 50

Zeichnung	Wirklichkeit
1 cm	50 cm

b. Maßstab 1 : 200

Zeichnung	Wirklichkeit
1 cm	200 cm

8. a. Ein Rechteck ist 8 m lang und 5 m breit. Zeichne es im Maßstab
(1) 1 : 50 (2) 1 : 100 (3) 1 : 200
Lege vorher eine Tabelle an.

b. Ein Rechteck ist 4 cm lang und 1,5 cm breit. Zeichne es im Maßstab
(1) 2 : 1 (2) 3 : 1 (3) 4 : 1

9. Das Modell eines Pkw (Maßstab 1:55) hat eine Länge von 7,4 cm.
Wie lang ist der Pkw in der Wirklichkeit?

10. Eine Karte hat den Maßstab 1:25 000 (Messtischblatt).

a. Bestimme folgende Entfernungen (Luftlinie) und trage sie in die Tabelle ein.

Entfernung	Karte	Wirklichkeit
	1 cm	25 000 cm = 250 m
Seidenbuch – Glattbach		
Glattbach – Winkel		
Winkel – Schlierbach		
Glattbach – Schlierbach		
Seidenbuch – Winkel		

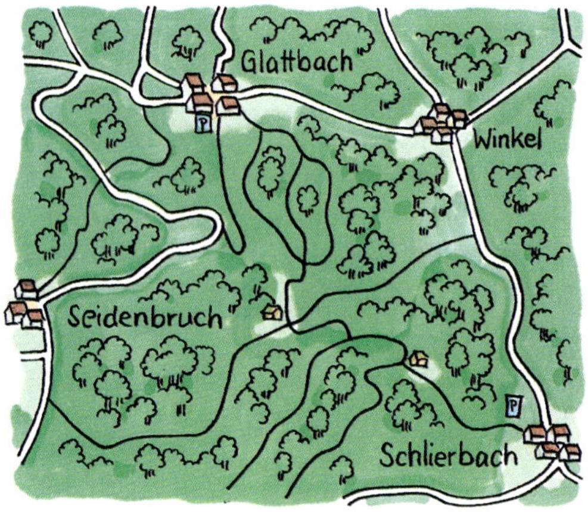

b. Bestimme die tatsächliche Weglänge von
(1) Glattbach nach Schlierbach (2) Seidenbuch nach Glattbach

11. **a.** Maßstab 1:25 000 (Messtischblatt)

Karte	Wirklichkeit
1 cm	250 m
5 cm	
8 cm	
	750 m
	4 km
	5 km

b. Maßstab 1:50 000 (Wanderkarte)

Karte	Wirklichkeit
1 cm	
4 cm	
6 cm	
	2 500 m
	5 km
	8 km

c. Maßstab 1:200 000 (Straßenkarte)

Karte	Wirklichkeit
1 cm	
8 cm	
20 cm	
	10 km
	18 km
	25 km

12. In einem Biologiebuch ist der Wasserfloh in zwanzigfacher Vergrößerung (Maßstab 20:1) dargestellt.
Wie lang ist die eingezeichnete Strecke in Wirklichkeit?

Bild	Wirklichkeit
20 mm	1 mm

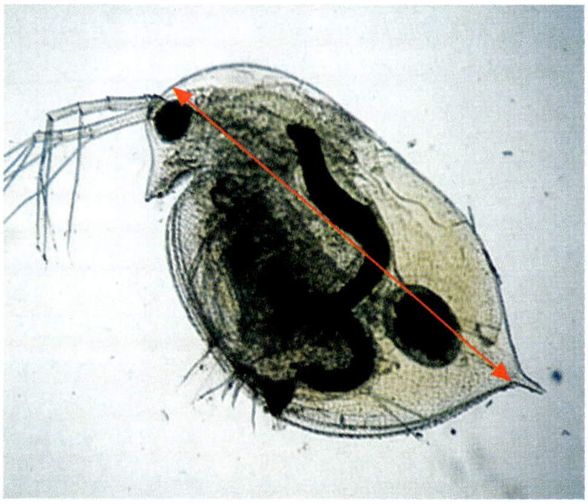

Teamarbeit

13. **a.** Besorgt euch eine Karte eures Ortes.
Welchen Maßstab hat sie?

b. Wählt markante „Punkte" (z. B. Rathaus, Schwimmbad) eures Ortes.
Bestimmt jeweils die Entfernung von eurer Schule.

Gewichte und Gewichtsmessung

Gewichtsmessung – Gewichtseinheiten und ihr Zusammenhang

Aufgabe

1. Kathrin jammert: „Meine Schultasche ist ziemlich schwer. Ich schätze, dass allein das Mathematikbuch schon $\frac{1}{2}$ kg wiegt."

a. Schätze das Gewicht deines Mathematikbuches.
Miss dann mit einer Tafelwaage (Balkenwaage) und einem Gewichtssatz.
Aus welchen Teilen besteht der Gewichtssatz?

b. Kathrin stellt ihre Schultasche auf eine Personenwaage.
Wie schwer ist die Tasche?
Wie viele Kilogrammstücke sind zusammen so schwer wie Kathrins Schultasche?

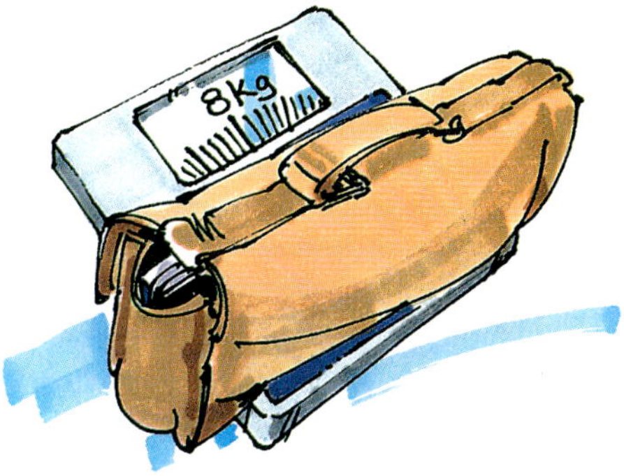

Lösung

Gewichtssatz:

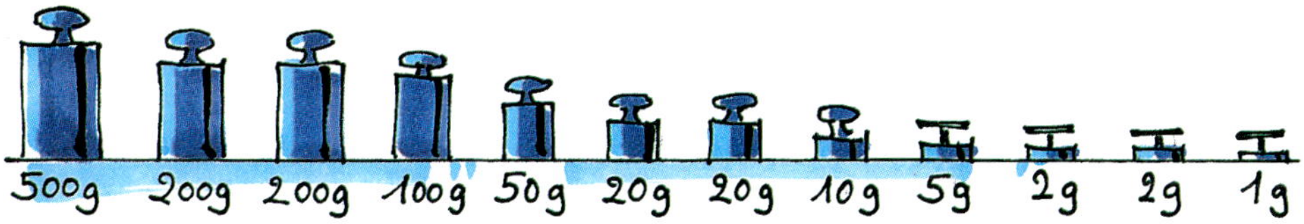

a. Das Gewicht des Mathematikbuches beträgt etwa 500 g ($=\frac{1}{2}$ kg). Die Waage zeigt etwas mehr an, nämlich 540 g. Oben siehst du einen Gewichtssatz.

b. Die Personenwaage zeigt 8 kg an. Die Schultasche ist so schwer wie 8 Kilogrammstücke (Überprüfung mit einer Balkenwaage).

Information

(1) Gewichtsmessung

Ein Gegenstand hat das Gewicht 5 g.
Das bedeutet: Er hat dasselbe Gewicht wie 5 Grammstücke zusammen.

Bei der Gewichtsmessung mit einer Tafelwaage oder Balkenwaage legt man so viele Gewichtsstücke auf, bis die Waage im Gleichgewicht ist.

In den Naturwissenschaften (Physik, Chemie, …) sagt man *Masse* statt Gewicht.

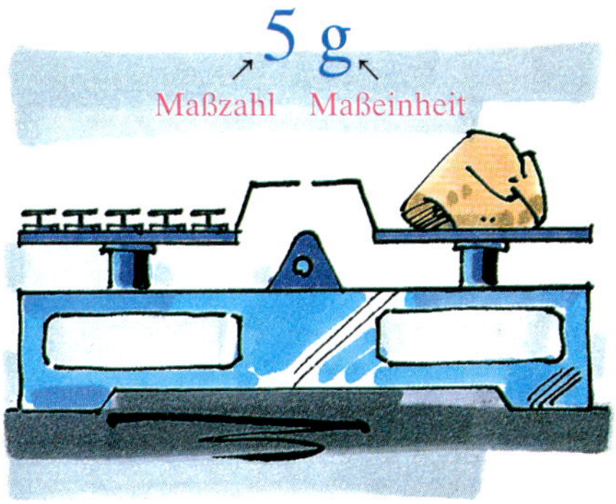

(2) Gewichtseinheiten

Tonne 1 t

ungefähr das Gewicht eines Pkw

Kilogramm 1 kg

das Gewicht eines Paketes Zucker

Gramm 1 g

ungefähr das Gewicht einer Tintenpatrone

Milligramm 1 mg

ungefähr das Gewicht eines Zuckerkorns

(3) Unterschied zwischen Gegenstand und Gewicht

Die beiden Körper unten haben dieselben Abmessungen. Der eine ist aus Holz, der andere aus Eisen. Sie haben unterschiedliche Gewichte.

Unten siehst du Gegenstände, die gleiches Gewicht, aber unterschiedliche Abmessungen haben.

Man muss einen Gegenstand (Körper) von seinem Gewicht *unterscheiden.*
Gegenstände mit *gleichen* Abmessungen können *verschiedenes* Gewicht haben.
Gegenstände mit *verschiedenen* Abmessungen können *gleiches* Gewicht haben.

Zum Festigen und Weiterarbeiten

2. Schätzt das Gewicht folgender Gegenstände und bestimmt dann genau mit einer Waage: Füllhalter, Deutschbuch, Etui, Rechenheft, …

	Geschätzt	Gewogen	Unterschied
Füllhalter			
Deutschbuch			
Etui			
Rechenheft			

Legt eine Tabelle an.
Addiert die Unterschiedsbeträge in der letzten Spalte.
Wer hat die geringsten Abweichungen?

3. In welcher Maßeinheit gibt man zweckmäßig das Gewicht an?

a. Lastkraftwagen
b. Stück Wurst
c. Paket
d. Laib Brot
e. Flugzeug
f. Wassertropfen
g. Briefmarke
h. Weizenkorn
i. Brief
j. Haar

4. Was bedeutet das Verkehrsschild rechts?

5. Zwischen den Gewichtseinheiten bestehen Zusammenhänge. Diese erkennst du, wenn du folgende Fragen beantwortest.

(1) Eine Gießerei soll eine Glocke aus Bronze gießen, die genau 1 t wiegen soll. Wie viele Kilogrammstücke Bronze müssen in den Schmelzofen gegeben werden?

(2) Nora hat ihre Englischvokabeln auf Karteikarten geschrieben. Inzwischen sind es 1 000 Karten. Zusammen wiegen sie 1 kg. Wie schwer ist eine Karteikarte?

Information

$1\ \text{t} \xrightarrow{:1000} 1\ \text{kg} \xrightarrow{:1000} 1\ \text{g} \xrightarrow{:1000} 1\ \text{mg}$

1 t = 1 000 kg

1 kg = 1 000 g

1 g = 1000 mg

Bei Gewichten: Umwandlungszahl 1 000

Die Umwandlungszahl ist 1 000.

Das Gewicht von 1 *l* Wasser beträgt 1 kg. Das Gewicht von 1 *l* Benzin beträgt 690 g.

Ältere Gewichtseinheiten, die aber im täglichen Leben immer noch verwendet werden, sind Zentner und Pfund. Es gilt: 1 Pfund = 500 g; 1 Zentner = 50 kg; 1 Doppelzentner = 100 kg.

Übungen

6. *Gehe auf Entdeckungsreise:*

a. Nenne Gegenstände (zum Beispiel aus dem Vorratsschrank oder einem Supermarkt), die folgendes Gewicht haben:

(1) 100 g (2) 250 g (3) 500 g (4) 1 kg (5) 2 kg

b. Manchmal ist es sinnvoll sehr kleine Gewichte zu bestimmen. Als Maßeinheit wählt man dann Milligramm (mg). 1 mg ist der tausendste Teil eines Gramms. Erkundige dich, wo man so kleine Gewichtseinheiten benötigt.

1 000 mg = 1 g

7. Gib zu jedem Gegenstand das passende Gewicht an.

Umwandlung von Gewichtseinheiten

Aufgabe

1. Ein Lkw kann höchstens 12 t Gewicht zuladen. Die Firma beliefert einen Großhandel mit 1-kg-Tüten Zucker. Wie viele Tüten darf er höchstens transportieren? Wie viel kg sind also 12 t?

Lösung

Pro t kann man 1 000 1-kg-Tüten Zucker laden. Bei 12 t Ladegewicht also 12 000 einzelne 1-kg-Tüten. Das bedeutet: 12 t = 12 000 kg

Zum Festigen und Weiterarbeiten

2. a. Wie viele 1-kg-Stücke würde man zum Abwiegen von 7 t; 19 t; 250 kg; 36 t 750 kg benötigen?

b. Wie viele 1-g-Stücke würde man zum Abwiegen von 37 kg; 395 kg; 13 kg 250 g benötigen?

3. Gib in der in Klammern angegebenen Maßeinheit an.

a. 8 kg (g)
27 kg (g)
4 t (kg)
48 t (kg)
8 g (mg)

b. 2 000 mg (g)
53 000 mg (g)
3 000 g (kg)
24 g (mg)
349 g (mg)

c. 8 t (g)
9 kg (mg)
12 kg (mg)
24 000 kg (t)
8 000 kg (t)

1 kg = 1 000 g

35 kg = ? g

35 kg = 35 000 g

4. Schreibe in zwei Maßeinheiten.

a. 2 575 g **c.** 4 314 kg **e.** 6 210 mg

b. 8 019 g **d.** 8 007 kg **f.** 7 010 mg

3 750 g = 3 kg 750 g

5. Schreibe in der kleineren Maßeinheit.

a. 4 kg 750 g **c.** 9 t 210 kg **e.** 10 g 100 mg

b. 8 kg 10 g **d.** 4 t 8 kg **f.** 6 g 75 mg

8 kg 250 g = 8 250 g

Übungen

6. Gib in der in Klammern angegebenen Maßeinheit an.

a. 82 kg (g)
15 g (mg)
4 t (kg)

b. 28 g (mg)
3 kg (mg)
4 t (g)

c. 3000 g (kg)
17000 kg (t)
4000 mg (g)

d. 4000000 mg (kg)
8000000 g (t)
9000 kg (t)

7. Schreibe in zwei Maßeinheiten.

a. 2 594 g
8 543 kg

b. 7 649 mg
3 004 mg

c. 18 036 kg
42 008 g

d. 49 434 mg
2 005 g

e. 42 085 g
51 003 kg

f. 3 475 mg
2 007 kg

8. Schreibe in der kleineren Maßeinheit.

a. 7 kg 250 g
8 t 490 kg
4 g 320 mg

b. 3 kg 70 g
8 t 5 kg
4 g 32 mg

c. 2 kg 60 g
5 t 70 kg
4 g 80 mg

d. 8 kg 2 g
4 t 95 kg
1 g 9 mg

9. Gib in der in Klammern angegebenen Maßeinheit an.

a. 66 kg (mg)
24 kg (mg)

b. 17 t (g)
8 kg (mg)

c. 184 g (mg)
84 kg (mg)

d. 2 t 250 kg (g)
7 t 25 kg (g)

10. **a.** Ein Nashorn wiegt ungefähr 2 t, ein Elefant ungefähr 3 t, ein Blauwal 130 t. Wandle in kg um.

b. Schreibe die Gewichte der Tiere in g.

Tier	Gewicht
Hamster	$\frac{1}{4}$ kg bis $\frac{1}{2}$ kg
Wildkaninchen	etwa $1\frac{1}{2}$ kg
Igel	bis $1\frac{1}{4}$ kg
Marder	$\frac{3}{4}$ kg bis $1\frac{3}{4}$ kg

1 kg = 1 000 g
$\frac{1}{2}$ kg = die Hälfte von 1 kg

11. a. Welches ist das höchste Gewicht, das gewogen werden kann?

b. Welche Gewichtsstücke benutzt man für die folgenden Gewichte: 68 g; 117 g; 428 g?

c. Stelle dir vor, ein 2-g-Stück ist verloren gegangen. Welche Gewichte können nicht mehr gewogen werden?

Zum Knobeln

Kommaschreibweise – Einheitentabelle

Aufgabe

1. Oft findet man Gewichtsangaben mit einem Komma. Schreibe folgende Gewichte ohne Komma:

a.

Müsli-Packung
Mineralstoffe 7,735 g
Vitamine 0,043 g

b.

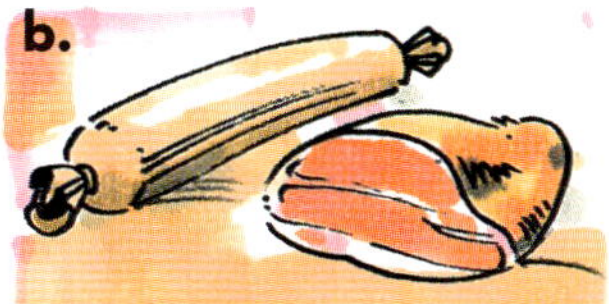

Mettwurst: 1,125 kg
Schinken: 2,235 kg

c.

Lieferwagen
Leergewicht 2,445 t
Ladegewicht 3,225 t

Lösung

Lege eine Einheitentabelle an:

a.

Vor dem Komma g	Nach dem Komma mg
7	735
0	043

7,735 g = 7 g 735 mg
0,043 g = 0 g 43 mg

b.

Vor dem Komma kg	Nach dem Komma g
1	125
2	235

1,125 kg = 1 kg 125 g
2,235 kg = 2 kg 235 g

c.

Vor dem Komma t	Nach dem Komma kg
2	445
3	225

2,445 t = 2 t 445 kg
3,225 t = 3 t 225 kg

Information

Die in der Aufgabe 1 verwandten drei Einheitentabellen lassen sich zu einer großen **Einheitentabelle** zusammenfassen.

t			kg			g			mg			Schreibweisen
H	Z	E	H	Z	E	H	Z	E	H	Z	E	
					3	4	7	5				3 kg 475 g = 3,475 kg = 3 475 g
		2	5									2 t 500 kg = 2,5 t = 2 500 kg
								7	3	4		7 g 340 mg = 7,34 g = 7 340 mg
				1	5	0	7	0				15 kg 70 g = 15,07 kg = 15 070 g
								0	3			300 mg = 0,3 g

Zum Festigen und Weiterarbeiten

2. Schreibe mit zwei Maßeinheiten.

7,8 t = 7 t 800 kg

a. 3,785 kg; 3,75 kg; 3,7 kg
b. 4,578 t; 4,57 t; 4,5 t
c. 3,578 g; 2,63 g; 2,6 g
d. 3,5 kg; 4,7 kg; 0,5 kg
e. 72 t; 3,5 kg; 2,7 g
f. 2,5 g; 27,05 kg; 0,54 t

3. Schreibe mit Komma in der größeren Maßeinheit.

7 kg 390 g = 7,39 kg

a. 3 kg 217 g; 7 kg 245 g
b. 41 kg 19 g; 22 kg 7 g
c. 3 t 750 kg; 24 t 500 kg
d. 24 t 20 kg; 4 t 9 kg
e. 143 g 710 mg; 52 g 20 mg

4. Drücke in der in Klammern angegebenen Maßeinheit aus.

8,35 kg = 8 350 g

a. 3,75 kg (g); 0,4 kg (g)
b. 4,517 t (kg); 0,45 t (kg)
c. 3,45 kg (g); 0,05 kg (g)
d. 24,725 t (kg); 0,5 t (kg)
e. 2,51 g (mg); 0,5 g (mg)

5. Schreibe in der in Klammern angegebenen Maßeinheit.

750 g = 0,75 kg

a. 250 g (kg)
b. 300 g (kg)
c. 750 kg (t)
d. 83 kg (t)
e. 294 mg (g)
f. 300 mg (g)
g. 30 mg (g)
h. 8 mg (g)
i. 20 g (kg)
j. 2 g (kg)

Übungen

6. Fertige eine Einheitentabelle an, trage ein und notiere zwei weitere Schreibweisen.

a. 4 t 512 kg; 7 kg 215 g; 5 g 125 mg
b. 13 kg 98 g; 473 mg; 2 t 18 kg
c. 8 t 215 kg; 8 kg 80 g; 7 g 5 mg
d. 713 kg; 28 719 mg; 3 kg 17 g

7. Schreibe mit Komma in der größeren Maßeinheit.

a. 3 kg 200 g; 8 kg 20 g; 4 kg 2 g
b. 49 t 800 kg; 49 t 80 kg; 49 t 8 kg
c. 5 g 180 mg; 8 g 18 mg; 4 g 1 mg
d. 74 kg 200 g; 39 t 800 kg; 14 g 100 mg

8. Schreibe mit zwei Maßeinheiten.

a. 7,854 kg; 7,054 kg; 7,004 kg
b. 37,5 kg; 57,05 kg; 77,205 kg
c. 24,876 t; 64,07 t; 34,007 t
d. 4,055 t; 14,7 t; 4,505 t
e. 8,743 g; 8,7 g; 48,07 g
f. 98,075 g; 68,007 g; 28,705 g

9. Gib in der in Klammern angegebenen Maßeinheit an.

a. 3,7 kg (g); 0,75 kg (g); 0,075 kg (g)
b. 8,247 t (kg); 8,02 t (kg); 0,2 t (kg)
c. 1,125 g (mg); 1,5 g (mg); 1,05 g (mg)
d. 0,7 kg (g); 0,007 t (kg); 1,005 g (mg)

10. Schreibe mit Komma in der in Klammern angegebenen Maßeinheit.

a. 700 kg (t); 250 g (kg)
b. 300 kg (t); 480 mg (g)
c. 7 g (kg); 20 mg (g)
d. 70 g (kg); 700 g (kg)

11. Wandle das Gewicht der Kugel in eine Angabe mit zwei Maßeinheiten um.

12. Ordne der Größe nach. Beginne mit dem größten Gewicht.

a. 12 kg; 300 g; 1,2 kg; 0,002 kg; 200 kg; 700 kg; 1,5 t; 1 kg 250 g
b. 24 g; 200 mg; 0,2 g; 200 g; 400 g; 1,5 g; 1 g 350 mg

Zeitmessung – Zeitdauer, Zeitpunkt

Aufgabe

1. a. Anne fährt jeden Tag mit dem Fahrrad zur Schule und zurück. Sie möchte wissen, wie viel Zeit sie für den Schulweg braucht. Wie kann sie ihr Problem lösen?

b. Anne beginnt um 12.47 Uhr ihren Heimweg. Wegen einer Reifenpanne kommt sie erst um 13.30 Uhr zu Hause an. Wie lange hat sie heute für den Schulweg gebraucht?

Lösung

a. Anne möchte die *Zeitdauer (Zeitspanne)* für den Schulweg bestimmen. Das ist möglich

- *mit der Stoppuhr:*
  Anne startet die Stoppuhr zu Beginn des Schulwegs und hält sie bei Beendigung des Schulweges an.
  Die Stoppuhr misst die dazwischen gelegene Zeitdauer.
- *mit der Armbanduhr:*
  Anne liest zwei Uhrzeiten (Zeitpunkte) an der Armbanduhr ab: die Uhrzeit am Anfang des Schulweges und die Uhrzeit am Ende des Schulweges. Dazwischen liegt die gesuchte Zeitdauer (Zeitspanne). Diese ist dann zu berechnen.

b. *Berechnung der Zeitdauer in Schritten:*

12.47 Uhr bis 13.00 Uhr:	13 Minuten
13.00 Uhr bis 13.30 Uhr:	30 Minuten
12.47 Uhr bis 13.30 Uhr:	43 Minuten

Ergebnis: Anne hat heute für den Schulweg 43 min gebraucht.

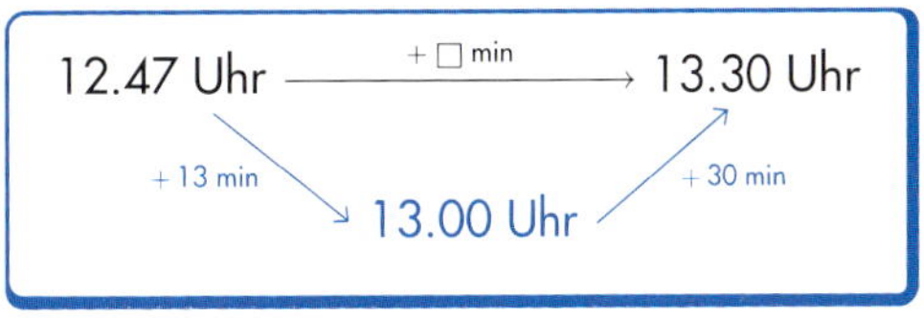

Information

(1) Zeitpunkt und Zeitdauer (Zeitspanne)

An einer Uhr kann man **Zeitpunkte** (Uhrzeiten) ablesen. Zwischen zwei Zeitpunkten liegt eine **Zeitdauer (Zeitspanne).**

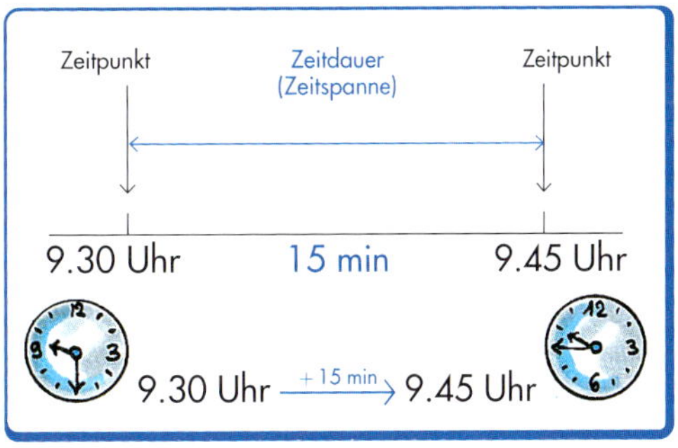

(2) Bestimmen von Zeitspannen

Zum Messen der Zeitdauer eines Vorgangs liest man an einer Uhr den Zeitpunkt am Beginn und den Zeitpunkt am Ende des Vorgangs ab und berechnet den Unterschied.
Mit einer Stoppuhr kann man eine Zeitdauer direkt messen.

> Man muss einen **Zeitpunkt** (Uhrzeit, z. B. 7.58 Uhr) von einer **Zeitspanne** (Zeitdauer, z. B. 15 min) unterscheiden. Zwischen zwei Zeitpunkten liegt eine Zeitspanne.
>
> 7.58 Uhr $\xrightarrow{+15\text{ min}}$ 8.13 Uhr

(3) Maßeinheiten für Zeitspannen und ihr Zusammenhang

Eine Zeitdauer (Zeitspanne) wird in den Maßeinheiten Sekunde (s), Minute (min), Stunde (h) und Tag (d) gemessen (h von **h**ora, **h**our; d von **d**ies, **d**ay).

1 d = 24 h,   1 h = 60 min,   1 min = 60 s

7 h

Maßzahl ↗   ↖ Maßeinheit

Zum Festigen und Weiterarbeiten

2. a. Der Spielfilm „Ein Turbo räumt den Highway auf" beginnt um 20.15 Uhr und endet um 21.38 Uhr. Er wird nicht durch Werbung unterbrochen.
Wie viel min dauert der Spielfilm?

b. Bestimme die Zeitdauer:

9.18 Uhr ⟶ 9.47 Uhr   17.24 Uhr ⟶ 17.53 Uhr   15.48 Uhr ⟶ 16.12 Uhr
17.48 Uhr ⟶ 17.56 Uhr   9.24 Uhr ⟶ 10.04 Uhr   18.29 Uhr ⟶ 20.05 Uhr

3. Schreibe in der Maßeinheit, die in der Klammer steht.

a. 5 min (s); 18 min (s); 47 min (s)
b. 480 s (min); 720 s (min); 960 s (min)
c. 3 h (min); 14 h (min); 28 h (min)
d. 360 min (h); 480 min (h); 5 d (h)
e. 24 d (h); 17 d (h); 144 h (d)
f. 7 min (s); 180 s (min); 2 h (min)
g. $\frac{1}{2}$ h (min); $\frac{3}{4}$ h (min)
h. $\frac{1}{2}$ min (s); $1\frac{1}{2}$ h (min)

> 7 min (s)
> 7 min = 420 s

4. Wandle in die kleinere Maßeinheit um.

a. 8 min 12 s; 14 min 8 s; 9 min 49 s
b. 9 h 12 min; 7 h 18 min; 3 h 55 min
c. 1 d 9 h; 4 d 18 h; 5 d 23 h
d. 9 min 54 s; 21 h 53 min; 7 d 7 h

> 8 min 42 s = 480 s + 42 s
> = 522 s

5. Schreibe mit zwei Maßeinheiten (in Klammern angegeben).

a. 85 s (min; s); 90 s (min; s); 43 h (d; h)
b. 73 min (h; min); 89 min (h; min); 52 h (d; h)
c. 144 s (min; s); 34 h (d; h); 137 min (h; min)
d. 246 h (d; h); 3120 s (min; s); 4213 min (h; min)

> 83 s (min; s):
> 83 s = 1 min 23 s

Teamarbeit

6. So kannst du dein „Zeitgefühl" testen:
Zeige einmal auf. Warte!
Wenn du meinst, dass 1 min vergangen ist, zeige noch einmal auf.
Dein Nachbar misst die Zeitspanne zwischen dem ersten und dem zweiten Aufzeigen.
Jetzt tauscht ihr die Rollen.
Wer hatte das bessere Zeitgefühl?

7. Bestimme die Zeitdauer.

	a.	**b.**	**c.**	**d.**	**e.**	**f.**	**g.**
Anfang	7.25 Uhr	8.45 Uhr	9.23 Uhr	12.50 Uhr	15.20 Uhr	18.12 Uhr	19.46 Uhr
Ende	9.47 Uhr	9.53 Uhr	10.05 Uhr	14.24 Uhr	17.14 Uhr	20.05 Uhr	22.15 Uhr

8. Ein Flugzeug startet in Frankfurt um 8.38 Uhr und landet auf Kreta um 11.15 Uhr.
Wie lange dauert der Flug?

9.

415 Hamm – Dortmund – Essen – Düsseldorf

		IC 617	RB 35 96965	RB 40 98662	RE 1 10024	IR 2550	RB 40 98664	EC 149	IC 1134	IC 507	IC 621	ICE 858
		99 🚲	3	3 🚲	🚲	98 🚲	🚲	99	30 99	99 🚲	99 🚲	99
		FRIEDRICH SCHILLER						JOHANNES VERMEER	KRANICH	KAISER-STUHL	HEINRICH DER LÖ	FRIEDRICH HAR
Hamm (Westf)					15 54	16 00					16 16	16 31
Nordbögge												
Kamen					16 03							
Kamen-Methler												
Dortmund-Kurl												
Dortmund-Scharnhorst												
Dortmund Hbf	40 6 ○				16 13	16 19			16 25	16 34	16 34	16 49
Dortmund Hbf 416	80	16 04			16 15	16 22			16 27	16 38	← 16 40	16 51
Bochum Hbf 428	4 ○	51 16 14			16 25	51 16 31				16 48		51 17 00
Bochum Hbf		51 16 16		Ⓐ 16 21	16 26	51 16 33	16 38			16 50		51 17 02
Wattenscheid				16 26	16 31		16 44					
Essen-Kray Süd							16 48					
Essen Hbf 446	○	16 26		Ⓐ 16 34	16 37	16 42	16 54			16 59		17 11
Essen Hbf	85	16 31			16 39	16 45				17 01		17 13
Mülheim (Ruhr) Hbf	85 2				16 46	16 52						
Duisburg Hbf	○	16 42			16 52	16 58				17 12		17 24
Duisburg Hbf 498		16 44	Ⓐ 16 50		16 54	17 03		17 08		17 14		17 26
Düsseldorf Flughafen												
Düsseldorf Hbf ✈ 450.7	80 ○	17 01	Ⓐ 17 05		17 08	17 27		17 19		17 26		17 38

Manche Fahrpläne sind nicht leicht zu überblicken. Oben siehst du einen Ausschnitt aus dem Kursbuch der Deutschen Bahn AG.
Carmen wohnt in Hamm. Sie möchte ihre Tante in Düsseldorf besuchen. Sie fährt um 16.00 Uhr mit dem Interregio aus Hamm ab.

a. Auf welchen Bahnhöfen zwischen Hamm und Düsseldorf Hbf hält der Zug?
Wie viel min hält er auf jedem Bahnhof?

b. Wann wird Carmen in Düsseldorf ankommen?
Vom Hauptbahnhof Düsseldorf bis zur Wohnung ihrer Tante braucht Carmen 15 min zu Fuß.
Wann wird Carmen bei der Tante klingeln?

c. Wie lange ist der Zug von Hamm bis Düsseldorf unterwegs?

d. Suche aus dem Fahrplan den Zug, der von Hamm nach Düsseldorf am wenigsten Zeit braucht.

e. Suche aus dem Fahrplan den Zug, der von Hamm nach Düsseldorf am meisten Zeit braucht.

10. Drücke in der in Klammern angegebenen Maßeinheit aus.

a. 24 h (min)
21 h (min)
18 min (s)

b. 7 d (h)
30 d (h)
120 h (d)

c. 1 440 s (min)
3 060 s (min)
360 min (h)

d. 3 480 min (h)
168 h (d)
288 h (d)

e. 7 200 s (h)
69 120 min (d)
14 400 min (h)

f. 2 d (min)
5 d (min)
2 h 30 min (s)

g. 5 d 7 h (min)
10 800 min (d)
64 800 s (h)

h. 2 d (s)
4 d 18 h (s)
777 600 s (d)

11. Schreibe in der kleineren Maßeinheit.

12 min 11 s = 731 s

a. 6 min 24 s
9 min 12 s
47 min 52 s

b. 9 h 18 min
13 h 37 min
18 h 45 min

c. 2 d 17 h
8 d 12 h
25 d 10 h

d. 2 h 10 s
8 h 20 s
4 h 45 s

12. Schreibe mit zwei Maßeinheiten (in der Klammer angegeben).

a. 74 min (h ; min)
110 min (h ; min)
200 min (h ; min)

b. 80 s (min ; s)
115 s (min ; s)
241 s (min ; s)

c. 30 h (d ; h)
45 h (d ; h)
64 h (d ; h)

d. 317 s (min ; s)
80 h (d ; h)
522 min (h ; min)

13. a. Für einen 800-m-Lauf braucht ein Läufer 1 min 45 s. Wie viel Sekunden sind das?

b. Für einen 1 500-m-Lauf benötigt eine Läuferin 4 min 39 s. Wie viel Sekunden sind das?

c. Für einen Marathonlauf (42,195 km) benötigt ein Läufer 2 h 37 min. Wie viel min sind das?

14. a. 1 Woche hat 7 Tage. Wie viel Stunden sind das? Wie viel Minuten sind das?

b. 1 Jahr hat 365 Tage. Wie viel Stunden sind das? Wie viel Minuten sind das?

15. In Kalendern werden häufig die Uhrzeiten für Sonnenaufgang und Sonnenuntergang angegeben. Da diese Uhrzeiten von der Lage der Orte abhängen, hat man sich für die Kalenderangaben auf eine Stadt in der Mitte Deutschlands, nämlich Kassel, geeinigt.

a. Das Bild unten zeigt, wann am 2. September 1999 Sonnenaufgang und Sonnenuntergang war. Berechne die Zeitspanne zwischen Sonnenaufgang und -untergang.

b. Die längste Zeitspanne zwischen Sonnenaufgang und -untergang ist am Sommeranfang, die kürzeste Zeitspanne am Winteranfang. Für 1999 galt in Düsseldorf:

Sommeranfang 21. Juni: Sonnenaufgang 5.17 Uhr, Sonnenuntergang 21.51 Uhr
Winteranfang 21. Dezember: Sonnenaufgang 8.33 Uhr, Sonnenuntergang 16.27 Uhr

Berechne jeweils die Zeitspanne zwischen Sonnenaufgang und -untergang. Vergleiche.

c. Sieh in einem Kalender oder in einer Tageszeitung nach, wann am heutigen Tag die Sonne aufgeht und wann sie untergeht. Welche Zeitspanne liegt dazwischen?

Vermischte Übungen

1. Monatlicher Getränkeverbrauch einer vierköpfigen Familie.

Kaffee	53 Liter	Milch	26 Liter	Erfrischungsgetränke	33 Liter
Bier	42 Liter	Tee	9 Liter	Fruchtsäfte	14 Liter

Zeichne ein Bilddiagramm. Wähle für je 10 Liter eine Figur (Bild rechts). Runde die Angaben zuvor auf volle 10 Liter.

2. Gib die Größen in der kleineren Maßeinheit an. Schreibe auch mit Komma in der größeren Maßeinheit.

a. 4 m 7 dm	**b.** 4 t 600 kg	**c.** 14 m 5 cm	**d.** 10 g 20 mg	**e.** 3 m 5 cm
15 m 2 cm	8 kg 25 g	2 km 15 m	2 kg 150 g	12 km 40 m
8 km 250 m	6 kg 50 g	4 m 80 cm	5 g 300 mg	10 cm 6 mm

3. Schreibe mit zwei Maßeinheiten. Verwandle dann in die kleinere Maßeinheit.

a. 1,675 km	**b.** 2,475 t	**c.** 2,45 km	**d.** 3,8 t	**e.** 1,735 km
12,04 m	6,125 kg	3,6 km	1,85 t	7,5 cm
3,7 cm	8,06 g	20,4 cm	1,054 g	6,03 m

4. a. (1) Runde auf volle km: 3448 m; 5501 m; 8194 m; 1753 m; 6499 m
(2) Runde auf volle m: 651 cm; 929 cm; 1249 cm; 963 cm; 2350 cm
(3) Runde auf volle cm: 135 mm; 73 mm; 5341 mm; 716 mm; 361 mm
(4) Runde auf volle cm [m]: 5317 mm; 9432 mm; 7526 mm; 6492 mm; 1555 mm

b. (1) Der Eifelturm in Paris ist 320 m hoch; die Höhe ist auf volle m gerundet. Wie hoch kann der Eifelturm tatsächlich sein?
(2) Die Höhe eines Zimmers wird mit 248 cm angegeben; sie ist auf volle cm gerundet. Wie hoch kann das Zimmer tatsächlich sein?

5. Der englische Mathematiker und Astronom Edmond Halley lebte von 1656 bis 1742. Nach ihm wurde der Halleysche Komet benannt. Dieser Komet ist alle 76 Jahre am Himmel als Stern mit Schweif zu sehen. Zuletzt wurde er 1986 beobachtet. Wie alt war Edmond Halley, als er den Kometen sah?

△ **6.** Über dem Eingangstor eines Klosters steht die Jahreszahl der Gründung: MCCLXXXIII. 144 Jahre später wurde eine Kapelle auf dem Klostergelände gebaut. Welche römische Zahl steht über der Tür der Kapelle?

7. a. Ordne die Bauwerke nach ihrer Größe. Beginne mit dem größten.
b. In welchem Maßstab sind die Gebäude hier abgebildet?

8. Auch Gewichte rundet man.

a. (1) Runde auf volle t: 7619 kg; 12499 kg; 3299 kg; 824 kg; 9831 kg
(2) Runde auf volle kg: 2314 g; 624 g; 15618 g; 3701 g; 5500 g
(3) Runde auf volle g: 4605 mg; 10725 mg; 8462 mg; 1095 mg; 9633 mg

b. (1) Die Ladung eines Lkws wird mit 3 t angegeben; das Gewicht ist auf volle t gerundet. Wie schwer kann die Ladung tatsächlich sein?
(2) Das Gewicht eines Sacks Kartoffeln wird mit 25 kg angegeben; es ist auf volle kg gerundet. Wie schwer kann der Sack tatsächlich sein?

9. **a.** Wie viel kg beträgt die Höchstbelastung der Brücke?

b. Wie viel kg dürfen auf den Lieferwagen höchstens geladen werden?

c. Mit wie viel kg darf der Waggon höchstens belastet werden?

10. Kathrin fährt mit einem Intercity von Bonn nach Bielefeld (Fahrplan rechts).

a. Wie viel min braucht der Zug von Bonn bis Köln? Wie viel min von Köln bis Düsseldorf, von Düsseldorf bis Duisburg, von Duisburg bis Essen usw.?

b. Wie lange ist der Zug von Bonn bis Dortmund unterwegs?
Wie lange ist er von Dortmund bis Bielefeld unterwegs?

c. Wie lange braucht der Zug von Bonn bis Bielefeld?

Bahnhof	an	ab
Bonn Hbf		**10:39**
Köln Hbf	11:00	11:09
Düsseldorf Hbf	11:30	11:32
Duisburg Hbf	11:44	11:46
Essen Hbf	11:57	11:59
Bochum Hbf	12:07	12:09
Dortmund Hbf	12:20	12:23
Hamm (Westf.)	12:38	12:40
Bielefeld Hbf	**13:04**	

Mont Blanc

11. *Höhen einiger Berge:*

Zugspitze (Alpen)	2963 m	Kahler Asten (Sauerland)	841 m
Feldberg (Schwarzwald)	1495 m	Velmerstot (Teutoburger Wald)	468 m
Mont Blanc (Alpen)	4810 m	Köterberg (Lippe)	497 m
Mount Everest (Himalaja)	8872 m	Brocken (Harz)	1142 m

a. Um dir die Höhen der Berge besser vorstellen zu können, gib sie an:
(1) in km und m; (2) in km mit einem Komma.

b. Ordne die Berge nach der Höhe.

c. Zeichne ein Säulendiagramm im Maßstab 1:100000. Runde dazu die Berghöhen geeignet.

12. **a.** Eine Raumkapsel ist 1000 h im Weltall.
Wie viel Wochen, Tage, Stunden sind das?

b. Wie viel Jahre ist man alt, wenn man 100000 h gelebt hat?

Bist du fit?

1. Schreibe mit der in Klammern angegebenen Maßeinheit.

a. 9 m (dm)	**b.** 7 000 m (km)	**c.** 35 km (m)	**d.** 38 kg (g)	**e.** 12 000 g (kg)
14 m (dm)	130 dm (m)	78 cm (mm)	14 t (kg)	7 000 mg (g)
37 km (m)	70 mm (cm)	057 m (cm)	900 g (mg)	4 000 kg (t)
400 cm (m)	70 cm (mm)	47 m (cm)	80 g (mg)	9 000 g (kg)

2. Schreibe mit zwei Maßeinheiten und mit Komma.

a. 4 780 m	**b.** 19 mm	**c.** 753 mm	**d.** 2 575 g	**e.** 5 900 mg	**f.** 12 g
475 cm	7 500 m	4 823 mm	8 473 kg	3 500 kg	41 kg

3. Schreibe mit der in Klammern angegebenen Maßeinheit.

a. 32 min (s)	**b.** 10 min 36 s (s)	**c.** 1 980 s (min)	**d.** $4\frac{1}{2}$ min (s)
18 h (min)	22 h 18 min (min)	192 h (d)	
780 min (h)	3 d 2 h (h)	4 d (h)	$3\frac{1}{2}$ h (min)

4. Rechts siehst du den Zeitplan für den Unterricht einer Schule.

a. Wie lange dauern die einzelnen Pausen?

b. Überprüfe, ob alle Unterrichtsstunden 45 min dauern.

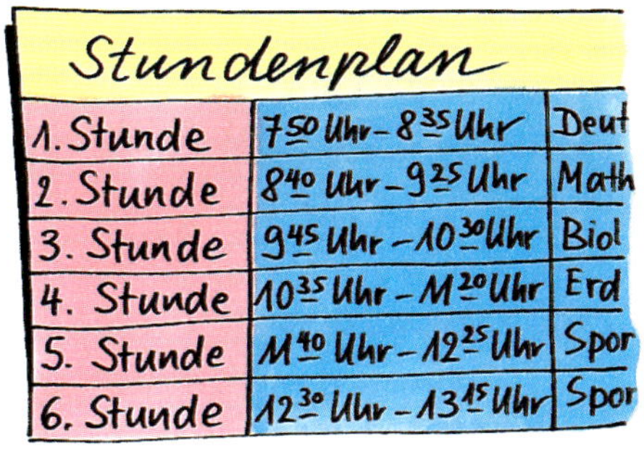

5. Ein Flugzeug startet in Düsseldorf um 9.55 Uhr und landet in München um 11.02 Uhr. Wie lange dauert der Flug?

6. a. Schreibe das Gewicht des Güterwagens (Bild rechts) erst in zwei Einheiten (t, kg), dann in t mit Komma.

b. Verfahre ebenso mit folgenden Gewichten von Güterwagen:
29 770 kg; 15 450 kg; 14 880 kg; 13 820 kg.

7. In dem Kraftfahrzeugschein von Danielas Mutter steht: Länge 4 725 mm; Breite 1 786 mm. Schreibe diese Angaben mit Komma in der Einheit m [cm]

8. Eine Tischtennisplatte hat folgende Maße:
Länge 2,743 m; Breite 1,525 m; Höhe über dem Erdboden 0,762 m.
Schreibe diese Angaben (1) in m und mm, (2) in mm, (3) in cm mit Komma.

9. a. Das Rechteck rechts ist im Maßstab 1 : 100 000 dargestellt, d. h. 1 cm entspricht
100 000 cm = 1 000 m = 1 km.
Bestimme Länge und Breite des wirklichen Rechtecks.

b. Ein Rechteck ist 6 km lang und 3,5 km breit. Zeichne es im Maßstab 1 : 100 000.

Im Blickpunkt

Ein Blick ins Weltall

Hast du schon einmal an einem sternklaren Abend in den Himmel geschaut? Man hat dann einen phantastischen Blick in die Weite des Weltraums und man sieht eine Unmenge von Himmelskörpern. Etwa 5000 Sterne kann man mit bloßem Auge erkennen, aber es gibt noch viel, viel mehr.

1. Allein in unserem Sternensystem, der sogenannten Milchstraße, gibt es über 200 Milliarden Sterne. Wie viele Millionen sind das? Schreibe die Zahl 200 Milliarden aus! Wie viele Nullen hat diese Zahl?

2. Wissenschaftler haben herausgefunden, dass es außer der Milchstraße weitere 100 Milliarden Sternensysteme, sogenannte Galaxien, gibt. Man kann annehmen, dass in jeder dieser Galaxien etwa 200 Milliarden Sterne sind wie in der Milchstraße. Wie viele Sterne sind das insgesamt?

3. Um die gigantischen Ausmaße der Milchstraße besser zu beschreiben, hat man eine neue, sehr große, Maßeinheit eingeführt: das *Lichtjahr.* Ein Lichtjahr ist die Länge der Strecke, die ein Lichtstrahl in einem Jahr zurücklegt. Das ist eine für uns unvorstellbar große Strecke! Bereits in einer Sekunde legt das Licht 300 000 km zurück. Wie viel Kilometer sind dann ein Lichtjahr?

4. Mit der neuen Maßeinheit *Lichtjahr* können wir nun auch die Ausmaße unserer Milchstraße beschreiben: Vom einen zum anderen Ende der Milchstraße sind es ca. 100 000 Lichtjahre. Angenommen, im Zentrum unserer Milchstraße verglüht ein Stern mit einem hellen Lichtschein. Wie lange dauert es, bis man dies am Rande der Galaxis sieht?

5. Kann es sein, dass Sterne, deren Licht wir abends sehen, in Wirklichkeit schon lange nicht mehr existieren?

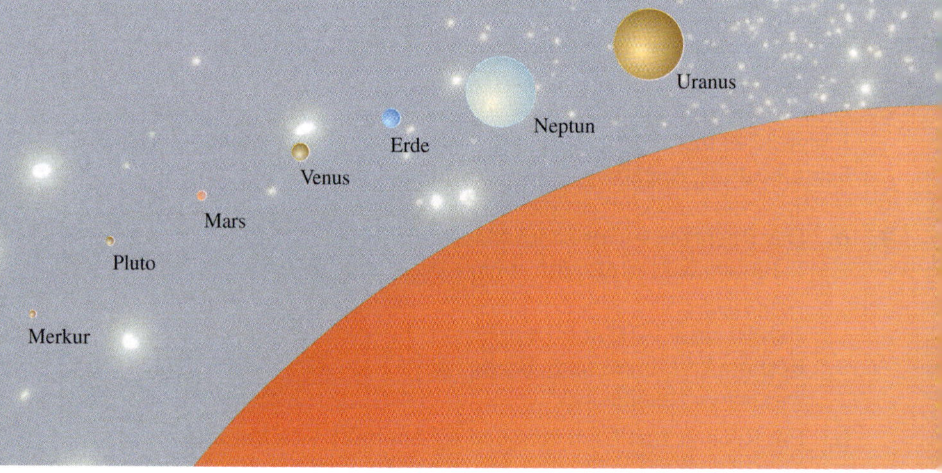

Auf dem Bild unten sind die Planeten unseres Sonnensystems abgebildet. Die Ausmaße der abgebildeten Himmelskörper entsprechen dabei den wirklichen Größenverhältnissen, sie sind im Maßstab 1 : 5 Milliarden verkleinert, d.h. 1 cm entspricht 5 Milliarden cm in Wirklichkeit. Im unteren Teil des Bildes ist die Sonne angedeutet; sie ist so groß, dass sie in unserer Abbildung nur zum Teil dargestellt werden kann. Die Abstände zwischen den einzelnen Planeten sind nicht maßstabgetreu. Sie müssten - bei gleichem Maßstab - viel größer sein. Das würde in kein Buch und keinen Atlas mehr passen.

6. Bastelt euch Pappscheiben, um die Sonne und Planeten darzustellen.
Überlegt euch zuvor einen günstigen Maßstab, zum Beispiel:
1 mm auf dem Papier entspricht 1000 km in Wirklichkeit.

7. Stellt die Größe der Umlaufbahnen der Planeten auf einem Sportplatz oder auf dem Schulhof dar. Wenn ihr viel Platz habt, könnt ihr den Maßstab so wählen:
1 cm auf dem Schulhof entspricht 1 Million Kilometer im Weltall.

	Abstand von der Sonne	Durchmesser des Äquators
Merkur	57 900 000 km	4 800 km
Venus	108 200 000 km	12 200 km
Erde	149 600 000 km	12 756 km
Mars	227 900 000 km	6 800 km
Jupiter	778 300 000 km	142 800 km
Saturn	1 427 000 000 km	120 800 km
Uranus	2 869 600 000 km	147 600 km
Neptun	4 496 600 000 km	49 500 km
Pluto	5 900 000 000 km	6000 km
Sonne	-	1 392 000 km

Rechnen mit natürlichen Zahlen und Größen

1

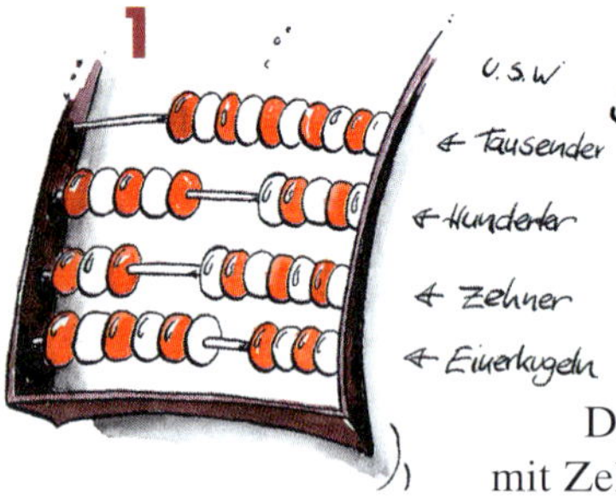

Hast du schon mal ein Rechenbrett in der Hand gehabt? Rechenbretter haben meistens hundert Kugeln, die auf zehn Drähte aufgezogen sind. Kannst du dir vorstellen, dass man damit auch Zahlen addieren kann, die viel größer als Hundert sind?

Dies geht mit folgendem Trick: Man rechnet nicht nur mit Einerkugeln, sondern auch mit Zehner-, Hunderter- und Tausenderkugeln (s. Abb. 1). Auf der untersten Linie sind die Einer, darüber die Zehner, die Hunderter usw. In unserer ersten Abbildung kann man sehen, wie die Zahl 536 dargestellt wird: Man schiebt 5 Hunderter, 3 Zehner und 6 Einer nach links.

Zu der Zahl 536 addieren wir nun die Zahl 317. Das geht in folgenden Schritten:

2

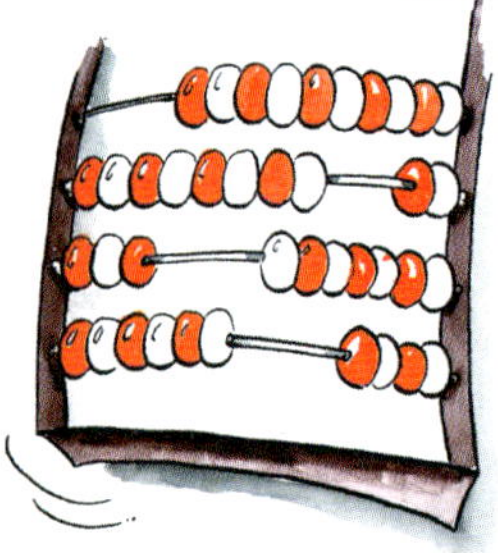

3

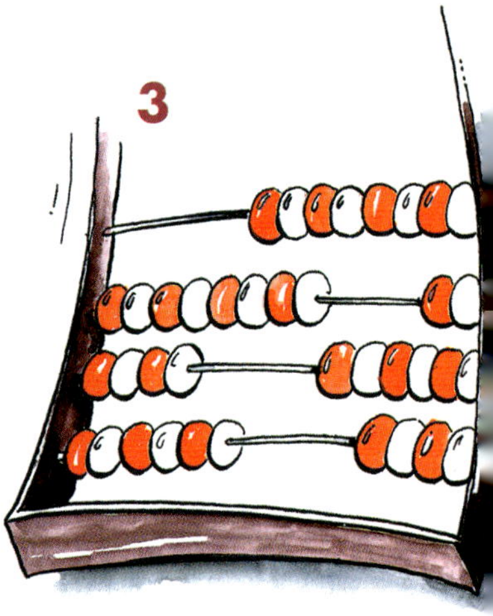

- Man schiebt drei Hunderterkugeln nach links (Abb. 2).
- Dann schiebt man eine Zehnerkugel nach links (Abb. 3).
- Nun müsste man eigentlich noch 7 Einerkugeln nach links schieben, es sind aber nur noch 4 Einerkugeln auf der rechten Seite (Abb. 3). Dieses Problem löst man so: Man schiebt eine Zehnerkugel nach links und drei Einerkugeln nach rechts (Abb. 4).
  Welches Ergebnis erhalten wir?

4

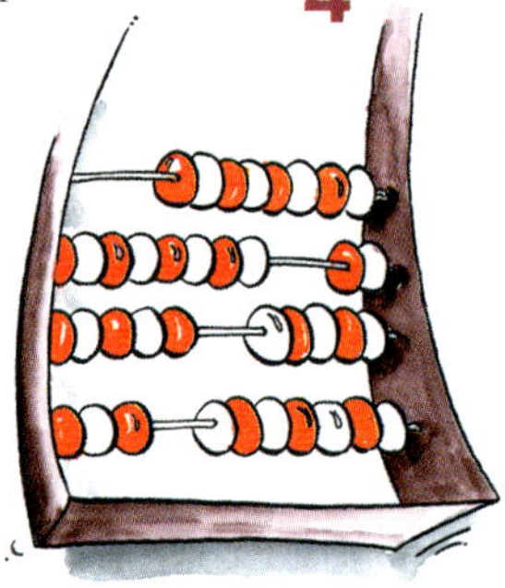

- Berechne auf diese Weise: 4264 + 2319
- Bis zu welchen Zahlen kann man auf diese Weise rechnen?

- Welche Vorteile hat das Verfahren der schriftlichen Addition, das du gelernt hast, gegenüber dem Rechnen mit dem Rechenbrett?

Addieren und Subtrahieren von Zahlen und Größen

Schrittweises Addieren und Subtrahieren – Fachausdrücke

Aufgabe

1. Carolin hat eine Videocassette mit einer Höchstspieldauer von 195 Minuten. Berechne im Kopf:

a. Sie möchte beide Fernsehsendungen aufnehmen. Wie lang sind beide Sendungen zusammen?

b. Sie hat „Die Wochenshow" aufgenommen. Welche Restspielzeit ist dann noch auf der Videocassette?

Lösung

Ansatz: 115 min + 57 min
Addiere 115 und 57 in zwei Schritten:

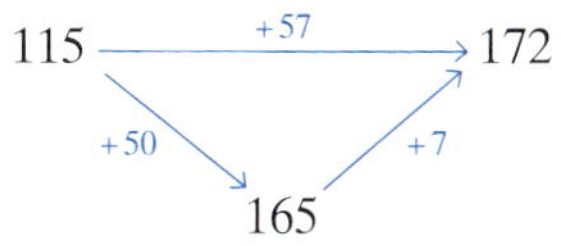

115 + 57 = 172

Die Sendungen sind 172 Minuten lang.

Ansatz: 195 min – 57 min
Subtrahiere 57 in zwei Schritten:

Wir rechnen nur mit den Maßzahlen

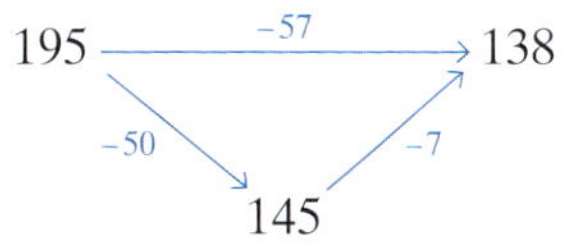

195 – 57 = 138

Die Restspielzeit beträgt 138 Minuten.

Information

524 + 68 nennt man die **Summe** der Zahlen 524 und 68. Das Ergebnis 592 nennt man auch Summe.
524 und 68 heißen *Summanden.*

524	+	68	=	592

1. Summand + 2. Summand = Summe

891 – 58 nennt man die **Differenz** der Zahlen 891 und 58. Das Ergebnis 833 nennt man auch Differenz.
891 heißt *Minuend*, 58 heißt *Subtrahend.*

891	–	58	=	833

Minuend – **S**ubtrahend = Differenz

Merke: M vor S

Zum Festigen und Weiterarbeiten

2. Rechne im Kopf; notiere die Ergebnisse.

a. 75 + 23; 62 + 11 **b.** 256 + 27; 328 + 55 **c.** 330 + 72; 472 + 65 **d.** 74 – 51; 98 – 38 **e.** 261 – 24; 573 – 39 **f.** 500 – 87; 302 – 66

3. **a.** 47 000 + 16 000 **b.** 26 Mio. + 19 Mio. **c.** 60 000 – 38 000 **d.** 57 Mrd. – 12 Mrd.

4. Ist das Gleichheitszeichen richtig? Korrigiere die letzte Zahl, falls das nicht zutrifft.

a. 490 + 230 = 590 + 130 **c.** 560 – 90 = 650 – 180 **e.** 710 – 170 = 400 + 50
b. 660 + 150 = 1 000 – 290 **d.** 870 – 190 = 180 + 500 **f.** 440 – 160 = 390 – 210

5. **a.** Notiere mithilfe der Rechenzeichen + oder – ; berechne dann.
(1) Summe aus 45 und 16 (2) Differenz aus 80 und 34 (3) Summe aus 30, 12 und 9

b. Notiere in Worten; berechne dann: (1) 90 – 33 (2) 28 + 72 (3) 100 – 55

6. An einem Wanderparkplatz (Standort) finden Lisa, Sarah, Jan und Tobias die nebenstehende Wanderkarte.

a. Sie wollen über die Jägerhütte zum Hohenstein und von dort auf direktem Weg zurückwandern.
Wie lang ist die Wanderstrecke, die sie sich vorgenommen haben?

b. Am Hohenstein entscheiden sie sich, nicht direkt, sondern über die Dicke Buche zurückzugehen.
Wie lang ist die neue Wanderstrecke?

Hinweis: Du kannst Kilometer in Meter umwandeln.

Spiel (2 bis 4 Spieler)

7. *Die ideale Ergänzung.* Gespielt wird mit 2 Würfeln. Jeder Wurf dient dazu, Ziffern für eine dreistellige Zahl zu erhalten. Die Augenzahlen beider Würfel werden jeweils addiert und als einstellige Zahl notiert, wobei 10 Augen als 0 und 11 Augen als 1 notiert werden. Die 12 (= 6 + 6) ist Joker und kann als beliebige Zahl notiert werden.
Die Ziffern werden in der Reihenfolge der Würfe notiert. Ergänze die erwürfelte dreistellige Zahl zum nächsten vollen Hunderter. Die Ergänzungszahl ist deine Punktzahl. Sieger ist, wer nach 5 Durchgängen die höchste Punktzahl hat.
Für Profis: Erwürfele vierstellige Zahlen. Ergänze zum nächsten vollen Tausender.

Übungen

8. Rechne im Kopf; notiere die Ergebnisse.

a. 42 + 37; 69 + 11
b. 342 + 58; 229 + 37
c. 15 + 861; 78 + 411
d. 734 + 80; 533 + 89
e. 30 + 875; 685 + 45
f. 600 + 5 370; 550 + 4 800

9. Rechne im Kopf.

a. 138 − 26; 297 − 62
b. 870 − 40; 350 − 70
c. 280 − 66; 483 − 38
d. 600 − 62; 704 − 65
e. 6 500 − 230; 3 820 − 550
f. 5 100 − 250; 3 270 − 400

10.
a. 25 000 + 9 000; 56 000 + 28 000
b. 9 Mio. + 4 Mio.; 48 Mrd. + 32 Mrd.
c. 79 000 − 8 000; 64 000 − 42 000
d. 50 Mio. − 12 Mio.; 73 Mrd. − 15 Mrd.

11. Rechne in günstiger Reihenfolge im Kopf.

a. 14 + 59 + 16; 47 + 68 + 33; 85 + 97 + 15
b. 144 + 77 + 56; 208 + 59 + 22; 411 + 120 + 9
c. 53 000 + 29 000 + 17 000; 36 000 + 9 000 + 24 000; 4 444 + 2 345 + 5 556

12. Rechne vorteilhaft, notiere die Ergebnisse.

198 + 27
Addiere zunächst auf volle Hunderter:
198 $\xrightarrow{+2}$ 200 $\xrightarrow{+25}$ 225

403 − 78
Subtrahiere zunächst auf volle Hunderter:
403 $\xrightarrow{-3}$ 400 $\xrightarrow{-75}$ 325

a. 699 + 17; 498 + 63; 297 + 34
b. 702 − 36; 901 − 73; 303 − 58
c. 3 798 + 16; 25 + 2 395; 41 + 5 697
d. 6 204 − 58; 2 803 − 61; 9 107 − 39
e. 4 999 + 64; 2 998 + 32; 7 001 − 56
f. 12 995 + 27; 17 993 + 88; 14 004 − 72

13. Rechne vorteilhaft, zerlege dazu in zwei günstige Rechenanweisungen.

> 457 + 98
> 457 $\xrightarrow{+100}$ 557 $\xrightarrow{-2}$ 555

a.	**b.**	**c.**	**d.**	**e.**	**f.**
623 + 99	143 + 98	451 − 98	783 − 96	5064 + 998	8213 − 999
348 + 197	438 + 399	813 − 199	521 − 398	6200 + 995	6548 − 997
567 + 298	940 + 97	623 − 597	698 − 595	2995 + 999	3999 − 996

14. **a.** Daniels Mutter hat ein Obst- und Gemüsegeschäft. Sie verkauft an einem Vormittag 140 kg Äpfel und am Nachmittag 230 kg. Wie viel kg hat sie zusammen verkauft?

b. Daniels Mutter hatte einen Vorrat von 760 kg Äpfeln.
Wie viel kg Äpfel hat sie übrig?

15. Marias Vater kauft 5 kg Kartoffeln, 2,5 kg Braten und 4,5 kg Obst.
Wie viel kg muss er nach Hause tragen?

16. Bei einer 4 × 400-m-Staffel benötigen die einzelnen Läuferinnen 52 s, 54 s, 51 s, 56 s.
Welche Zeit wurde für die Staffel benötigt? Wandle auch in Minuten um.

17. Wie teuer sind Inline-Scater und Knieschützer zusammen?

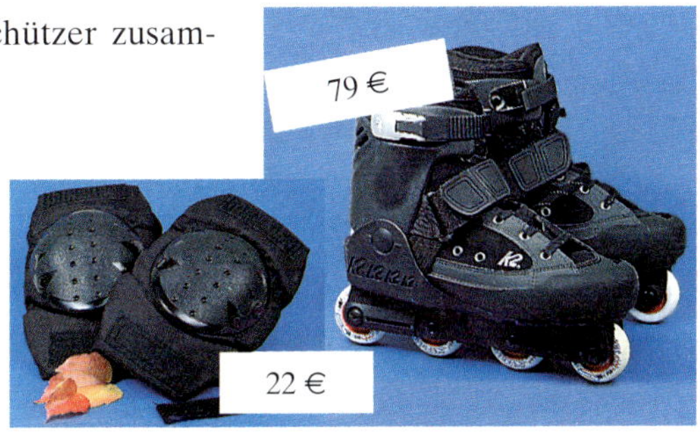

18. Laura trägt Zeitungen aus, um sich ein wenig Taschengeld zu verdienen. Insgesamt muss sie 112 Exemplare ausliefern. Heute hilft ihr ihre Freundin und übernimmt das Verteilen von 27 Zeitungen. Wie viele Zeitungen muss Laura noch austragen?

19. Erfinde selbst Rechengeschichten zu der folgenden Summe bzw. Differenz.

a. 43 kg + 19 kg

b. 203 km − 87 km

c. 24 min + 33 min

d. 55 Liter − 28 Liter

> *Term:* 43 m − 27 m
> *Rechengeschichte:* Tim ist ein guter Skispringer. Er schafft auf der Jugendschanze 43 m. Marc erreicht nur 27 m.
> Wie viel Meter springt Tim weiter als Marc?
> *Rechnung:* 43 m − 27 m = 16 m
> *Ergebnis:* Tim springt 16 m weiter als Marc.

20. Vergleiche. Setze für ☐ das richtige Zeichen: =, < bzw. >.

a. 68 + 39 ☐ 75 + 32 **c.** 185 − 37 ☐ 111 + 47 **e.** 742 − 88 ☐ 752 − 98

b. 72 + 58 ☐ 100 + 20 **d.** 170 − 71 ☐ 36 + 65 **f.** 511 − 25 ☐ 501 − 35

21. **a.** Notiere die Summe von 428 und 67, berechne.

b. Die Summanden sind 310, 45 und 29. Notiere die Summe und berechne.

c. Notiere die Differenz von 861 und 55, berechne.

d. Der Minuend ist 518, der Subtrahend ist 220. Notiere die Differenz und berechne.

22. **a.** Schreibe die Zahl 91 [177] auf fünf verschiedene Arten als Summe zweier Zahlen.

b. Schreibe die Zahl 48 [39] auf fünf verschiedene Arten als Differenz zweier Zahlen.

23. Ein Grundstück (Bild) wird mit Draht eingezäunt. Wie lang muss der Draht sein?

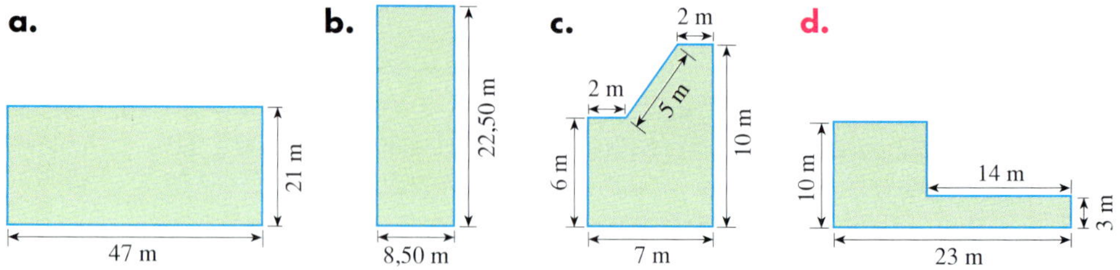

24. Dennis möchte sich einen tragbaren CD-Player eines bestimmten Typs und einen Kopfhörer dazu kaufen.

Händler	A	B	C	D
CD-Player	95 €	99 €	83 €	113 €
Kopfhörer	38 €	29 €	23 €	19 €

Er vergleicht die Preise verschiedener Händler.

a. Beide Geräte werden bei demselben Händler gekauft. Berechne die Gesamtpreise.

b. Wo muss Dennis einkaufen, damit er möglichst wenig bezahlt? Wie groß ist der Preisunterschied zwischen dem günstigsten und dem ungünstigsten Einkauf?

25. Vanessa besucht am Nachmittag ihre Freundin Julia. Vorher muss sie noch etwas einkaufen. Sie fährt mit dem Fahrrad. Bis zum Geschäft braucht sie 15 Minuten, das Einkaufen dauert nur 5 Minuten, dann fährt sie noch 15 Minuten bis zu Julia. Die beiden Freundinnen verbringen $1\frac{1}{4}$ Stunden miteinander. Für die Rückfahrt braucht Vanessa 20 Minuten. Wie lange ist sie am Nachmittag unterwegs?

26.

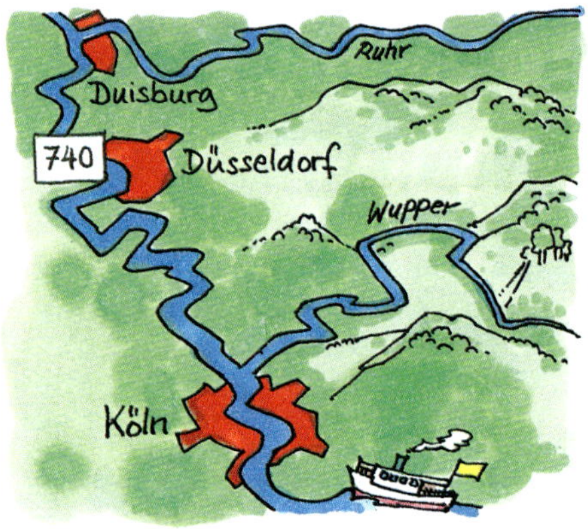

An Landstraßen und an Autobahnen findest du Kilometersteine. Mit deren Hilfe kann man leicht einen Standort angeben.
Entsprechende Markierungen gibt es auch bei großen Flüssen. Ein Polizeiboot ist auf dem Rhein in Düsseldorf bei Flusskilometer 740 stationiert. Bei einem Einsatz fährt das Boot zunächst 27 km flussabwärts (zunehmende Kilometerzahl), dann 35 km flussaufwärts und schließlich zu einem Einsatzort bei Flusskilometer 758.
Lege zu der Aufgabe eine Skizze an.

a. Bei welchem Flusskilometer kehrt das Boot jeweils die Richtung um?

b. Wie viel km legt das Boot insgesamt zurück?

c. Wie viel km muss das Boot noch fahren, um zum Ausgangsort zurückzukehren?

Spiel

27. *Reise nach Jerusalem*
Je 5 Mitspieler bewegen sich um einen Kreis aus vier Stühlen; die Sitzflächen der Stühle zeigen nach außen. Der Spielleiter stellt allen Gruppen gleichzeitig eine Kopfrechenaufgabe. Wer das Ergebnis weiß, setzt sich schnell auf einen freien Stuhl. Der Mitspieler, der keinen Platz mehr findet, darf einen der Sitzenden nach dem Ergebnis fragen. Ist die Antwort richtig, muss der Fragende ausscheiden.
Ein Stuhl wird entfernt und eine neue Runde beginnt. Der gerade ausgeschiedene Mitspieler stellt die neue Aufgabe. Es werden Additions- und Subtraktionsaufgaben gestellt, bei denen die erste Zahl kleiner als 1 000, die zweite kleiner als 100 sein muss.

Rückgängigmachen einer Rechenanweisung

Aufgabe

1. Die 1. Volleyballmannschaft des VC Balldorf hat einen neuen Spieler verpflichtet. Am nächsten Spieltag kamen 359 Zuschauer. Das waren 35 mehr als am Spieltag davor.
Die Tischtennismannschaft des TV Schlägerdorf bot eine schwache Leistung. Deshalb kamen am folgenden Spieltag nur 219 Zuschauer, 75 weniger als vorher. Wie kann man die früheren Zuschauerzahlen berechnen?

Lösung

Gesucht wird die ursprüngliche Zuschauerzahl. Man erhält sie, wenn man die Veränderung der Zuschauerzahl rückgängig macht, also rückwärts rechnet.

ursprüngliche Zuschauerzahl

VC Balldorf	TV Schlägerdorf
□ + 35 = 359	□ − 75 = 219
□ $\xrightarrow{+35}$ 359, zurück: $\xleftarrow{-35}$	□ $\xrightarrow{-75}$ 219, zurück: $\xleftarrow{+75}$
359 − 35 = 324	219 + 75 = 294

Ergebnis: Die Volleyballmannschaft hatte vorher 324 Zuschauer, die Tischtennismannschaft hatte vorher 294 Zuschauer.

Zum Festigen und Weiterarbeiten

2. Gib jeweils die fehlende Zahl an. Rechne im Kopf.

a. □ $\xrightarrow{+12}$ 64 (zurück: -12)
□ $\xrightarrow{+27}$ 59
43 $\xrightarrow{+□}$ 73

b. □ $\xrightarrow{+35}$ 81 (zurück: -35)
□ $\xrightarrow{+14}$ 60
55 $\xrightarrow{+□}$ 92

c. □ $\xrightarrow{-16}$ 42 (zurück: $+16$)
□ $\xrightarrow{-50}$ 32
59 $\xrightarrow{-□}$ 51

d. □ $\xrightarrow{-68}$ 24 (zurück: $+68$)
□ $\xrightarrow{-44}$ 19
60 $\xrightarrow{-□}$ 13

3. Berechne die Differenzen und Summen. Kontrolliere dein Ergebnis durch die Gegenrechnung.

a. 262 − 34
184 − 56

b. 137 + 25
228 + 46

c. 147 + 29
343 − 27

Aufgabe:
197 − 72 = 125

Pfeilbild:
197 $\xrightarrow{-72}$ 125 (zurück: $+72$)

Kontrolle:
125 + 72 = 197

4. Gib jeweils die fehlende Zahl an. Rechne im Kopf.

a. □ + 35 = 95
61 + □ = 87

b. □ + 49 = 71
33 + □ = 62

c. □ − 22 = 48
76 − □ = 31

d. □ − 56 = 18
95 − □ = 59

5. a. Im Januar wurden insgesamt 120 Bücher verliehen. Im Februar waren es 24 Bücher mehr. Wie viele Bücher wurden im Februar entliehen?

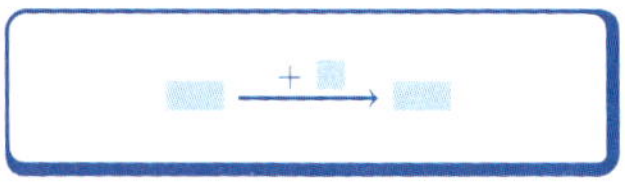

b. Im Januar hat sich die Zahl der Benutzer der Bibliothek gegenüber der im Dezember um 40 auf 362 erhöht. Wie viele Benutzer waren es im Dezember?

c. In der Bücherei stehen 815 Bücher zur Verfügung. Nachdem einige Bücher dazu gekauft wurden, sind es nun 840. Wie viele Bücher wurden gekauft?

Du kannst bei der Lösung der Aufgabe ein Pfeilbild wie rechts oben verwenden.

6. a. Ein 45 € teurer Badeanzug wird um 11 € billiger. Was kostet er jetzt?

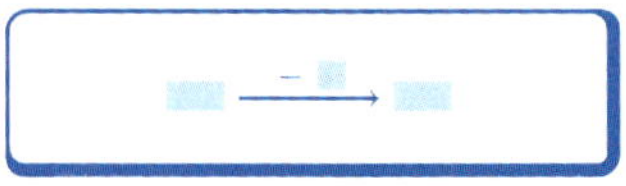

b. Der Preis für eine Tischtennisplatte wurde um 34 € auf 114 € verringert. Wie teuer war die Platte vorher?

c. Der Preis für ein Schlauchboot betrug vorher 395 € und beträgt jetzt 311 €. Um welchen Betrag wurde das Boot billiger?

Du kannst bei der Lösung der Aufgabe ein Pfeilbild wie rechts verwenden.

Teamarbeit

7. Partner A notiert verdeckt eine 3-stellige Zahl.
Partner B nennt eine 2-stellige Zahl und entscheidet, ob Partner A sie zu seiner verdeckten Zahl addieren oder subtrahieren soll. Partner A führt im Kopf die Rechnung aus und nennt sein Ergebnis.
Partner B rechnet rückwärts und muss die von A notierte Zahl als Ergebnis erhalten.
Danach werden die Rollen vertauscht.

Information

Das Addieren einer Zahl wird durch das Subtrahieren dieser Zahl rückgängig gemacht.
Das Subtrahieren einer Zahl wird durch das Addieren dieser Zahl rückgängig gemacht.

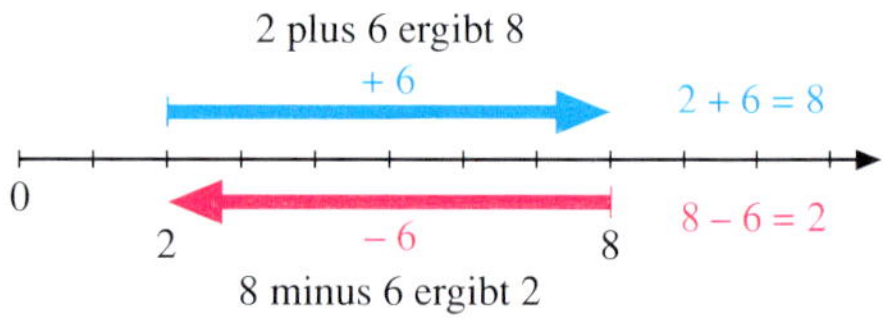

Übungen

8. Gib jeweils die fehlende Zahl an. Rechne im Kopf.

a. $\square \underset{-10}{\overset{+10}{\rightleftarrows}} 80$
$\square \xrightarrow{+8} 50$
$65 \xrightarrow{+\square} 95$

b. $\square \underset{-24}{\overset{+24}{\rightleftarrows}} 61$
$\square \xrightarrow{+280} 500$
$250 \xrightarrow{+\square} 520$

c. $\square \underset{+25}{\overset{-25}{\rightleftarrows}} 42$
$\square \xrightarrow{-16} 34$
$93 \xrightarrow{-\square} 53$

d. $\square \underset{+35}{\overset{-35}{\rightleftarrows}} 48$
$\square \xrightarrow{-220} 690$
$700 \xrightarrow{-\square} 130$

9. a. $\square + 37 = 63$
$18 + \square = 81$
$\square - 49 = 14$
$54 - \square = 26$

b. $\square + 370 = 990$
$40 + \square = 760$
$\square - 440 = 440$
$690 - \square = 30$

c. $\square + 1\,100 = 4\,700$
$7\,500 + \square = 8\,000$
$\square - 4\,000 = 2\,800$
$2\,000 - \square = 200$

10. **a.**

□ $\xrightarrow{+15}$ 40 $\xrightarrow{-10}$ □

↑−7 ↑+11 ↑+8

□ $\xrightarrow{-3}$ □ $\xleftarrow{+7}$ □

b.

□ $\xrightarrow{+62}$ 100 $\xrightarrow{-62}$ □

↓−28 ↓−35 ↓+49

□ $\xleftarrow{-55}$ □ $\xrightarrow{+22}$ □

11. Kontrolliere die Rechnung durch Addieren. Berichtige jedes falsche Ergebnis.

a. 95 – 35 = 60
70 – 43 = 37
81 – 59 = 12

b. 100 – 55 = 45
170 – 88 = 82
543 – 65 = 468

c. 400 g – 270 g = 230 g
840 m – 84 m = 756 m
215 cm – 170 cm = 145 cm

12. **a.** Die Mitgliederzahl eines Sportvereins hat sich im Laufe eines Jahres um 240 erhöht und beträgt am Jahresende 970.
Wie viele Mitglieder hatte der Verein zu Beginn des Jahres?

b. Am Anfang des Jahres zählte ein Sportverein 415 Mitglieder, am Ende des Jahres waren es 495.
Um wie viele Mitglieder hat sich der Verein vergrößert?

13. **a.** Markus hat von seinem Taschengeld bei der Klassenfahrt bereits 17,40 € ausgegeben. Er hat jetzt noch 7,60 €. Wie viel Geld hatte er mitgenommen?

b. Tim hatte bei der Klassenfahrt 32,80 € mit. Zu seinem Taschengeld hatte er für die Fahrt von seinem Großvater 10,50 € erhalten.
Wie viel Taschengeld hatte er?

14. Der Hüttenwirt Franz notiert die winterlichen Wetterverhältnisse in seinem Schneebericht.

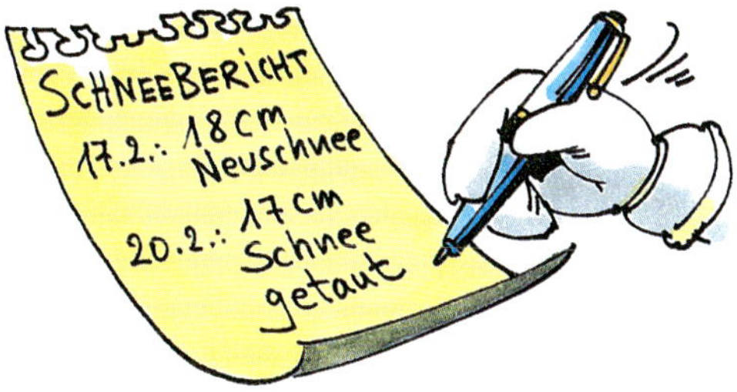

a. Nach den Schneefällen vom 17. 2. lagen insgesamt 54 cm Schnee.
Wie hoch war die Schneedecke vorher?

b. Nach Tauwetter am 20. 2. war die Schneedecke nur noch 25 cm hoch.
Wie hoch lag der Schnee, bevor es taute?

15. Tina fährt mit dem Fahrrad zur Schule. Für die Fahrt braucht sie etwa 15 Minuten.
Da viele Kinder mit dem Fahrrad zur Schule kommen, dauert das Abstellen und Abschließen des Fahrrades etwa 5 Minuten. Der Unterricht beginnt um 7.50 Uhr. Tina möchte immer 10 Minuten vor Unterrichtsbeginn in der Schule sein.
Wann muss Tina von zu Hause wegfahren?

16. Notiere die fehlenden Zahlen.

a. 445 $\xrightarrow{+38}$ □ $\xrightarrow{-29}$ □ $\xrightarrow{-49}$ □ $\xrightarrow{+78}$ □ $\xrightarrow{-66}$ □ $\xrightarrow{+83}$ 500

b. □ $\xrightarrow{-65}$ □ $\xrightarrow{+47}$ □ $\xrightarrow{-47}$ □ $\xrightarrow{-29}$ □ $\xrightarrow{+29}$ □ $\xrightarrow{+100}$ 135

c. 0 $\xrightarrow{□}$ □ $\xrightarrow{-40}$ 93 $\xrightarrow{□}$ 50 $\xrightarrow{□}$ 105 ⟶ – 77 □ $\xrightarrow{□}$ 0

17. **a.** Um welche Zahl musst du 24 000 vergrößern, um auf 30 000 zu kommen?
b. Welche Zahl musst du um 8 000 vergrößern, damit du 50 000 erhältst?
c. Welche Zahl musst du um 7 000 verringern, um auf 28 000 zu kommen?
d. Um wie viel musst du die Zahl 100 000 verringern, damit du 87 000 erhältst?

18. **a.** Die Summe beträgt 440. Der erste Summand ist 66. Wie heißt der zweite Summand?
b. Die Differenz hat den Wert 290. Der Subtrahend ist 390. Wie heißt der Minuend?
c. Die Summe aus drei Summanden hat den Wert 1 000. Der erste Summand ist 120, der dritte Summand ist 750. Wie heißt der zweite Summand?

19. Stelle zunächst eine geeignete Aufgabe und löse sie dann.
a. Im Bild siehst du die Gesamtkilometeranzeige eines Fahrradtachos am Anfang und am Ende eines Wochenendausfluges.
b. Vor einem Tagesausflug zeigt der Tageskilometerzähler 7,4 km. Tim fährt an dem Tag 35,7 km.
c. Nach einer Fahrt von 26,0 km zeigt der Tageskilometerzähler 50,6 km.

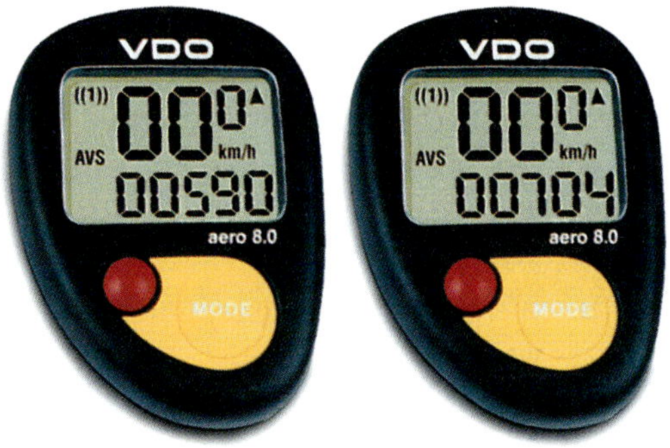

20. Stelle zunächst eine sinnvolle Aufgabe und löse sie dann.
a. An einem Marktstand wurden an einem Wochentag 45 kg Tomaten verkauft. Am folgenden Tag wurden 17 kg mehr verkauft.
b. An dem gleichen Marktstand wurden am Samstag 71 kg Spargel verkauft. Das waren 34 kg mehr als am Freitag.
c. Am Freitag wurde an dem Marktstand 85 kg Kartoffeln verkauft, am Samstag waren es 125 kg.

21. Tanja überprüft ihr Gewicht: Die Waage zeigt 38 kg. Als sich ihr älterer Bruder Tim zu ihr auf die Waage stellt, zeigt diese 85 kg. Nachdem Tanja von der Waage gestiegen ist, stellt sich Lisa zu Tim. Die Waage zeigt nun 76 kg. Wie schwer ist Tim, wie schwer ist Lisa?

Schriftliche Verfahren beim Addieren und Subtrahieren

Schriftliches Addieren

Wiederholung

1. Das Reiseunternehmen „Happy Holidays“ hat vor drei Jahren einen neuen Bus gekauft. Im ersten Jahr fuhr der Bus 119 216 km, im zweiten Jahr waren es 97 405 km und im dritten Jahr 108 568 km. Wie viel km ist der Bus insgesamt gefahren?
Mache zunächst einen Überschlag. Runde dabei so, dass du im Kopf rechnen kannst.

Lösung

Überschlag: 120 000 + 90 000 + 110 000 = 320 000

Wenn wir die gesamte Fahrstrecke genau berechnen wollen, müssen wir schriftlich addieren. Dabei können Überträge vorkommen.
Wir addieren

die Einer: 6 + 5 + 8 = 19
die Zehner: 1 + 6 + 0 + 1 = **8**
die Hunderter: 5 + 4 + 2 = 11
die Tausender: 1 + 8 + 2 + 9 = 20
die Zehntausender: 2 + 0 + 9 + 1 = 12
die Hunderttausender: 1 + 1 + 1 = **3**

	HT	ZT	T	H	Z	E
	1	1	9	2	1	6
+		9	2	4	0	5
+	1	0	8	5	6	8
	1	2	1		1	
	3	2	0	1	8	9

119216
+ 92405
+ 108568
121 1
320189

Ergebnis: Der Bus ist in den drei Jahren 320 189 km gefahren.

Zum Festigen und Weiterarbeiten

2. Addiere schriftlich.

a. 62 783 + 24 615
b. 67 009 + 53 098
c. 953 + 179 082
d. 4 327 060 + 3 700 985
e. 7 305 087 195 + 2 870 534 907

Mögliche Ergebnisse: 87 398; 120 107; 180 035; 1 018 226 702; 760 760; 8 028 045; 10 175 622 102

3. Führe zunächst einen Überschlag durch. Runde so, dass du im Kopf rechnen kannst. Schreibe dann die Summanden stellengerecht untereinander, addiere schriftlich.

a. 729 + 146
b. 470 + 853
c. 2158 + 621
d. 4365 + 815
e. 35 178 + 46 720
f. 409 630 + 224 017
g. 14 385 + 21 907 + 30 236
h. 83 500 + 7316 + 125 083

Mögliche Ergebnisse: 875, 1 323, 2 779, 5 180, 22 220, 66 528, 81 898, 215 899, 633 647, 666 666

4. a. Rechts siehst du die Aufgaben von Dennis, Markus, Paul.
Christina erkennt sofort die falschen Ergebnisse. Welche sind das?
Wie hat sie die falschen Ergebnisse erkannt?

b. Welche Ergebnisse sind falsch? Entscheide ohne schriftlich zu rechnen.

(1) 75 205 + 4993 + 10 417 = ?? ???
(2) 355 + 3907 + 11 098 = ?? ???
(3) 81 703 + 9956 + 304 589 = ??? ???

Ergebnisse: 14 912; 90 615; 147 589 *Ergebnisse: 8 425; 15 360; 30 947* *Ergebnisse: 1 450 347; 295 248; 396 248*

5. Der Rhein-Ruhr Hafen Duisburg ist der größte Binnenhafen der Welt. Im Jahre 1997 wurden dort die nebenstehenden Massengüter umgeschlagen, d.h. vom Schiff auf Bahn oder LKW usw. umgeladen oder umgekehrt.

a. Berechne die insgesamt umgeschlagenen Gütermengen in Tonnen.

b. Wie groß war die umgeschlagene Menge ohne Erze/Schrott?

Erze/Schrott	27030817 t
Kohle	5834983 t
Mineralöle	2975939 t
Steine/Baustoffe/Salze	3783139 t
Chemikalien	1531358 t

Übungen

Lass Platz für die Überträge

6. Rechne schriftlich. Mache zunächst einen Überschlag.

a.	b.	c.	d.	e.
24866	241752	3157824	28565073	788420688
+ 83195	+ 8360	+ 2406137	+ 31405292	+ 11589312

7.

a.	b.	c.	d.	e.
7243	8221	41833	2143858	128359076
+ 1095	+ 759	+ 17907	+ 6092333	+ 43085721
+ 1662	+ 3070	+ 2659	+ 1416009	+ 3059170029

8. Die Stadt Attendorn will den Dachboden des Jugendzentrums ausbauen. Mit den Handwerkern wurden folgende Preise vereinbart:

Schreinerarbeiten	17254 €	Elektroarbeiten	5687 €
Sanitärinstallation	8764 €	Malerarbeiten	6298 €

Wie hoch sind die Gesamtkosten? Mache zunächst einen Überschlag.

9. Die Zuschauer sollen entscheiden, welcher Film gesendet werden soll. Der Sender startet dazu eine Telefonaktion.
Wie viele Anrufe sind insgesamt ausgewertet worden?

10. Eine Ferienanlage zählte im Jahre 1999 während der Hauptsaison 125832 Übernachtungen. In der Vor- und Nachsaison waren es nur 98174 Übernachtungen.
Wie viele Übernachtungen waren es im ganzen Jahr? Schätze zunächst durch Runden.

11. Rechne schriftlich. Du erhältst auffallende Ergebnisse.

a.	b.	c.	d.	e.	f.
240	268	727	6366	841535	72633918
+ 290	+ 304	+ 94	+ 2788	+ 54628	+ 14302060
+ 130	+ 195	+ 270	+ 1094	+ 209809	+ 588007
+ 270	+ 697	+ 9	+ 7530	+ 18377	+ 9064523
+ 180	+ 960	+ 561	+ 4222	+ 357651	+ 83411492

12. **a.** 6881 + 926 + 77 + 12116
b. 2194 + 7246 + 8055 + 1403 + 3324
c. 47803 + 92031 + 25276 + 60017 + 74876
d. 582 + 26914 + 403820 + 95 + 25378

13. Auffallende Ergebnisse.

a. 5329 + 2383 + 3026 + 806 + 1936 + 99

b. 54833206 + 13940171 + 8219667 + 7033

c. 521348 + 7202 + 8355945 + 16588 + 151 + 730049 + 368717

d. 4243 + 780006 + 2399571 + 655 + 62007 + 904432 + 2392296

14. Rechts findest du Zahlen über die Altersstruktur der Einwohner von Bielefeld (Stand 31.12.1997).

unter 5 Jahren	16404
von 5 bis 14 Jahren	32735
von 15 bis 44 Jahren	136286
von 45 bis 64 Jahren	80247
über 64 Jahren	58794

a. Wie viele Einwohner sind unter 14 Jahre?

b. Wie viele Einwohner sind 15 Jahre und älter?

c. Wie viele Einwohner hat Bielefeld?

d. Stelle weitere Aufgaben und löse sie.

15.

Januar	34903	Juli	156987
Februar	44525	August	140807
März	49844	September	63909
April	75773	Oktober	54306
Mai	130258	November	18705
Juni	104475	Dezember	17737

Das sind die Besucherzahlen für den Zoo Duisburg im Jahre 1998.
Wie viele Besucher waren das

a. im ersten Halbjahr;

b. im zweiten Halbjahr;

c. im ganzen Jahr?

Mache zunächst einen Überschlag.

16. a. Auf Seite 20 in der Aufgabe 10 sind die Schülerzahlen der einzelnen Bundesländer aufgeführt.
Berechne daraus die gesamte Schülerzahl der Bundesrepublik Deutschland.

b. Auf Seite 25 in der Aufgabe 12 sind die Einwohnerzahlen der einzelnen Bundesländer aufgeführt.
Berechne daraus die gesamte Einwohnerzahl der Bundesrepublik Deutschland.

17. Die Tabelle gibt die Müllmengen (in Tonnen) einer Großstadt an.

Bezirk	1995	1996	1997	1998	
A	34768	33804	35617	33296	
B	29840	30916	29212	28950	
C	36175	35422	36480	35377	
Gesamt					

a. Berechne für die einzelnen Jahre die Müllmenge aus der ganzen Stadt.

b. Wie viel Tonnen Müll waren es in den vier Jahren in den einzelnen Bezirken?

c. Wie viel Tonnen Müll fielen in den vier Jahren in der gesamten Stadt an?

18. Sabri war mit seinen Eltern im Restaurant zum Essen. Der Kellner bringt die nebenstehende Rechnung. Sabri rechnet nach, er macht zuerst einen Überschlag und rechnet dann genau.
Rechne ebenso wie Sabri. Stimmt die Rechnung?

19. Christian und Jan machen in den Ferien eine Fahrradtour. Jan stellt seinen Tageskilometerzähler täglich auf null und liest abends den Kilometerstand ab. Er notiert ihn auf einem Zettel.

a. Wie viel km sind sie in den 4 Tagen insgesamt gefahren?
Mache zuerst einen Überschlag, rechne dann genau.

b. Zu Beginn der Fahrradtour stand der Gesamtkilometerzähler auf 1 834,0 km.
Was zeigt er am Ende der Fahrt an?

20. Vanessas Vater kauft 5 kg Kartoffeln für 2,30 €, 2,5 kg Äpfel für 2,90 €, 250 g Erdbeeren für 1,50 € und 150 g Heidelbeeren für 2,20 €.

a. Wie viel hat Vanessas Vater bezahlt?

b. Welches Gewicht hat er zu tragen?

21. Berechne mithilfe des Fahrplans für den IC 517 die gesamte reine Fahrzeit von Münster nach Stuttgart und die Gesamtzeit der Aufenthalte.

	an IC 517	ab
Münster (Westf.) Hbf.		**10:34**
Recklinghausen Hbf.	11:02	11:04
Gelsenkirchen Hbf.	11:14	11:16
Essen Hbf.	11:25	11:28
Mülheim (Ruhr) Hbf.	11:34	11:36
Duisburg Hbf.	11:42	11:44
Düsseldorf Hbf.	12:01	12:03
Köln Hbf.	12:25	12:28
Bonn Hbf.	12:46	12:48
Koblenz Hbf.	13:20	13:22
Mainz Hbf.	14:11	14:13
Mannheim Hbf.	14:52	14:54
Heidelberg Hbf.	15:05	15:07
Stuttgart Hbf.	**15:47**	

Teamarbeit

22. *Kreuzzahlrätsel*
Schreibt in jedes Feld eine Ziffer.

a	b	c	d	e	f
g					
h					

senkrecht
Tragt die Ergebnisse von oben nach unten ein.

a. 145 + 207 + 74 **d.** 29 + 104 + 177
b. 189 + 118 + 496 **e.** 300 + 183 + 99
c. 65 + 65 + 65 **f.** 214 + 214 + 214

waagerecht
Tragt die Ergebnisse von links nach rechts ein.

a. 322 148 + 159 208 **h.** 36 311 + 598 711
g. 155 037 + 54 147

Schriftliches Subtrahieren

1. *Subtrahieren einer Zahl* **Aufgabe**

Der Mount Everest ist der höchste Berg der Erde. Er liegt im Himalaja und ist 8 848 m hoch.
Der höchste Berg in Deutschland ist mit 2 961 m die Zugspitze.
Wie viel Meter ist der Mount Everest höher als die Zugspitze?

Zugspitze, Deutschland

Lösung

Überschlag: 9000 – 3000 = 6000
Wir subtrahieren, indem wir ergänzen. Wir müssen auch hier auf den Stellenwert der Ziffern und auf die Überträge achten.

Wir überlegen:
E: von 1 bis 8 sind es **7**
Z: von 6 bis 14 sind es **8**
H: 1 + 9 = 10
von 10 bis 18 sind es **8**
T: 1 + 2 = 3
von 3 bis 8 sind es **5**

	T	H	Z	E
	8	8	4	8
–	2	9	6	1
	1	1		
	5	8	8	7

Wir ergänzen:
1 + **7** = 8
6 + **8** = 14
1 + 9 + **8** = 18
1 + 2 + **5** = 8

8848
– 2961
11
5887

Kontrolliere durch Addieren

Ergebnis: Der Mount Everest ist um 5 887 m höher als die Zugspitze.

2. *Subtrahieren mehrerer Zahlen* **Aufgabe**

Die Klasse 5b macht mit ihrer Lehrerin einen Ausflug nach Düsseldorf.
Von den Eltern sind 748 € eingesammelt worden.
Die Fahrt mit dem Bus nach Düsseldorf kostet 392 €.
Im Aqua-Zoo bezahlt die Klasse 74 € und beim Besuch des Flughafens 33 €.
Den Abschluss des Ausflugs bildet eine Bootsfahrt auf dem Rhein, die 126 € kostet.
Wie viel € sind nach dem Tagesausflug noch übrig?
Mache zunächst einen Überschlag. Runde dabei so, dass du im Kopf rechnen kannst.

Lösung

Überschlag: 750 – 400 – 70 – 30 – 130 = 120

Wir überlegen:
E: 6 + 3 + 4 + 2 = 15
von 15 bis 18 sind es **3**
Z: 1 + 2 + 3 + 7 + 9 = 22
von 22 bis 24 sind es **2**
H: 2 + 1 + 3 = 6
von 6 bis 7 sind es **1**

	H	Z	E
	7	4	8
–	3	9	2
–		7	4
–		3	3
–	1	2	6
	2	1	
	1	2	3

Wir ergänzen:
6 + 3 + 4 + 2 + **3** = 18
1 + 2 + 3 + 7 + 9 + **2** = 24
2 + 1 + 3 + **1** = 7

748
– 392
– 74
– 33
– 126
21
123

Kontrolliere

Ergebnis: Nach dem Klassenausflug sind von dem eingesammelten Geld noch 123 € übrig.

Zum Festigen und Weiterarbeiten

3. Subtrahiere schriftlich. Mache zunächst einen Überschlag. Runde dabei so, dass du im Kopf rechnen kannst.

a. 587 − 234 **b.** 963 − 453 **c.** 718 − 356 **d.** 5 817 − 2 364 **e.** 481 796 − 245 028 **f.** 1 483 614 − 629 321

Mögliche Ergebnisse: 279; 353; 362; 510; 3 453; 236 768; 621 744; 854 293

4. Schreibe stellengerecht untereinander, subtrahiere schriftlich.

a. 61 493 − 22 814 **b.** 19 000 − 8 473 **c.** 7 463 092 − 4 813 **d.** 9 188 670 − 433 000

Mögliche Ergebnisse: 10 527; 29 345; 38 679; 7 458 279; 7 481 350; 8 755 670

5. In den Öltank eines Hauses passen 4 500 Liter Heizöl. Vor der Heizperiode ist er voll getankt. Am Ende der Heizperiode wird er wieder voll getankt. Die Tankuhr des Tankwagens zeigt an, dass 3 378 Liter Heizöl eingefüllt wurden.
Wie viel Liter Heizöl wurden verbraucht?

6. Kontrolliere

a. 8 327 − 3 145 − 1 719 **b.** 743 112 − 9 378 − 62 583 **c.** 9 200 − 1 843 − 2 095 − 4 707 **d.** 8 240 240 − 751 083 − 3 069 154 − 420 003 **e.** 3 800 765 − 923 417 − 655 900 − 17 345 − 402 688

Übungen

7. Rechne schriftlich. Mache zunächst einen Überschlag. Kontrolliere auch.

a. 8 406 − 3 198 **b.** 82 009 − 27 140 **c.** 531 278 − 9 165 **d.** 80 346 115 − 5 107 666 **e.** 435 800 000 − 133 047 918

8.
a. 95 126 − 83 042; 35 760 − 21 810
b. 29 344 − 8 739; 255 136 − 88
c. 70 000 − 49 287; 62 444 − 9 815
d. 93 111 − 402; 371 490 − 371 489
e. 19 823 − 18 736; 83 008 − 27 360
f. 132 705 − 74 088; 312 533 − 6 666

9. **a.** 849 − 213 − 314 **b.** 782 − 143 − 325 **c.** 51 896 − 12 724 − 18 392 **d.** 90 000 − 41 813 − 36 055 **e.** 605 377 − 506 733 − 22 836 − 75 808 **f.** 17 462 911 − 8 355 734 − 6 900 295 − 2 206 771

Mögliche Ergebnisse: 0; 11; 111; 148; 314; 322; 367; 5 840; 12 132; 20 780; 124 102; 335 779; 567 890; 1 338 600

10. Jessica hat auf dem Markt für 3,35 € Obst, für 1,85 € Gemüse und für 0,95 € Salat eingekauft. Sie bezahlt mit einem 10-€-Schein.
Wie viel Geld erhält sie zurück?

11. Schreibe stellengerecht untereinander, subtrahiere schriftlich.

a. 35 906 − 83 − 1 746 − 523 − 12 435
b. 12 000 000 − 4 853 911 − 28 302 − 299 700
c. 407 311 − 2 117 − 9 − 342 − 147 008
d. 77 000 133 − 134 − 92 683 − 22 − 951 006

Mögliche Ergebnisse: 21 119; 33 408; 257 835; 6 818 087; 12 304 304; 75 956 288

12. 10000 kg Schweinefutter enthalten 2954 kg Weizenmehl, 1069 kg Fischmehl und 257 kg Mineralstoffe. Der Rest ist Gerstenmehl.
Wie viel kg Gerstenmehl sind in dem Futter?

13. Ein Unternehmen beliefert drei Haushalte mit Heizöl. Im Tank des Tankwagens sind 11650 Liter. Die Haushalte erhalten 3785 Liter, 4360 Liter und 2875 Liter.
Wie viel Liter Heizöl bleiben im Tankwagen?
Mache zuerst einen Überschlag, rechne dann genau.

14. Für den Musiksaal einer Schule wird ein neues Klavier angeschafft.
Das Klavier soll 5700 € kosten. Der Händler gewährt einen Rabatt von 285 €.
Wie viel Geld muss die Schule aufbringen?

Rabatt ist Preisnachlass

15. Im Jahre 1998 gab es in der Bundesrepublik 490410000 Kraftfahrzeuge, davon 41326900 Personenkraftwagen.
Wie viele übrige Fahrzeuge gab es?

16. Bis Ende des Jahres 1999 hatte ein Werk 829175 Personenwagen vom Typ „Speedy" hergestellt.
Wie viele Wagen müssen Anfang 2000 noch vom Band laufen, bis die Zahl 1000000 voll ist?

17. Für ein Fußballspiel gibt es 22500 Eintrittskarten.
Anzahl der Karten im Vorverkauf:
1. Woche: 3145   *2. Woche:* 9802   *3. Woche:* 5377   *4. Woche:* 1695
Wie viele Karten bleiben nach dem Vorverkauf noch übrig?

18. **a.** Im Bild siehst du Kilometerstände eines Autos. Links steht die Angabe vor der Abfahrt, rechts am Ende eines Wochenendausfluges.

b. Vor einem Ausflug zeigt der Kilometerzähler 49782 km. Es werden 250 km zurückgelegt.

c. Es werden 425 km zurückgelegt. Der Kilometerzähler zeigt am Ende der Fahrt 70325 km an.

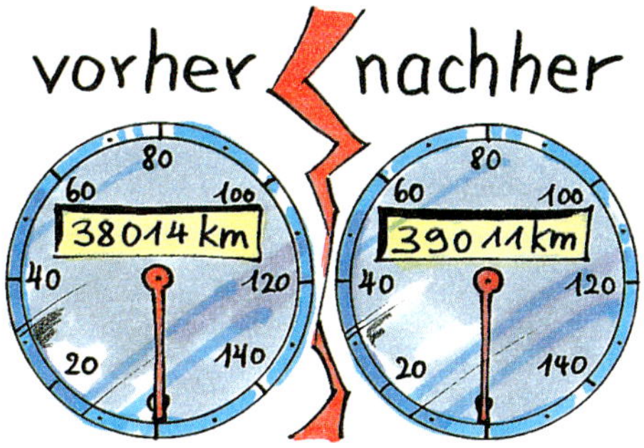

19. *Kreuzzahlrätsel*

a	b	c	d	e
f				
g				

waagerecht:
a. 59235 – 27981
f. 98538 – 11445
g. 72785 – 7175

senkrecht:
a. 3141 – 2755
b. 4271 – 4096
c. 8149 – 7943
d. 5460 – 4869
e. 10429 – 9999

Teamarbeit

20. Fülle die Lücken mit den richtigen Ziffern aus.

a. 58□ + 294 = □81

b. 423□5 + 3□718 = 74113

c. 1□5□7 + □8□1□ = 55103

d. 7□8645 + □3□5□6 = 879□5□

e. □3□7□9 + 1□8□3□ = 342819

Zum Knobeln

Vermischte Übungen zum Addieren und Subtrahieren

1. Rechne mit nebeneinander stehenden Zahlen. Schreibe jeweils das Ergebnis in das Feld darunter.

a. Addiere.

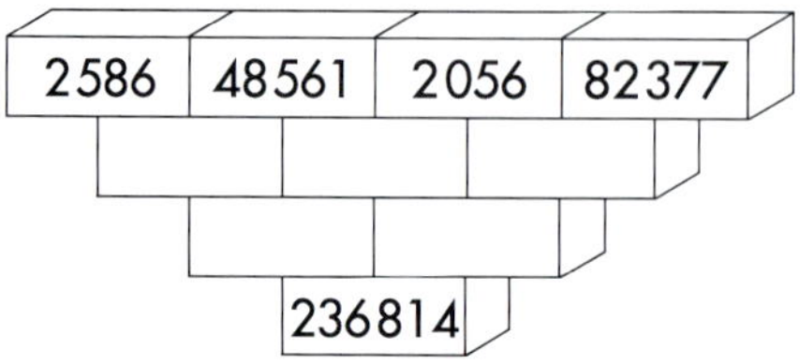

b. Subtrahiere.

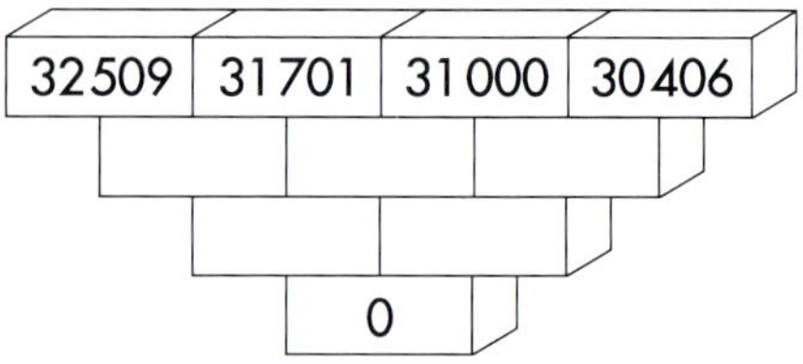

2. **a.** Berechne die Summe der drei Summanden 12 178, 15 039 und 22 783.

b. Wie groß ist die Differenz der Zahlen 733 521 und 276 732?

c. Um wie viel ist die Summe der Zahlen 8 512 und 4 321 größer als ihre Differenz?

3. Jana hat auf einer Videokassette (240 min Spielzeit) bereits drei Sendungen aufgenommen: einen Film mit 72 min, eine Musiksendung mit 57 min und eine Sportsendung mit 45 min. Sie möchte noch eine Sendung aufnehmen, die 55 min dauert.
Reicht die Restlaufzeit der Kassette dafür aus?
Mache zuerst einen Überschlag, rechne dann genau.

4. Judiths Mutter kauft einen Neuwagen, der zum Grundpreis von 12 485 € angeboten wird. Sie wählt ein Modell mit Sonderausstattung, für das sie 1 972 € mehr bezahlen muss. Der Händler nimmt ihr altes Auto zum Preis von 4 500 € in Zahlung.
Wie viel € muss Judiths Mutter bezahlen?

5. Lenas Vater ist Fernfahrer. Er fährt auf der Autobahn von Hannover nach Duisburg und von dort weiter nach Frankfurt.

a. Wie lang ist der Weg, den er zurücklegt?

b. Zurück nimmt er den kürzeren Weg über Kassel.
Wie viel km ist der Umweg über Duisburg länger?

6. Saskias Mutter ist Handelsvertreterin. Sie ist oft mit dem Auto unterwegs. Am Anfang der Woche zeigt der Kilometerzähler 32 916, am Ende der Woche 35 093 an. Den Tageszähler ihres Wagens stellt sie nicht zurück. Dieser steht zu Beginn der Woche auf 478 und an den folgenden Abenden jeweils auf 783, 209, 504, 022, 655.

a. Wie viel km ist Saskias Mutter insgesamt in der Woche gefahren?

b. Notiere die Anzeigen des Hauptkilometerzählers an den einzelnen Abenden.

7. Ein Busunternehmen beförderte im ersten Vierteljahr (von Januar bis März) 13 405 Personen. Im zweiten Vierteljahr nahm die Zahl der Fahrgäste um 748 ab, im dritten Vierteljahr nochmals um 148 ab, im vierten Vierteljahr wieder um 1 248 zu.
Berechne die Anzahl der Fahrgäste im **a.** vierten Vierteljahr **b.** gesamten Jahr.

8. Ein Lkw hat 5 t Tragfähigkeit. Auf ihm befinden sich bereits Ladungen mit den Gewichten 380 kg, 785 kg und 2 t 10 kg. Wie viel kg darf noch zugeladen werden?

9. Der Rhein ist der längste Fluss in Deutschland. Er ist ab Flusskilometer 438 (von der Quelle aus gemessen) für große Schiffe befahrbar.
Die Mosel ist ab km 242 schiffbar, der Main ab km 140, der Neckar ab km 166 und die Ruhr ab km 194.
Wie viel Kilometer sind die Flüsse zusammen schiffbar?

Rhein	1 320 km
Mosel	545 km
Main	524 km
Neckar	371 km
Ruhr	235 km

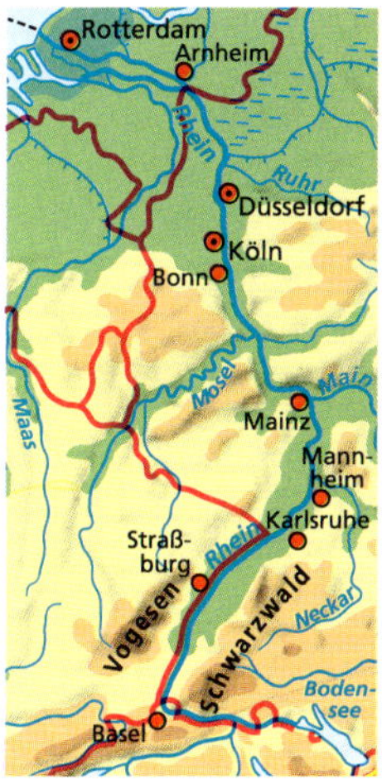

10. Eine Filmszene besteht aus drei Teilen.
Für die einzelnen Teile sind vorgesehen: 108 s; 1 min 52 s; 2 min 5 s.
Die gesamte Szene soll auf 3 min gekürzt werden und zwar jeder Teil um die gleiche Zeitspanne.
Wie lange dauern dann die einzelnen Teile?

11. Die Fußleiste eines Zimmers soll erneuert werden. Das Zimmer ist 3,50 m breit und 7,20 m lang. Die Tür ist mit Rahmen 1,20 m breit. Wie viel m Fußleiste werden benötigt? Fertige zunächst eine Skizze an.

12. Ein Paket ist 40 cm lang, 25 cm breit und 15 cm hoch. Beim Verschnüren werden für jeden Knoten 1 cm, zum Verknoten von Anfang und Ende zusammen 5 cm Faden benötigt. Reichen 4 m Bindfaden zum Verpacken?

a.

b.
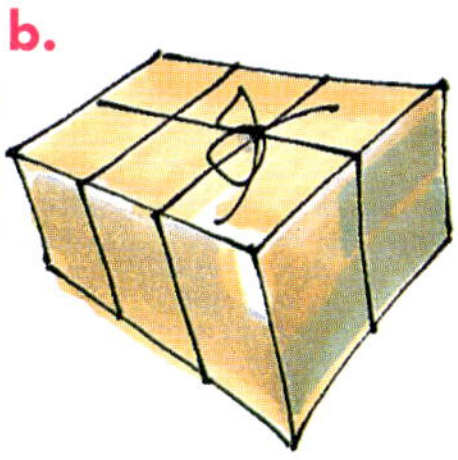

c.
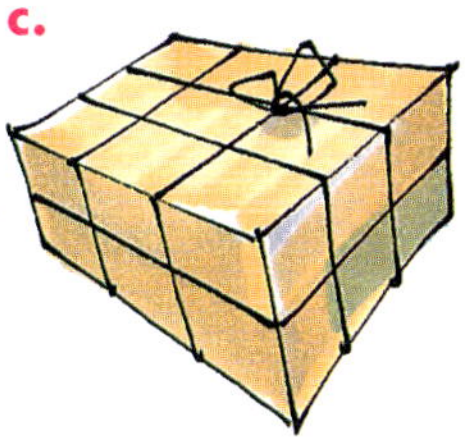

d.

13. Zu jedem Ergebnis gehört ein Buchstabe. Die Buchstaben ergeben einen Text.

Teamarbeit

8 492 + 12 098	85 000 − 15 362	150 000 − 16 401	94 603 − 45 678
16 400 − 7 937	63 417 + 9 850	302 391 + 30 242	574 381 + 243 056
54 755 + 1 986	200 000 − 37 951	74 309 − 17 473	153 000 − 95 012
100 000 − 56 366	15 348 + 33 983	123 456 + 87 654	34 805 + 164 075
4 444 + 6 666			751 100 − 39 505

817 437 A	57 988 B	162 049 E	56 836 E	198 880 E	133 599 F
48 925 H	211 110 I	8 463 I	73 267 L	69 638 L	49 331 N
711 595 N	11 110 O	332 633 R	56 741 R	20 590 W	43 634 W

Bist du fit?

Addieren und Subtrahieren

1. Rechne schriftlich. Schätze zuvor das Ergebnis durch sinnvolles Runden.

a. 14073 + 12106 **d.** 40000 − 24888 **g.** 712 + 34806 + 5132

b. 28195 − 11083 **e.** 200533 + 7813 **h.** 6440300 + 221045 + 1070288

c. 52311 + 6904 **f.** 4000000 − 1809315 **i.** 456789 + 234567 + 555222

2. **a.** Notiere die Summe von 508 und 84, berechne.

b. Die Summanden sind 230, 54 und 18. Notiere die Summe und berechne.

c. Notiere die Differenz von 752 und 38, berechne.

3. Bestimme die fehlende Zahl. Rechne im Kopf.

a. □ + 29 = 571 **c.** □ + 45 = 438 **e.** 573 − □ = 505

b. □ − 68 = 727 **d.** □ + 878 = 954 **f.** 428 + □ = 563

4. Wie viel € kosten Bildschirm, Drucker, Tastatur und Maus zusammen?

5. Lianas Mutter kauft einen Neuwagen, der zum Preis von 13375 € angeboten wird. Der Händler nimmt ihr altes Auto für 2300 € in Zahlung.
Wie viel € muss Lianas Mutter noch bezahlen?

6. Eine Stadt mit 61348 Einwohnern hat zwei Nachbarorte mit 19170 und 17835 Einwohnern. Diese Nachbarorte werden mit der Stadt zusammengelegt (eingemeindet).

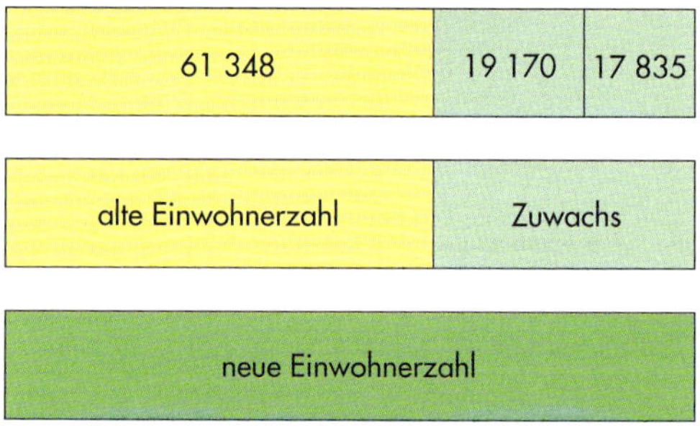

a. Um welche Anzahl wächst die Einwohnerzahl der Stadt?

b. Wie groß ist die neue Einwohnerzahl?

c. Wie viele Einwohner fehlen der Stadt dann noch, damit sie eine Großstadt mit (mindestens) 100000 Einwohnern wird?

7. Ein Obst- und Gemüsehändler hat 6550 kg Kartoffeln eingekauft. Er verkauft an den Tagen einer Woche:
525 kg, 480 kg, 615 kg, 565 kg und 635 kg.
Wie viel kg Kartoffeln hat er noch im Lager?

8. Jans Zimmer ist 2,50 m hoch. Ein Regal aus Aufbauteilen besteht aus übereinander stehenden Möbelstücken mit den Höhen:
0,75 m; 1,15 m; 0,65 m.
Passt dieses Regal in Jans Zimmer?

Multiplizieren und Dividieren von Zahlen und Größen

Schrittweises Multiplizieren und Dividieren – Fachausdrücke

Aufgabe

1. Die Familien Sänger und Nolte nutzten das Angebot. Familie Sänger wohnte 6 Tage in der Pension „Alpenblick“ und Familie Nolte 4 Tage im Haus „Heidi“.

a. Wie hoch war die Gesamtrechnung der Familie Sänger?

b. Wie viel € zahlte Familie Nolte pro Tag?

Wie kann man die Aufgaben a. und b. sicher und geschickt im Kopf rechnen?

Lösung

a. Berechne $6 \cdot 27$ €, zerlege dazu in Zehner und Einer.

$$\left.\begin{array}{l} 6 \cdot 20\text{ €} = 120\text{ €} \\ 6 \cdot 7\text{ €} = 42\text{ €} \end{array}\right\} +$$
$$6 \cdot 27\text{ €} = 162\text{ €}$$

Ergebnis: Familie Sänger zahlte insgesamt 162 €.

b. Berechne 144 : 4.
Zerlege geschickt:
$144 = 120 + 24$

$$\left.\begin{array}{l} 120\text{ €} : 4 = 30\text{ €} \\ 24\text{ €} : 4 = 6\text{ €} \end{array}\right\} +$$
$$144\text{ €} : 4 = 36\text{ €}$$

Ergebnis: Das Zimmer der Familie Nolte kostete pro Tag 36 €.

Aufgabe

2. a. Um die Höhe eines Sendemastes zu berechnen, zählt man die abwechselnd rot und weiß gestrichenen Felder. Jedes Feld ist 5 m hoch.
Wie hoch ist der Mast?

b. Die Straßenfront eines Gartens ist 21 m lang. Es sollen sieben gleich lange Zaunstücke angebracht werden. Wie lang ist jedes Zaunstück?

c. Ein Straßenstück ist 270 m lang. Es soll an einer Seite mit Bordsteinen eingefasst werden.
Wie viele 90 cm lange Bordsteine werden benötigt?

Lösung

a. *Überlegung:*
16 Strecken der Länge 5 m aufeinander ergeben die Gesamtstrecke.
Rechnung:
$16 \cdot 5\text{ m} = 80\text{ m}$

Ergebnis: Der Mast ist 80 m hoch.

b. *Überlegung:*
Eine 21 m lange Strecke wird in 7 gleich lange Teile zerlegt.
Rechnung:
$21\text{ m} : 7 = 3\text{ m}$

Ergebnis: Jedes Zaunstück ist 3 m lang.

c. *Überlegung:*
Eine 270 m lange Strecke wird in 90 cm lange Teile zerlegt.
Rechnung:
$270\text{ m} : 90\text{ cm}$
$= 27\,000\text{ cm} : 90\text{ cm} = 300$
Ergebnis: Es werden 300 Bordsteine benötigt.

Information

$6 \cdot 57$ nennt man das **Produkt** der Zahlen 6 und 57. Das Ergebnis 342 nennt man auch Produkt. Die Zahlen 6 und 57 heißen *Faktoren*. 6 · 57 = 342 1. Faktor 2. Faktor Produkt	272 : 4 nennt man den **Quotienten** der Zahlen 272 und 4. Das Ergebnis 68 nennt man auch Quotient. Die Zahl 272 heißt *Dividend*, die Zahl 4 heißt *Divisor*. 272 : 4 = 68 Dividend Divisor Quotient d vor s

Zum Festigen und Weiterarbeiten

3. a. Im Supermarkt werden Diafilme angeboten, 13 € die Doppelpackung. Christian und Melanie kaufen je 5 dieser Packungen und bezahlen an verschiedenen Kassen.
Vergleiche die beiden Kassenzettel und erläutere die beiden Rechnungen.

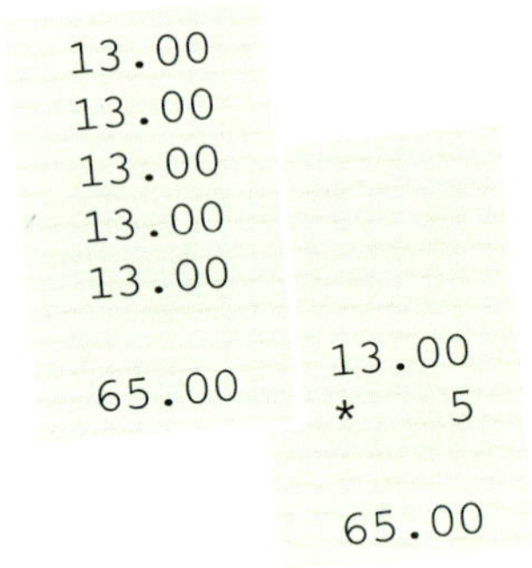

b. Ersetze die Summe durch ein Produkt. Gib auch das Ergebnis an.
(1) $20 + 20 + 20 + 20$
(2) $18 + 18 + 18$
(3) $11 + 11 + 11 + 11 + 11 + 11 + 11$
(4) $1 + 1 + 1 + 1 + 1 + 1 + 1 + 1 + 1$
(5) $0 + 0 + 0 + 0 + 0 + 0$

c. Schreibe als Summe. Gib auch das Ergebnis an.
(1) $4 \cdot 25$ (2) $8 \cdot 30$ (3) $3 \cdot 1000$ (4) $6 \cdot 6$ (5) $5 \cdot 1$ (6) $3 \cdot 0$

4. Prüfe deine Rechenfertigkeit. Rechne im Kopf.

a.	b.	c.	d.	e.	f.
$5 \cdot 12$	$70 : 5$	$6 \cdot 13$	$42 : 3$	$5 \cdot 102$	$321 : 3$
$3 \cdot 16$	$60 : 4$	$4 \cdot 19$	$72 : 4$	$3 \cdot 207$	$856 : 8$
$2 \cdot 17$	$90 : 6$	$6 \cdot 16$	$85 : 5$	$6 \cdot 304$	$648 : 6$

5. Sina, Christoph und Janina trainieren für die Stadtmeisterschaften im Schwimmen. Im Training durchschwimmen sie die Bahnen sehr gleichmäßig.

a. Sina benötigt für eine Bahn 37 s. Sie schwimmt 8 Bahnen im gleichen Tempo.
Wie viel Sekunden benötigt sie dafür?

b. Janina schwimmt die gleiche Strecke in 5 min 36 s.
Wie viel Sekunden benötigt sie für eine Bahn?

c. Christoph benötigt für eine Bahn 32 s.
Wie viele Bahnen schwimmt er in 6 min 24 s?

6. **a.** Notiere mithilfe von · oder :, berechne dann.
(1) Produkt aus 25 und 3 (2) Quotient aus 80 und 4 (3) Produkt aus 5, 8 und 2

b. Notiere in Worten, berechne dann.
(1) $7 \cdot 11$ (2) $100 : 5$ (3) $2 \cdot 6 \cdot 4$ (4) $96 : 4$

7. Rechne im Kopf. Zerlege wie in den Beispielen.

$17 \cdot 30 \quad 17 \xrightarrow{\cdot 3} 51 \xrightarrow{\cdot 10} 510$

$240 : 80 \quad 240 \xrightarrow{: 10} 24 \xrightarrow{: 8} 3$

a.	b.	c.	d.	e.
$45 \cdot 10$	$15 \cdot 20$	$7 \cdot 200$	$280 : 10$	$480 : 20$
$45 \cdot 100$	$30 \cdot 400$	$18 \cdot 2\,000$	$800 : 100$	$350 : 50$
$45 \cdot 1\,000$	$40 \cdot 200$	$20 \cdot 5\,000$	$15\,000 : 1\,000$	$900 : 300$

Information

Man *multipliziert* eine Zahl mit 10, 100, 1 000, …, indem man 1, 2, 3, … *Nullen* als *Endziffer anhängt.*

Man *dividiert* eine Zahl durch 10, 100, 1 000, …, indem man 1, 2, 3, … *Nullen* als Endziffer *weglässt.*

· 100 2 Nullen dran
: 100 2 Nullen weg

Übungen

8. **a.** Ersetze die Summe durch ein Produkt. Gib auch das Ergebnis an.
(1) $5+5+5+5+5+5+5+5$ (2) $35+35$ (3) $1+1+1+1+1+1$

b. Ersetze das Produkt durch eine Summe. Gib auch das Ergebnis an.
(1) $4 \cdot 8$ (2) $3 \cdot 17$ (3) $5 \cdot 20$ (4) $4 \cdot 25$ (5) $8 \cdot 125$ (6) $2 \cdot 3020$

9.

a.	b.	c.	d.	e.	f.	g.
$3 \cdot 21$	$5 \cdot 32$	$4 \cdot 112$	$68 : 2$	$75 : 3$	$78 : 3$	$408 : 4$
$4 \cdot 23$	$7 \cdot 45$	$3 \cdot 215$	$80 : 5$	$78 : 6$	$84 : 7$	$654 : 6$
$3 \cdot 33$	$3 \cdot 64$	$7 \cdot 122$	$60 : 4$	$96 : 6$	$95 : 5$	$936 : 9$

10. **a.** Notiere das Produkt aus 23 und 4, berechne.
b. Notiere den Quotienten aus 96 und 8, berechne.
c. Die Faktoren sind 4, 3 und 5. Notiere das Produkt und berechne.
d. Der Dividend ist 196, der Divisor ist 7. Notiere den Quotienten und berechne.

11. Multipliziere jede der Zahlen 28, 74, 90, 370, 805 600, 7 000, 12 000
a. mit 10; **b.** mit 100; **c.** mit 1 000; **d.** mit 10 000; **e.** mit 1 000 000.

12. **a.** Dividiere jede der Zahlen durch 10: 120; 540; 700; 1 400; 8 000; 306 000.
b. Dividiere jede der Zahlen durch 100: 1 300; 6 500; 9 000; 20 000; 300 000; 7 000 000.
c. Dividiere jede der Zahlen durch 1 000: 9 000; 15 000; 60 000; 820 000; 4 000 000.

13. Rechne schrittweise im Kopf, notiere die Ergebnisse.

a.	b.	c.	d.	e.	f.
$3 \cdot 40$	$80 : 20$	$13 \cdot 30$	$480 : 40$	$7 \cdot 400$	$1\,800 : 200$
$7 \cdot 50$	$60 : 30$	$17 \cdot 20$	$720 : 60$	$17 \cdot 500$	$5\,600 : 700$
$8 \cdot 40$	$150 : 50$	$90 \cdot 40$	$510 : 30$	$3 \cdot 9\,000$	$24\,000 : 600$

14. **a.** Berechne jeweils das Doppelte von: (1) 30 000; (2) 7 000 000; (3) 20 Millionen.
b. Berechne jeweils die Hälfte von: (1) 80 000; (2) 6 000 000; (3) 12 Millionen.
c. Berechne jeweils das Dreißigfache von: (1) 5 000; (2) 25 000; (3) 4 Millionen.
d. Berechne jeweils den zwanzigsten Teil von: (1) 60 000; (2) 1 000 000; (3) 80 Millionen.

15. Findest du einen günstigen Rechenweg? Beachte die Beispiele.

$35 \cdot 18 \quad 35 \xrightarrow{:2} 70 \xrightarrow{\cdot 9} 630$

$32 \cdot 25 \quad 32 \xrightarrow{:4} 8 \xrightarrow{\cdot 100} 800$

$112 : 14 \quad 112 \xrightarrow{:2} 56 \xrightarrow{:7} 8$

$700 : 25 \quad 700 \xrightarrow{:100} 7 \xrightarrow{\cdot 4} 28$

a.	**b.**	**c.**	**d.**	**e.**
45 · 6	48 · 25	600 : 24	900 : 25	3 000 : 125
35 · 22	25 · 36	1 100 : 22	2 000 : 25	72 · 125
15 · 180	12 · 250	1 400 : 35	1 500 : 25	125 · 880

16. Tim will feststellen, wie weit ein Gewitter entfernt ist. Er sieht einen Blitz und hört den Donner 3 Sekunden [8 Sekunden] später. Das stellt er mit der Stoppuhr seiner Armbanduhr fest.
In einer Sekunde legt der Schall 333 m zurück.

17. In einer Straße werden Gasleitungen verlegt. Jedes Rohr ist 4 m lang.
a. Man benötigt 28 Rohre.
Wie lang ist die Gasleitung?
b. Eine andere Straße ist 128 m lang.
Wie viele Rohre benötigt man?

18. Im Kopierraum einer Schule werden 60 Pakete angeliefert.
Für wie viele Kopien reicht dieser Vorrat?

19. Im Heimwerkermarkt werden Messingschrauben in Packungen zu je 24 Stück angeboten. Jede Packung kostet 2,50 €. Herr Reisig benötigt von diesen Schrauben 120 Stück.
a. Wie viele Packungen muss er kaufen?
b. Wie viel € muss er bezahlen?

20. **a.** Im Musiksaal einer Schule stehen 9 Stuhlreihen. In jeder Reihe sind 18 Stühle. Wie viele Sitzplätze sind das insgesamt?
b. In einem Festsaal sollen Plätze für 600 Personen bereitgestellt werden. Es können nur 20 Stuhlreihen aufgestellt werden. Wie viele Stühle stehen in jeder Reihe?
c. In einer Pausenhalle sollen 480 Sitzplätze bereitgestellt werden. Es passen jeweils 40 Stühle nebeneinander. Wie viele Stuhlreihen sind nötig?

21. **a.** Im Sekretariat einer Schule werden 50 Schachteln mit Tafelkreide angeliefert. Jede Schachtel enthält 144 Stück. Wie viele Kreidestücke sind das insgesamt?

b. Für den Werkunterricht werden 320 Blätter Zeichenkarton benötigt. Dazu müssen 16 Packungen bestellt werden. Wie viele Einzelblätter enthält jede Packung?

c. Herr Döring benötigt 90 große Nägel. Jede Packung enthält 15 Stück. Wie viele Packungen muss er kaufen?

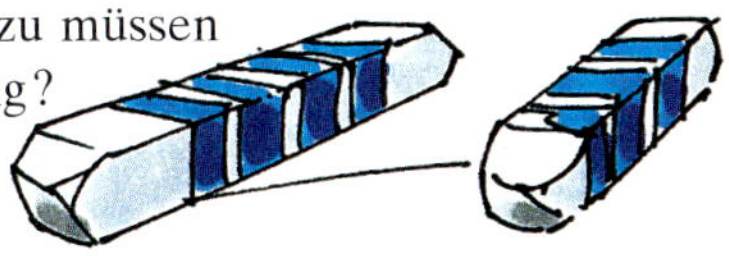

22. Stelle zunächst eine sinnvolle Aufgabe; löse sie dann.

a. In einem Aufzug ist das Schild rechts angebracht.

b. Eine Zementfabrik stellt täglich 570 t [730 t] Zement her. Der Zement wird in Säcke zu je 50 kg verpackt.

c. Eine Klasse hat 30 Schülerinnen und Schüler. Die Gesamtkosten für eine Wanderfahrt belaufen sich auf 1 200 €.

d. Die Treppe zum 1. Stock hat 15 Stufen. Die einzelnen Stufen sind 20 cm hoch.

e. Tina ist eine gute 800 m Läuferin. Sie läuft die Strecke in ganz gleichmäßigem Tempo. Für 100 m braucht sie 21 Sekunden.

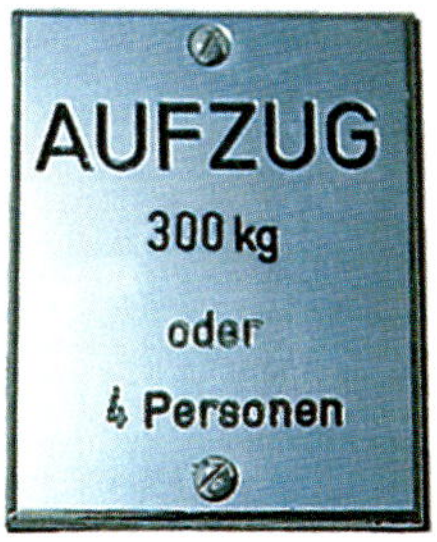

23.

Term: 60 g : 30
Rechengeschichte: Inga muss Hustentee trinken. Auf der Dose liest sie: „Inhalt 60 g Teepulver. Reicht für 30 Tassen." Wie viel g Teepulver muss man für 1 Tasse nehmen?
Rechnung: 60 g : 30 = 2 g
Ergebnis: Für 1 Tasse muss man 2 g Teepulver nehmen.

Erfinde selbst Rechengeschichten zu folgende Produkten bzw. Quotienten.

a. 60 g : 2 g **b.** 3 m · 6 **c.** 5 · 45 min **d.** 32 m : 4 **e.** 8 · 72 s

24. Für eine Klassenwanderung wurden von jedem Kind 6 € eingesammelt. Insgesamt nahmen 28 Kinder an der Wanderung teil. Da die Eintrittspreise etwas günstiger waren als erwartet, blieben 14 € übrig.

a. Wie viel Geld wurde insgesamt eingesammelt?

b. Welchen Betrag erhält jedes Kind zurück?

25. Eine Terrasse wird mit neuen Platten belegt. Bisher lagen dort quadratische Platten mit 40 cm Länge und 40 cm Breite. 15 Platten lagen in einer Reihe nebeneinander, und es waren 9 Reihen. Die neuen Platten sind nur 30 cm lang und 30 cm breit.

a. Wie viele der neuen Platten kommen nebeneinander in eine Reihe?

b. Wie viele Reihen muss man mit den neuen Platten legen?

c. Wie viele neue Platten werden insgesamt gebraucht?

26. *Super 60*

Spiel (4 bis 6 Spieler)

Jeder Spieler startet mit der Zahl 10. Dann wird reihum gewürfelt. Wirft ein Spieler eine Zahl, durch die sich die Zahl 10 ohne Rest dividieren lässt, dann muss er dividieren; lässt sich 10 nicht durch die gewürfelte Zahl dividieren, dann multipliziert er damit.

Beispiel: Wirft er eine 5, dann rechnet er 10 : 5 = 2. Seine neue Zahl ist dann 2.
Wirft er eine 3, dann rechnet er 3 · 10 = 30. Seine neue Zahl ist dann 30.

Der Spieler notiert sich seine neue Zahl, dann würfelt der nächste Spieler.
Gewonnen hat, wer als erster eine Zahl größer als 60 erreicht hat.
Variante: Man kann auch mit einer anderen Zahl als 10 starten.

Rückgängigmachen einer Rechenanweisung

Aufgabe

1. Wie löst man die Zahlenrätsel zweckmäßig?

Lösung

Gesucht ist die Ausgangszahl.
Man erhält sie, indem man die Rechnung rückgängig macht, also rückwärts rechnet.

Zahlenrätsel von Jana		*Zahlenrätsel von Marco*	
Gleichung:	$\square \cdot 6 = 84$	Gleichung:	$\square : 7 = 9$
Pfeilbild:	$\square \overset{\cdot 6}{\underset{:6}{\rightleftarrows}} 84$	Pfeilbild:	$\square \overset{:7}{\underset{\cdot 7}{\rightleftarrows}} 9$
Rechnung:	$84 : 6 = 14$	Rechnung:	$9 \cdot 7 = 63$

Ergebnis: Die gedachte Zahl heißt 14. *Ergebnis:* Die gedachte Zahl heißt 63.

Information

Das Multiplizieren (Vervielfachen) mit einer Zahl wird durch das Dividieren (Teilen) durch diese Zahl rückgängig gemacht.
Das Dividieren durch eine Zahl wird durch das Multiplizieren mit dieser Zahl rückgängig gemacht.

20 mal 3 ergibt 60 $20 \cdot 3 = 60$

$20 \overset{\cdot 3}{\underset{:3}{\rightleftarrows}} 60$ Multiplizieren / Dividieren

60 durch 3 ergibt 20 $60 : 3 = 20$

Zum Festigen und Weiterarbeiten

2. Gib jeweils die fehlende Zahl an. Rechne im Kopf.

a. $\square \overset{\cdot 8}{\underset{:8}{\rightleftarrows}} 40$ $\square \xrightarrow{\cdot 7} 42$ $12 \xrightarrow{\cdot \square} 120$

b. $\square \overset{\cdot 4}{\underset{:4}{\rightleftarrows}} 240$ $\square \xrightarrow{\cdot 9} 99$ $80 \xrightarrow{\cdot \square} 560$

c. $\square \overset{:4}{\underset{\cdot 4}{\rightleftarrows}} 8$ $\square \xrightarrow{:5} 10$ $200 \xrightarrow{:\square} 20$

d. $\square \overset{:3}{\underset{\cdot 3}{\rightleftarrows}} 12$ $\square \xrightarrow{:4} 20$ $150 \xrightarrow{:\square} 10$

3. Berechne die Produkte und Quotienten.
Kontrolliere dein Ergebnis.

a. $288 : 6$, $477 : 9$, $744 : 8$

b. $45 \cdot 5$, $72 \cdot 6$, $56 \cdot 4$

c. $154 : 7$, $75 \cdot 7$, $308 : 4$

Aufgabe:
$210 : 6 = 35$
Kontrolle:
$35 \cdot 6 = 210$
Pfeilbild:
$210 \overset{:6}{\underset{\cdot 6}{\rightleftarrows}} 35$

4. Gib jeweils die fehlende Zahl an. Rechne im Kopf.

a. $\square \cdot 7 = 21$
$9 \cdot \square = 81$
$\square \cdot 8 = 120$

b. $\square \cdot 5 = 80$
$25 \cdot \square = 200$
$\square \cdot 6 = 150$

c. $\square : 100 = 10$
$70 : \square = 7$
$\square : 20 = 9$

d. $\square : 20 = 20$
$8\,000 : \square = 4$
$1\,000 : \square = 50$

5. Ein Computer-Laden feiert sein 10-jähriges Bestehen. In der Jubiläums-Anzeige steht über diesen Zeitraum:

10 Jahre
Computer – König

Tolle Sonderangebote!

a. Wir haben 264 Programmpakete im Angebot, das sind viermal so viel wie vor 10 Jahren.

Wie viele Programmpakete wurden vor 10 Jahren angeboten?

b. Der Preis für unser preisgünstigstes Programmpaket ist auf ein Drittel gefallen.
Es kostet jetzt nur noch 137 €.

Wie viel kostete das preisgünstigste Programmpaket vor 10 Jahren?

Übungen

6. Gib jeweils die fehlende Zahl an. Rechne im Kopf.

a. $\square \xrightarrow{\cdot 3} 24$, $\quad 24 \xrightarrow{:3} \square$
$\square \xrightarrow{\cdot 5} 45$
$7 \xrightarrow{\cdot \square} 63$

b. $\square \xrightarrow{\cdot 5} 90$, $\quad 90 \xrightarrow{:5} \square$
$\square \xrightarrow{\cdot 7} 84$
$25 \xrightarrow{\cdot \square} 100$

c. $\square \xrightarrow{:4} 6$, $\quad 6 \xrightarrow{\cdot 4} \square$
$\square \xrightarrow{:6} 9$
$40 \xrightarrow{:\square} 8$

d. $\square \xrightarrow{:7} 11$, $\quad 11 \xrightarrow{\cdot 7} \square$
$\square \xrightarrow{:3} 50$
$60 \xrightarrow{:\square} 12$

7. **a.**
$\square \xrightarrow{\cdot 4} 80 \xrightarrow{\cdot 3} \square$
$\uparrow :5 \qquad \uparrow \cdot 8 \qquad \downarrow :2$
$\square \xrightarrow{:10} \square \xrightarrow{\cdot 12} \square$

b.
$\square \xrightarrow{\cdot 12} 72 \xrightarrow{:3} \square$
$\downarrow \cdot 8 \qquad \downarrow :6 \qquad \uparrow :5$
$\square \xrightarrow{:4} \square \xrightarrow{\cdot 10} \square$

8. Gib jeweils die fehlende Zahl an. Rechne im Kopf.

a. $9 \cdot 7 = \square$
$\square \cdot 8 = 72$
$6 \cdot \square = 60$

b. $11 \cdot 12 = \square$
$\square \cdot 14 = 70$
$15 \cdot \square = 90$

c. $80 : 4 = \square$
$\square : 8 = 4$
$60 : \square = 30$

d. $140 : 7 = \square$
$\square : 12 = 9$
$65 : \square = 13$

9. Überprüfe die Rechnung durch Multiplizieren. Berichtige jedes falsche Ergebnis.

a. $65 : 13 = 5$ **b.** $108 : 12 = 8$ **c.** $98 : 7 = 18$ **d.** $200 : 25 = 6$ **e.** $1\,000 : 125 = 8$

10. Ein Bürgermeister berichtet über die Veränderungen in seiner Gemeinde:
(1) Im Innenstadtbereich gibt es 189 Schulkinder.
Das sind noch halb so viele wie vor 5 Jahren.
(2) In den Neubaugebieten gehen jetzt 378 Kinder zur Schule.
Das sind dreimal so viele wie vor 5 Jahren.
Wie viele Schulkinder gab es vor 5 Jahren im Innenstadtbereich, wie viele in den Neubaugebieten?

11. Heute dauert eine Flugreise von Hamburg nach New York 9 Stunden. Das ist nur ein Vierundzwanzigstel der Zeit, die man vor 100 Jahren mit dem Schiff benötigte.
Wie lange dauerte vor 100 Jahren eine Schiffsreise von Hamburg nach New York?

12. **a.** Im Jahre 1998 gab es in Kassel (mittlere Großstadt) 85 000 Pkws. Das waren fünfmal so viel wie im Jahre 1958. Wie viele Pkws gab es damals?

b. Im Jahre 1998 gab es in Deutschland 3 Mio. Krafträder. Das ist der siebte Teil der Anzahl der Pkws. Wie viele Pkws gab es 1998?

13. Lukas ist an seinem dritten Geburtstag 1,02 m groß und wiegt 15,4 kg. Damit hat sich seine Größe seit seiner Geburt verdoppelt. Sein Gewicht hat sich sogar verfünffacht. Stelle Fragen und beantworte sie.

14. **a.** Von welcher Zahl ist 240 die Hälfte [der dritte Teil; der fünfte Teil]?

b. Von welcher Zahl ist 600 das Doppelte [das Dreifache ; das Zwölffache]?

c. Wie heißt die Zahl, die man mit 7 multiplizieren muss, um 350 [um 28 000] zu erhalten?

d. Wie heißt die Zahl, die man durch 9 dividieren muss, um 180 [um 9000] zu erhalten?

e. Durch welche Zahl muss man 108 [480] dividieren, um 12 zu erhalten?

15. **a.** Ein Produkt ist 24 000, der erste Faktor ist 600. Wie heißt der zweite Faktor?

b. Der Divisor ist 25. Der Quotient ist 28. Wie heißt der Dividend?

c. Der Dividend ist 200 000, der Quotient ist 5 000. Wie heißt der Divisor?

Spiel

16. *Kopfrechnen-Staffel*

Je 6 Mitspieler bilden eine Staffel. Ein Spielleiter stellt Kopfrechenaufgaben zur Multiplikation und Division. Nur wer in der Staffel vorne steht, darf antworten. Derjenige, der zuerst die richtige Lösung nennt, wählt eine Zahl zwischen 1 und 6. Die anderen vorne stehenden Mitspieler versuchen, diese Zahl mit einem Versuch zu würfeln. Schaffen sie es, bekommt ihre Staffel einen Punkt. Der schnelle Rechner bekommt zwei Punkte, wenn es keiner schafft, ansonsten nur einen Punkt. Bevor die nächste Aufgabe gestellt wird, stellen sich die jeweils vorne Stehenden hinten an.
Gewonnen hat die Staffel, die als erste 12 Punkte erreicht.

Rechnen mit der Null und der Eins

Aufgabe

1. Das Rechnen mit der 0 und mit der 1 macht manchmal Probleme.

a. Was ergibt (1) $4 \cdot 0$; (2) $0 : 7$; (3) $5 : 0$?

b. Was ergibt (1) $4 \cdot 1$; (2) $5 : 1$?

Lösung

a. *Rechnen mit der 0:*

(1) $4 \cdot 0 = 0$, denn $0 + 0 + 0 + 0 = 0$

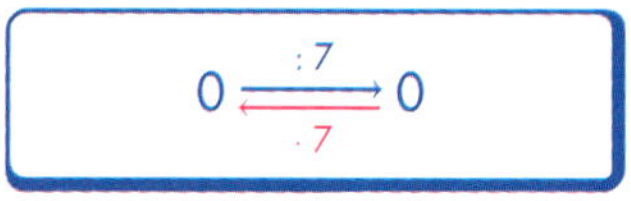

(2) Das Pfeilbild zeigt: $0 : 7 = 0$, denn $0 \cdot 7 = 0$

(3) Sieh dir das zweite Pfeilbild an.
5 : 0 bedeutet:
Suche eine Zahl, die mit 0 multipliziert 5 ergibt.
Es gibt keine solche Zahl, denn wenn man eine Zahl mit 0 multipliziert, so erhält man stets 0 (und nicht 5).
Durch 0 kann man nicht dividieren.

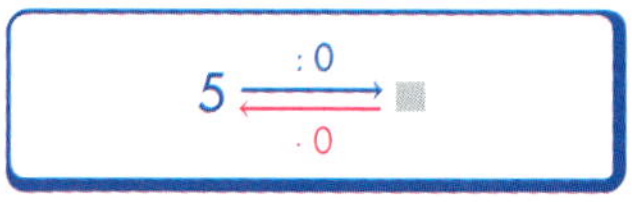

b. *Rechnen mit der 1:*

(1) $4 \cdot 1 = 4$, denn $1 + 1 + 1 + 1 = 4$

(2) $5 : 1 = 5$, denn $5 \cdot 1 = 5$

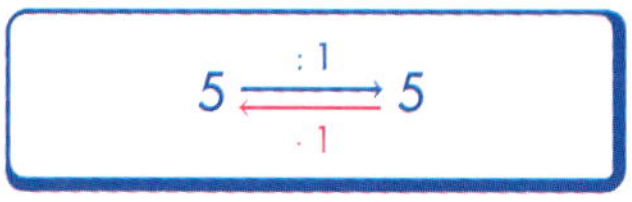

Information

Rechnen mit der Null

(1) Wenn man zu einer Zahl 0 addiert oder von einer Zahl 0 subtrahiert, verändert sich nichts. Man erhält immer wieder die ursprüngliche Zahl.
$3+0=3$ $\quad 0+4=4$ $\quad 5-0=5$

(2) Wenn man eine Zahl mit 0 multipliziert oder 0 durch eine Zahl dividiert, erhält man 0.
$4\cdot 0=0$ $\quad 0\cdot 4=0$ $\quad 0:7=0$

(3) Durch 0 kann man nicht dividieren.
$5:0$ oder $0:0$ sind nicht möglich.

Rechnen mit der Eins

Wenn man eine Zahl mit 1 multipliziert oder eine Zahl durch 1 dividiert, erhält man dieselbe Zahl.
$4\cdot 1=4$ $\quad 1\cdot 4=4$ $\quad 6:1=6$

Zum Festigen und Weiterarbeiten

2.

a.	b.	c.	d.	e.	f.
$6\cdot 6$	$6:6$	$6+6$	$6-6$	$1\cdot 6$	$0+0$
$6\cdot 1$	$6:1$	$6+1$	$6-1$	$1+6$	$0-0$
$6\cdot 0$	$0:6$	$6+0$	$6-0$	$0\cdot 6$	$0\cdot 0$

3. Fülle – soweit möglich – die Lücken aus.

a.	b.	c.	d.	e.
$\square\cdot 17=17$	$1\cdot\square=12$	$\square:20=1$	$8:\square=1$	$0:\square=1$
$\square\cdot 17=0$	$0\cdot\square=12$	$\square:20=0$	$8:\square=0$	$0:\square=0$
$\square\cdot 17=1$	$12\cdot\square=12$	$\square:20=20$	$8:\square=8$	$1:\square=1$

Übungen

4.

a.	b.	c.	d.	e.	f.
$1\cdot 9$	$10:1$	$0+100$	$20-20$	$1:1$	$0\cdot 275$
$0\cdot 9$	$0:10$	$1+100$	$20-0$	$1-0$	$1\cdot 275$
$9\cdot 9$	$10:10$	$100+100$	$20-1$	$0:1$	$275:1$

5. Rechne im Kopf; notiere die Ergebnisse.

a.	b.	c.	d.	e.
$4\cdot 5\cdot 7$	$7\cdot 10\cdot 8$	$14\cdot 1\cdot 6$	$75\cdot 4\cdot 0$	$30\cdot 20\cdot 10\cdot 0$
$9\cdot 2\cdot 6$	$10\cdot 12\cdot 9$	$1\cdot 22\cdot 5$	$138\cdot 0\cdot 17$	$1\,000\cdot 100\cdot 10\cdot 1$
$0\cdot 11\cdot 5$	$100\cdot 0\cdot 30$	$300\cdot 16\cdot 1$	$1\cdot 5\,000\cdot 0$	$505\cdot 50\cdot 5\cdot 0$

6. Fülle – soweit möglich – die Lücken aus.

a.	b.	c.	d.
$\square\cdot 12=12$	$\square:1=19$	$60+\square=60$	$\square-48=0$
$80\cdot\square=0$	$25:\square=1$	$\square+33=33$	$72-\square=72$
$\square\cdot 12=0$	$\square:8=0$	$1+\square=100$	$\square-25=1$
$0\cdot\square=24$	$15:\square=0$	$\square+50=0$	$\square-30=30$

7.
a. Kann die Zahl 0 als Ergebnis beim Addieren auftreten? Wenn ja, in welchen Fällen?

b. Kann die Zahl 0 als Ergebnis beim Subtrahieren auftreten? Wenn ja, in welchen Fällen?

c. Kann die Zahl 0 als Ergebnis beim Multiplizieren auftreten? Wenn ja, in welchen Fällen?

d. Kann die Zahl 0 als Ergebnis beim Dividieren auftreten? Wenn ja, in welchen Fällen?

Potenzieren

Aufgabe

1. Falte einen Papierbogen mehrmals nacheinander.

a. Falte 5-mal. Wie viele Felder kannst du nach dem Auseinanderfalten erkennen?

b. Wie viele Felder müssten nach dem zehnten Falten erkennbar sein?

Lösung

a. Bei jedem Falten verdoppelt sich die Anzahl der Felder.

vor dem Falten		nach dem 1. Falten		nach dem 2. Falten		nach dem 3. Falten		nach dem 4. Falten		nach dem 5. Falten
1	$\xrightarrow{\cdot 2}$	2	$\xrightarrow{\cdot 2}$	4	$\xrightarrow{\cdot 2}$	8	$\xrightarrow{\cdot 2}$	16	$\xrightarrow{\cdot 2}$	32

Die Anzahl der Felder beträgt

nach dem 1. Falten:	2	, das schreiben wir auch:	2^1
nach dem 2. Falten:	$2 \cdot 2$	, das schreiben wir auch:	2^2
nach dem 3. Falten:	$2 \cdot 2 \cdot 2$	, das schreiben wir auch:	2^3
nach dem 4. Falten:	$2 \cdot 2 \cdot 2 \cdot 2$	, das schreiben wir auch:	2^4
nach dem 5. Falten:	$2 \cdot 2 \cdot 2 \cdot 2 \cdot 2$	, das schreiben wir auch:	2^5

b. Beim weiteren Falten kommst du bald in Schwierigkeiten.
Anzahl der Felder nach dem 10. Falten: $2 \cdot 2 \cdot 2 \cdot 2 \cdot 2 \cdot 2 \cdot 2 \cdot 2 \cdot 2 \cdot 2 = 2^{10} = 1\,024$.
Es müssten 1 024 Felder erkennbar sein.

Information

Anstelle des Produktes $2 \cdot 2 \cdot 2 \cdot 2 \cdot 2$ schreibt man auch 2^5 (gelesen: *2 hoch 5*).

Man nennt 2^5 eine **Potenz** von 2 (die fünfte Potenz von 2).

Beispiele:

$5^3 = 5 \cdot 5 \cdot 5 = 125$

$10^4 = 10 \cdot 10 \cdot 10 \cdot 10 = 10\,000$

$7^1 = 7$

$2^5 = 2 \cdot 2 \cdot 2 \cdot 2 \cdot 2 = 32$

$$2^5 = 32$$

Grundzahl (Basis) – Hochzahl (Exponent) – Wert der Potenz

Zum Festigen und Weiterarbeiten

2. Schreibe als Potenz und berechne.

a. $10 \cdot 10 \cdot 10$ **b.** $5 \cdot 5 \cdot 5 \cdot 5$ **c.** $2 \cdot 2 \cdot 2 \cdot 2 \cdot 2 \cdot 2 \cdot 2 \cdot 2$ **d.** $9 \cdot 9$ **e.** $11 \cdot 11$ **f.** 13

3. Berechne die Potenz, schreibe diese vorher als Produkt.

$7^4 = 7 \cdot 7 \cdot 7 \cdot 7 = 2401$

a. 4^3 **b.** 7^2 **c.** 2^8 **d.** 10^6 **e.** 1^4 **f.** 0^3

4. Vergleiche die Ergebnisse.

a. $4+3$; $4 \cdot 3$; 4^3 **b.** $6+2$; $6 \cdot 2$; 6^2 **c.** 5^2; 2^5 **d.** 4^2; 2^4

Übungen

5. Schreibe als Potenz und berechne.

a. $10 \cdot 10 \cdot 10 \cdot 10$ **c.** $4 \cdot 4 \cdot 4 \cdot 4$ **e.** $2 \cdot 2 \cdot 2 \cdot 2 \cdot 2 \cdot 2$ **g.** $1 \cdot 1 \cdot 1 \cdot 1 \cdot 1 \cdot 1 \cdot 1 \cdot 1 \cdot 1 \cdot 1 \cdot 1$

b. $6 \cdot 6 \cdot 6$ **d.** $8 \cdot 8$ **f.** 15 **h.** $0 \cdot 0 \cdot 0 \cdot 0 \cdot 0$

6. Schreibe als Produkt und berechne.

a. 12^2 **c.** 2^{10} **e.** 8^3 **g.** 1^5 **i.** 20^3 **k.** 100^3 **m.** 80^3

b. 5^3 **d.** 10^2 **f.** 11^3 **h.** 0^4 **j.** 100^2 **l.** 50^3 **n.** 30^4

7. Notiere die Ergebnisse und lerne sie auswendig.

a. $10^1; 10^2; 10^3; \ldots; 10^9$ (*Zehnerpotenzen*) **c.** $1^2; 2^2; 3^2; \ldots; 10^2$ (*Quadratzahlen*)

b. $2^1; 2^2; 2^3; \ldots; 2^{10}$ (*Zweierpotenzen*) **d.** $11^2; 12^2; 13^2; \ldots; 20^2$ (*Quadratzahlen*)

8. Berechne und vergleiche.

a.	**b.**	**c.**	**d.**	**e.**
5^2	3^3	6^1	2^2	10^5
$5 \cdot 2$	$3 \cdot 3$	1^6	$2 \cdot 2$	$10 \cdot 5$
$5 + 2$	$3 + 3$	$6 \cdot 1$	$2 + 2$	$10 : 5$
2^5	$3 : 3$	$1 + 6$	$2 - 2$	$10 - 5$

9. Setze anstelle von ■ das richtige Zeichen $=$, $<$ bzw. $>$.

a. 3^2 ■ 6 **b.** 2^4 ■ 4^2 **c.** 4^3 ■ 81 **d.** 111^1 ■ 111 **e.** 1^5 ■ 5^1 **f.** 50^2 ■ 250

10. Jeder Mensch hat zwei Elternteile, vier Großelternteile, acht Urgroßelternteile usw.

a. Wie viele Ururururgroßelternteile hat er? Schreibe auch als Potenz.

b. Wie viele Ahnen hat er in der 9. Vorfahrengeneration? Schreibe auch als Potenz.

c. Wie viele Ahnen hat er bis zur 9. Vorfahrengeneration? Vergleiche mit dem Ergebnis von b.

11. Bei einem Quiz erhält ein Kandidat zunächst einen Punkt als Einsatz. Für jede richtig beantwortete Frage verdreifacht sich die Punktzahl.

a. Wie viele Punkte hat ein Kandidat nach 4 richtigen Antworten?

b. Wie viele richtige Antworten muss er geben, um auf 729 Punkte zu kommen?

c. Wie viele richtige Antworten muss er mindestens geben, um 2000 Punkte zu überschreiten?

Spiel (3 Spieler)

12. *Quadrat-Salat:* Ihr benötigt insgesamt 42 Spielkarten. Auf 21 Karten schreibt ihr die Quadratzahlen als Potenzen ($0^2; 1^2; 2^2; 3^2; 4^2; \ldots; 17^2; 18^2; 19^2; 20^2$). Das sind die Aufgabenkarten.
Auf die übrigen 21 Karten schreibt ihr die Ergebnisse der Aufgaben (0; 1; 4; 9; …; 400).
Die Ergebniskarten werden gemischt und gleichmäßig an die Mitspieler verteilt. Sie werden offen ausgelegt. Die Aufgabenkarten werden gemischt und als Stapel verdeckt auf den Tisch gelegt. Reihum wird die oberste Karte vom Stapel aufgedeckt. Wer zu der Aufgabenkarte die passende Ergebniskarte hat, darf beide zur Seite legen.
Sieger ist, wer zuerst alle seine Ergebniskarten ablegen konnte.

Schriftliche Verfahren beim Multiplizieren

Aufgabe

1. Multipliziere schriftlich: **a.** 1394 · 7 **b.** 3528 · 400 **c.** 417 · 238

Mache zunächst einen Überschlag. Runde dabei so, dass du im Kopf rechnen kannst.

Lösung

a. *Überschlag:*
1400 · 7 = 9800

1	3	9	4	·	7
		9	7	5	8

E: 7 · 4 = 28
Z: 7 · 9 + 2 = 65
H: 7 · 3 + 6 = 27
T: 7 · 1 + 2 = 9

b. *Überschlag:*
3500 · 400 = 1400000

3	5	2	8	·	4	0	0
	1	4	1	1	2	0	0

c. *Überschlag:*
400 · 250 = 100000

4	1	7	·	2	3	8
		8	3	4		
		1	2	5	1	
			3	3	3	6
			1			
		9	9	2	4	6

Aufgabe

2. Michelle und Niklas verkaufen auf dem Schulfest Kuchen. Sie verkaufen insgesamt 35 Stücke.
Wie viel haben sie eingenommen?

Lösung

Wir können auf zwei Arten mit den Zahlenwerten rechnen.

1. Möglichkeit:

7	5	·	3	5
	2	2	5	
		3	7	5
		1		
	2	6	2	5

2. Möglichkeit:

0,	7	5	·	3	5
		2	2	5	
			3	7	5
			1		
		2	6,	2	5

Ergebnis: Michelle und Niklas haben 2625 Cent bzw. 26,25 € eingenommen.

Zum Festigen und Weiterarbeiten

3. Multipliziere schriftlich. Mache zunächst einen Überschlag.

a. 213 · 3
2547 · 3
5810 · 4

b. 43126 · 4
132418 · 6
193070 · 5

c. 212 · 40
1242 · 300
17388 · 400

d. 34 · 23
297 · 35
196 · 807

e. 91843 · 742
3806 · 1057
3971 · 3971

4. a. Ben ist ein Pechvogel. Er hat die Aufgabe 728 · 13 dreimal gerechnet und jedes Mal ein anderes Ergebnis erhalten: 90464; 1964; 9464.
Welche Ergebnisse sind auf jeden Fall falsch? Wie kann man das sofort erkennen?

b. Welche der Ergebnisse sind falsch? Entscheide ohne schriftlich zu rechnen.

(1) 451 · 6
Ergebnisse:
24306; 276; 2706

(2) 1423 · 19
Ergebnisse:
2737; 277037; 27037

(3) 10955 · 25
Ergebnisse:
27875; 273875; 2703875

5. Multipliziere in der angegebenen Reihenfolge.

a.	**b.**	**c.**	**d.**	**e.**
88 · 93	17 · 4 395	2 222 · 534	4 001 · 239	87 000 · 639
93 · 88	4 395 · 17	534 · 2 222	239 · 4 001	639 · 87 000

Welche Rechnung war jeweils günstiger? Woran liegt das?

6. Rechts siehst du eine Kaufhausreklame. Im Lager liegen 36 Stoffballen zu je 32 m Länge. Stimmt die Angabe auf dem Plakat?

7. In einem Karton sind 24 Päckchen Salz, jedes Päckchen zu 125 g. Wie viel Kilogramm Salz enthält der Karton?

Information

Beim schriftlichen Multiplizieren ist es vorteilhaft, eine Zahl als zweiten Faktor zu schreiben,

(1) wenn sie weniger Stellen als die andere hat;
(2) wenn bei ihr gleiche Ziffern vorkommen;
(3) wenn Nullen als Ziffern auftreten.

Übungen

Runde so, dass du im Kopf rechnen kannst

8. Multipliziere schriftlich. Mache zunächst einen Überschlag.

a.	**b.**	**c.**	**d.**	**e.**
423 · 2	1 627 · 5	28 143 · 7	75 380 · 5	814 325 · 8
512 · 6	3 416 · 8	59 628 · 6	49 610 · 9	270 532 · 9
146 · 7	7 093 · 6	30 509 · 8	99 990 · 3	340 825 · 4

9.

a.	**b.**	**c.**	**d.**	**e.**
132 · 30	2 513 · 400	5 920 · 70	483 · 7 000	21 416 · 300
476 · 50	6 907 · 900	4 860 · 80	655 · 8 000	45 087 · 700
702 · 60	3 518 · 600	1 930 · 40	702 · 4 000	66 339 · 500

10. Multipliziere schriftlich. Mache zunächst einen Überschlag.

a.	**b.**	**c.**	**d.**	**e.**	**f.**
32 · 14	122 · 32	823 · 471	2 751 · 143	25 816 · 319	42 345 · 1 232
79 · 26	760 · 62	407 · 128	8 609 · 357	53 682 · 908	59 076 · 3 448
45 · 34	445 · 87	583 · 709	9 245 · 609	16 016 · 748	82 224 · 7 025
81 · 27	605 · 48	809 · 233	4 006 · 573	37 492 · 555	27 507 · 8 833

Mögliche Ergebnisse a. bis c. 448; 1 530; 1 715; 2 054; 2 187; 2 560; 3 904; 29 040; 38 715; 47 120; 52 096; 188 497; 387 633; 413 347; 508 922

Mögliche Ergebnisse d. bis f. 393 393; 604 585; 2 295 438; 3 073 413; 5 630 205; 8 235 304; 11 979 968; 20 808 060; 24 716 804; 48 743 256; 52 169 040; 87 035 211; 203 694 048; 242 969 331; 577 623 600

11. Die Treppe zum Keller eines Hauses hat 16 Stufen. Jede Stufe ist 19 cm hoch. Wie tief ist der Keller?

12. Familie König bezahlt den neuen Fernsehapparat in 9 Monatsraten zu je 118 €. Wie viel € wird sie insgesamt bezahlen?

13. An einem Verkaufsstand wird ein neues Reinigungsmittel für Teppiche angeboten, die Flasche zu 13 €. Der Verkäufer verkauft an einem Tag

a. 120 Flaschen; **b.** 203 Flaschen; **c.** 347 Flaschen.

Wie viel Geld hat er eingenommen?

14. Wähle beim Multiplizieren die günstige Reihenfolge.

a. $4000 \cdot 39$ **c.** $777 \cdot 538$ **e.** $30007 \cdot 9245$ **g.** $873 \cdot 602000$

b. $5436 \cdot 79$ **d.** $18000 \cdot 2746$ **f.** $658 \cdot 4444$ **h.** $99111 \cdot 5238$

15.

a. $11 \cdot 12 \cdot 5$	**b.** $72 \cdot 38 \cdot 9$	**c.** $7 \cdot 12 \cdot 15 \cdot 30$	**d.** $704 \cdot 15 \cdot 60$
$19 \cdot 15 \cdot 3$	$77 \cdot 35 \cdot 48$	$9 \cdot 11 \cdot 14 \cdot 70$	$360 \cdot 75 \cdot 400$
$8 \cdot 13 \cdot 7$	$608 \cdot 27 \cdot 31$	$8 \cdot 16 \cdot 13 \cdot 6$	$905 \cdot 250 \cdot 60$

16. Berechne das Dreifache, das Fünffache, das Neunfache und das Vierzigfache von

a. 111 111 **b.** 777 777 **c.** 230 023 **d.** 350 206 **e.** 371 000 **f.** 123 456

17. Der 12. Teil [der 25. Teil; der 36. Teil] einer Zahl ist

a. 800; **b.** 725; **c.** 901; **d.** 1 237.

Wie heißt diese Zahl?

18. Berechne das Produkt. Mache zunächst einen Überschlag. Die Faktoren heißen:

a. 812; 595; 9 **b.** 411 000; 89; 11 **c.** 41; 998; 25

19.

a. $5 \cdot 12 \cdot 23$	**b.** $16 \cdot 9 \cdot 8$	**c.** $28 \cdot 42 \cdot 6$	**d.** $41 \cdot 7 \cdot 19$	**e.** $87 \cdot 13 \cdot 33$
$3 \cdot 18 \cdot 31$	$35 \cdot 7 \cdot 15$	$40 \cdot 17 \cdot 8$	$8 \cdot 35 \cdot 78$	$68 \cdot 20 \cdot 52$
$7 \cdot 36 \cdot 14$	$44 \cdot 6 \cdot 21$	$52 \cdot 33 \cdot 4$	$63 \cdot 37 \cdot 7$	$44 \cdot 18 \cdot 57$

20. Die Insel Helgoland ist ein beliebtes Reiseziel. Im Sommer fahren täglich Schiffe zur Insel.

a. Ein Schiff kann 975 Fahrgäste aufnehmen. Es fährt im Sommer 115-mal nach Helgoland.
Wie viele Personen kann es in der Sommersaison insgesamt befördern?

b. Der Fahrpreis von Büsum nach Helgoland und zurück beträgt für eine Einzelperson 33 €. Eine Familienkarte kostet 49 €. Für eine Helgolandfahrt werden 168 Einzelfahrkarten und 137 Familienkarten verkauft. Berechne die Einnahmen.

21. Das Herz eines 14-Jährigen schlägt durchschnittlich 85-mal in der Minute.
Berechne die Anzahl der Herzschläge in 1 Stunde, an 1 Tag, in einer Woche, in 1 Jahr.

22. Der Mond umkreist die Erde und legt dabei in jeder Stunde 3 680 km zurück.

a. Wie lang ist der Weg des Mondes an einem Tag?

b. Für einen vollen Umlauf benötigt der Mond 27 Tage und 8 Stunden. Wie lang ist der Weg, den er in dieser Zeit zurücklegt?

23. Ein Obstbauer verkauft seine Äpfel in 5-kg-Beuteln. In einer Woche verkauft er von Montag bis Freitag 102 Beutel, am Wochenende verkauft er weitere 66 Beutel.

a. Wie viel kg Äpfel hat er an den Wochentagen, wie viel am Wochenende verkauft?

b. Wie viel kg Äpfel hat er noch, wenn er 1 000 kg in 5-kg-Beuteln verpackt hatte?

24. **a.** Beim Formel-1-Rennen auf dem Nürburgring fahren die Piloten 67 Runden. Der Rundkurs ist 4,556 km lang. Wie lang ist die insgesamt zu fahrende Strecke?

b. Für eine Runde braucht ein Fahrer im Durchschnitt 84 Sekunden. Für zwei Boxenstopps muss man zusammen 65 Sekunden rechnen.
Wie lange dauert das gesamte Rennen?

25. Für eine Wanderung am Wochenende plant der Wanderführer anhand einer Wanderkarte (Maßstab 1:50000) vier Teilstrecken. Auf der Wanderkarte haben die 4 Wanderstrecken folgende Längen: 30 cm, 22 cm, 27 cm und 25 cm.

a. Wie lange sind die einzelnen Etappen in Wirklichkeit?

b. Wie lange dauert die gesamte Wanderung, wenn durchschnittlich in der Stunde 5 km gewandert werden?

26. Herr Grenze hat einen Verkehrsunfall. Da er kein Bandmaß bei sich hat, misst er mit seiner Fußlänge einige Entfernungen:

Breite der Straße: 19 Fuß — Abstand zum Radfahrer: $6\frac{1}{2}$ Fuß

Entfernung der Autos: 4 Fuß — Abstand zum Bordstein: $5\frac{1}{2}$ Fuß

Zu Hause misst er seine Fußlänge: 28 cm

Gib die Entfernungen mit Komma in m [in zwei Maßeinheiten] an.

27. Berechnet und tragt ein. Ersetzt die Ziffern in dem umrahmten Teil durch Buchstaben.

Teamarbeit

0 = A, 2 = E, 4 = P, 6 = S, 8 = W, 1 = D, 3 = I, 5 = R, 7 = T, 9 = Z

322 · 308 =					
477 · 128 =					
199 · 199 =					
613 · 145 =					
618 · 149 =					
297 · 214 =					

539 · 120 =					
345 · 207 =					
256 · 388 =					
370 · 210 =					
473 · 169 =					
281 · 218 =					

28. Tragt die Produkte in die freien Felder ein. Stellt dann alle Buchstaben zusammen, die unter der Ziffer 0 stehen. Stellt weiterhin alle Buchstaben zusammen, die unter der Ziffer 1 stehen. Fahrt so fort mit den Ziffern 2, 3 bis 9.
Ihr findet jedes Mal einen Tiernamen.

389 641 · 89 =								
	Z	S	A	R	K	F	P	F
849 573 · 93 =								
	O	R	I	S	S	K	O	O
87 652 · 753 =								
	D	L	C	H	P	S	M	E
85 629 · 799 =								
	R	B	I	E	B	A	B	C

5 625 · 8 738 =								
	N	C	H	U	T	R	L	O
7 230 · 4 914 =								
	E	W	U	O	R	K	O	T
8 245 · 6 165 =								
	R	T	A	B	E	N	D	F
3 461 · 9 807 =								
	R	A	H	E	I	R	L	E

29. Fülle die Lücken mit den richtigen Ziffern aus.

Zum Knobeln

a.
```
3□ · □5
     74
    □□□
   □25
```

b.
```
4□ · 3□
    1□7
     □□4
   □□□□
```

c.
```
64 · □□
    3□0
      □4
    3□6□
```

d.
```
□□ · 23
    □4□
     □□□
    1□56
```

Schriftliche Verfahren beim Dividieren

Schriftliches Dividieren durch eine einstellige Zahl

Wiederholung

1. Eine Lottogemeinschaft von 6 Personen hat einen Gewinn von 7 458 € gemacht.
Wie viel € erhält jeder der 6 Gewinner?
Mache zunächst einen Überschlag, dividiere dann schriftlich.

Lösung

Überschlag: Wir runden die Zahl so, dass sie sich leicht durch 6 dividieren lässt.
7 200 € : 6 = 1 200 €

Ergebnis: Jeder erhält ungefähr 1 200 €.

Schriftliche Rechnung: Du kennst das schriftliche Rechenverfahren zur Division. Dabei ist auch der Stellenwert der Ziffern zu beachten.

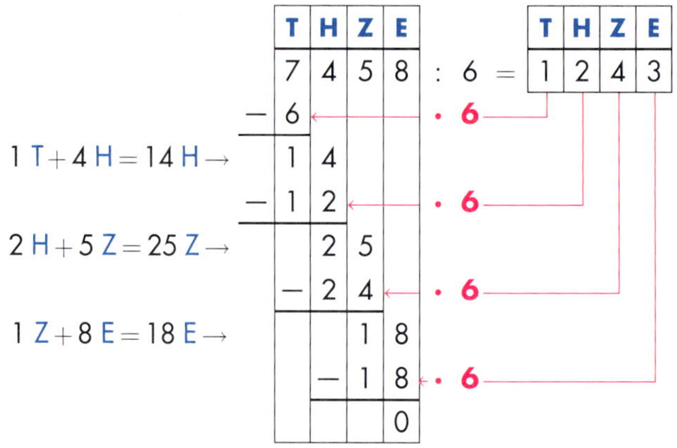

vereinfachte Schreibweise:

7458 : 6 = 1243
−6
14
−12
25
−24
18
−18
0

Kontrolle: 1243 · 6
7458

Ergebnis: Jeder Gewinner erhält 1 243 €.

Zum Festigen und Weiterarbeiten

2. Berechne die Quotienten.
Gehe dabei in folgenden Schritten vor:
(1) *Überschlag:* Runde so, dass du die gerundete Zahl leicht im Kopf dividieren kannst.
(2) *Schriftliche Rechnung:* Führe die schriftliche Rechnung durch.
(3) *Kontrollrechnung:* Rückgängigmachen der Division.
Multipliziere dein Ergebnis mit der Zahl, durch die du dividiert hast.
Du erhältst die Ausgangszahl.

Aufgabe: 27 916 : 7
Überschlag: 28 000 : 7 = □

Schriftliche Rechnung: 27 916 : 7 = □

Kontrolle durch Multiplizieren:
□ · 7 $\stackrel{?}{=}$ 27 916

a.	**b.**	**c.**	**d.**	**e.**
952 : 2	5 892 : 4	74 835 : 9	56 136 : 8	237 000 : 8
635 : 5	1 430 : 5	91 872 : 6	70 100 : 4	420 980 : 7
888 : 6	2 849 : 7	35 024 : 8	99 900 : 5	780 018 : 3

3. Dividiere schriftlich. Überlege, ab wann du das Verfahren abkürzen kannst.

a. 739 500 : 5 **b.** 498 000 : 6 **c.** 168 000 : 7 **d.** 517 000 : 4 **e.** 910 000 : 8

4. Bei einem Schulfest wird ein Theaterstück vorgeführt. Dazu werden in der Aula 256 Stühle in 8 Reihen aufgestellt. Wie viele Stühle stehen in einer Reihe?

Übungen

5. Dividiere schriftlich. Mache zunächst einen Überschlag. Runde so, dass du im Kopf rechnen kannst. Kontrolliere auch deine Ergebnisse.

a.	b.	c.	d.	e.	f.
864 : 2	305 : 5	7952 : 7	2421 : 3	9280 : 4	18450 : 9
488 : 4	976 : 8	9268 : 4	3105 : 9	3950 : 5	34000 : 8
396 : 3	805 : 7	2528 : 8	8370 : 5	8100 : 6	77700 : 3

6.

a.	b.	c.	d.	e.
94028 : 4	864192 : 7	28408 : 8	4663818 : 6	2961000 : 9
30978 : 9	2909504 : 8	70420 : 7	3160148 : 4	1792000 : 7
25842 : 6	5906844 : 9	18888 : 3	9090090 : 5	1873000 : 8

7. Ein Supermarkt bestellt bei einer Kellerei 1176 Flaschen Wein. Diese werden in Kartons zu je 6 Flaschen geliefert.
Wie viele Kartons sind das? Schätze zunächst die Anzahl.

8. Der FC Bayern München möchte für vier Jahre zwei neue Weltklasse-Spieler verpflichten. Dies wird den Verein 6300000 € für den gesamten Zeitraum kosten. Es haben sich 3 zahlungskräftige Förderer des Vereins (Sponsoren) bereit erklärt, diesen Betrag zu gleichen Teilen zu zahlen.

a. Wie viel muss jeder der Sponsoren zahlen?

b. Wie viel müsste jeder zahlen, wenn 4, 5, …, 9 Sponsoren gefunden werden?

9. Von einer Baustelle für ein Bürogebäude müssen 3483 t Erde abtransportiert werden.

a. Ein Lkw kann 9 t laden. Wie viele Fahrten müssen gemacht werden?

b. Wie viele Fahrten sind notwendig, wenn ein Lkw nur 7 t laden kann?

10. Frau Kunze ist mit ihrem Auto im Laufe von 8 Monaten 7736 km gefahren.

a. Wie viel km fährt sie durchschnittlich pro Monat?

b. Wie viel km wird sie voraussichtlich innerhalb eines Jahres fahren?

Mache jeweils zunächst einen Überschlag.

11. Ein Verein kauft für seine 72 Mitglieder T-Shirts mit Vereinszeichen zu einem Gesamtpreis von 1368 €. Durch den Zugang von 9 weiteren Mitgliedern wird eine Nachbestellung erforderlich.
Welcher Betrag muss zusätzlich aufgewandt werden?
Beachte: Überlege zunächst, der wievielte Teil die 9 von der Zahl 72 ist.

Dividieren durch eine mehrstellige Zahl

Aufgabe

1. Bei einem Preisausschreiben wird der Betrag von 95 760 € an alle Gewinner gleichmäßig verteilt. Es sind

a. 40 Gewinner; **b.** 63 Gewinner.

Wie viel € erhält jeder?

Lösung

a. *Überschlag:* 96 000 : 40 = 2 400

Beim schriftlichen Dividieren gehen wir schrittweise vor.

Verteile 95 *Tausender* an 40: Jeder erhält 2 T. Dann sind 80 T verteilt, 15 T (also 150 H) bleiben übrig. Verteile 157 *Hunderter* an 40:

		T	H	Z	E		T	H	Z	E
	9	5	7	6	0	: 40 =	2	3	9	4
−	8	0				· 40				
	1	5	7							
−	1	2	0			· 40				
		3	7	6						
	−	3	6	0		· 40				
			1	6	0					
		−	1	6	0	· 40				
					0					

95 760 : 40 = 2 394
− 80
157
− 120
376
− 360
160
− 160
0

Kontrolle: 2 394 · 40
95 760

Jeder erhält 3 H.
Dann sind 120 H verteilt, 37 H (370 Z) bleiben übrig.
Verteile 376 *Zehner* an 40: Jeder erhält 9 Z.
Dann sind 360 Z verteilt, 16 Z (160 E) bleiben übrig.
Verteile 160 *Einer* an 40: Jeder erhält 4 E.
Dann sind 160 E verteilt.
Es bleibt kein Rest übrig.

Ergebnis: Jeder erhält 2 394 €.

b. *Überschlag:* 96 000 : 60 = 1 600

Beim Verteilen an 63 erhält man hier: 1 Tausender, 5 Hunderter, 2 Zehner, 0 Einer.

		T	H	Z	E		T	H	Z	E
	9	5	7	6	0	: 63 =	1	5	2	0
−	6	3				· 63				
	3	2	7							
−	3	1	5			· 63				
		1	2	6						
	−	1	2	6		· 63				
				0	0					
					0	· 63				
					0					

95 760 : 63 = 1 520
− 63
327
− 315
126
− 126
0

Kontrolle: 1 520 · 63
9 120
4 560
95 760

Ergebnis: Jeder erhält 1 520 €.

Zum Festigen und Weiterarbeiten

2. Wie oft passt
a. 13 in 40, **b.** 19 in 100, **c.** 47 in 250, **d.** 83 in 760?

> Wie oft passt 38 in 297?
> Antwort: 7-mal,
> denn $38 \cdot 7 = 266$ und $38 \cdot 8 = 304$

3. **a.** Ein Kaufmann füllt 5 kg Tee in Tüten zu je 250 g. Wie viele Tüten erhält er?
b. Es sind 190 Tüten mit je 250 g Tee vorrätig. Wie viel kg Tee ist das zusammen?
c. 40 kg sollen auf 160 Tüten gleichmäßig verteilt werden. Wie viel g enthält dann jede Tüte?

4. Dividiere schriftlich. Kontrolliere auch durch Gegenrechnung.

a. 1 550 : 50	**b.** 82 560 : 30	**c.** 937 200 : 80	**d.** 100 020 : 60
2 480 : 40	56 910 : 70	250 470 : 90	944 440 : 70

Mögliche Ergebnisse: 31, 62, 153, 813, 1 667, 2 752, 2 783, 11 715, 13 492

5. Mache zunächst einen Überschlag. Dividiere dann schriftlich. Kontrolliere deine Rechnung.

a. 3 816 : 12	**c.** 700 016 : 67	**e.** 65 640 : 120	**g.** 79 101 : 423
b. 11 732 : 28	**d.** 543 132 : 54	**f.** 62 250 : 750	**h.** 340 288 : 832

Mögliche Ergebnisse: 83, 88, 187, 318, 409, 419, 547, 10 058, 10 208, 10 448

6. Dividiere vereinfacht.

a. 83 700 : 900	**c.** 912 000 : 24 000
b. 600 000 : 800	**d.** 1 176 000 : 28 000

> 83 400 : 600.
> Rechne in Hundertern: 834 H : 6 H,
> also
> 834 : 6 = 139

Übungen

7. Wie oft passt
a. 6 in 25, **b.** 12 in 100, **c.** 70 in 500, **d.** 91 in 830, **e.** 410 in 1 414?

8. Mache zunächst einen Überschlag. Dividiere dann schriftlich. Kontrolliere auch durch Gegenrechnung.

a. 3 180 : 20	**b.** 8 470 : 70	**c.** 18 840 : 60	**d.** 69 300 : 90	**e.** 985 740 : 60	**f.** 800 170 : 70
5 550 : 30	3 960 : 90	39 200 : 80	26 000 : 40	365 130 : 90	700 000 : 80

9. Dividiere schriftlich. Mache bei **a.** und bei **b.** zunächst einen Überschlag.

a.	**b.**	**c.**	**d.**	**e.**
5 685 : 15	34 846 : 19	80 104 : 34	560 052 : 36	279 725 : 67
8 228 : 44	90 963 : 81	52 304 : 56	385 616 : 77	109 989 : 99
8 170 : 38	43 638 : 42	22 968 : 87	552 552 : 24	911 174 : 83
1 500 : 25	22 120 : 56	671 741 : 49	202 202 : 91	3 058 959 : 79
2 232 : 31	20 148 : 23	954 044 : 52	800 075 : 25	3 365 964 : 37
6 696 : 62	95 353 : 79	577 065 : 85	949 782 : 59	5 205 265 : 65

Mögliche Ergebnisse:
a. 60; 72; 108; 134; 187; 215; 379;
b. 395; 876; 1 039; 1 207; 1 834; 1 123;
c. 264; 934; 1 416; 2 356; 6 789; 13 709; 18 347;
d. 2 222; 5 008; 15 557; 16 098; 19 408; 23 023; 32 003;
e. 1 091; 1 111; 4 175; 10 978; 38 721; 80 081; 90 972

10. Dividiere schriftlich (mit Kontrolle). Mache zuvor einen Überschlag. Du erhältst auffallende Ergebnisse.

a. 5720 : 130; 6600 : 150
b. 8000 : 250; 24000 : 750
c. 95940 : 780; 67410 : 210
d. 239760 : 720; 128760 : 290
e. 14030 : 305; 36892 : 802
f. 816816 : 408; 820232 : 151
g. 4378540 : 365; 7555548 : 187
h. 6009432 : 143; 7077777 : 707

11. Dividiere vereinfacht.

a. 2376600 : 600
b. 6732900 : 900
c. 3481000 : 5900
d. 28090820 : 790
e. 20900000 : 38000
f. 39690000 : 63000

12. Multipliziert man eine Zahl mit 75, so erhält man

a. 3750 **b.** 74925 **c.** 92550 **d.** 225525. Wie heißt diese Zahl?

13. Notiere die fehlende Zahl.

a. ☐ · 27 = 13122 **b.** 63 · ☐ = 25767 **c.** 304 · ☐ = 69008 **d.** ☐ · 562 = 451286

14. Für einen Zoobesuch mit Busfahrt sollen die Gesamtkosten von 520 € gleichmäßig auf die 40 Teilnehmer umgelegt werden. Wie viel muss jeder bezahlen?

15. Der Triebkopf eines ICE legt im Monat April 42630 km zurück. Wie viel km fährt er durchschnittlich an einem Tag?

16. In einem Ferienort dauert die Hauptsaison 13 Wochen. In dieser Zeit wurden 22477 Übernachtungen gezählt.

a. Wie viele Übernachtungen waren das durchschnittlich pro Woche?
b. Wie viele Übernachtungen kamen in dieser Zeit durchschnittlich auf einen Tag?

17. Eine Raumsonde ist 16632 Stunden unterwegs. Wie viele Tage [wie viele Wochen] sind das?

18. **a.** Wie lang ist die gesamte Werratalbrücke der ICE-Strecke Hannover – Würzburg?
b. Wie lang wäre die Entfernung zwischen zwei Pfeilern, wenn diese gleichmäßig verteilt wären?

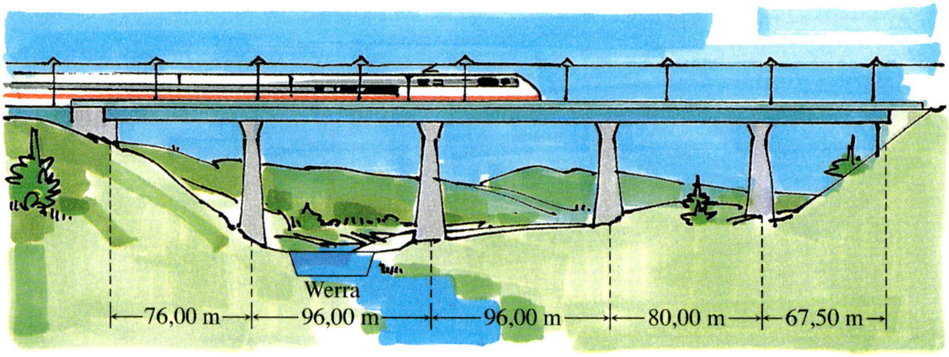

19. Im Jahr 1982 hatte die Stadt Kierspe im Sauerland 14518 Einwohner, 1997 waren es 17653. Um wie viel Einwohner stieg die Einwohnerzahl durchschnittlich in jedem Jahr?

20. Der Planet Venus benötigt 225 Tage, um einmal die Sonne zu umkreisen. Er legt dabei 680 400 000 km zurück.
Wie viel km legt der Planet

a. an einem Tag zurück;

b. in einer Sekunde zurück?

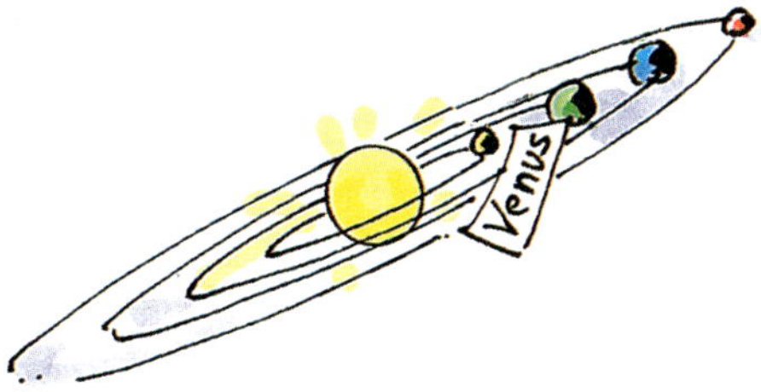

21. Ein 10 000-m-Läufer benötigt für seinen Lauf 29 min 10 s.
Wie lange benötigt er im Durchschnitt für 1 Runde (400 m)?

22. Eine Langstreckenläuferin läuft im Training eine Strecke von 5 000 m in 20 min.
Wie lange braucht sie im Durchschnitt für 1 Runde (400 m)?

23. Eine Biene bringt pro Ausflug etwa 50 mg Nektar heim, aus dem 20 mg Honig entstehen. Dafür legt sie im Durchschnitt eine Flugstrecke von 6 km zurück.

a. Eine Biene kann in ihrem ganzen Arbeitsleben nur einen Tropfen Honig von 1 g Gewicht produzieren.
Wie viele Ausflüge sind dafür nötig und wie viele Kilometer legt sie dafür zurück?

b. Ein Bienenvolk von 15 000 Sammelbienen gewinnt an einem Tag etwa 3 kg Honig.
Wie viele Ausflüge muss dazu jede Sammelbiene machen?

Dividieren mit Rest

1. In einer Jugendherberge sollen 170 Brötchen auf 12 Tische gleichmäßig verteilt werden. Wie viele Brötchen kommen auf jeden Tisch?
Welcher Rest müsste noch verteilt werden? **Aufgabe**

Lösung

$$\begin{array}{l} 170 : 12 = 14 + (2 : 12) \\ \underline{-12} \\ 50 \\ \underline{-48} \\ 2 \end{array}$$

Ergebnis: Auf jeden Tisch kommen 14 Brötchen. Der Rest von 2 Brötchen müsste noch auf die 12 Tische verteilt werden.

$$\begin{array}{l} 170 : 12 = \underline{\underline{14 + (2 : 12)}} \\ \underline{-12} \\ 50 \\ \underline{-48} \\ 2 \end{array}$$

Kontrolle: $\underline{14 \cdot 12}$

$$\begin{array}{r} 14 \\ \underline{28} \\ 168 \end{array}$$

$168 + 2 = 170$

2. Dividiere mit Rest, kontrolliere durch Gegenrechnung. **Zum Festigen und Weiterarbeiten**

a.	**b.**	**c.**	**d.**	**e.**
438 : 3	856 : 12	825 : 14	8 136 : 35	3 400 : 122
570 : 4	637 : 15	909 : 32	2 000 : 39	9 000 : 738
295 : 7	869 : 50	718 : 85	1 296 : 72	31 284 : 316

Übungen

3. Dividiere mit Rest, kontrolliere durch Gegenrechnung.

a. 487 : 4	**b.** 973 : 30	**c.** 874 : 15	**d.** 5 866 : 56	**e.** 59 804 : 753
368 : 6	501 : 60	735 : 18	8 650 : 32	12 323 : 111
500 : 8	758 : 80	855 : 22	1 104 : 48	70 000 : 699
425 : 7	904 : 90	1 072 : 37	8 300 : 67	822 822 : 907

Den jeweiligen Rest findest du unter den Zahlen:
a. 1; 2; 3; 4; 5 b. 4; 8; 13; 21; 38 c. 4; 9; 15; 19; 36 d. 0; 10; 12; 42; 59 e. 0; 2; 100; 173; 317

4. **a.** Ein Obstbauer hat an einem Tag 983 kg Äpfel der Sorte Jona Gold geerntet. Für den Verkauf werden die Äpfel in Beutel zu 3 kg verpackt.
Wie viele Beutel zu 3 kg erhält man und wie viel kg Äpfel bleiben übrig?

b. Wie viele Beutel mit 5 kg Jona Gold erhält man und wie viel kg bleiben übrig?

c. Von der Apfelsorte Berlepsch wurden 475 kg geerntet und in 188 gleich schwere Beutel verpackt. 3 kg blieben übrig.
Wie viel kg Äpfel sind in einem Beutel?

5. Ein Autorennen wird auf einer Rundstrecke durchgeführt, die 37 km lang ist. Das Rennen soll über 1 000 km [1 250 km] gehen.
Wie viele volle Runden müssen gefahren werden?
Wie viele Straßenkilometer ist die Ziellinie von der Startlinie entfernt?
Hinweis: Bestimme mithilfe des Restes, wie viel km über die letzte volle Runde hinaus noch gefahren werden müssen.

6. Familie Höfer hat eine Rundreise durch die USA gemacht. Ihre Fotoausbeute: 11 Diafilme mit je 36 Bildern. Die gerahmten Dias bewahrt Familie Höfer in Diakästen auf, die je 2 Magazine für je 50 Dias enthalten.
Auf wie vielen Diakästen steht: USA-Rundreise?
Wie viele Plätze bleiben im letzten Magazin noch frei?

Spiel (2 bis 4 Spieler)

7. *Große Reste sind das Beste*
3 oder 4 Mitspieler beschriften 24 gleich große Spielkarten fortlaufend mit den Zahlen 1 bis 24. Die Karten werden gemischt und verdeckt als Stapel auf den Tisch gelegt. Die Mitspieler notieren sich in ihrem Heft die Tabelle (siehe Beispiel) und einigen sich auf eine Startzahl, die 24 oder größer sein muss.
Reihum wird eine Karte gezogen und die Startzahl durch die gezogene Zahl dividiert. Dann wird der **Rest**betrag der Division zur Startzahl addiert. Es ergibt sich die neue Punktzahl für die nächste Runde. Das Spiel ist beendet, wenn alle Karten aufgedeckt sind.
Sieger ist der Mitspieler mit der höchsten Punktzahl.

Beispiel:

Startzahl

Punktzahl (= Dividend)	**38**	38 + 2 = 40	40 + 0 = 40	40 + 6 = 46	46 + ?
gezogene Zahl (= Divisor)	9	4	17	24	
Divisions**rest**	2	0	6	?	

Vermischte Übungen

1. Julias Vater möchte einen Obstgarten anlegen. Er vergleicht die Preisangebote:
Eine Baumschule verlangt 264 € für 12 Apfelbäumchen.
Eine Gärtnerei bietet 15 Bäumchen der gleichen Sorte für 345 €.
Wo sollte Julias Vater einkaufen?

2.

Als Kaufpreis für einen Fotoapparat verlangt ein Händler 7 Monatsraten zu je 28 €. Bei einem anderen Händler sieht er das Angebot links.
Welches Angebot ist günstiger?

3.

a.	**b.**	**c.**	**d.**
126 000 + 38 000	493 078 + 701 533	82 119 + 4 600 929	987 654 + 456 789
52 000 − 4 300	804 000 − 488 488	932 062 − 931 987	987 654 − 456 789
1 720 · 90	12 345 · 240	512 · 4 875	2 228 · 3 978
900 : 12	432 432 : 78	62 000 : 63	132 999 : 133

4. Auffallende Ergebnisse.

a.	**b.**	**c.**	**d.**
6 079 − 5 454	2 796 − 1 068	25 · 2 401	81 · 24 · 54
5^4	12^3	245^2	18^4
33 750 : 54	20 736 : 12	2 701 125 : 45	7 473 411 : 11

5.

Sperling	Kolibri	Marienkäfer	Biene	Hummel	Stechmücke
13	48	82	190	240	290

Die Tabelle gibt für verschiedene Tiere die Anzahl der Flügelschläge je Sekunde an.

a. Berechne jeweils die Anzahl der Flügelschläge innerhalb einer Minute.

b. Wie viele volle Sekunden müssen vergehen, bis mindestens 3 500 Flügelschläge erfolgt sind?

6.

Taube 18 m

Schwalbe 54 m

Mauersegler 72 m

Das Bild gibt an, wie viele Meter ein Vogel in jeder Sekunde im Flug zurücklegt.

a. Wie viele Sekunden benötigt der jeweilige Vogel, um eine Strecke von 12,960 km Länge zurückzulegen?
Gib diese Zeitdauer auch in Minuten an.

b. Wie weit fliegt (1) eine Schwalbe, (2) ein Mauersegler
in der Zeit, in der die Brieftaube 500 m weit fliegt?

7. Aus einem Supermarkt sollen folgende Restbestände abtransportiert werden:
288 Beutel mit je 125 g Nudeln, 335 Dosen Milch zu je 350 g, 266 Dosen mit je 275 g Fisch.
Welches Gewicht ist zu bewegen? Gib das Ergebnis in der nächsthöheren Maßeinheit an.

8. Kirsten sieht einen InterCityExpress vorbeifahren. Sie zählt 13 Wagen zwischen den beiden Triebköpfen und schätzt:
„Der Zug ist 400 m lang."
Die technischen Angaben der Deutschen Bahn AG sind:
Länge eines Triebkopfes: 20 560 mm
Länge eines Wagens: 26 400 mm
Berechne die tatsächliche Länge des Zuges. Um wie viel Meter hat sich Kirsten verschätzt?

9. Im Braunkohletagebau Inden bei Aachen arbeiten sechs Schaufelradbagger mit unterschiedlicher Leistung. Zwei von ihnen haben eine Tagesleistung von je 60 000 t, einer baggert am Tage 80 000 t und die drei größten leisten am Tag je 110 000 t.

a. Welche Tagesleistung wird erreicht, wenn alle 6 Bagger gleichzeitig im Einsatz sind?

b. In einer Woche sind 2 Bagger außer Betrieb, einer der zwei kleineren und einer der drei größten.
Wie viele Tonnen Braunkohle können in dieser Woche gefördert werden?

10. Ein Reiseunternehmen plant eine Busfahrt nach Italien. Die Fahrstrecke ist 1 200 km lang. Der Busfahrer rechnet damit, in der Stunde im Durchschnitt 80 km fahren zu können. Alle 2 Stunden muss eine Pause von 15 Minuten gemacht werden. Die Fahrt beginnt um 5.00 Uhr.
Stelle eine sinnvolle Frage und beantworte sie.

11. Das Herz eines erwachsenen Menschen schlägt in einer Minute etwa 70-mal.

a. Mit jedem Herzschlag werden etwa 150 g Blut in den Körperkreislauf gepumpt.
Wie viel kg sind das in einer Stunde, an einem Tag?

b. In welcher Zeit durchfließt die gesamte Blutmenge (etwa 5 kg) einmal den Körper?

12. Der Radclub „SV Speiche" plant eine 5-tägige Radwanderung. Auf der Karte (Maßstab 1 : 400 000) hat der Rundweg eine Länge von 85 cm.
Wie lang sind die einzelnen Tagesetappen (Fahrstrecke pro Tag), wenn sie alle gleich lang sein sollen?

Bist du fit?

1. Berechne das Produkt. Dividiere dann das Ergebnis durch 24.

a. 109 · 17 **b.** 31 · 144 **c.** 179 · 9 **d.** 23 · 71 **e.** 25 · 52 **f.** 26 · 73

2. Rechne im Kopf.

a. 45 · 80	**b.** 960 : 80	**c.** 207 · 4	**d.** 624 : 12
38 · 70	780 : 30	520 · 3	143 : 13
6 · 340	910 : 70	16 · 25	800 : 25

3. Rechne schriftlich. Du erhältst auffallende Ergebnisse.

a. 38 885 : 7	**b.** 3 737 · 12	**c.** 176 042 : 23	**d.** 7 992 · 125	**e.** 217 560 : 280
74 070 : 6	1 372 · 48	302 192 : 34	999 · 370	271 950 : 490
99 999 : 9	2 963 · 33	196 251 : 57	3 389 · 102	220 800 : 640

4. Ein Kreuzfahrtschiff kann 1 892 Passagiere an Bord nehmen. Jedes Rettungsboot hat Platz für 86 Passagiere.
Wie viele Rettungsbote muss das Schiff für seine Passagiere mitführen?

5. An einer Landstraße sollen 712 Bäume gepflanzt werden.
Jeder Baum kostet 65 €.

a. Wie teuer wird dieses Vorhaben?

b. Es stehen 50 000 € zur Verfügung. Reicht dieser Betrag?
Berechne die Differenz.

6. In einem Zuschauerraum gibt es 23 Sitzreihen zu je 54 Plätzen. Bei einer überfüllten Veranstaltung mussten 95 Zuschauer stehen.

a. Wie viele Sitzplätze sind vorhanden?

b. Wie viele Zuschauer hatte die überfüllte Veranstaltung?

7.

a. Manuels Vater nimmt für 1 Tasse Kaffee 4 g Kaffeemehl.
Für wie viele Tassen reicht dann eine 500-g-Packung?

b. Manuels Mutter nimmt für 1 Tasse 3,5 g Kaffeemehl. Wie viele Tassen erhält sie?

c. Wie viel g darf man für 1 Tasse nehmen, damit man 200 Tassen erhält?

8. a. Marina läuft eine Sportplatzrunde in 72 s. Sie rechnet sich aus, wie viel Sekunden sie für 5 Runden benötigt.
Wie viel Sekunden sind das? Rechne auch in min um.
Wird sie diese Zeit auch einhalten können?

b. Tim läuft 4 Runden in 4 min 32 s.
Wie viel hat er im Durchschnitt für 1 Runde benötigt?

c. Kirsten ist mehrere Runden in 16 min gelaufen. Für eine Runde braucht sie 2 min.
Wie viele Runden ist sie gelaufen?

Im Blickpunkt

Fernsehgewohnheiten

1. Tims Mutter schimpft: „Du sitzt zu oft vor dem Fernseher, zu viel Fernsehen ist schädlich." Daraufhin führt Tim eine Woche lang genau Buch über seine Fernsehzeiten.

Hier seine Ergebnisse:

Sa:	11.30 – 12.00	Spin's tierische Welt
	18.00 – 20.00	Ran-Fußball
So:	14.10 – 15.08	Alf
	18.15 – 18.45	Rudis Hundeshow
	19.00 – 20.00	Ranissimo-Fußballshow
Mo:	14.55 – 15.05	Logo Kindernachrichten
	16.30 – 17.00	Tom und Jerry
Di:	16.05 – 16.30	Die Schlümpfe
	17.00 – 17.30	Familie Feuerstein
Mi:	16.05 – 17.00	Ein Heim für Tiere
	17.00 – 17.30	Junior Jeopardy
Do:	15.05 – 16.05	Unsere kleine Farm
	18.00 – 18.30	Die Sendung mit der Maus
Fr:	18.30 – 19.00	Eine schrecklich nette Familie
	20.15 – 21.15	Mini Playback Show

a. Wie viel Zeit nehmen alle Fernsehsendungen in Anspruch?

b. Manchmal liegen zwischen den einzelnen Sendungen Pausen, in denen Tim das Fernsehgerät nicht abgestellt hat. Um wie viel Minuten erhöht sich dadurch seine Fernsehzeit?
Wie viel Zeit hat Tim insgesamt vor dem Fernsehgerät verbracht?

c. Wie viel Minuten (Stunden) hat Tim durchschnittlich an einem Tag ferngesehen?

2. a. Bringt ein Fernsehprogramm der letzten Woche mit und berechnet für jedes Gruppenmitglied
(1) die Fernsehzeit pro Woche (mit Zwischenzeiten),
(2) die durchschnittliche Fernsehzeit pro Tag.

b. Fachleute empfehlen: „Kinder sollen nicht mehr als eine Stunde täglich fernsehen." Vergleicht eure Ergebnisse mit dieser Empfehlung. Schreibt auch Gründe auf, warum Kinder nicht zu viel fernsehen sollten.

3. Schreibt eine Woche lang auf, wie viel Zeit jedes Gruppenmitglied täglich (1) insgesamt für seine Hausaufgaben, (2) für seine Mathematikaufgaben gebraucht hat. Berechnet für jedes Gruppenmitglied die Gesamtzeit pro Woche und die durchschnittliche Arbeitszeit pro Tag. Rechnet mit 5 Schultagen pro Woche.

4. Tim hat eine Woche lang aufgeschrieben, womit er seine Zeit verbringt (siehe Tabelle).

a. Wie viel Zeit hat Tim durchschnittlich pro Tag für die einzelnen Bereiche aufgewandt? Stellt diese Durchschnittszeiten in einem Säulendiagramm (Seite 24) dar.

b. Legt für jeden von euch eine Tabelle an. Wie viel Zeit wendet jeder von euch in einer Woche für die einzelnen Bereiche etwa auf? Zeichnet ein Säulendiagramm auf ein Zeichenblatt und stellt es in der Klasse aus.

Schlafen	70 H
Schule mit Pausen und Schulweg	35 H
Spielen mit Freunden	14 H
Freizeit mit Eltern (Ausflüge, Spiele)	10 H 30 Min
Fernsehen	10 H 30 Min
Hausaufgaben	7 H
Pflichten in der Familie (z.B. Einkaufen)	3 H 30 Min
Sonstiges	17 H 30 Min

5. Private Fernsehanstalten unterbrechen ihre Sendungen oft um Werbung einzublenden.

a. Michaela hat diese Werbezeiten bei „ihren" Fernsehsendungen eine Woche lang mitgestoppt.

Mo	Di	Mi	Do	Fr	Sa	So
15 min	12 min 30 s	9 min 15 s	13 min	7 min 15 s	16 min	23 min 50 s

Wie viel „unfreiwillige" Werbezeit hat Michaela durchschnittlich pro Tag gesehen?

b. Bei einem Tennis-Match wechseln die Spieler nach dem 1. Spiel und dann alle zwei Spiele die Seiten. In diesen Wechselpausen sendet das Fernsehen jeweils 85 s Werbung.
Ein Fünf-Satz-Match endet
6 : 4; 3 : 6; 5 : 7; 6 : 1; 7 : 5.
Wie viel „Werbung" müssen die Zuschauer bei dieser Tennisübertragung „unfreiwillig" ansehen (wenn sie nicht inzwischen etwas anderes machen)?

Terme, Rechengesetze, Gleichungen

Vor 200 Jahren stellte ein Lehrer seinen Schülern die Aufgabe, alle Zahlen von 1 bis 100 zu addieren:

$1 + 2 + 3 + 4 + 5 + 6 + 7 + 8 + 9 + 10 + 11 + \ldots\ldots\ldots\ldots + 95 + 96 + 97 + 98 + 99 + 100$

Er wollte seine Schüler für eine Weile beschäftigen, damit er in Ruhe die Zeitung lesen konnte. Der Lehrer kam aber nicht zu seiner Ruhe. Bereits nach einigen Minuten meldete sich der neunjährige Carl Friedrich mit dem richtigen Ergebnis. Der Lehrer schaute ihn verblüfft an.

Wie kann man in so kurzer Zeit so viele Zahlen addieren?

Gibt es einen Rechentrick?

Wir schauen uns als Beispiel die Summe der Zahlen von 1 bis 10 an:

$1 + 2 + 3 + 4 + 5 + 6 + 7 + 8 + 9 + 10$

Was passiert, wenn wir die erste Zahl und die letzte Zahl addieren $(1 + 10)$? Und dann die zweite Zahl und die vorletzte $(2 + 9)$ usw. (Abb. 1)? Wir erhalten jedesmal 11!

Abb. 1

Es ist daher vorteilhaft, die Zahlen in eine andere Reihenfolge zu bringen:

$1 + 10 + 2 + 9 + 3 + 8 + 4 + 7 + 5 + 6 = 11 + 11 + 11 + 11 + 11 = 5 \cdot 11 = 55$

- Versuche mit diesem Rechentrick die Zahlen von 1 bis 20 zu addieren.
- Kannst du auf diese Weise auch die Summe der Zahlen von 1 bis 100 berechnen?
- Kann man den Rechentrick auch bei anderen Summen anwenden?

Der Junge aus unserer Geschichte hieß Carl Friedrich Gauß (1777 – 1855). Er wurde später einer der größten Mathematiker aller Zeiten.

Rechenwege „auf einen Blick" – Klammern

Terme mit Klammern

Aufgabe

1. 

In Lauras Schule nahmen 476 Jungen und Mädchen an den Bundesjugendspielen teil. 287 Teilnehmer erhielten eine Siegerurkunde. 63 Kinder erhielten sogar eine Ehrenurkunde.
Wie viele Schüler haben es nicht geschafft eine Urkunde zu bekommen?

a. Man kann auf zwei Arten rechnen. Gib beide Rechenwege an.

b. Man kann jeden Rechenweg mit einem einzigen Rechenausdruck schreiben. Mit Klammern zeigt man an, wenn nicht von links nach rechts gerechnet werden soll, sondern in einer anderen Reihenfolge. Versuche es.

c. Kann man den Rechenausdrücken „ansehen", welcher Rechenweg einfacher ist?

Lösung

a. *Tims Weg:* $476 - 287 = 189$; $189 - 63 = 126$ *Julias Weg:* $287 + 63 = 350$; $476 - 350 = 126$

b. *Tims Weg:* $476 - 287 - 63$ *Julias Weg:* $476 - (287 + 63)$

c. Bei Julias Weg kann man sehen, dass man in der Klammer eine runde Zahl (350) erhält. Damit kann man leichter weiterrechnen.

Information

Man kann jeden Rechenweg mit einem einzigen Rechenausdruck, *Term* genannt, schreiben. So kann man den Rechenweg „auf einen Blick" überschauen und Rechenvorteile leichter erkennen. Wenn nicht von links nach rechts gerechnet werden soll, muss man angeben, welche Rechnung zuerst ausgeführt werden soll. Dies erfolgt mit *Klammern*.
Einen Term kann man auch durch einen *Rechenbaum* veranschaulichen.

Tims Weg:

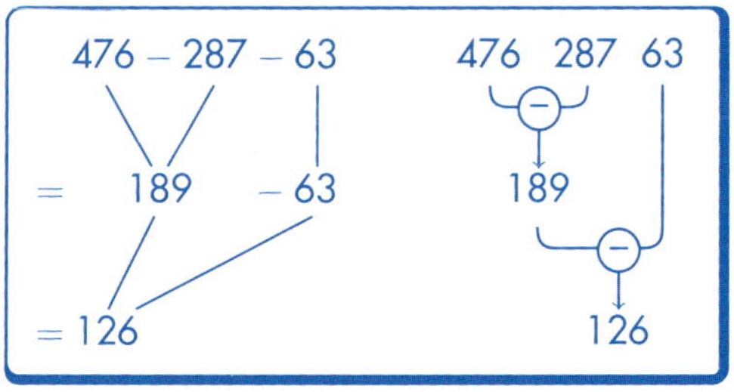

Julias Weg:

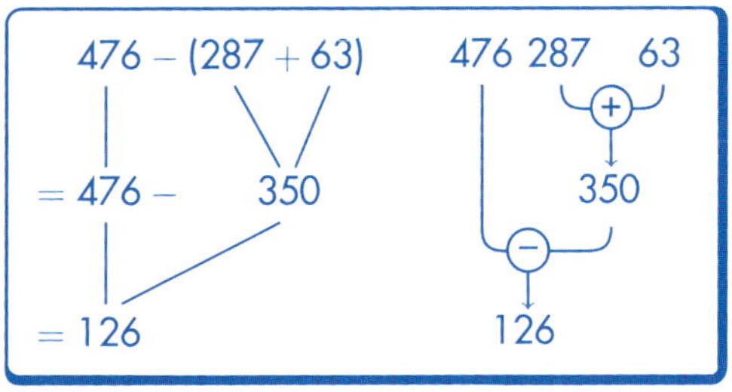

Man kann einen Rechenweg durch einen **Term** angeben.
Man benutzt **Klammern,** wenn man die Reihenfolge der Rechnung kennzeichnen will.
Was in einer Klammer steht, soll zunächst gerechnet werden.

(1) $200 - (50 - 30)$
$= 200 - 20$
$= 180$

(2) $96 : (12 \cdot 4)$
$= 96 : 48$
$= 2$

(3) $196 - (78 + 62)$ (Klammer zuerst)
$= 196 - 140$
$= 56$

Zum Festigen und Weiterarbeiten

2. Die Aufgaben kann man auf zwei Arten rechnen. Schreibe jeden der beiden Rechenwege mithilfe eines einzigen Terms. Rechne vorteilhaft.

a. Thomas: „In meiner Schule haben 376 Schüler an den Bundesjugendspielen teilgenommen. 26 Schüler haben eine Ehrenurkunde und 250 Schüler haben eine Siegerurkunde erhalten."
Wie viele Schüler haben keine Urkunde bekommen?

b. Am Sonntag ist Taschengeldtag. Frau Groß hat noch 125 € in ihrer Geldbörse. Irina bekommt 16 €, Tanja 14 € und Sascha 7 €.
Wie viel € hat Frau Groß anschließend noch in ihrer Geldbörse?

c. Carolin betrachtet eine Verkaufspackung Kaubonbons.
Sie liest: „Inhalt 12 Stangen."
Jede Stange enthält 6 Päckchen und jedes Päckchen enthält 5 Kaubonbons.
Wie viele Kaubonbons sind in der Verkaufspackung?

3. Berechne den Term. Beschreibe den Termaufbau wie in den Beispielen.

a. $183 - (62 + 58)$
$183 - 62 + 58$
$183 - (62 - 58)$

b. $172 + (98 - 56)$
$172 + 98 + 56$
$172 + (98 + 56)$

c. $128 \cdot (8 : 4)$
$128 \cdot 8 : 4$
$128 : (8 \cdot 4)$

d. $300 : (5 \cdot 3)$
$300 : 5 \cdot 3$
$300 : 5 : 3$

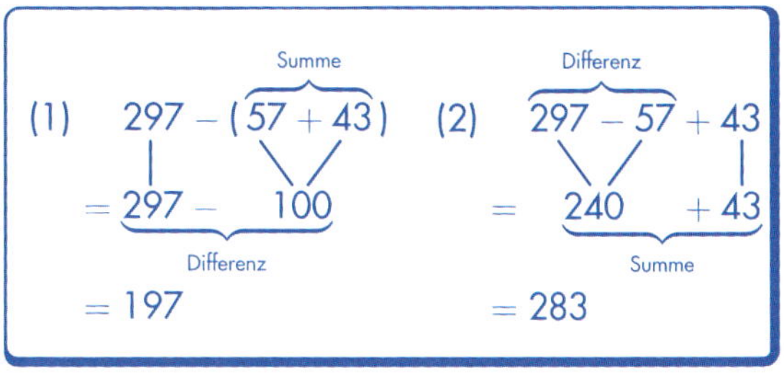

4. Schreibe den Term und berechne ihn.

a. Subtrahiere von der Zahl 183 die Differenz der Zahlen 69 und 27.

b. Subtrahiere von der Differenz der Zahlen 275 und 125 die Summe der Zahlen 37 und 43.

c. Addiere zur Summe der Zahlen 65 und 13 die Differenz aus 93 und 49.

Übungen

5.
a. $324 - (92 - 74)$
$324 - (92 + 74)$
$324 - 92 - 74$

b. $437 - (248 - 173)$
$437 - 248 - 173$
$437 - (248 + 173)$

c. $96 : (24 : 2)$
$96 : 24 : 2$
$96 : (24 \cdot 2)$

d. $250 : (25 : 5)$
$250 : 25 \cdot 5$
$250 : (25 \cdot 5)$

6. Berechne die Terme. Vergleiche.

a. $800 - (64 + 36)$ und $800 - 64 + 36$

b. $90 : (5 \cdot 2)$ und $90 : 5 \cdot 2$

c. $600 - (87 - 56)$ und $600 - 87 - 56$

d. $96 : (4 \cdot 2)$ und $96 : 4 \cdot 2$

7. a. Berechne.

(1) $273 - 96 - 45$
$196 - (37 + 44)$
$(358 + 39) - 63$
$159 - (89 - 42)$

(2) $(671 - 24) - 35$
$464 - 51 + 38$
$418 + (69 - 48)$
$(767 - 29) + 47$

(3) $144 : 24 : 6$
$120 : (5 \cdot 8)$
$(12 \cdot 8) : 24$
$60 : (100 : 5)$

(4) $(256 : 8) : 4$
$600 : 15 : 9$
$17 \cdot (108 : 12)$
$(432 : 36) \cdot 6$

b. Beschreibe den Termaufbau wie in den Beispielen zu Aufgabe 3.

8.
a. $87 + (67 - 23) - 19$
$(72 - 19) - (56 - 49)$
$156 - 29 + (81 - 14)$
$436 + (82 - 37 + 19)$

b. $42 + 39 - (98 - 53)$
$287 - (29 + 63 - 46)$
$(36 + 45) - (97 - 69)$
$96 - (24 + 37) + 61$

c. $(65 - 37) + 66 - (88 - 59)$
$(51 + 38) - (79 - 12) + 52$
$184 - (53 + 18) + (93 - 47)$
$574 + 18 - (48 - 39 + 54)$

9. a. Berechne.

(1) $(8+9)\cdot(16-7)$ $\quad(114-18):(6+18)$

(2) $(48+42):(6+9)$ $\quad(46-8)\cdot(4+11)$

(3) $(137+27)\cdot 248-169$ $\quad(272+448):(56+88)$

b. Beschreibe den Termaufbau wie im Beispiel zu Aufgabe 3.

10.

a. $836-(83+67)$
b. $(83+27)\cdot 5$
c. $(837-87):25$
d. $997-(53+45)$
e. $6\cdot(32+118)$
f. $(799-79):12$
g. $735-(126-83)+37$
h. $825-(137+215)-88$
i. $8\cdot(527-464)-146$
j. $654-(298-165)+118$
k. $935-127-(215+338)$
l. $325+417-(417-325)$
m. $(63:7)\cdot(72-56)$
n. $(74+56):(256-243)$
o. $(48-35)\cdot(45:9)$
p. $(67+53):(143-113)$
q. $(144+112):(144:9)$
r. $96:12\cdot(137-86)$

Mögliche Ergebnisse: 639, 440, 900, 550, 408, 735, 686, 16, 60, 65, 650, 899, 30, 255, 729, 144, 358, 10, 4, 385

11. Schreibe zu dem Rechenbaum einen Term mit Klammern. Berechne ihn dann.

a. 68 37 14

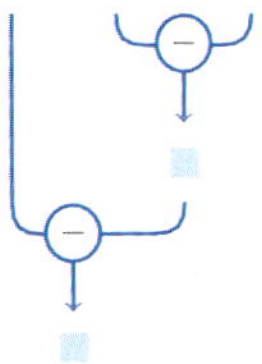

b. 47 26 18

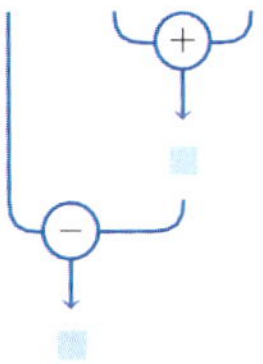

c. 84 7 3

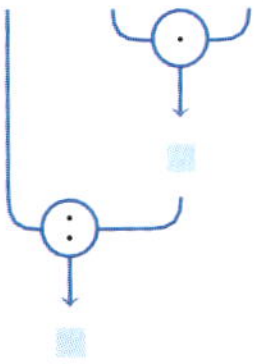

d. 144 96 24

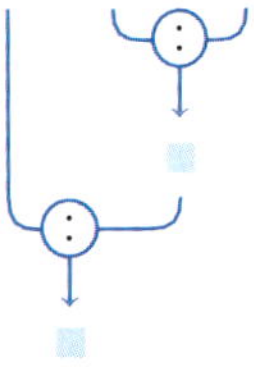

▲ **12.** Es gibt auch Terme mit Doppelklammern. Man berechnet die innere Klammer zuerst. Berechne den Term.

a. $350-[65-(19-7)]$
$350-[65-(19+7)]$
$350-[(65-19)-7]$

b. $20\cdot[(15-9):3]$
$20\cdot[15-(9:3)]$
$[20\cdot(15-9)]:3$

c. $[48:(12-4)]\cdot 5$
$60:[(20-15)\cdot 3]$
$[4\cdot(26-17)]:2$

d. $200-[37-(16-4)]$
$8+[(20-7)\cdot 8]$
$[800-(135-48)]\cdot 2$

Innere Klammer zuerst

$500-[(100-22)+35]$
$=500-[\quad 78 \quad +35]$
$=500-\quad 113$
$=387$

13. Die Aufgaben kann man auf zwei Wegen rechnen. Schreibe jeden der beiden Rechenwege mithilfe eines Terms. Rechne mit dem Term, der dir vorteilhafter erscheint.

a. Maren und Katja tragen Werbeprospekte aus. Insgesamt müssen sie 800 Faltblätter verteilen. Am ersten Nachmittag schaffen sie 265 Stück, am zweiten 230 Stück und am dritten Nachmittag 220. Wie viele Prospekte sind noch nicht verteilt?

b. Peter hat 237 € auf seinem Sparkonto. Er hebt erst 75 € und später 55 € ab. Welcher Betrag bleibt auf dem Konto?

c. Carlos sammelt Fußballbilder; er hat schon 13 verschiedene. Sein Taschengeld setzt er gleich in 45 neue Bilder um. Zu seiner Enttäuschung hat er danach 17 Bilder doppelt. Wie viele verschiedene Bilder hat er?

d. Anna hat 110 € gespart. Sie kauft ihrer Freundin Rebekka drei Computerspiele zu je 12 € und ein Lernprogramm für 7 € ab. Wie viel € hat sie übrig?

14. Schreibe einen Term und berechne ihn.

a. Subtrahiere von 212 die Summe der Zahlen 56 und 83.

b. Multipliziere die Differenz der Zahlen 97 und 68 mit 9.

c. Dividiere die Zahl 108 durch die Differenz der Zahlen 63 und 27.

d. Subtrahiere von der Differenz der Zahlen 2567 und 1429 die Summe der Zahlen 267 und 388.

e. Multipliziere die Summe der Zahlen 85 und 67 mit der Differenz der Zahlen 137 und 69.

f. Subtrahiere vom Produkt der Zahlen 89 und 67 den Quotienten der Zahlen 3654 und 63.

Mögliche Ergebnisse: 3, 10336, 483, 261, 2401, 73, 5905

Zum Knobeln

15. Hier fehlen manchmal Klammern. Schreibe die Aufgabe in dein Heft (wenn nötig mit Klammern). Kontrolliere durch Rechnung.

a. $38 - 14 + 12 = 12$

b. $78 - 36 + 17 = 59$

c. $45 - 28 - 14 = 31$

d. $48 : 16 : 4 = 12$

e. $72 : 8 \cdot 3 = 27$

f. $63 : 7 \cdot 3 = 3$

g. $5945 - 1428 + 1275 = 3242$

h. $7456 - 3214 - 1312 = 2930$

i. $243165 : 65 \cdot 87 = 43$

Punktrechnung vor Strichrechnung

Aufgabe

1. Lies dir die Zeitungsnotiz durch. Schreibe dann den Rechenweg mithilfe eines einzigen Terms; kennzeichne mit Klammern, was zuerst gerechnet werden soll.

Marc liest in einer Zeitung:

Zirkus Mondial ein Zuschauermagnet
Schon 12 500 Zuschauer haben das tolle Programm gesehen. Es ist zu erwarten, dass die restlichen 8 Vorstellungen ausverkauft sein werden.

Pro Vorstellung fasst das Zirkuszelt 850 Besucher.
Mit wie vielen Besuchern kann der Zirkus insgesamt rechnen?

Lösung

Term:

$12\,500 + 8 \cdot 850$

$= 12\,500 + 6\,800$

$= 19\,300$

Rechenbaum:

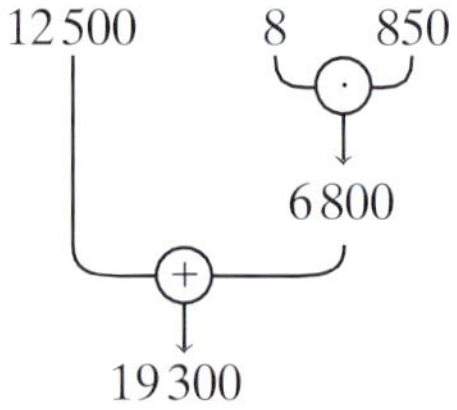

Rechenschritte:

(1) $8 \cdot 850 = 6\,800$ (2) $12\,500 + 6\,800 = 19\,300$

Ergebnis: Der Zirkus kann mit 19 300 Besuchern rechnen.

Information

Punkt vor Strich

Wir vereinbaren:
Punktrechnung (·, :) geht vor Strichrechnung (+, −).
Dadurch kann man Klammern sparen.
Wenn noch Klammern vorkommen, rechnen wir zuerst die Klammern aus.

(1) $190 - 7 \cdot 16$
$= 190 - 112$
$= 78$

(2) $100 + 48 : 6$
$= 100 + 8$
$= 108$

(3) $7 \cdot 8 + 48 : 6$
$= 56 + 8$
$= 64$

(4) $35 - 2 \cdot (8 + 7)$
$= 35 - 2 \cdot 15$
$= 35 - 30$
$= 5$

Zum Festigen und Weiterarbeiten

2. **a.** $28 + 42 : 7$ **b.** $67 - 12 \cdot 4$ **c.** $56 : 7 + 74$ **d.** $12 \cdot 9 - 84$ **e.** $6 \cdot 7 + 9 \cdot 8$ **f.** $48 : 6 + 6 \cdot 9$ **g.** $48 + 9 \cdot 8 - 4$ **h.** $63 - 96 : 12 + 35$

3. Anna hat 90 € gespart. Sie braucht 8 Ersatzrollen für ihre Inline-Skates. Eine Rolle kostet 7 €.
Wie viel € bleiben übrig?

4. Berechne und vergleiche. Beschreibe den Termaufbau (vgl. Aufgabe 3, Seite 104).
a. $200 - 60 \cdot 3$ und $(200 - 60) \cdot 3$
b. $400 + 64 : 8$ und $(400 + 64) : 8$
c. $12 \cdot 5 + 25 \cdot 4$ und $12 \cdot (5 + 25) \cdot 4$
d. $96 : (2 \cdot 8) - 6$ und $96 : 2 \cdot (8 - 6)$

5. Berechne den Term.
a. $(6 + 33) \cdot 7$
$(15 + 33) \cdot 7$
b. $850 - 600 : 12$
$850 - 600 : 30$
c. $(58 + 15) \cdot (175 : 5)$
$(85 + 6) \cdot (175 : 5)$
d. $900 - (6 \cdot 60 + 32)$
$900 - (32 + 6 \cdot 12)$

6. Schreibe den Term und berechne ihn.
a. Subtrahiere von der Zahl 256 das Produkt der Zahlen 12 und 9.
b. Addiere zur Zahl 288 den Quotienten der Zahlen 126 und 9.
c. Subtrahiere vom Produkt der Zahlen 15 und 13 den Quotienten der Zahlen 78 und 13.
d. Addiere zur Zahl 256 das Produkt aus 23 und 12 und subtrahiere von dieser Summe 139.

Information

Vorrangregeln für das Berechnen von Termen
(1) Klammern werden zunächst berechnet.
(2) Punktrechnung geht vor Strichrechnung.
(3) In allen anderen Fällen wird von links nach rechts gerechnet.

Klammern zunächst, dann Punkt vor Strich

Spiel (3 oder 4 Spieler)

7. Fertigt die nebenstehenden Karten an.
Erster Spieler:
Er stellt aus den vorhandenen Karten eine lösbare Aufgabe auf. Es sollen mindestens drei Zahlenkarten verwendet werden.
Mitspieler:
Sie lösen die Aufgabe und vergleichen die Ergebnisse.
Richtige Lösung: 1 Punkt.

Anschließend stellt der nächste Spieler eine Aufgabe auf.
Wer eine *nicht lösbare* Aufgabe aufstellt, erhält einen Minuspunkt.
Wer nach 3 Runden die meisten Punkte hat, gewinnt das Spiel.

Übungen

8. a. $73 - 24 : 6$
$80 + 15 \cdot 3$
$8 \cdot 7 + 64$

b. $98 - 35 : 7$
$67 + 7 \cdot 4$
$12 \cdot 8 - 36$

c. $970 - 80 \cdot 7$
$490 + 320 : 8$
$810 : 9 + 450$

d. $420 : 7 + 56$
$840 - 560 : 8$
$130 + 70 \cdot 7$

9. a. $8 \cdot (6 + 9)$
$8 \cdot 6 + 9$
$8 + 6 \cdot 9$
$(8 + 6) \cdot 9$

b. $20 \cdot (7 - 2)$
$20 \cdot 7 - 2$
$20 - 7 \cdot 2$
$(20 - 7) \cdot 2$

c. $36 : (12 + 6)$
$36 : 12 + 6$
$36 + 12 : 6$
$(36 + 12) : 6$

d. $72 : (9 + 3)$
$72 : 9 + 3$
$72 + 9 : 3$
$(72 + 9) : 3$

10. a. $(12 + 24) \cdot 5$
$12 + 24 \cdot 5$
$12 \cdot 24 + 5$
$12 \cdot (24 + 5)$

b. $640 - 32 : 16$
$(640 - 32) : 16$
$640 : 32 - 16$
$640 : (32 - 16)$

c. $(148 - 35) \cdot 3$
$148 - 35 \cdot 3$
$148 \cdot 35 - 3$
$148 \cdot (35 - 3)$

d. $(72 + 24) : 12$
$72 : 12 + 24 : 12$
$72 : 24 + 12$
$72 : (24 + 12)$

11. a. $56 + 4 \cdot 7$
$83 - 7 \cdot 9$
$27 + 8 \cdot 12$
$9 \cdot 8 + 64$
$7 \cdot 9 - 58$

b. $37 + 54 : 9$
$96 - 48 : 3$
$83 - 7 \cdot 8$
$54 : 9 + 28$
$125 - 72 : 8$

c. $84 : 12 + 73$
$67 - 3 \cdot 8$
$7 \cdot 8 - 37$
$98 - 56 : 7$
$265 - 23 \cdot 9$

d. $6 \cdot 6 + 8 \cdot 9$
$5 \cdot 12 + 8 \cdot 6$
$63 : 7 + 7 \cdot 8$
$14 \cdot 6 - 48 : 12$
$72 : 8 + 96 : 12$

e. $56 : 7 + 65 : 5$
$84 \cdot 7 - 108 : 9$
$48 \cdot 12 + 7 \cdot 13$
$28 - 7 + 3 \cdot 8$
$27 + 63 : 9 - 18$

f. $46 - 27 + 68 \cdot 8$
$97 - 23 \cdot 3 + 78$
$86 + 84 : 7 - 53$
$17 \cdot 9 \cdot 3 + 83$
$48 : 8 + 72 : 9$

12. a. $7 \cdot (8 + 4) \cdot 3$
$7 \cdot 8 + 4 \cdot 3$

b. $96 : 8 - 4 \cdot 3$
$96 : (8 - 4) \cdot 3$

c. $96 - 72 : 8 + 35$
$(96 - 72) : 8 + 35$

d. $72 : (6 \cdot 4) + 57$
$72 : 6 \cdot 4 + 57$

13. **a.** $163 + 67 \cdot 14$ **e.** $300 - (23 \cdot 6 + 65)$ **i.** $(427 + 63 \cdot 8) - 615$
b. $248 - 248 : 8$ **f.** $720 : (142 - 134 + 108 : 9)$ **j.** $(288 - 720 : 12) \cdot 4$
c. $15 \cdot (12 + 43 \cdot 6)$ **g.** $745 - (56 \cdot 8 + 237)$ **k.** $(435 + 635 : 5) \cdot 63$
d. $23 \cdot (48 + 96 : 12)$ **h.** $600 : (74 - 136 : 4)$ **l.** $8427 - (7428 - 69 \cdot 96)$

Mögliche Ergebnisse: 1288, 1101, 36, 912, 316, 438, 35406, 4050, 15, 217, 60, 97, 7623, 111006.

14. **a.** $(19 \cdot 4 - 22) : 18 + 45 - (55 - 66 : 2)$
b. $(17 \cdot 3 - 13 + 36 : 3) : (4 + 6 \cdot 4 - 3)$
c. $250 - 40 - 3 \cdot 15 + 35 - 121 : 11 - 39 - 2 \cdot 25$
d. $(41 + 78 : 6) : 9 + (14 \cdot 7 + 13 - 12 \cdot 8) : 3$
e. $(14 + 18 \cdot 2 - 44) \cdot (17 \cdot 5 - 21 - 42 : 3)$
f. $190 - 4 \cdot (6 \cdot 3 + 4 \cdot 7) + (30 - 7 \cdot 3 + 7) \cdot 8$
g. $8 + 3 \cdot (29 - 4 \cdot 5 + 12 : 6) + (6 + 6 \cdot 6) : (7 - 7 : 7)$
h. $(60 - 7 \cdot 8) \cdot (3 + 3 \cdot 5 + 84 : 12) - 144 : 12$

15. Schreibe einen Term und berechne ihn.

a. Anne hat 110 €. Sie kauft 6 CDs zu je 17 €.
Wie viel € hat sie übrig?

b. Annes Vater hat in einer Woche 39 Stunden gearbeitet. Er erhält einen Stundenlohn von 13 €. Von seinem Wochenlohn werden 105 € für Steuern und 98 € für Versicherungen abgezogen.
Wie viel € bekommt Annes Vater ausgezahlt?

16. Laura und ihre beste Freundin Leila haben immer die gleichen Wünsche. Von den Geldgeschenken, die sie zum Geburtstag und zu Weihnachten bekommen haben, will sich jede einen CD-Player und einige Wunsch-CDs kaufen.

a. Laura hat 240 €. Sie kauft einen CD-Player zum Preis von 150 €. Der Händler gewährt einen Preisnachlass von 25 €. Außerdem kauft Laura 4 Einzel-CDs zu je 13 € und drei Doppel-CDs zu je 19 €.
Wie viel € hat sie übrig?
Schreibe den Rechenweg mit *einem* Term.

b. Leila kauft einen CD-Player für 139 €, 3 Einzel-CDs zu je 12 € und drei Doppel-CDs zu je 19 €. Der Händler gibt ihr einen Preisnachlass von 15 €.
„Jetzt habe ich noch 13 DM übrig."
Wie viel € hat Leila geschenkt bekommen?
Schreibe den Rechenweg mit *einem* Term.

17. Berechne den Term. Schreibe die schriftlichen Nebenrechnungen in dein Heft.

a. $21267 + 345 \cdot 79$ **c.** $83 \cdot 297 - 4891 : 73$ **e.** $3473 - (237 \cdot 39 - 159 \cdot 41)$
b. $237 \cdot (2966 + 53 \cdot 49)$ **d.** $58 \cdot 85 - 47 \cdot 74;$ **f.** $357 \cdot (425 + 6786 : 87)$

Mögliche Ergebnisse: 1318431, 179571, 937, 48522, 2316, 749, 451, 1452, 24584.

18. Matthias und sein Bruder Thorben wünschen sich sehnlichst eine Streethockeyausrüstung. Sie haben gemeinsam 200 € zur Verfügung. Aus einem Katalog entnehmen sie die Preise. Ihre Wunschausrüstung besteht aus 2 Toren, 1 Puck, 2 Schlägern und 4 T-Shirts.
Wie viel € behalten sie noch übrig?
Notiere den Lösungsweg mit *einem* Term.

19. Schreibe einen Term und berechne ihn.

a. Addiere zur Zahl 200 das Produkt der Zahlen 12 und 8.

b. Subtrahiere von der Zahl 57 den Quotienten der Zahlen 35 und 7.

c. Addiere das Produkt der Zahlen 12 und 8 und den Quotienten der Zahlen 36 und 9.

d. Multipliziere die Summe der Zahlen 12 und 8 mit der Differenz der Zahlen 36 und 9.

e. Subtrahiere vom Produkt der Zahlen 48 und 9 den Quotienten der Zahlen 132 und 6.

f. Bilde die Summe der Zahlen 78 und 35, addiere dazu das Produkt der Zahlen 12 und 9.

g. Bilde die Summe aus 15 und 7 und multipliziere sie dann mit der Summe aus 36 und 23.

h. Multipliziere das Produkt der Zahlen 87 und 46 mit dem Quotienten der Zahlen 96 und 12.

i. Bilde die Differenz der Zahlen 137 und 78 und multipliziere sie mit dem Quotienten der Zahlen 1 081 und 47.

▲ **20.**

a. $480 : [5 \cdot (30 - 18)]$
$320 : [8 \cdot (32 - 27)]$

b. $[74 - (27 - 18)] \cdot 4$
$96 : [(2 \cdot 8 - 4) : 2]$

c. $[438 - (6 \cdot 23 - 17)] \cdot 6$
$[438 - 6 \cdot (23 - 17)] \cdot 6$

▲ **21.**

a. $10 \cdot 30 + 18 : 3$
$(10 \cdot 30 + 18) : 3$
$10 \cdot (30 + 18 : 3)$
$10 \cdot [(30 + 18) : 3]$

b. $600 : 12 - 2 \cdot 3$
$(600 : 12 - 2) \cdot 3$
$600 : (12 - 2 \cdot 3)$
$600 : [(12 - 2) \cdot 3]$

c. $320 : 8 + 2 \cdot 16$
$320 : [(8 + 2) \cdot 16]$
$(320 : 8 + 2) \cdot 16$
$320 : (8 + 2 \cdot 16)$

d. $24 \cdot 16 - 12 : 4$
$(24 \cdot 16 - 12) : 4$
$24 \cdot (16 - 12 : 4)$
$24 \cdot [(16 - 12) : 4]$

e. $[23 + (65 - 13)] \cdot 12$
$23 + (65 - 13) \cdot 12$
$98 - [63 - (46 - 37)]$
$98 - 63 - (46 - 37)$

f. $[446 - (58 - 37)] \cdot 17$
$446 - (58 - 37) \cdot 17$
$243 - (16 + 7 \cdot 8)$
$243 - (16 + 7) \cdot 8$

Zum Knobeln

22. Kontrolliere die Rechnung. Hier fehlen manchmal Klammern. Schreibe die Aufgaben – wenn nötig – mit Klammern in dein Heft.

a. $12 + 13 \cdot 8 = 200$

b. $95 - 48 : 6 = 87$

c. $11 \cdot 8 + 7 - 15 = 150$

d. $13 \cdot 5 - 96 : 12 = 57$

e. $100 + 432 - 18 \cdot 9 = 370$

f. $600 : 60 + 60 - 65 : 13 = 0$

g. $237 \cdot 73 + 84 - 27\,413 = 9\,796$

h. $532\,980 : 36 \cdot 47 - 5 \cdot 63 = 0$

23. Setze alle fehlenden Klammern richtig ein.

a. $65 - 28 + 27 \cdot 15 = 150$

b. $78 : 25 - 12 \cdot 2 = 3$

c. $536 - 8 \cdot 61 - 36 : 6 = 54$

d. $425 + 175 : 40 + 72 : 12 = 21$

Vorteilhaft rechnen – Rechengesetze

Geschicktes Verbinden von Zahlen – Verbindungsgesetze

Aufgabe

1. Anne kann gut und schnell rechnen. Tanja kommt da meistens nicht mit. Dafür hat sie oft pfiffige Ideen, wie man geschickt und schnell rechnen kann.

a. Bei den Kopfrechenaufgaben (1) rechnet Tanja pfiffiger als Anne. Wie hat Tanja gerechnet?

b. Bei den Aufgaben (2) wendet Tanja den gleichen Trick an und erlebt einen bösen Reinfall. Warum?

Lösung

Wir kennzeichnen die Rechenwege mit Klammern und berechnen den Term.

a.

Annes Weg:	*Tanjas Weg:*
$(76 + 57) + 63$	$76 + (57 + 63)$
$= 133 + 63$	$= 76 + 120$
$= 196$	$= 196$
$(7 \cdot 25) \cdot 4$	$7 \cdot (25 \cdot 4)$
$= 175 \cdot 4$	$= 7 \cdot 100$
$= 700$	$= 700$

Ergebnis: Tanja hat zwei Zahlen so geschickt „verbunden“, dass sich eine „glatte“ Zahl ergibt.
Bei der Addition und der Multiplikation darf man Klammern beliebig setzen.

b.

Annes Weg:	*Tanjas Weg:*
$(98 - 47) - 17$	$98 - (47 - 17)$
$= 51 - 17$	$= 98 - 30$
$= 34$	$= 68$
$(162 : 18) : 9$	$162 : (18 : 9)$
$= 9 : 9$	$= 162 : 2$
$= 1$	$= 81$

Ergebnis: Tanjas Ergebnisse sind falsch.
Bei der Subtraktion und der Division darf man Klammern nicht beliebig setzen.

Information

Nicht beim Subtrahieren und Dividieren

Verbindungsgesetze (*Assoziativgesetze*)

(1) In einer Summe aus drei (oder mehr) Zahlen darf man Klammern beliebig setzen oder weglassen. Dabei ändert sich der Wert der Summe nicht.

(2) In einem Produkt aus drei (oder mehr) Zahlen darf man Klammern beliebig setzen oder weglassen. Dabei ändert sich der Wert des Produktes nicht.

(1) *Addition:*
$(16 + 5) + 9 = 16 + (5 + 9) = 16 + 5 + 9$
$(a + b) + c = a + (b + c) = a + b + c$

(2) *Multiplikation:*
$(8 \cdot 9) \cdot 7 = 8 \cdot (9 \cdot 7) = 8 \cdot 9 \cdot 7$
$(a \cdot b) \cdot c = a \cdot (b \cdot c) = a \cdot b \cdot c$

Zum Festigen und Weiterarbeiten

2. Berechne und vergleiche. Du kannst auch zwei Rechenbäume zeichnen.

a. $(26 + 19) + 5$ und $26 + (19 + 5)$

b. $(37 - 16) - 9$ und $37 - (16 - 9)$

c. $(9 \cdot 8) \cdot 3$ und $9 \cdot (8 \cdot 3)$

d. $(48 : 8) : 2$ und $48 : (8 : 2)$

3. Rechne auf zwei Arten. Notiere einen Term.

a. Ein Pkw kostete Anfang des Jahres 10 500 €. Im Frühjahr erhöhte sich der Preis um 350 €, im Herbst um weitere 180 €.
Wie teuer ist der Wagen am Jahresende?

b. Julias Mutter bekommt einen Stundenlohn von 9 €. Sie hat in einer Woche an 5 Tagen gearbeitet, und zwar täglich 8 Stunden.
Berechne den Wochenlohn.

4. Die Verbindungsgesetze kann man zum vorteilhaften Rechnen benutzen (siehe Beispiel).
Setze geeignet Klammern.

$69 + (57 + 43)$
$= 69 + 100$
$= 169$

a. 76 + 67 + 33 **d.** 17 · 5 · 2 **g.** 27 · 125 · 8
b. 123 + 77 + 244 **e.** 25 · 4 · 29 **h.** 20 · 5 · 45
c. 447 + 137 + 163 **f.** 39 · 5 · 20 **i.** 25 · 8 · 20 · 5

5. Zerlege einen Faktor geeignet. Rechne vorteilhaft.

$12 \cdot 25$
$= 3 \cdot (4 \cdot 25)$
$= 3 \cdot 100 = 300$

a. 36 · 50 **d.** 125 · 32 **g.** 5 · 12 · 7
b. 25 · 24 **e.** 48 · 250 **h.** 37 · 8 · 25
c. 20 · 35 **f.** 200 · 45 **i.** 32 · 25 · 125

Übungen

6. Berechne und vergleiche.

a. (34 + 16) + 11 und 34 + (16 + 11)
b. (42 – 18) – 13 und 42 – (18 – 13)
c. (9 · 5) · 8 und 9 · (5 · 8)
d. (54 : 6) : 3 und 54 : (6 : 3)

7. Rechne vorteilhaft. Setze vorher Klammern.

a. 72 + 28 + 53
46 + 19 + 31
88 + 56 + 14

b. 183 + 117 + 133
222 + 555 + 145
407 + 393 + 217

c. 811 + 456 + 244
735 + 178 + 522
619 + 281 + 374

d. 4 692 + 2 308 + 3 566
7 132 + 1 368 + 1 507
3 444 + 4 937 + 2 063

Mögliche Ergebnisse: 158, 10 007, 433, 153, 2 345, 96, 10 444, 10 566, 1 274, 578, 1 511, 1 435, 922, 1 017.

8. Berechne den Term. Beachte Rechenvorteile.

a. 14 · 25 · 4
2 · 5 · 63
26 · 8 · 125
314 · 5 · 2

b. 34 · 4 · 250
50 · 2 · 53
80 · 125 · 39
31 · 50 · 20

c. 22 · 50
25 · 60
48 · 125
88 · 5

d. 7 · 42 · 5
33 · 24 · 125
500 · 24 · 8 · 125
85 · 8 · 25 · 5

Mögliche Ergebnisse zu c. und d.: 440, 1 470, 12 000 000, 600, 1 100, 85 000, 1 500, 1 250, 99 000, 6 000.

9. Entscheide, ob die Aussage wahr (w) oder falsch (f) ist. Rechne möglichst wenig.

a. $178 - 146 - 21 > 178 - (146 - 21)$
b. $480 : (24 : 4) > 480 : 24 : 4$
c. $(68 \cdot 85) \cdot 73 < 68 \cdot (85 \cdot 73)$
d. $58 + (67 + 45) = (58 + 67) + 45$
e. $960 : 48 : 4 < 960 : (48 : 4)$
f. $(257 - 128) - 63 < 257 - 128 - 63$

Kontrolle: 3-mal f; 3-mal w

Zum Knobeln

10. Hier fehlen die Klammern. Setze die Klammern richtig.

a. 48 : 16 : 4 = 12 **b.** 192 : 24 : 8 : 2 = 2 **c.** 256 – 178 – 56 – 18 = 116

Geschicktes Vertauschen von Zahlen – Vertauschungsgesetze

Aufgabe

1. a. Tanja hat die Aufgaben (1) bis (4) ganz schnell im Kopf gerechnet. Welchen Trick hat sie angewandt?

b. Tanja hat sich auch bei den Aufgaben (5) und (6) durch „geschicktes“ Vertauschen einen Rechenvorteil verschafft.
Notiere den entsprechenden Term und überprüfe die Rechnung.

c. Anne hat die Zahlen in (5) und (6) so vertauscht:
69 – (93 – 23)
5 : (120 : 12)
Was sagst du dazu?

Lösung

a. Tanja hat die Zahlen so geschickt vertauscht, dass sich ein Rechenvorteil ergibt.

(1)
$$\begin{aligned} & 173 + 283 + 27 \\ &= (173 + 27) + 284 \\ &= 200 + 284 \\ &= 484 \end{aligned}$$

(2)
$$\begin{aligned} & 36 + 173 + 164 \\ &= 173 + (36 + 164) \\ &= 173 + 200 \\ &= 373 \end{aligned}$$

(3)
$$\begin{aligned} & 25 \cdot 87 \cdot 4 \\ &= (25 \cdot 4) \cdot 87 \\ &= 100 \cdot 87 \\ &= 8\,700 \end{aligned}$$

(4)
$$\begin{aligned} & 9 \cdot 125 \cdot 7 \cdot 8 \\ &= (9 \cdot 7) \cdot (125 \cdot 8) \\ &= 63 \cdot 1\,000 \\ &= 63\,000 \end{aligned}$$

Ergebnis: Beim Addieren darf man die Summanden vertauschen, beim Multiplizieren die Faktoren.

b. Tanjas Weg führt zu richtigen Ergebnissen:

(5) $93 - 23 - 69 = 1$
(6) $120 : 12 : 5 = 2$

c. Annes Weg führt zu nicht lösbaren Aufgaben:

$69 - (93 - 23) = 69 - 70 = ?$
$5 : (120 : 12) = 5 : 10 = ?$

Ergebnis: Beim Subtrahieren und Dividieren darf man die erste Zahl (den Minuend bzw. den Dividend) nicht mit einer anderen Zahl vertauschen.

Information

Nicht bei Differenz und Quotient

Vertauschungsgesetze (*Kommutativgesetze*)

(1) In einer Summe darf man zwei Summanden miteinander vertauschen.
(2) In einem Produkt darf man zwei Faktoren miteinander vertauschen.

(1) *Addition:* $3 + 4 = 4 + 3$
$a + b = b + a$

(2) *Multiplikation:* $5 \cdot 6 = 6 \cdot 5$
$a \cdot b = b \cdot a$

Zum Festigen und Weiterarbeiten

2. a. Melanie schwimmt 50 Bahnen in einem 25-m-Becken. Julia schwimmt 25 Bahnen in einem 50-m-Becken. Wer schwimmt die längere Strecke?

b. Tim hat 5 Zwanzig-Euroscheine, Miriam hat 50 Zwei-Eurostücke. Wer hat mehr Geld?

c. Auf einer Wanderung geht Eva am 1. Tag 21 km und am 2. Tag 27 km. Julia geht am 1. Tag 27 km und am 2. Tag 21 km. Wer ist weiter gewandert?

3. Rechne vorteilhaft durch geschicktes Vertauschen der Zahlen.

a. $63 + 169 + 37$; $48 + 223 + 52$; $43 + 731 + 157$

b. $27 + 59 + 13$; $68 + 97 + 112$; $173 + 54 + 227$

c. $2 \cdot 19 \cdot 5$; $4 \cdot 67 \cdot 25$; $20 \cdot 13 \cdot 50$

d. $8 \cdot 7 \cdot 125$; $25 \cdot 73 \cdot 40$; $12 \cdot 9 \cdot 25$

Übungen

4. a. $37 + 74 + 63 + 26$; $75 + 43 + 25 + 17$

b. $89 + 23 + 11 + 37$; $62 + 55 + 65 + 38$

c. $167 + 48 + 233 + 352$; $478 + 124 + 576 + 222$

d. $284 + 463 + 307 + 116$; $522 + 195 + 278 + 425$

e. $384 + 567 + 216 + 333$; $437 + 382 + 418 + 563$

f. $517 + 234 + 766 + 483$; $489 + 741 + 711 + 859$

5. a. $4 \cdot 12 \cdot 25 \cdot 5$; $6 \cdot 125 \cdot 5 \cdot 8$

b. $2 \cdot 12 \cdot 5 \cdot 7$; $25 \cdot 9 \cdot 8 \cdot 4$

c. $50 \cdot 12 \cdot 9 \cdot 2$; $15 \cdot 25 \cdot 7 \cdot 4$

d. $15 \cdot 8 \cdot 125 \cdot 60$; $80 \cdot 20 \cdot 125 \cdot 50$

6. Berechne die Terme, beachte Rechenvorteile.

a. $5 \cdot 9 \cdot 6$; $8 \cdot 7 \cdot 5$

b. $40 \cdot 78 \cdot 5$; $75 \cdot 23 \cdot 4$

c. $8 \cdot 17 \cdot 250$; $125 \cdot 11 \cdot 40$

d. $8 \cdot 34 \cdot 5$; $5 \cdot 57 \cdot 6$

e. $12 \cdot 43 \cdot 5$; $5 \cdot 7 \cdot 24$

f. $2 \cdot 13 \cdot 500 \cdot 9$; $11 \cdot 1\,250 \cdot 3 \cdot 8$

g. $7 \cdot 40 \cdot 7 \cdot 50$; $800 \cdot 19 \cdot 4 \cdot 25$

h. $25 \cdot 1\,250 \cdot 40 \cdot 8$; $120 \cdot 15 \cdot 5 \cdot 60$

7. Berechne den Term; nutze Rechenvorteile aus.

a. $275 + 478 + 225 + 222$

b. $673 + 184 + 216 + 693 + 327$

c. $483 + 488 + 127 + 217 + 673$

d. $125 \cdot 9 \cdot 4 \cdot 8 \cdot 5$

e. $25 \cdot 12 \cdot 8 \cdot 5$

f. $12 \cdot 25 \cdot 50 \cdot 8 \cdot 5$

g. $23 + 19 + 39 + 11 + 37 + 11$

h. $125 \cdot 7 \cdot 4 \cdot 25 \cdot 9 \cdot 5 \cdot 6 \cdot 8$

i. $37 + 258 + 63 + 147 + 342 + 153$

j. $1 + 2 + \cdots + 38 + 39$

Beachte Seite 102

Mögliche Ergebnisse: 2093, 150 000, 780, 12 000, 180 000, 140, 189 000 000, 1 200, 4639, 1 988, 600 000, 1 000.

8. Entscheide „auf einen Blick", ob die Aussage wahr oder falsch ist.

a. $74 + 87 + 93 = 87 + 74 + 93$

b. $48 \cdot 12 \cdot 9 = 48 \cdot 9 \cdot 12$

c. $200 - 66 - 9 = 66 - 200 - 9$

d. $48 : 4 : 2 = 4 : 48 : 2$

e. $37 + 28 + 247 = 247 + 38 + 28$

f. $45 \cdot 27 \cdot 13 = 43 \cdot 27 \cdot 15$

Mehrfaches Subtrahieren – mehrfaches Dividieren

Aufgabe

1. a. Alexander hat zu seinem Geburtstag Inline-Skates geschenkt bekommen und außerdem Geldgeschenke von insgesamt 95 €. Davon kauft er Knie- und Ellenbogenschützer für 47 € und einen Helm für 33 €. Wie viel € hat er übrig?

b. Ersatzrollen für Inline Skates sind in Kartons verpackt. Jeder Karton enthält 75 Viererpacks. Die Firma Sport-Meyer verkauft einen Karton für 2 100 €. Wie hoch ist der Preis für eine Ersatzrolle?

Man kann die Aufgabe auf zwei Arten rechnen. Schreibe jeden Rechenweg mithilfe eines Terms.

Lösung

a.

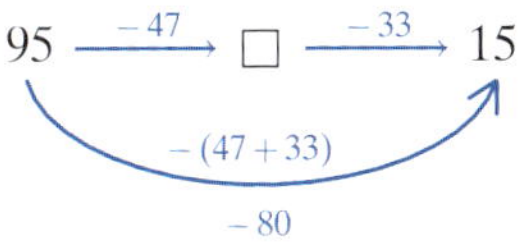

1. Term: $95 - 47 - 33 = 15$
2. Term: $95 - (47 + 33) = 15$

Ergebnis: Alexander behält 15 € übrig.

b.

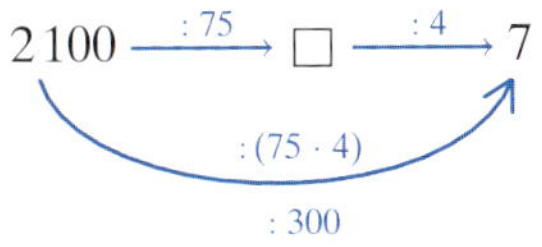

1. Term: $2\,100 : 75 : 4 = 7$
2. Term: $2\,100 : (75 \cdot 4) = 7$

Ergebnis: Der Preis für eine Ersatzrolle beträgt 7 €.

Zum Festigen und Weiterarbeiten

2. a. Rechne und vergleiche. Welcher Weg ist vorteilhafter?

(1) $85 - 35 - 18$ und $85 - (35 + 18)$
(2) $184 - 47 - 23$ und $184 - (47 + 23)$
(3) $800 : 25 : 4$ und $800 : (25 \cdot 4)$
(4) $720 : 6 : 4$ und $720 : (6 \cdot 4)$

b. Rechne vorteilhaft. Du kannst den Term vor dem Rechnen geschickt verändern.

(1) $97 - 37 - 42$; $95 - 43 - 27$
(2) $268 - 73 - 27$; $278 - 178 - 53$
(3) $240 : 8 : 3$; $540 : 9 : 6$
(4) $540 : 12 : 5$; $840 : 7 : 8$

3. Du kannst auf zwei Arten rechnen. Wähle aus.

a. Ein Theater hat 950 Plätze. Im Vorverkauf sind 583 Karten verkauft worden. Weitere 267 Karten werden an der Abendkasse verkauft. Wie viele Plätze bleiben leer?

b. Die vier Klassen des Jahrgangs 5 machen eine gemeinsame Busfahrt. Das Busunternehmen berechnet für zwei Busse insgesamt 400 €. Jede Klasse hat 25 Schüler. Wie viel € muss jeder Schüler bezahlen?

c. Michael hat 350 €. Er bestellt bei einem Sportversand ein Skateboard für 88 €, ein Fan-T-Shirt für 47 € und seinen Traumtrainingsanzug für 106 €. Wie viel € hat er noch übrig?

4. Julia rechnet im Kopf wie im Beispiel. Rechne ebenso.

a. 96 : 4
124 : 4

b. 580 : 20
352 : 8

c. 600 : 24
900 : 36

d. 840 : 28
630 : 42

72 : 4	72 —:2→ 36 —:2→ 18
480 : 20	480 —:10→ 48 —:2→ 24
720 : 24	720 —:6→ 120 —:4→ 30

Information

(1) **Mehrfaches Subtrahieren**

60 − 24 − 16 = 36 − 16 = 20

60 − (24 + 16) = 60 − 40 = 20

Statt mehrere Zahlen einzeln zu subtrahieren, kann man auch die Summe dieser Zahlen subtrahieren (und umgekehrt).

a − b − c = a − (b + c)

(2) **Mehrfaches Dividieren**

60 : 5 : 6 = 12 : 6 = 2

60 : (5 · 6) = 60 : 30 = 2

Statt durch mehrere Zahlen einzeln zu dividieren, kann man auch durch das Produkt dieser Zahlen dividieren (und umgekehrt).

a : b : c = a : (b · c)

Übungen

5. Rechne. Prüfe, ob sich durch geschicktes Verändern des Terms ein Rechenvorteil ergibt.

a. 75 − 25 − 18
80 − (30 + 12)
80 − 10 − 35
75 − (25 + 18)

b. 300 − (100 + 122)
450 − 250 − 98
450 − (250 + 89)
450 − (250 + 98)

c. 720 : 9 : 8
900 : 25 : 4
1 200 : (12 · 25)
630 : (7 · 9)

d. 800 : 32
1 200 : 24
2 700 : 36
2 100 : 28

6. **a.** 201 − 37 − 13 + 199
b. 95 + 46 − 45 + 14
c. 68 − 23 + 32 − 25 − 12
d. 333 − 57 − 43 − 33
e. 35 − 24 + 65 − 11 − 25
f. 75 − 23 − 37 + 12 + 13

7. Thomas spielt leidenschaftlich gern Basketball. Er hat 195 € gespart. Ein komplettes Basketball-Set, das an der Hauswand befestigt werden kann, kostet 93 €. Ein neuer Basketball kostet 37 €.
Wie viel € behält Thomas übrig?

8. Frau Bauer vererbt ihren drei Söhnen insgesamt 72 000 €. Ihr Sohn Thomas verteilt seinen Anteil sofort gleichmäßig an seine 4 Kinder.
Wie viel € bekommt jedes Enkelkind?

9. Michaels älterer Bruder hat in seinen Ferien gejobbt. An 9 Arbeitstagen hat er insgesamt 720 € verdient. Täglich hat er 8 Stunden gearbeitet.
Wie hoch war sein Stundenlohn?

Geschicktes Multiplizieren einer Summe – Verteilungsgesetze

Aufgabe

1. a. Betrachte die Rechenaufgabe rechts. Tina und Kai können auf verschiedene Arten rechnen. Schreibe die Rechenwege mithilfe von Termen. Beschreibe den Unterschied. Kannst du eine Regel angeben?

b. Schreibe die Terme
(1) $7 \cdot (200 + 8)$ (2) $9 \cdot 17 + 9 \cdot 13$
so um, dass du vorteilhaft rechnen kannst. Verwende die Regel aus a. Berechne den Term.

c. Zerlege im Term $8 \cdot 512$ die Zahl 512 so, dass du leicht im Kopf multiplizieren kannst.

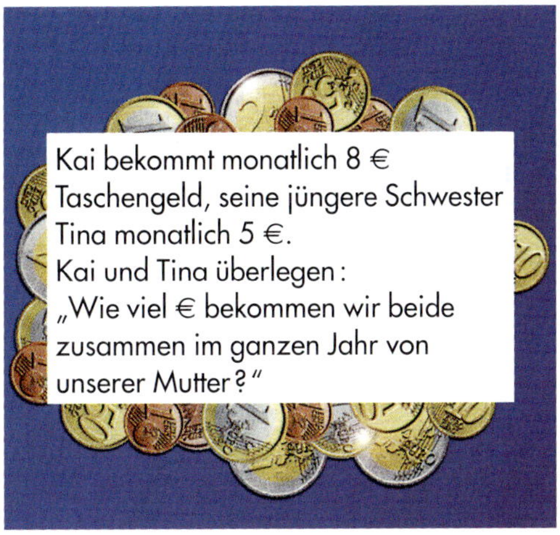

Lösung

a. *Tinas Weg:*

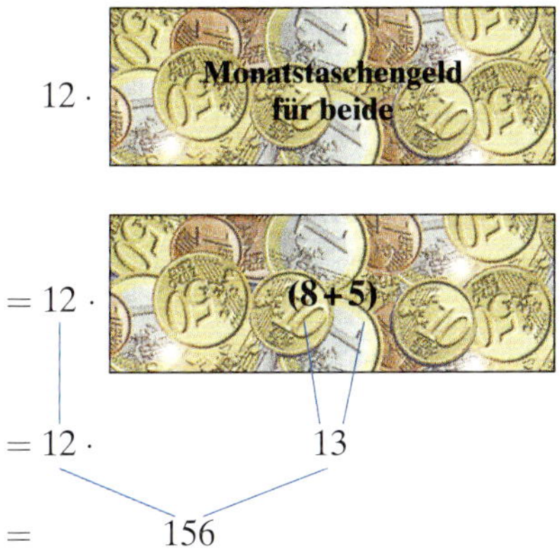

Kais Weg:

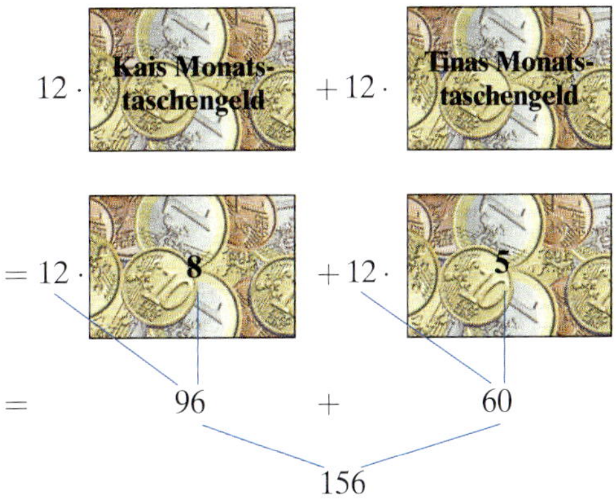

Wir machen uns klar:

Tina berechnet erst die Taschengeld-Summe für einen Monat und multipliziert dann mit 12.

Kai multipliziert erst jedes Monatstaschengeld einzeln mit 12 und bildet danach die Summe.

Beide erhalten das gleiche Ergebnis. Es gilt also:

$$\mathbf{12 \cdot (8 + 5) = 12 \cdot 8 + 12 \cdot 5}$$

b. (1) $7 \cdot (200 + 8) = 7 \cdot 200 + 7 \cdot 8$
$= 1400 + 56$
$= 1456$

(2) $9 \cdot 17 + 9 \cdot 13 = 9 \cdot (17 + 13)$
$= 9 \cdot 30$
$= 270$

c. $8 \cdot 512 = 8 \cdot (500 + 12)$
$= 8 \cdot 500 + 8 \cdot 12$
$= 4000 + 96$
$= 4096$

Zum Festigen und Weiterarbeiten

2. Ein Platz, auf dem 4 Baumreihen stehen, wird durch eine Straße geteilt.
Wie viele Bäume stehen insgesamt auf dem Platz?
Rechne auf zwei Arten und schreibe zu jedem Rechenweg einen Term.

3. Bei welchem Term ist die Rechnung vorteilhafter?

a. $4 \cdot 19 + 4 \cdot 6$ oder $4 \cdot (19 + 6)$ **b.** $9 \cdot 100 + 9 \cdot 12$ oder $9 \cdot (100 + 12)$

4. Beim Kopfrechnen hast du schon immer ein Verteilungsgesetz benutzt.
Rechne wie im Beispiel:

$6 \cdot 27$	$91 : 7$
$= 6 \cdot (20 + 7)$	$= (70 + 21) : 7$
$= 6 \cdot 20 + 6 \cdot 7$	$= 70 : 7 + 21 : 7$
$= 120 + 42$	$= 10 + 3$
$= 162$	$= 13$

a. $7 \cdot 36$
$9 \cdot 107$
$8 \cdot 10\,008$

b. $84 : 6$
$96 : 8$
$581 : 7$

5. Berechne und vergleiche.
Beschreibe den Termaufbau (vgl. Aufgabe 3, Seite 104).

a. $8 \cdot (12 - 7)$ und $8 \cdot 12 - 8 \cdot 7$
b. $(320 + 120) : 20$ und $320 : 20 + 120 : 20$
c. $(15 - 8) \cdot 9$ und $15 \cdot 9 - 8 \cdot 9$
d. $(96 - 72) : 12$ und $96 : 12 - 72 : 12$

6. **a.** Kai und Tina rechnen auf verschiedene Arten im Kopf:
(1) $28 \cdot 9 = 20 \cdot 9 + 8 \cdot 9 = 252$ (2) $28 \cdot 9 = 28 \cdot 10 - 28 \cdot 1 = 252$
Welcher Weg ist vorteilhafter?

b. Rechne vorteilhaft: $37 \cdot 9$; $46 \cdot 9$; $6 \cdot 99$; $8 \cdot 89$

Information

Verteilungsgesetze (Distributivgesetze)

(1) *für Multiplikation und Addition:*
$5 \cdot (10 + 3) = 5 \cdot 10 + 5 \cdot 3 = 65$
$a \cdot (b + c) = a \cdot b + a \cdot c$

(2) *für Multiplikation und Subtraktion:*
$7 \cdot (30 - 1) = 7 \cdot 30 - 7 \cdot 1 = 203$
$a \cdot (b - c) = a \cdot b - a \cdot c$

Übungen

7. Berechne und vergleiche.

a. $9 \cdot (10 + 7)$
$9 \cdot 10 + 9 \cdot 7$

b. $(20 + 3) \cdot 8$
$20 \cdot 8 + 3 \cdot 8$

c. $6 \cdot (40 - 2)$
$6 \cdot 40 - 6 \cdot 2$

d. $(50 - 3) \cdot 4$
$50 \cdot 4 - 3 \cdot 4$

e. $12 \cdot (12 + 5)$
$12 \cdot 12 + 12 \cdot 5$

f. $(25 + 13) \cdot 8$
$25 \cdot 8 + 13 \cdot 8$

g. $(65 - 12) \cdot 5$
$65 \cdot 5 - 12 \cdot 5$

h. $(78 - 49) \cdot 37$
$78 \cdot 37 - 49 \cdot 37$

8. Ergänze die fehlenden Zahlen.

a. $13 \cdot 8 + 7 \cdot 8 = \square \cdot 8$
$26 \cdot 7 - 16 \cdot 7 = \square \cdot 7$

b. $7 \cdot 23 + 7 \cdot 17 = 7 \cdot \square$
$9 \cdot 14 + 9 \cdot 36 = 9 \cdot \square$

c. $27 \cdot 6 + 13 \cdot 6 = (\square + \square) \cdot 6$
$46 \cdot 9 - 26 \cdot 9 = (\square - \square) \cdot 9$

d. $43 \cdot 7 + 57 \cdot 7 = (\square + 13) \cdot \square$
$67 \cdot 6 - 37 \cdot 7 = (67 - \square) \cdot \square$

9. Wie kann man schnell ausrechnen, wie viele Bälle im Regal sind?
Es gibt zwei Möglichkeiten.
Schreibe beide Terme auf.

10. Berechne möglichst einfach.

a. $4 \cdot 27 + 4 \cdot 33$
$7 \cdot 48 + 7 \cdot 52$
$6 \cdot 63 + 6 \cdot 27$

b. $53 \cdot 7 + 17 \cdot 7$
$64 \cdot 9 + 36 \cdot 9$
$67 \cdot 8 + 23 \cdot 8$

c. $293 \cdot 4 + 7 \cdot 4$
$186 \cdot 7 + 14 \cdot 7$
$389 \cdot 9 + 11 \cdot 9$

d. $256 \cdot 7 - 56 \cdot 7$
$417 \cdot 9 - 217 \cdot 9$
$331 \cdot 8 - 131 \cdot 8$

11. Rechne. Verwende ein Verteilungsgesetz.

a. $7 \cdot 81$
$22 \cdot 13$
$16 \cdot 102$

b. $6 \cdot 49$
$58 \cdot 7$
$14 \cdot 99$

c. $7 \cdot 69$
$8 \cdot 93$
$8 \cdot 34$

d. $14 \cdot 81$
$9 \cdot 508$
$9 \cdot 420$

e. $4 \cdot 248$
$8 \cdot 253$
$7 \cdot 3\,012$

12. Notiere den Rechenweg auf zwei Arten mithilfe eines Terms.
Rechne nur auf eine Art.

a. Die Klassen 5 a (24 Schüler) und 5 b (26 Schüler) machen einen gemeinsamen Ausflug mit dem Bus. Jeder Schüler muss 5 € bezahlen.
Wie teuer ist die Busfahrt insgesamt?

b. Die Familien Müller und Meier bestellen gemeinsam Heizöl. Herr Müller tankt 6300 *l*, Frau Meier 5450 *l*. Ein Liter Heizöl kostet 36 Cent.
Wie hoch ist die Heizölrechnung insgesamt?

c. Für das Faschingsfest der Klasse 5 a werden 26 Würstchen zu 0,90 €, 26 Brötchen zu 0,20 € und 26 Flaschen Limonade zu 0,40 € aus der Klassenkasse bezahlt.
Wie viel € werden aus der Klassenkasse entnommen?

13. Berechne die Terme, beachte Rechenvorteile.

a. $14 \cdot (100 + 7)$
$7 \cdot (1\,000 + 12)$

b. $15 \cdot 17 + 15 \cdot 13$
$8 \cdot 29 + 8 \cdot 41$

c. $63 \cdot 77 + 63 \cdot 23$
$57 \cdot 37 + 43 \cdot 37$

d. $37 \cdot 23 + 37 \cdot 50 + 37 \cdot 27$
$25 \cdot 53 + 55 \cdot 53 + 20 \cdot 53$

e. $271 \cdot 35 + 65 \cdot 271$
$89 \cdot 304 + 304 \cdot 11$

f. $473 \cdot 87 - 473 \cdot 77$
$829 \cdot 56 - 46 \cdot 829$

14. Berechne die Terme, beachte Rechenvorteile.

a. $(350 + 35) : 5$	**b.** $(800 - 16) : 4$	**c.** $426 : 6$	**d.** $345 : 15$
$(700 + 21) : 7$	$(1\,100 - 33) : 11$	$576 : 8$	$336 : 12$
$(470 + 26) : 8$	$(290 - 5) : 15$	$686 : 7$	$1\,287 : 13$

Mögliche Ergebnisse: 98, 23, 169, 71, 62, 19, 28, 77, 89, 196, 72, 99, 103, 97.

15.

a. $317 \cdot 9 - 117 \cdot 9$	**b.** $25 \cdot 13 + 25 \cdot 18 + 25 \cdot 9$	**c.** $67 \cdot 43 + 12 \cdot 67 + 67 \cdot 45$
$525 : 25 + 475 : 25$	$47 \cdot 139 + 88 \cdot 139 - 35 \cdot 139$	$216 : 72 + 144 : 72 + 360 : 72$
$319 : 11 - 308 : 11$	$1\,001 : 7 - 686 : 7 - 315 : 7$	$656 : 8 - 344 : 8 - 312 : 8$

16. In den Ferien machen 6 Freundinnen eine Auslandsreise. Jede schickt aus den Niederlanden 3 und aus Belgien 5 Ansichtskarten nach Hause.
Wie viele Karten sind insgesamt verschickt worden?
Rechne auf verschiedene Weise.

17. Johannes hat sich einen Game-Boy zum Preis von 66 € gekauft. Außerdem hat er noch 3 Game-Boy-Spiele zu je 36 € und 3 Spiele zu je 29 € gekauft.
Wie viel € hat er schon für sein Game-Boy-Hobby ausgegeben?
Es gibt zwei Rechenwege, beschreibe jeden Weg mithilfe eines Terms.

18. Ein Verein verlangt 15 € Monatsbeitrag. Er hat 80 Mitglieder. 9 Mitglieder sind von der Beitragszahlung befreit.
Die Jahreseinnahmen des Vereins kann man auf zwei Arten berechnen.

a. Schreibe beide Terme auf und führe die Rechnung durch.

b. Bei welchem Rechenweg kannst du erkennen, wie viel Beitragseinnahmen der Verein jährlich durch die Beitragsbefreiung verliert?

19. 380 Flaschen Apfelsaft und 120 Flaschen Traubensaft sollen in Kästen zu je 20 Flaschen versandt werden.
Wie viele Kästen sind nötig?

20. In einer Lagerhalle sind 156 Fässer gelagert, in einer weiteren Halle 120 Fässer. Alle Fässer sollen mit einem Lastwagen abtransportiert werden. Der Wagen kann jeweils 12 Fässer befördern.
Berechne auf zweierlei Weise, wie oft der Wagen fahren muss.

21. Frau Scholz bekommt einen Stundenlohn von 12 €. Im Monat Mai verdiente Frau Scholz in der ersten Woche 456 €, in der zweiten Woche 468 €, in der dritten Woche 420 € und in der vierten Woche 444 €.
Wie viele Stunden hat Frau Scholz im Monat Mai gearbeitet?

22. Sebastians Mutter bestellt für ihren Sohn und dessen Freunde bei einem Sportversand:
2 Paar Inline-Skates zu je 129 €, 2 Paar zu je 99 € und 2 Paar zu je 79 €. Außerdem bestellt sie 6 T-Shirts mit Brustprint zu je 25,90 € und 6 Schutzausrüstungen zu je 19,90 €.
Wie hoch ist die Rechnung für diese Sammelbestellung?

Gleichungen und Ungleichungen

Wahre und falsche Aussagen – Platzhalter – Grundmenge

Aufgabe

1. Tanja und Lars würfeln abwechselnd mit einem Spielwürfel. Die Lehrerin hat folgende Spielregel festgelegt:
Verdreifache die gewürfelte Augenzahl und addiere dann 4.
Ist das Ergebnis größer als 18, so hat man gewonnen, sonst verloren.

a. Bei welchen Augenzahlen gewinnt man, bei welchen verliert man? Lege eine Tabelle an.

b. Gib die Spielregel kurz mithilfe eines Terms und dem Größer-Zeichen an.

Lösung

a.

Augenzahl	Dreifache Augenzahl	dazu 4 addiert	Ergebnis	Größer-Aussage	Aussage ist
1	$3 \cdot 1$	$3 \cdot 1 + 4$	7	$7 > 18$	falsch (f)
2	$3 \cdot 2$	$3 \cdot 2 + 4$	10	$10 > 18$	falsch (f)
3	$3 \cdot 3$	$3 \cdot 3 + 4$	13	$13 > 18$	falsch (f)
4	$3 \cdot 4$	$3 \cdot 4 + 4$	16	$16 > 18$	falsch (f)
5	$3 \cdot 5$	$3 \cdot 5 + 4$	19	$19 > 18$	wahr (w)
6	$3 \cdot 6$	$3 \cdot 6 + 4$	22	$22 > 18$	wahr (w)

Ergebnis: Bei den Augenzahlen 5 und 6 gewinnt man, bei den Augenzahlen 1, 2, 3 und 4 verliert man.

b. $3 \cdot \boxed{\text{Augenzahl}} + 4 > 18$

Setzt man für $\boxed{\text{Augenzahl}}$ die Zahl 5 oder 6 ein, so entsteht eine *wahre Aussage*. Man hat gewonnen.

Setzt man für $\boxed{\text{Augenzahl}}$ dagegen die Zahl 1 oder 2 oder 3 oder 4 ein, so entsteht eine *falsche Aussage*. Man hat verloren.

Information

(1) Platzhalter

Die Spielregel lautet kurz: $3 \cdot \boxed{\text{Augenzahl}} + 4 > 18$

Anstelle von $\boxed{\text{Augenzahl}}$ verwendet man in der Mathematik auch Zeichen wie □, ○ oder Buchstaben wie x, y, a. Dann schreibt man: $3 \cdot \square + 4 > 18$ bzw. $3 \cdot x + 4 > 18$

Ein solches Zeichen heißt **Platzhalter.**

(2) Grundmenge

Der Platzhalter □ bzw. x hält den Platz frei für alle möglichen Augenzahlen; dies sind die Zahlen 1, 2, 3, 4, 5, 6. Die *Gesamtheit* dieser Zahlen nennt man die **Grundmenge** G. Um die Zusammenfassung deutlich zu machen, schreibt man die Zahlen in geschweifte Klammern:
$\{1, 2, 3, 4, 5, 6\}$

Bei der Aufzählung (Auflistung) der Zahlen kommt es auf die Reihenfolge nicht an.

Zum Festigen und Weiterarbeiten

2. Tanja hat sich für das Spiel in der Aufgabe 1 folgende Gewinnbedingung ausgedacht:

a. $3 \cdot \square + 4$ ist eine ungerade Zahl.

b. $3 \cdot \bigcirc + 4$ ist eine Zahl zwischen 11 und 20.

c. $4 \cdot x - 3$ ist eine einstellige Zahl.

d. $4 \cdot y - 3$ ist durch 2 teilbar.

3. Tanja und Lars würfeln mit zwei Spielwürfeln statt mit einem.

a. *Spielregel:* Das Dreifache der Augensumme um 4 vergrößert ist durch 5 teilbar.
Bei welchen Augensummen gewinnt man?
Gib auch die Grundmenge an.

b. Wenn man das Fünffache der Augensumme um 3 vergrößert, erhält man eine ungerade Zahl.
Welche Augensummen sind Gewinnzahlen?

Information

(1) **Aussagen** sind entweder wahr oder falsch.
Beispiele: $19 > 18$ ist eine *wahre* Aussage,
$13 > 18$ ist eine *falsche* Aussage.

(2) Zeichen wie $\square$, $\bigcirc$, $\triangle$, $\boxed{}$ halten den Platz frei für Zahlen oder andere Dinge. Diese Zeichen heißen **Platzhalter.**
In der Mathematik verwendet man meist Buchstaben wie x, y, a, b als Platzhalter.
Beispiele: (1) $3 \cdot \square + 4 > 18$
(2) $4 \cdot y - 4$ ist durch 2 teilbar

(3) Die Gesamtheit aller Dinge (z.B. Zahlen), die anstelle des Platzhalters gesetzt werden sollen, nennt man **Grundmenge** G.
Die Dinge, die zur Grundmenge gehören, heißen auch **Elemente.**
Beispiel: $G = \{0, 1, 2, 3, 4, 5, 6, 7, 8, 9\}$
4 ist ein Element dieser Grundmenge G; 12 ist nicht Element von G.

Übungen

4. Tanja und Lars vereinbaren folgende Gewinnbedingung:
(1) $5 \cdot \square - 4$ ist durch 3 teilbar
(2) $5 \cdot \square - 4$ ist größer als 40
(3) $20 < 5 \cdot \square - 4 < 50$
(4) $60 - 3 \cdot \triangle$ ist durch 5 teilbar

a. Welche Augenzahlen (beim Wurf mit einem Würfel) sind Gewinnzahlen?

b. Welche Augensummen sind beim Wurf mit zwei Würfeln Gewinnzahlen?

c. Wie kann Tanja einem Mitspieler die Gewinnbedingungen in Worten erklären?

5. Auf einem Glücksrad sind die Zahlen von 1 bis 20 notiert. Die Gewinnbedingung lautet:
(1) $3 \cdot \square$ ist kleiner als 19
(2) $2 \cdot \triangledown$ ist durch 3 teilbar
(3) $7 \cdot \square - 5$ ist größer als 79
(4) $7 \cdot \square - 5$ ist kleiner als 79

a. Gib die Grundmenge an.

b. Bestimme jeweils die Gewinnzahlen.

6. Grundmenge sind die einstelligen Zahlen 0, 1, 2, …, 9 (also $G = \{0, 1, 2, \ldots, 9\}$).
Gib zwei wahre und zwei falsche Aussagen an.

a. $5 \cdot \triangle + 1$ ist durch 3 teilbar

b. $5 \cdot \triangle + 1$ endet auf die Ziffer 6

c. $6 \cdot \triangle + 3$ ist eine Zahl zwischen 20 und 40

d. $6 \cdot \triangle + 3$ ist kleiner als 50

Lösungen bei Gleichungen und Ungleichungen – Lösungsmenge

Aufgabe

1. a. $y \cdot 6 = 42$ ist eine *Gleichung*.
Setze natürliche Zahlen für den Platzhalter y ein.
Bei welchen Zahlen entsteht eine wahre Aussage?

b. $2 \cdot x < 11$ ist eine *Ungleichung*.
Setze natürliche Zahlen für den Platzhalter x ein.
Bei welchen Zahlen entsteht eine wahre Aussage?

Lösung

a. Setzt man 7 für den Platzhalter y ein, so erhält man die wahre Aussage $7 \cdot 6 = 42$.
Setzt man dagegen 8 ein, so erhält man die falsche Aussage $8 \cdot 6 = 42$.
Falsche Aussagen erhält man auch, wenn man 9 oder eine andere natürliche Zahl einsetzt.

b. Setzt man 0 für den Platzhalter x ein, so erhält man die wahre Aussage $2 \cdot 0 < 11$.
Ebenso erhält man wahre Aussagen, wenn man 1, 2, 3, 4 oder 5 für x einsetzt.
Setzt man 6 für den Platzhalter x ein, so erhält man die falsche Aussage $2 \cdot 6 < 11$.
Ebenso erhält man falsche Aussagen, wenn man 7, 8, 9 usw. einsetzt.

Information

(1) Die Menge der natürlichen Zahlen als Grundmenge

In der obigen Aufgabe haben wir als Einsetzungen für y bzw. x *alle* natürlichen Zahlen zugelassen. Die Grundmenge war also die Menge *aller* natürlichen Zahlen, einschließlich 0.
Man schreibt für diese Menge kurz: $\mathbb{N}_0$
Sie enthält unendlich viele Zahlen.
Für die Menge der natürlichen Zahlen *ohne* 0 schreibt man: $\mathbb{N}$

$\mathbb{N}_0 = \{0, 1, 2, 3, \ldots\}$
$\mathbb{N} = \{1, 2, 3, \ldots\}$

(2) Lösung einer Gleichung oder Ungleichung

Setzt man 7 für den Platzhalter y in die Gleichung $y \cdot 6 = 42$ ein, so erhält man eine *wahre Aussage*. Man nennt 7 eine *Lösung* der Gleichung.
Die Zahl 8 ist *nicht Lösung* der Gleichung $y \cdot 6 = 42$, denn man erhält bei Einsetzung von 8 eine *falsche Aussage*.
Die Zahl 0 ist eine Lösung der Ungleichung $2 \cdot x < 11$, die Zahl 6 nicht.

(3) Lösungsmenge

Die Ungleichung $2 \cdot x < 11$ besitzt als Lösungen nur die Zahlen 0, 1, 2, 3, 4, 5. Auch solche Zahlen fasst man zu einer Menge zusammen und nennt sie *Lösungsmenge* L. Mit geschweiften Klammern schreibt man dann $L = \{0, 1, 2, 3, 4, 5\}$.
Die Gleichung $y \cdot 6 = 42$ besitzt nur eine Lösung, nämlich 7. Auch in diesem Falle schreibt man: $L = \{7\}$.
Eine Menge in der Mathematik kann auch nur eine Zahl enthalten.

Zum Festigen und Weiterarbeiten

2. Ist (1) die Zahl 11, (2) die Zahl 7 eine Lösung der Gleichung bzw. Ungleichung?
a. $3 \cdot x < 45$ **b.** $4 \cdot y > 35$ **c.** $5 \cdot z = 55$ **d.** $6 \cdot x = 65$ **e.** $7 \cdot x = 75$ **f.** $8 \cdot y < 95$

3. Die Grundmenge sei $\{0, 1, 2, \ldots, 9\}$. Gib die Lösungsmenge an.
a. $5 \cdot y < 24$ **c.** $8 \cdot z > 24$ **e.** $z + 7 = 12$ **g.** $x : 2 = 4$ **i.** $7 \cdot x + 3 = 24$
b. $3 \cdot x = 24$ **d.** $6 \cdot x = 24$ **f.** $x + 7 < 12$ **h.** $56 : y = 8$ **j.** $4 \cdot z + 5 > 24$

Eine Zahl, die beim Einsetzen in eine Gleichung oder Ungleichung eine wahre Aussage ergibt, nennt man eine **Lösung** der Gleichung bzw. Ungleichung.

Alle Lösungen einer Gleichung oder Ungleichung zusammen bilden die **Lösungsmenge.**

Eine Lösungsmenge kann auch nur ein Element oder kein Element enthalten.
Die Menge, die kein Element enthält, heißt leer. Man spricht dann auch von der **leeren Menge** und schreibt { }.

Übungen

4. Welche der Zahlen 4, 5, 6, ..., 10, 11 sind eine Lösung der Gleichung bzw. Ungleichung?

a. $3 \cdot x = 30$ **c.** $5 \cdot x = 30$ **e.** $z + 24 < 30$ **g.** $66 : x = 6$ **i.** $7 \cdot x > 30$

b. $4 \cdot z < 30$ **d.** $6 \cdot y = 30$ **f.** $z + 24 > 30$ **h.** $6 + y = 14$ **j.** $z : 5 = 2$

5. Welche der Zahlen 2, 3, ..., 8, 9 gehören zur Lösungsmenge?

a. $3 \cdot x + 2 = 20$ **b.** $4 \cdot z + 3 > 20$ **c.** $5 \cdot x + 4 < 20$ **d.** $6 \cdot y + 5 \neq 20$

6. Bestimme die Lösungsmenge zur Grundmenge {0, 1, 2, ..., 8, 9}.

a. $3 \cdot x + 9 = 6 \cdot x$ **b.** $2 \cdot x + 8 > 5 \cdot x$ **c.** $6 \cdot x + 9 < 8 \cdot x$ **d.** $9 \cdot x + 6 > 7 \cdot x$

$3 \cdot x + 9 = 6 \cdot x$
$3 \cdot 0 + 9 = 6 \cdot 0$

Anmerkung: Hier tritt *derselbe* Platzhalter *mehrfach* auf. In solchen Fällen musst du an *jeder* Stelle *dieselbe* Einsetzung vornehmen.

7. Bestimme jeweils die Lösungsmenge zur angegebenen Grundmenge.

a. {1; 3; 5; 7; 9} (1) $8 \cdot x = 56$ (2) $6 \cdot z = 63$ (3) $x + 13 = 18$

b. {0; 2; 4; 6; 8} (1) $7 \cdot x < 40$ (2) $9 \cdot x < 30$ (3) $x + 23 < 31$

c. {0; 1; 2; 3; 4} (1) $9 \cdot y > 20$ (2) $8 \cdot z > 10$ (3) $18 + y > 20$

d. {5; 6; 7; 8; 9} (1) $6 \cdot x > 40$ (2) $7 \cdot x > 50$ (3) $5 + z \neq 12$

8. Die Grundmenge sei $\mathbb{N}$. Bestimme die Lösungsmenge.

a. $6 \cdot x = 54$ **c.** $54 : z = 6$ **e.** $x - 6 = 7$ **g.** $34 + z = 33$

b. $y : 3 = 5$ **d.** $z + 7 = 18$ **f.** $15 - y = 8$ **h.** $y \cdot 4 = 60$

9. Die Grundmenge sei $\mathbb{N}_0$. Bestimme die Lösungsmenge.

a. $x < 9$ **d.** $z + 17 > 25$ **g.** $x \cdot 3 < 8$ **j.** $z - 8 > 12$

b. $y > 12$ **e.** $4 \cdot x < 30$ **h.** $20 \cdot a < 10$ **k.** $24 - y < 18$

c. $x + 45 < 61$ **f.** $7 \cdot y > 30$ **i.** $x - 7 < 15$ **l.** $15 - a > 7$

10. Zur Grundmenge gehören:

(1) alle einstelligen natürlichen Zahlen (einschließlich 0)
(2) alle einstelligen ungeraden Zahlen
(3) alle natürlichen Zahlen
(4) alle geraden Zahlen

Bestimme die Lösungsmenge:

a. $x + 97 = 101$ **b.** $3 \cdot z < 20$ **c.** $7 \cdot x + 1 > 40$ **d.** $5 \cdot y + 4 > 40$

Vergleiche. Was fällt dir auf?

Bestimmen der Lösungsmenge mithilfe eines Pfeilbildes (Operatorpfeiles)

Aufgabe

1. In manchen Fällen kann man die Lösung einer Gleichung auch berechnen.

a. Zur Gleichung $x \cdot 3 = 96$ gehört das Pfeilbild rechts. Bestimme die Lösungsmenge mit dem Pfeilbild.

$$x \xrightarrow{\cdot 3} 96$$

b. Zeichne ein Pfeilbild zu der Gleichung $x - 27 = 131$ und bestimme dann die Lösungsmenge.

c. Verfahre entsprechend bei der Gleichung $4 \cdot x + 25 = 73$.
Beachte: $4 \cdot x$ bedeutet dasselbe wie $x \cdot 4$.

Lösung

a. Wir machen die Rechenanweisung **• 3** rückgängig, wir rechnen also rückwärts.
Lösungsmenge: $L = \{32\}$

$$\underset{32}{x} \underset{:3}{\overset{\cdot 3}{\rightleftarrows}} 96$$

b. Zu der Gleichung gehört das Pfeilbild rechts.
Wir machen die Rechenanweisung **− 27** rückgängig, wir rechnen also rückwärts.
Lösungsmenge: $L = \{158\}$

$$x \xrightarrow{-27} 131$$

$$\underset{158}{x} \underset{+27}{\overset{-27}{\rightleftarrows}} 131$$

c. Hier erhalten wir die Pfeilkette rechts.
Die beiden Rechenanweisungen **• 4** und **+ 25** machen wir in umgekehrter Reihenfolge rückgängig.
Lösungsmenge: $L = \{12\}$

$$x \xrightarrow{\cdot 4} 4 \cdot x \xrightarrow{+25} 73$$

$$\underset{12}{x} \underset{:4}{\overset{\cdot 4}{\rightleftarrows}} \underset{48}{4 \cdot x} \underset{-25}{\overset{+25}{\rightleftarrows}} 73$$

Zum Festigen und Weiterarbeiten

2. Bestimme jeweils die Lösungsmenge mithilfe eines Pfeilbildes.
Die Grundmenge ist $\mathbb{N}_0$.

a. $x \cdot 6 = 126$
$x : 2 = 83$
$y + 52 = 278$

b. $4 \cdot x = 84$
$x - 42 = 238$
$x + 38 = 242$

c. $2 \cdot x - 13 = 151$
$3 \cdot y + 34 = 157$
$8 \cdot z - 25 = 223$

d. $x : 3 + 8 = 17$
$z : 9 - 5 = 2$
$y : 5 + 27 = 132$

Übungen

3. Bestimme mithilfe eines Pfeilbildes jeweils die Lösungsmenge.
Die Grundmenge ist $\mathbb{N}_0$.

a. $15 \cdot x = 345$
$x - 399 = 500$
$x + 399 = 500$
$x : 7 = 12$

b. $6 \cdot x = 246$
$x + 26 = 246$
$x - 26 = 246$
$x : 6 = 15$

c. $12 \cdot y = 624$
$y + 183 = 399$
$y - 183 = 399$
$y : 13 = 7$

d. $22 \cdot z = 462$
$z + 387 = 952$
$z - 387 = 952$
$z : 11 = 54$

e. $2 \cdot x + 31 = 93$
$3 \cdot x - 31 = 44$
$4 \cdot x - 53 = 31$
$5 \cdot x + 53 = 98$

f. $x : 2 + 23 = 38$
$x : 6 - 13 = 37$
$y : 5 - 18 = 42$
$z : 3 + 26 = 59$

g. $4 \cdot y + 78 = 190$
$4 \cdot y - 58 = 222$
$8 \cdot y - 47 = 401$
$7 \cdot y + 83 = 300$

h. $x : 11 + 47 = 109$
$x \cdot 11 - 47 = 109$
$y \cdot 13 + 85 = 345$
$y : 13 - 85 = 345$

▲ **4.** Bestimme die Lösungsmenge der Ungleichung. Löse hierzu zunächst die entsprechende Gleichung mithilfe eines Pfeilbildes.

a. $3 \cdot x - 17 > 52$ **b.** $6 \cdot y + 57 < 99$ **c.** $9 \cdot y + 48 < 417$

Bist du fit?

1. Berechne den Term.

a. $8 \cdot (7+5)$
$8 \cdot 7 + 5$
$9 \cdot 12 - 7$
$9 \cdot (12 - 7)$

b. $24 + 12 : 4$
$(24 + 12) : 4$
$(45 - 15) : 3$
$45 - 15 : 3$

c. $78 - 38 - 12$
$78 - (38 - 12)$
$67 - 27 + 15$
$67 - (27 + 15)$

d. $96 : 12 : 4$
$96 : (12 : 4)$
$64 : 8 \cdot 4$
$64 : (8 \cdot 4)$

e. $8 \cdot 7 + 4$
$8 + 7 \cdot 4$
$36 : 9 + 3$
$36 + 9 : 3$

f. $7 \cdot (5 + 4) \cdot 3$
$7 \cdot 5 + 4 \cdot 3$
$(7 \cdot 5 + 4) \cdot 3$
$7 \cdot (5 + 4 \cdot 3)$

g. $16 \cdot 7 + 32 : 8$
$16 \cdot (7 + 32) : 8$
$45 : 9 + 6 \cdot 13$
$45 : (9 + 6) \cdot 13$

h. $120 : (30 - 15) + 48 : 3$
$120 : 30 - (15 + 48) : 3$
$18 \cdot 6 + 9 - 36 : 9$
$18 \cdot (6 + 9) - 36 : 9$

2. Berechne und vergleiche.

a. $(48 + 36) : 12$
$48 + (36 : 12)$

b. $(56 - 24) : 8$
$56 - (24 : 8)$

c. $(64 - 7) \cdot 8$
$64 - (7 \cdot 8)$

d. $(24 + 31) \cdot 5$
$24 + (31 \cdot 5)$

e. $96 : (12 - 8)$
$(96 : 12) - 8$

f. $144 : (16 + 8)$
$(144 : 16) + 8$

g. $6 \cdot (17 + 26)$
$(6 \cdot 17) + 26$

h. $9 \cdot (34 - 16)$
$(9 \cdot 34) - 16$

3. Manuel hat für seine elektrische Eisenbahn 190 € gespart. Er kauft mehrere Personenwagen für zusammen 96 € und eine Lokomotive für 79 €.
Wie viel € bleiben übrig?

4. Die folgenden Aufgaben kann man auf zwei verschiedenen Wegen rechnen. Schreibe zu jedem Rechenweg einen Term. Rechne mit einem der Terme.

a. Frau Hubert kauft einen Satz Autoreifen für 374 € und einen Satz Fußmatten zu 49 €. Sie bezahlt mit fünf Hunderteuroscheinen.
Wie viel € bekommt sie zurück?

b. Lars hat 75 € gespart. Er kauft drei Spielzeugautos zu je 6 € und ein Abenteuerbuch für 7 €. Wie viel € hat er übrig?

c. Herr Koch kauft einen Anzug für 189 €, ein Hemd für 22 € und einen Pullover für 59 €. Er bezahlt mit 3 Hunderteuroscheinen.
Wie viel Geld erhält er zurück?

d. Auf einem Konto steht ein Guthaben von 862 €. Es gehen eine Gutschrift (erhöht den Kontostand) über 396 € und eine Lastschrift (verringert den Kontostand) über 236 € ein.
Berechne den neuen Kontostand.

e. Frau Kleine lässt sich zurücklegen: ein Kleid für 95 €, einen Rock für 48 € und eine Bluse für 34 €. Sie zahlt mit einem Fünfzigeuroschein an.
Welchen Restbetrag muss sie noch zahlen?

5. Schreibe den Term einfacher und berechne ihn.

a. $37 \cdot 9 + 23 \cdot 9$
$8 \cdot 66 + 8 \cdot 34$
$237 \cdot 18 + 18 \cdot 363$

b. $19 \cdot 37 + 37 \cdot 31$
$58 \cdot 7 - 28 \cdot 7$
$9 \cdot 137 - 9 \cdot 57$

c. $43 \cdot 27 + 43 \cdot 12$
$34 \cdot 45 + 34 \cdot 28$
$67 \cdot 39 - 28 \cdot 39$

d. $437 \cdot 279 + 279 \cdot 628$
$327 \cdot 728 - 544 \cdot 327$
$946 \cdot 519 - 519 \cdot 828$

6. Laura ist eine sehr gute Leichtathletin. Ihre neuen Spikes kosten 67 €. Dazu kauft sie 3 verschiedene Sechser-Packs mit Spikes-Nägeln. Jeder Sechser-Pack kostet 1,99 €. Außerdem braucht sie 2 Trikots zu je 17 € und einen neuen Trainingsanzug für 33 €. Wie viel € kostet ihre neue Ausrüstung?

7. Rechne vorteilhaft. Beachte das Verbindungsgesetz und das Vertauschungsgesetz und die Regeln über mehrfaches Subtrahieren und Dividieren.

a. $627 + 63 + 27$
$637 + 173 + 189$
$148 + 346 + 252$

b. $5 \cdot 51 \cdot 20$
$4 \cdot 25 \cdot 73$
$125 \cdot 43 \cdot 8$

c. $3\,600 : (360 : 24)$
$5\,454 : 9 : 6$
$4\,800 : 32$

d. $428 + 237 + 372 + 563$
$1\,547 - (698 + 447)$
$12 \cdot 25 \cdot 5 \cdot 4 \cdot 7$

e. $578 - (287 + 173)$
$2\,537 - 237 - 398$
$568 + 573 - (368 + 473)$

f. $5\,749 + 13\,347 + 4\,251$
$125 \cdot 734 \cdot 80$
$6\,433 + 4\,819 + 3\,567 + 5\,181$

8. Die Klassen 5 a (24 Kinder), 5 b (23 Kinder), 5 c (26 Kinder) und 5 d (22 Kinder) der Brüder-Grimm-Schule fahren gemeinsam auf Klassenfahrt. Jedes Kind muss 63 € bezahlen. Herr Scholz, der für alle Klassen das Geld einsammelt, zählt in seiner Kasse 5 229 €. Wie viele Kinder müssen noch bezahlen?

9. Schreibe den Term und berechne ihn.

a. Multipliziere die Differenz der Zahlen 87 und 63 mit der Summe der Zahlen 17 und 23.

b. Subtrahiere von der Differenz der Zahlen 738 und 169 das Produkt der Zahlen 26 und 7.

c. Multipliziere die Summe der Zahlen 69 und 75 mit der Differenz der Zahlen 638 und 579.

d. Subtrahiere vom Produkt der Zahlen 79 und 87 die Summe der Zahlen 158 und 267.

e. Multipliziere den Quotienten der Zahlen 924 und 84 mit der Differenz der Zahlen 937 und 842.

f. Subtrahiere von der Summe der Zahlen 385 und 427 das Produkt der Zahlen 12 und 15, und multipliziere diese Differenz mit dem Quotienten der Zahlen 156 und 12.

10. Bestimme die Lösungsmenge. $G = \{1, 2, 3, 4, 5, 6\}$.

a. 30 ist durch x teilbar.

b. $3 \cdot y$ ist eine zweistellige Zahl.

c. $4 \cdot z$ liegt zwischen 15 und 25.

d. $5 \cdot x$ ist eine gerade Zahl.

e. $50 + 3 \cdot x$ ist durch 4 teilbar.

f. $50 - 4 \cdot y$ ist durch 3 teilbar.

11. Bestimme die Lösungsmenge. $G = \{1, 2, 3, 4, 5, 6, 7, 8, 9\}$.

a. $4 \cdot x = 20$

b. $4 + y < 10$

c. $5 \cdot x > 20$

d. $3 \cdot z + 50 = 20$

e. $20 + 3 \cdot x < 50$

f. $35 - 3 \cdot z = 20$

12. Bestimme die Lösungsmenge. Grundmenge soll $\mathbb{N}$ sein.

a. $y + 17 = 25$

b. $9 \cdot z = 72$

c. $x - 12 = 24$

d. $25 - x = 12$

e. $x : 4 = 9$

f. $48 : x = 8$

g. $x + 12 < 21$

h. $x \cdot 7 < 50$

i. $z \cdot 5 > 73$

j. $7 + z > 19$

k. $4 \cdot y > 30$

l. $x - 8 > 12$

Geometrische **Körper** und **Figuren**

Hast du dir schon mal Salz aus der Nähe angeschaut? Es besteht aus kleinen Kristallen. Mit einer Lupe kann man entdecken, dass jedes Salzkorn die Form eines *Würfels* hat.

1. Würfel

Der Würfel ist ein Körper mit einem besonders gleichmäßigen Aufbau. Seine Seitenflächen sind sechs Quadrate. Solche gleichmäßigen Körper nennt man auch *Platonische Körper*. Dieser Name geht auf den griechischen Philosophen Platon zurück, der vor etwa 2400 Jahren lebte und diese Körper bereits kannte.

2. Tetraeder

Neben dem Würfel gibt es noch andere Platonische Körper. Sie sind auf dieser Seite zu sehen. Das *Tetraeder* besteht aus vier gleichmäßigen Dreiecken. Der Name Tetraeder kommt aus dem Griechischen und heißt so viel wie „Vier-Flächen-Körper“. Dann gibt es noch das *Oktaeder* (Acht-Flächen-Körper), das *Dodekaeder* (Zwölf-Flächen-Körper) und das *Ikosaeder* (Zwanzig-Flächen-Körper).

3. Oktaeder

4. Dodekaeder

5. Ikosaeder

- Kannst du erklären, was das Besondere an diesen Körpern ist?

- Außer dem normalen Würfel gibt es noch andere Spielsteine, mit denen man würfeln kann. Kannst du dir vorstellen, warum es gerade diese Formen sind?

Achsensymmetrische Figuren – Punkte und Strecken

Anne versucht einen Schmetterling zu zeichnen. Aber es will ihr nicht so recht gelingen. Die linke Hälfte passt nicht genau zur rechten. Der Schmetterling wird nicht richtig symmetrisch. Da hat ihre Schwester Sarah eine rettende Idee:
„Falte das Zeichenblatt und zeichne nur eine Hälfte des Schmetterlings. Dann ...“
Versuche Sarahs Vorschlag fortzusetzen.
Es gibt mehrere Möglichkeiten.

Aufgabe

1. Tanja hat auf einem Zeichenblatt nur die eine Hälfte eines Flugzeugs gezeichnet.
Wie kannst du die andere Hälfte zeichnen?

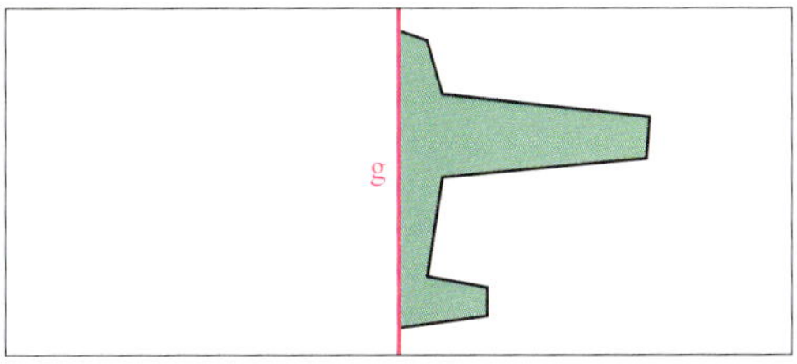

Lösung

(1) Falte das Blatt längs der roten Linie g.

(2) Durchstich das doppelt liegende Blatt in den markierten Punkten mit einer Nadel.

(3) Falte das Blatt auseinander und zeichne die fehlenden Verbindungslinien.

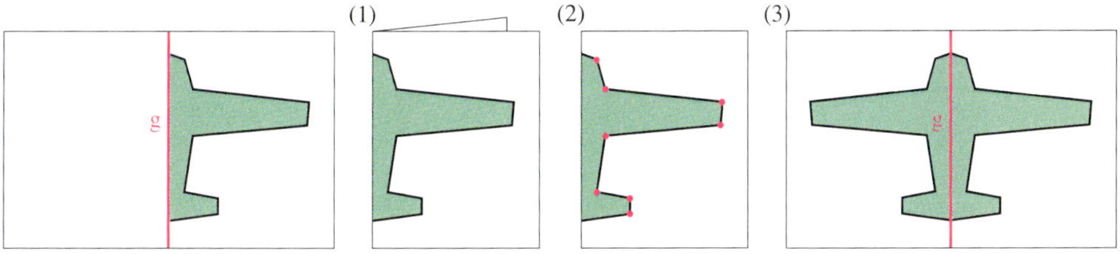

Information

(1) Achsensymmetrie

Betrachte das Bild (3) der Lösung von Aufgabe 1. Wenn du das Zeichenblatt entlang der roten Linie faltest, fällt die eine Hälfte der Figur genau auf die andere. Beide Hälften sind deckungsgleich.
Aus diesem Grunde heißt die Figur **achsensymmetrisch** zur Faltlinie g.
Die Faltlinie g heißt **Symmetrieachse** der Figur.

In einer achsensymmetrischen Figur hat jeder Punkt einen **Symmetriepartner.**

Für die Figur rechts gilt z. B.:
Der Symmetriepartner von Punkt A ist B, *und umgekehrt:*
Der Symmetriepartner von Punkt B ist A.

Der Symmetriepartner von Punkt C ist G, *und umgekehrt:*
Der Symmetriepartner von Punkt G ist C.

Der Symmetriepartner von Punkt E ist E selbst.

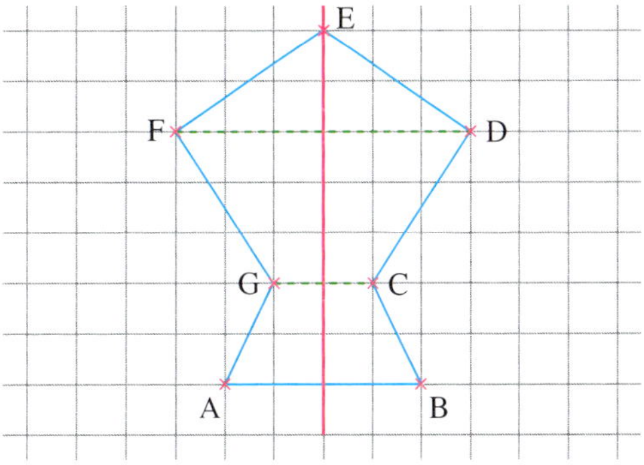

Wir fassen zusammen :

Jede Figur, die man so falten kann, dass beide Teile genau aufeinander passen, nennen wir **achsensymmetrisch.**
Die Faltlinie heißt **Symmetrieachse** der Figur.

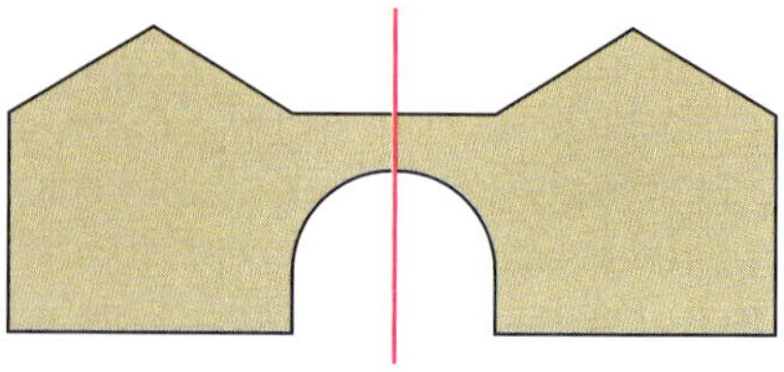

(2) Punkt – Strecke – Länge einer Strecke
Beim Lösen der Aufgabe 1 hast du Punkte markiert und Strecken gezeichnet.

Die *geradlinige* Verbindungslinie zweier Punkte A und B nennt man die **Strecke** mit den **Endpunkten** A und B. Wir bezeichnen sie mit $\overline{AB}$.

Die **Länge** der Strecke messen wir mit dem Lineal.

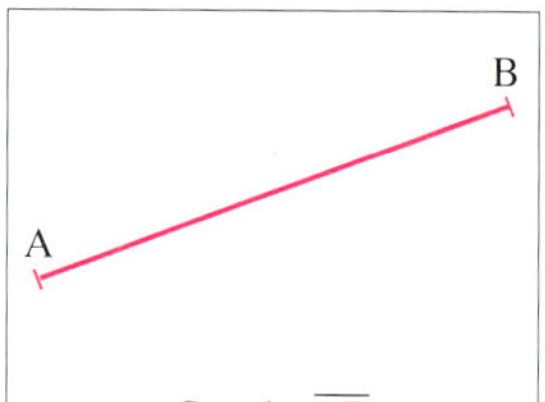

Strecke $\overline{AB}$

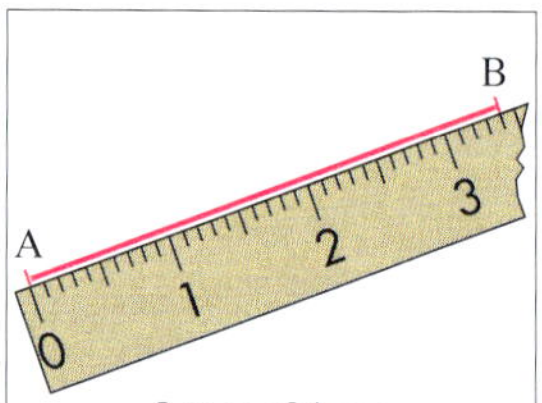

Länge: 34 mm

Die Länge der Strecke beträgt 34 mm (3 cm 4 mm bzw. 3,4 cm).

Zum Festigen und Weiterarbeiten

2. Im Bild siehst du eine achsensymmetrisches Figur. Trage zu jedem Eckpunkt den Symmetriepartner in die Tabelle ein.

Punkt	A	B	C	D	E	F	G	H
Symmetriepartner								

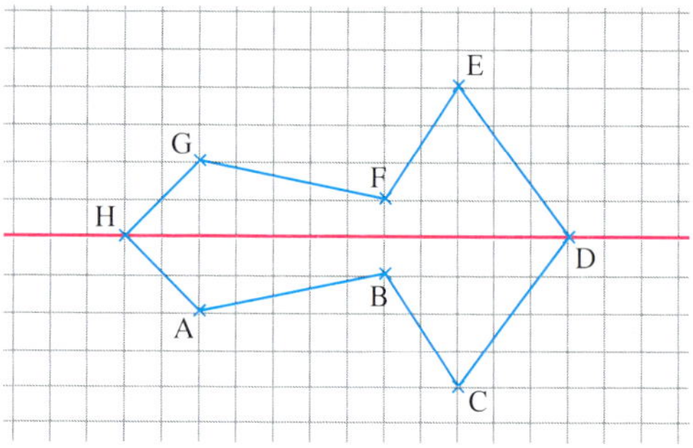

3. Übertrage die Figur in dein Heft. Entscheide, ob die Figur achsensymmetrisch ist. Du kannst auch falten. Zeichne – wenn möglich – die Symmetrieachse ein.

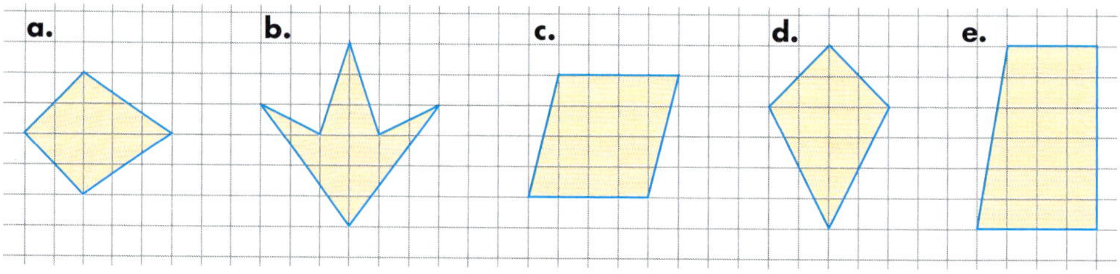

4. Manche Figuren haben nicht nur eine, sondern mehrere Symmetrieachsen. Übertrage die Figur in dein Heft und zeichne alle Symmetrieachsen ein.

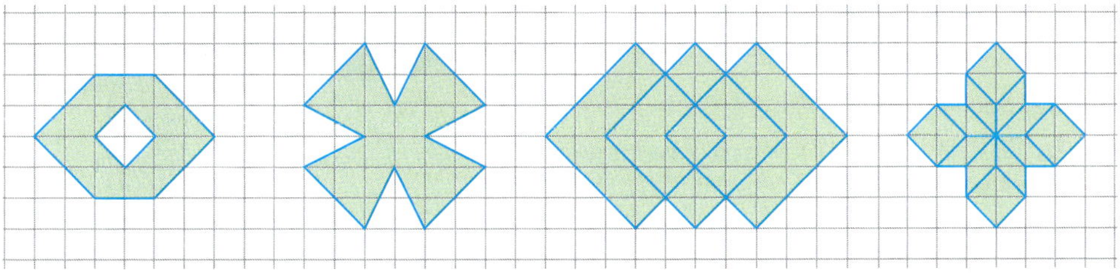

5. Viele Gegenstände der Natur sind nicht genau achsensymmetrisch.
Bei einem der beiden Fotos wurde die linke Gesichtshälfte achsensymmetrisch ergänzt.
Um welches Foto handelt es sich?

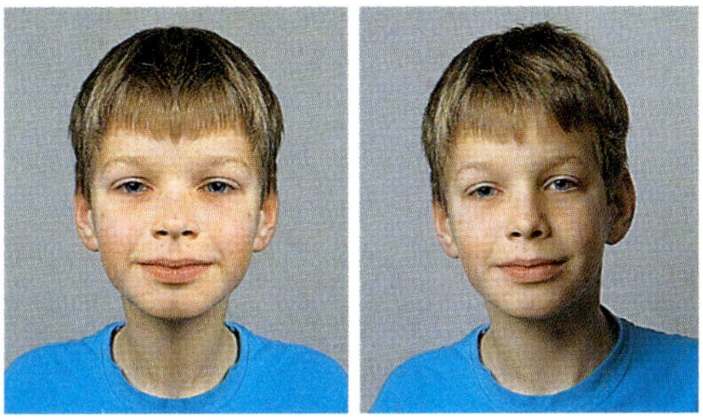

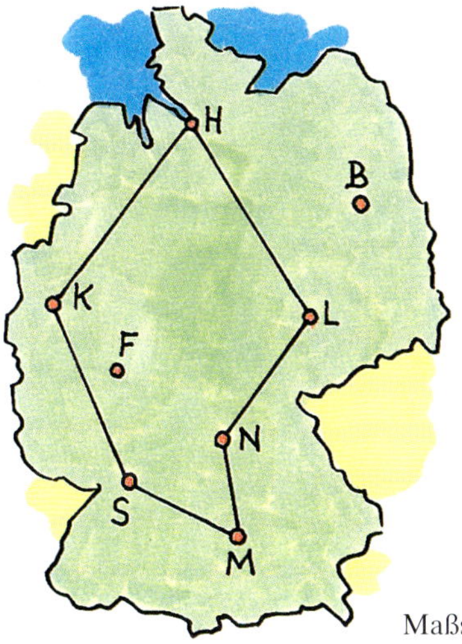

Maßstab 1:15 000 000

6. Sarahs Mutter fliegt mit einem Lufttaxi von Hamburg nach München. Sie kann zwischen zwei Flugrouten wählen:
(1) Hamburg – Köln – Stuttgart – München;
(2) Hamburg – Leipzig – Nürnberg – München.
Welche der beiden Flugrouten ist die kürzere?

7. Benutze die Bilder als Anregung und zeichne vergrößert Figuren, die achsensymmetrisch sind.

Übungen

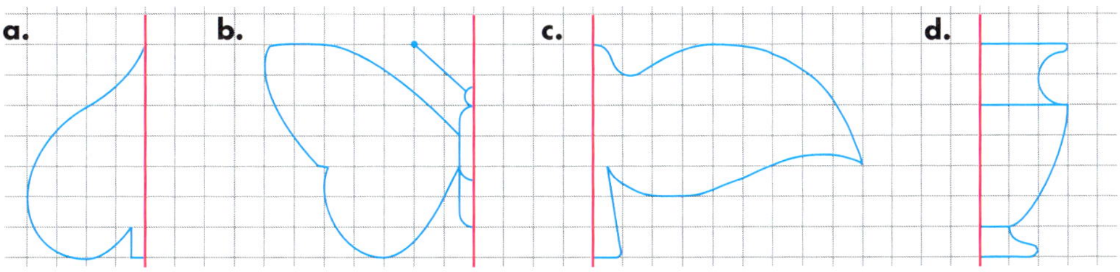

8. Zeichne

a. eine achsensymmetrische Blüte;

b. einen achsensymmetrischen Baum.

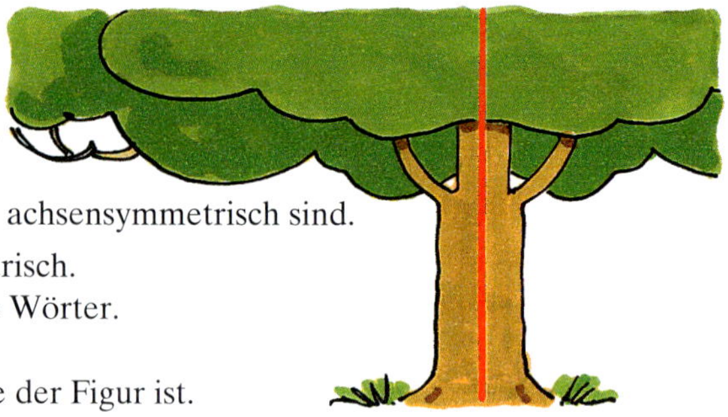

9. **a.** Suche große Druckbuchstaben, die achsensymmetrisch sind.

b. Das Wort OTTO ist achsensymmetrisch.
Suche weitere achsensymmetrische Wörter.

10. Prüfe, ob die Gerade g Symmetrieachse der Figur ist.
Falls ja, notiere in einer Tabelle zu jedem Punkt den Symmetriepartner.

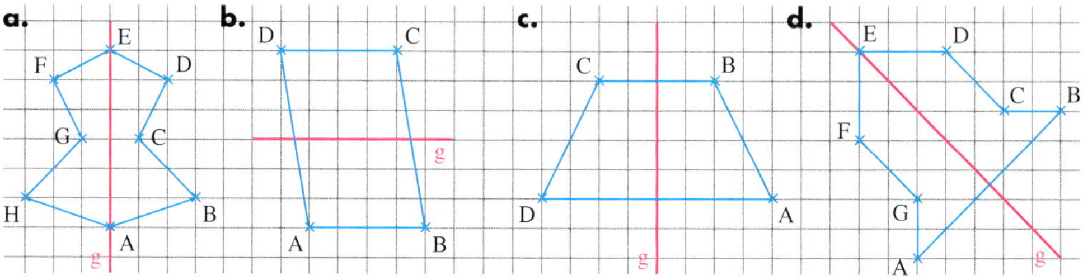

11. Untersuche, ob die Figur achsensymmetrisch ist. Wenn ja, übertrage die Figur in dein Heft und zeichne dann die Symmetrieachse ein.

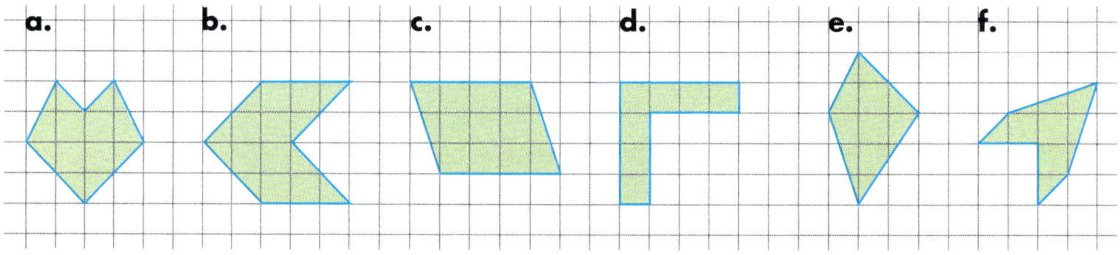

12. Welche der Verkehrszeichen sind achsensymmetrisch?

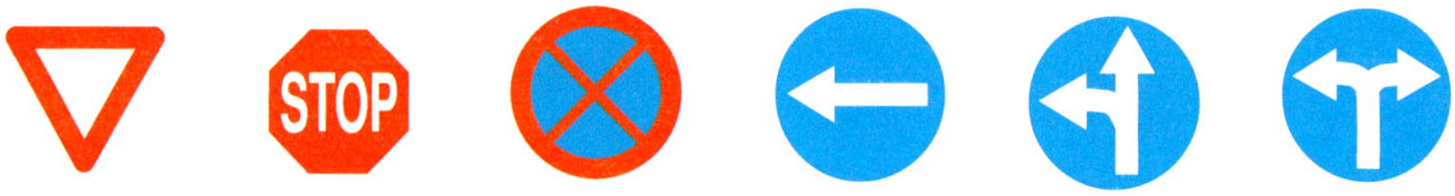

Vorfahrt gewähren! | Halt! Vorfahrt gewähren! | Halteverbot | nach links | Geradeaus und links | Rechts und links

13.

Oben siehst du einige Bildsymbole aus verschiedenen Bereichen.

a. Zeichne jedes Symbol ab und trage die Symmetrieachse ein. Benutze Transparentpapier.

b. *Gehe auf Entdeckungsreise:* Finde weitere achsensymmetrische Bildsymbole. Zeichne sie und trage die Symmetrieachsen ein.

14. Die Figur ist nicht achsensymmetrisch.
Was muss auf der rechten Seite verändert werden, damit sie achsensymmetrisch wird?

(1)

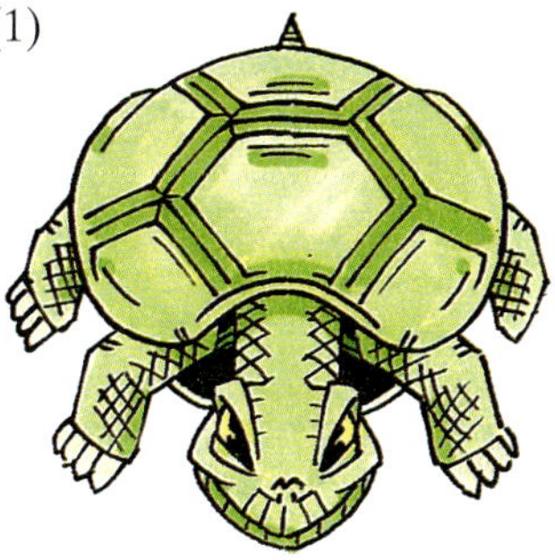

(2)

(3)

15. Zeichne die Figur in dein Heft und ergänze sie zu einer achsensymmetrischen Figur.
Die rote Linie soll Symmetrieachse sein.

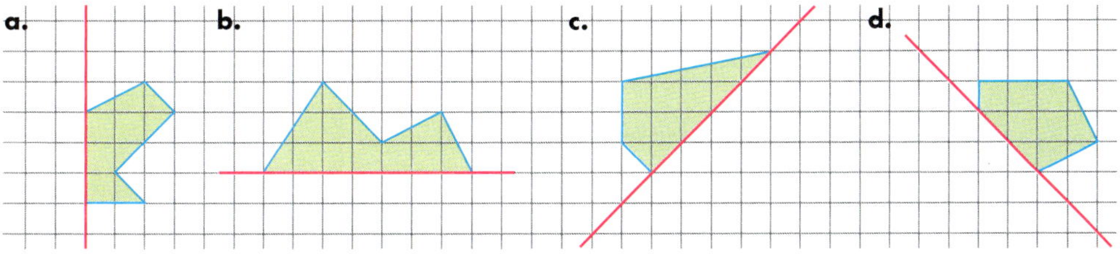

16. Stellt durch Falten und Schneiden Figuren wie diese her.
Die erhaltenen Bilder könnt ihr zum Herstellen von Glückwunschkarten verwenden.

17. Schätze zunächst die Länge der Strecke. Miss dann die Streckenlänge mit dem Lineal.
Fülle die Tabelle aus.
Zeichne die Strecken auch in dein Heft.

Strecke	$\overline{AB}$	$\overline{CD}$	$\overline{EF}$	$\overline{GH}$	$\overline{LK}$	$\overline{MN}$	$\overline{OP}$	$\overline{RS}$
Länge	3 cm	2,5 cm						

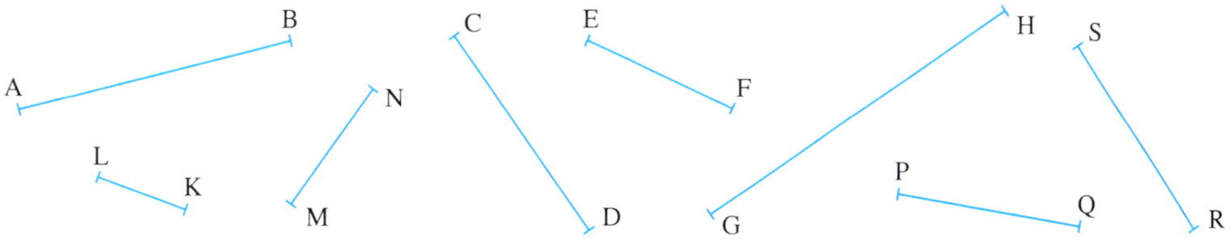

18. Zeichne zwei Strecken mit der angegebenen Länge. Lass deinen Nachbarn die Strecken nachmessen.

	a.	**b.**	**c.**	**d.**	**e.**	**f.**	**g.**
Strecke	$\overline{AB}$	$\overline{GH}$	$\overline{CD}$	$\overline{KL}$	$\overline{OP}$	$\overline{RS}$	$\overline{EF}$
Länge	5 cm	6 cm	4 cm 7 mm	7,5 cm	37 mm	59 mm	124 mm

19. a. Übertrage die Punkte auf Karopapier und zeichne alle Verbindungsstrecken ein.

(1)

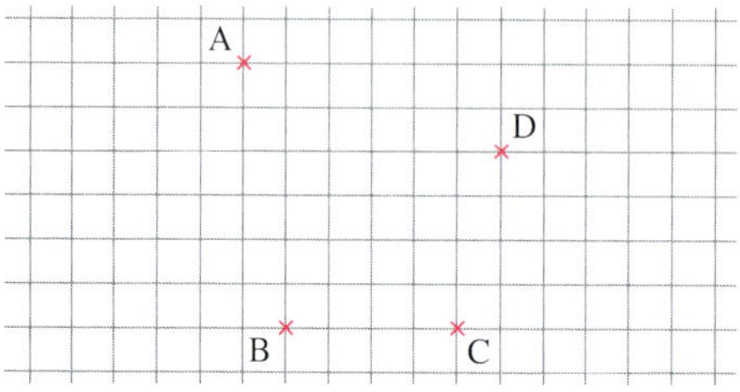

(2)

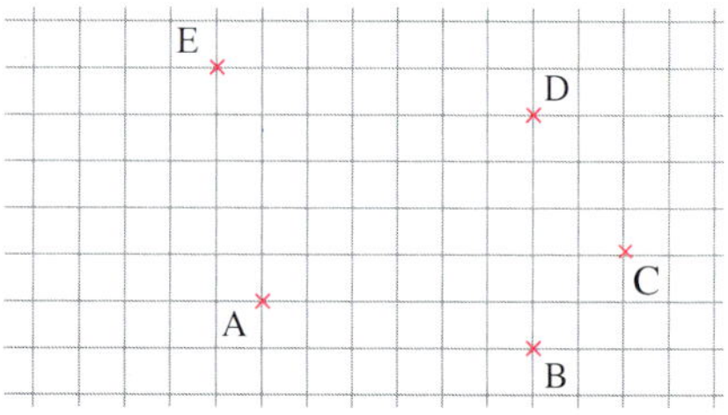

b. Lege eine Entfernungstabelle für (1) an.

c. Lege auch eine Entfernungstabelle für (2) an.

	A	**B**	**C**	**D**
A	–			
B		–		
C			–	
D				–

20. Die fünf Punkte A bis E aus Aufgabe 19 Abbildung (2) seien Städte auf einer Landkarte. Ein Flugzeug fliegt von B nach E. Es soll in A, D und C zwischenlanden.
Welche Flugmöglichkeiten gibt es?
Welches ist der kürzeste Weg?

21. a. Betrachte die Karte unten. Der Maßstab beträgt 1 : 15 000 000.
Wie lang ist die Flugroute
(1) Hamburg – Köln – Stuttgart – München;
(2) Hamburg – Leipzig – Nürnberg – München?

b. Bestimme die jeweilige Luftlinien-Entfernung zwischen zwei Städten.
Ergänze die *Entfernungstabelle* und trage die Entfernungen in km ein.

	L	**H**	**K**	**M**	**N**	**S**
L	–					
H		–				
K			–			
M				–		
N					–	
S						–

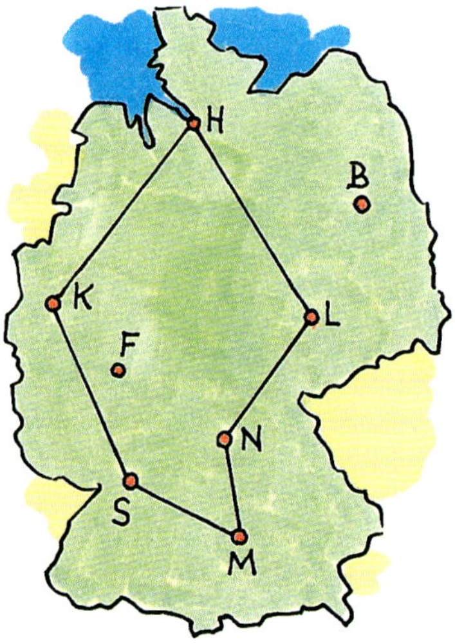

22.

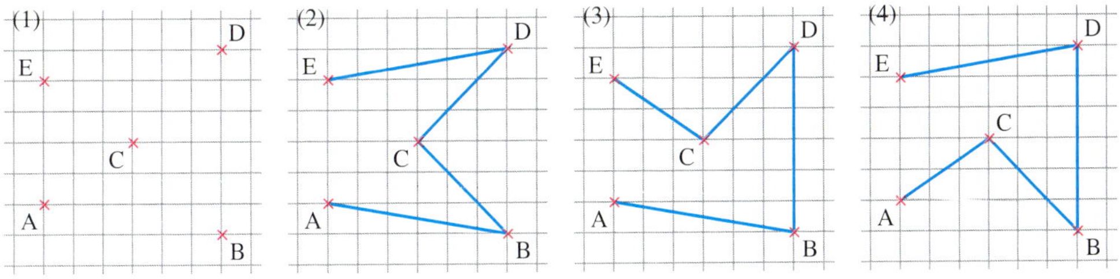

In einem Garten stehen fünf Wäschepfähle A, B, C, D und E (Bild 1). Eine Leine wird vom Pfahl A über die Pfähle B, C und D zum Pfahl E gespannt. (Jeder Pfahl wird nur einmal benutzt.)

a. Zeichne den Streckenzug in dein Heft auf Karopapier und bestimme die Längen der Strecken.
(Wähle 1 cm in deiner Zeichnung für 1 m im Garten.)

b. In welchem der drei Fälle (2) bis (4) ist die Wäscheleine am längsten [am kürzesten]?

c. Zeichne drei weitere Möglichkeiten für die Leine. Sie darf sich jetzt auch überkreuzen. Findest du einen möglichst langen Streckenzug?

23. **a.** Zeichne die Punkte A, B, C, D in dein Heft. Zeichne alle Verbindungsstrecken. Wie viele gibt es?

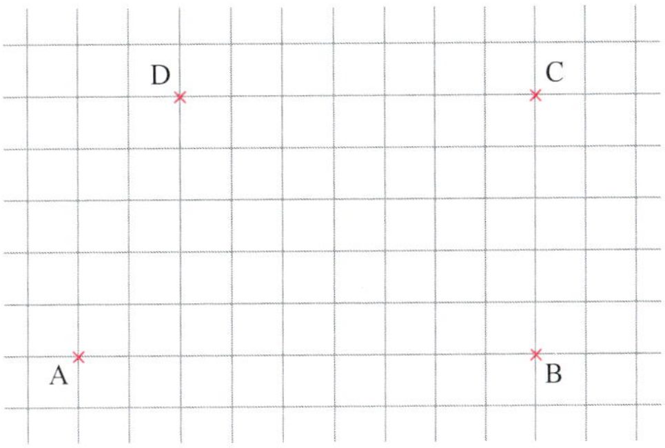

b. Fülle die Tabelle aus.

Anzahl der Punkte	2	3	4	5	6
Anzahl der Strecken					

c. Welche Gesetzmäßigkeit kannst du in Teilaufgabe b. ablesen?
Setze die Tabelle fort.

Zum Knobeln

24. Kannst du die Reihe fortsetzen? Du erhältst dabei auch das Wort OMO.

25.

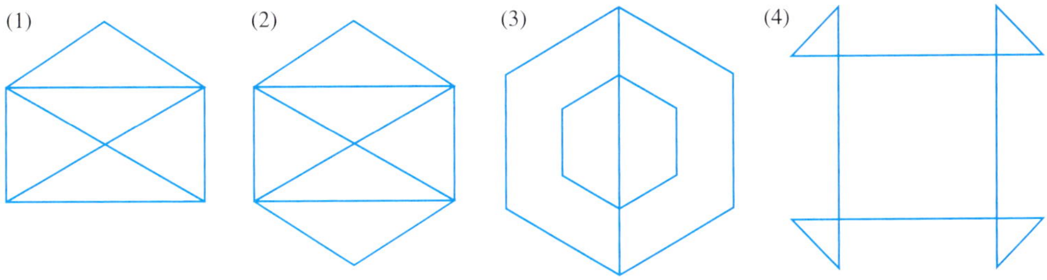

Die Figur (1) kann man zeichnen ohne abzusetzen und ohne eine Strecke zweimal zu durchlaufen. Versuche es. Sprich dazu: „Das ist das Haus vom Ni–ko–laus."
Versuche es auch mit den Figuren (2), (3) und (4).

Vielecke – Koordinatensystem

Vielecke

Aufgabe

1. Eine mit jungen Fichten bepflanzte Schonung im Wald soll eingezäunt werden. Die Punkte A, B, C, D und E markieren die Eckpfähle.

a. Übertrage die Punkte in dein Heft und zeichne den Zaun ein.

b. Wie lang wird der Zaun? Maßstab 1 : 1000.

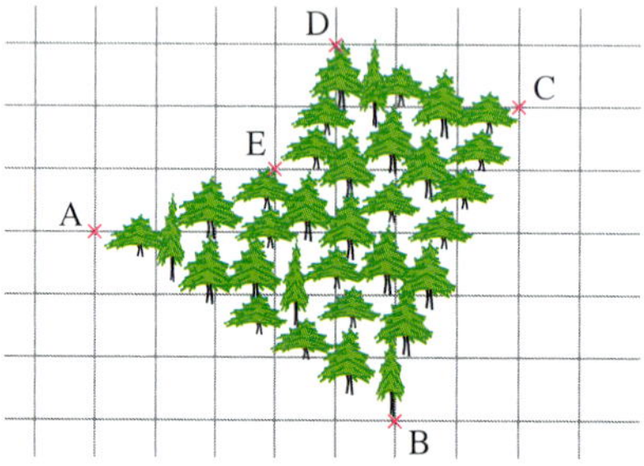

Lösung

a.

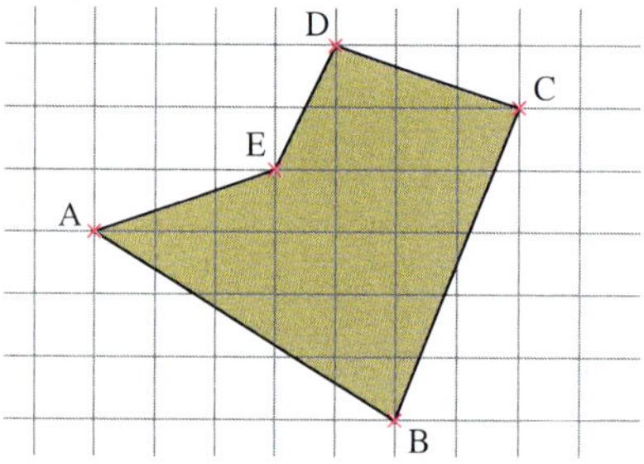

b.

Strecke	Länge
$\overline{AB}$	29 m
$\overline{BC}$	27 m
$\overline{CD}$	16 m
$\overline{DE}$	11 m
$\overline{EA}$	16 m
Länge des Zaunes	99 m

Information

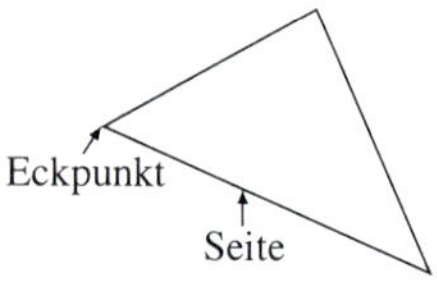

Eine Fläche, die von Strecken begrenzt wird, heißt **Vieleck.**
Ein Dreieck hat drei **Eckpunkte,** ein Viereck hat vier Eckpunkte, ein Fünfeck hat fünf Eckpunkte usw.
Wir bezeichnen ein Vieleck mithilfe der Eckpunkte, z. B. ein Fünfeck mit ABCDE.
Die begrenzenden Strecken heißen **Seiten** des Vielecks.
Die Summe aller Seitenlängen ergibt den **Umfang** des Vielecks.

Zum Festigen und Weiterarbeiten

2. Welche Fläche ist ein Dreieck, ein Viereck, ein Fünfeck? Vergleiche die Anzahl der Eckpunkte mit der Anzahl der Seiten. Bestimme auch den Umfang der Vielecke. Bezeichne vorher die Eckpunkte.

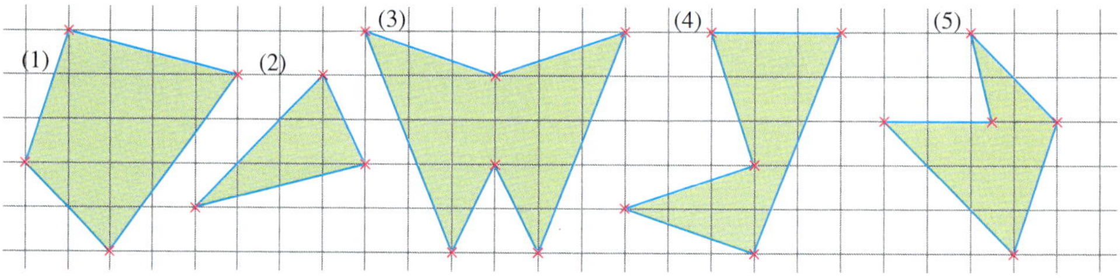

3. **a.** Jede Verbindungsstrecke von zwei Eckpunkten, die keine Seite des Vielecks ist, heißt **Diagonale** des Vielecks.
Was fällt dir bei der Diagonalen $\overline{AC}$ des Vierecks ABCD auf?

b. Fülle die Tabelle aus.

c. Setze die Tabelle fort.

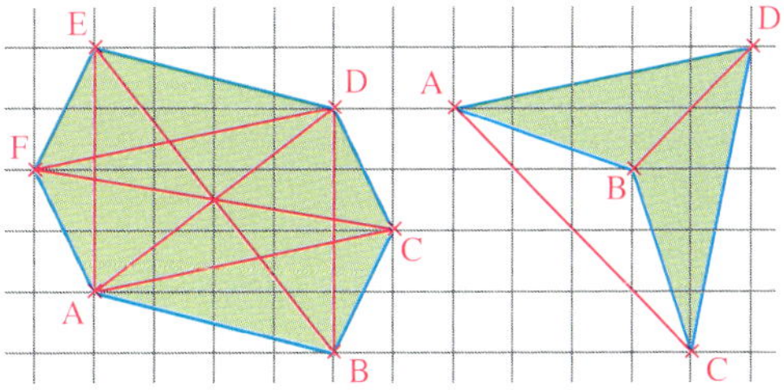

Zahl der Ecken	3	4	5	6	7	
Zahl der Diagonalen						

Übungen

4. Um was für ein Vieleck handelt es sich? Bestimme den Umfang des Vielecks.

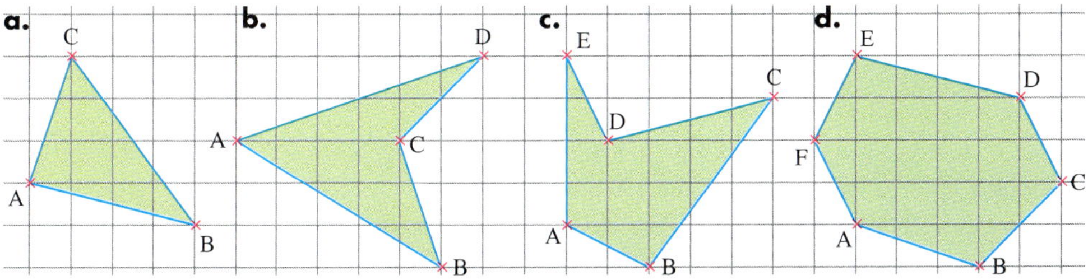

5. Übertrage das Vieleck in dein Heft.

a. Zeichne – falls möglich – die Symmetrieaschse(n) ein.

b. Bestimme den Umfang des Vielecks.

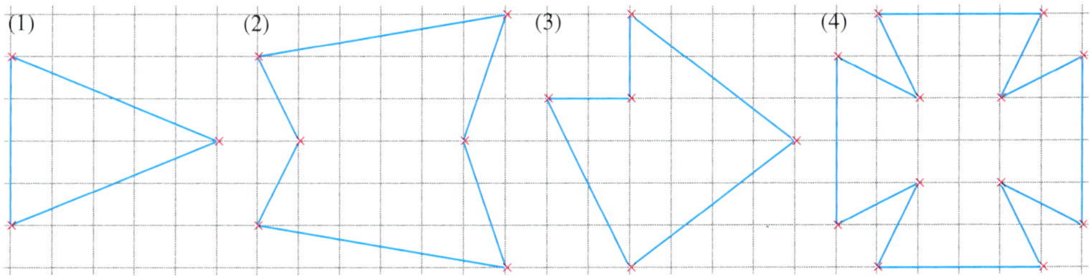

6. **a.** Zeichne das angegebene Vieleck. Übertrage dazu in dein Heft nur die Punkte der Abbildung rechts die du jeweils brauchst.
Bestimme den Umfang und zeichne alle inneren Diagonalen ein.
(1) Dreieck ECB
(2) Viereck FABE
(3) Viereck ADBF
(4) Fünfeck ACBEF
(5) Fünfeck FEDBA
(6) Sechseck ADBECF

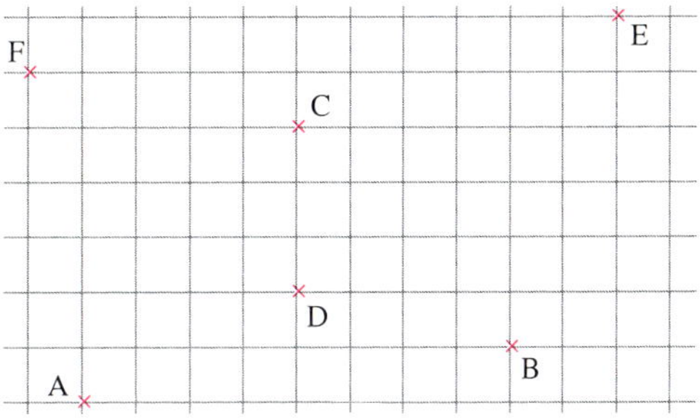

b. Übertrage die Punkte D, C, E und F auf Karopapier. Wie viele Vierecke kannst du zeichnen?

7. Zeichne ein Viereck, in dem beide Diagonalen [nur eine Diagonale] im Inneren liegen [liegt].

8. Zeichne ein Fünfeck, bei dem möglichst wenige Diagonalen im Inneren liegen.

Vielecke im Koordinatensystem

Information

Wo haben die Bankräuber das Geld versteckt? Auf einem Notizzettel fand die Polizei den Hinweis:
Jägerstand (J), 50 m Ost – 30 m Nord
Kurze Zeit später fand sie das Versteck.

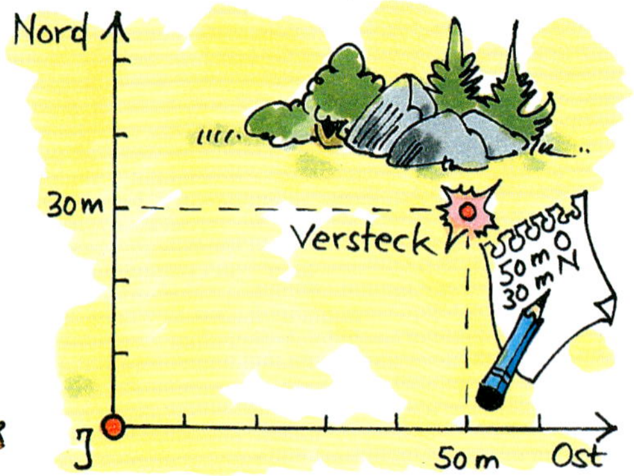

Entsprechend kann man die Gitterpunkte eines Quadratgitters durch zwei natürliche Zahlen festlegen.
Beispiel: Der Punkt A wird durch das Zahlenpaar (5 | 3) festgelegt. Man schreibt: A (5 | 3). Man gelangt von O aus nach A, indem man 5 Schritte nach rechts und 3 Schritte nach oben geht.

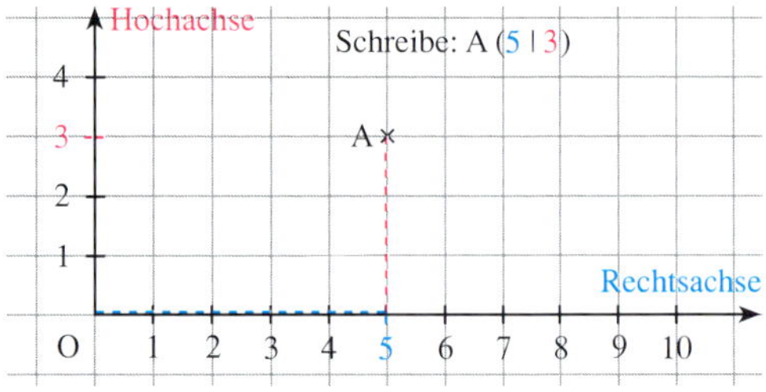

Koordinatensystem

Ein Zahlenstrahl ist als **Rechtsachse** gezeichnet; der zweite Zahlenstrahl nach oben heißt **Hochachse.** Beide beginnen im gemeinsamen Nullpunkt und sind senkrecht zueinander.
Auf der Rechtsachse kann man die **Rechtswerte** ablesen, auf der Hochachse die **Hochwerte.** Mit solchen Werten kann man die Lage eines Punktes genau festlegen.

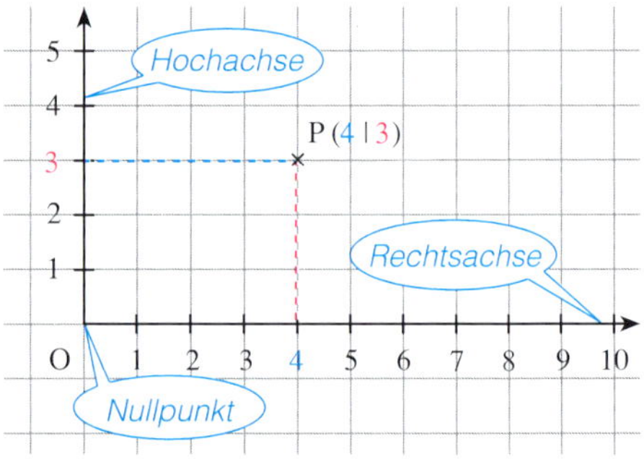

Beispiel: Der Punkt P hat den Rechtswert 4 und den Hochwert 3.
Man schreibt: P (4 | 3).

Rechtswert und Hochwert nennt man auch **Koordinaten** und beide Achsen zusammen **Koordinatensystem.**

Zum Festigen und Weiterarbeiten

1. Lies für jeden Punkt die beiden Koordinaten ab und notiere ihn mit seinen Koordinaten, z. B. G (7 | 2).

2. Das Schild links gibt die Lage eines Hydranten an.
Wie musst du gehen, um ihn zu finden?
S gibt den Standort an.

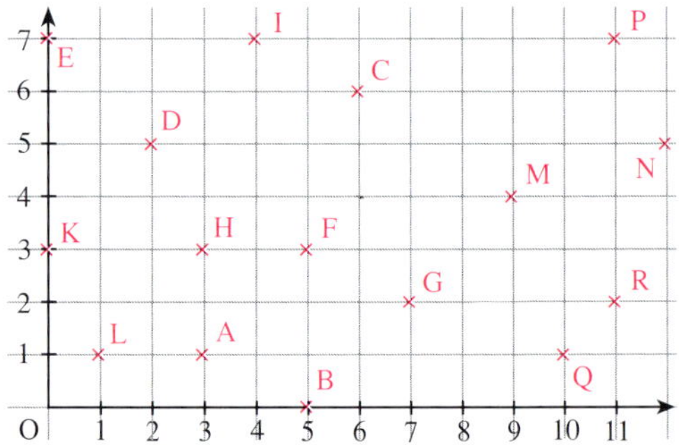

3. a. Trage die Punkte in ein Koordinatensystem ein; wähle dabei auf beiden Achsen die Einheit 1 cm (Kästchenlängen). Verbinde die Punkte der Reihe nach zu einer Figur.
A(0|0); B(3|2); C(6|0); D(4|3); E(6|6); F(3|4); G(0|6); H(2|3)

b. Denke dir eine schöne Figur im Koordinatensystem aus. Gib die Koordinaten ihrer Eckpunkte so an, dass dein Nachbar die Figur zeichnen kann.

4. Zeichne in ein Koordinatensystem das Viereck ABCD mit den angegebenen Punkten.
a. A(1|6); B(6|2); C(8|5); D(5|8) **b.** A(1|1); B(5|4); C(8|2); D(3|8)

5. Lies die Koordinaten der Eckpunkte des Vielecks ab. Schreibe z. B. A(1|4).

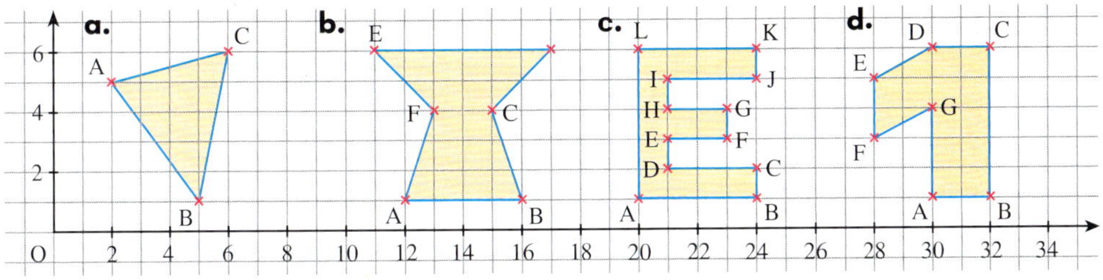

6. Trage die Punkte A(2|4), B(8|4), C(7|7) und D(5|7) in ein Koordinatensystem (Einheit 1 cm) ein. Wähle eine geeignete gerade Linie als Symmetrieachse und ergänze das Vieleck zu einem achsensymmetrischen Vieleck.
Benenne die neuen Eckpunkte mit großen Buchstaben und gib ihre Koordinaten an.

Übungen

7. Notiere jeden Eckpunkt des Vielecks mithilfe seiner Koordinaten.

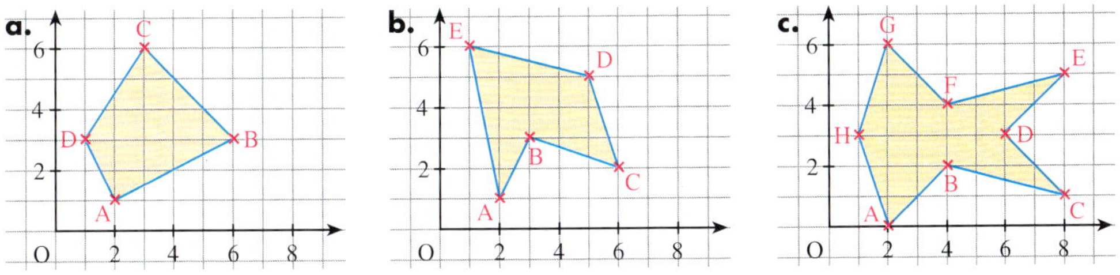

8. Trage die Punkte in ein Koordinatensystem (Einheit 1 cm) ein. Verbinde sie dann der Reihe nach zu einer Figur.

a. A(5|0); B(6|4); C(10|5); D(6|6); E(5|10); F(4|6); G(0|5); H(4|4);

b. A(0|0); B(2|0); C(3|1); D(8|1); E(8|0); F(10|2); G(8|4); H(8|3); K(3|3); L(2|4); M(0|4); N(2|2)

c. A(0|9); B(2|10); C(4|7); D(8|6); E(12|8); F(10|5); G(8|4); H(7|0); I(6|4); J(5|4); K(2|0); L(3|4); M(1|9)

9. Zeichne die Strecke $\overline{AB}$, markiere den Mittelpunkt M und lies seine Koordinaten ab.
a. A(5|8); B(11|4) **b.** A(2|0); B(6|8) **c.** A(9|3); B(1|1) **d.** A(5|5); B(1|1)

10. Zeichne das Viereck ABCD in ein Koordinatensystem (Einheit 1 cm).
(1) Zeichne dann die Symmetrieachse ein. Bezeichne zwei Punkte auf der Symmetrieachse und gib ihre Koordinaten an.
(2) Bestimme den Umfang des Vierecks.
a. A(3|2); B(13|2); C(10|7); D(6|7) **b.** A(3|4); B(9|2); C(9|8); D(3|6)

Körper – Ecken, Kanten, Flächen

Betrachte die Gegenstände im Bild oben. Du kannst diese Gegenstände auf verschiedene Weise sortieren, zum Beispiel nach dem Verwendungszweck.
Nenne weitere Möglichkeiten.

Aufgabe

1. Sortiere die Gegenstände im Bild oben nach ihrer Form.

Lösung

Beim Sortieren nach der Gestalt erhältst du die folgende Einteilung:

In der Mathematik nennt man Gegenstände, wie sie im Bild dargestellt sind, einheitlich **Körper.**
Bei der Unterscheidung der Körper interessiert man sich hier für die *Form,* nicht aber z. B. für die Farbe, das Material und das Gewicht.

Zum Festigen und Weiterarbeiten

2. a. Welche der oben abgebildeten Körper kann man nur rollen, welche nur schieben, welche rollen und auch schieben?

b. Welche der abgebildeten Körper besitzen nur ebene Begrenzungsflächen, welche nur gewölbte Flächen, welche ebene und auch gewölbte Flächen?

3. Im Bild siehst du ägyptische Pyramiden.

a. Weißt du, welche Bedeutung diese Bauwerke hatten?
Wenn nicht, versuche es herauszufinden (z. B. im Lexikon).

b. Von wie vielen Flächen wird eine solche Pyramide begrenzt?

4. Fülle die Tabelle aus.

Körper	Anzahl der Ecken	Anzahl der Kanten	Anzahl der Flächen
Quader			
Zylinder			
Kege			
Kugel			
Pyramide			

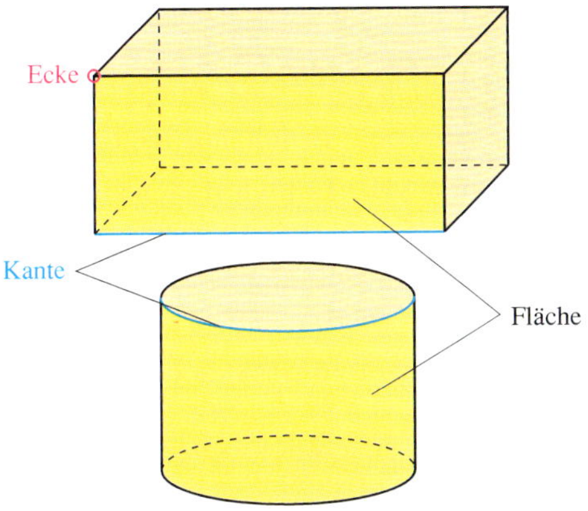

5. Im Bild siehst du ein *Kantenmodell* einer Pyramide; sie steht auf einer dreieckigen Fläche.

a. Fertige aus Trinkhalmen oder aus Stricknadeln und aus Knete ein solches Kantenmodell an.
Wie viele Trinkhalme bzw. Stricknadeln benötigst du?

b. Wie viele Kanten stoßen in jeder Ecke zusammen?

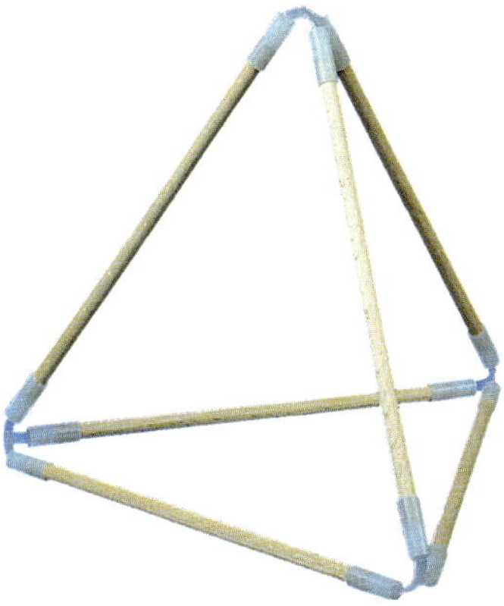

6. a. Aus 5 cm langen Drahtstücken soll das Kantenmodell einer Pyramide wie in Aufgabe 5 hergestellt werden. Wie lang muss der Draht insgesamt sein?

b. Aus einem 42 cm langen Draht soll das Kantenmodell einer Pyramide wie in Aufgabe 5 mit gleich langen Kanten hergestellt werden. Wie lang ist dann jede Kante?

Information

Körper werden von **Flächen** begrenzt; diese können eben oder gewölbt sein.
Aneinander stoßende Flächen bilden eine **Kante**; Kanten können gerade oder gekrümmt sein. Gerade Kanten sind Strecken.
Aufeinander treffende Kanten bilden eine **Ecke.** Ecken sind Punkte.

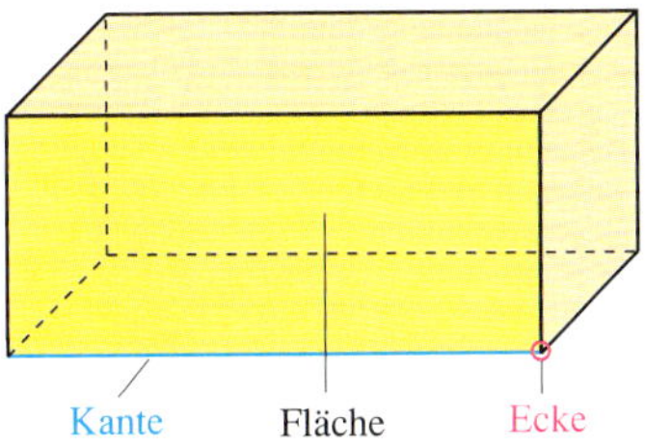

Teamarbeit

7. Sammelt Gegenstände, z. B. Geschenkverpackungen, die

(1) Würfel, (2) Quader, (3) Pyramiden, (4) Zylinder, (5) Kegel, (6) Kugeln sind.

Wenn ihr keine geeigneten Gegenstände findet, könnt ihr auch welche basteln.
Markiert an den Körpern mit Farbstiften die Flächen mit gelb, die Kanten mit blau und die Ecken mit rot.
Die schönsten Exemplare könnt ihr im Klassenraum ausstellen.

Übungen

8. Was für ein Körper ist ein Geldstück, ein Geldschein, ein langes gerades Stück Draht?

9. Im Bild siehst du das Kantenmodell eines Quaders.

a. Fertige aus Trinkhalmen ein solches Kantenmodell an.
Wie viele Trinkhalme benötigst du?

b. Wie viele Kanten stoßen an jeder Ecke zusammen?

c. Wie viele Kanten sind jeweils gleich lang?

d. Das Modell soll aus Draht hergestellt werden.
Wie viel cm Draht benötigst du?

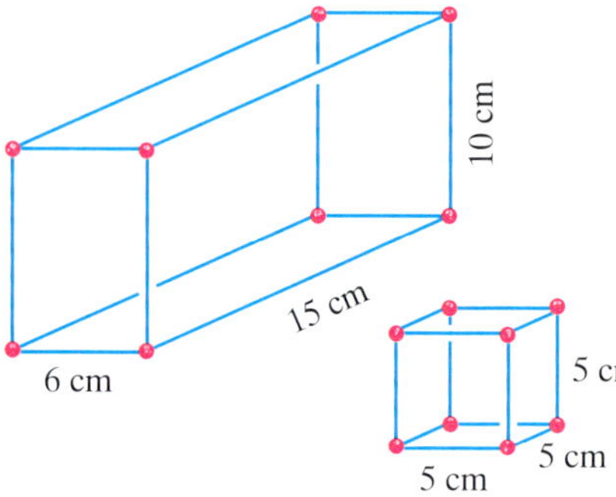

10. Es soll aus Draht ein Kantenmodell eines Würfels mit der Kantenlänge 5 cm hergestellt werden.

a. Wie viele Drahtstücke werden benötigt? **b.** Wie lang muss der Draht insgesamt sein?

11. Miss die Kantenlängen **a.** einer Streichholzschachtel; **b.** eines Schranks.
Wie lang sind alle Kanten zusammen?

12. a. Nenne Körper, deren Kanten Strecken sind. Nenne ebenso Körper, deren Kanten keine Strecken sind.

b. Nimm einen quaderförmigen Gegenstand. Zeichne Strecken, die genauso lang sind wie die Kanten des Quaders. Benutze dazu die Kanten des Quaders als Lineal.

c. Nimm die Körper aus Aufgabe 7. Miss die einzelnen Kanten. Schätze zunächst.

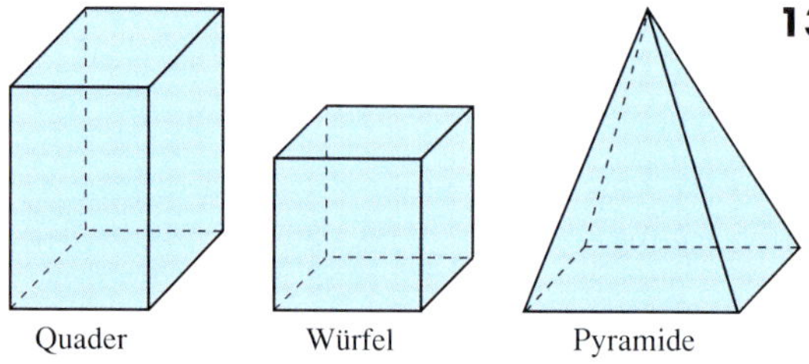

13. Manche Körper werden von ebenen Flächen begrenzt.
Um was für Vielecke handelt es sich bei diesen Körpern?

14. Einen Körper kannst du als „Stempel" benutzen. Zu welchem Körper kann der Stempelabdruck gehören?

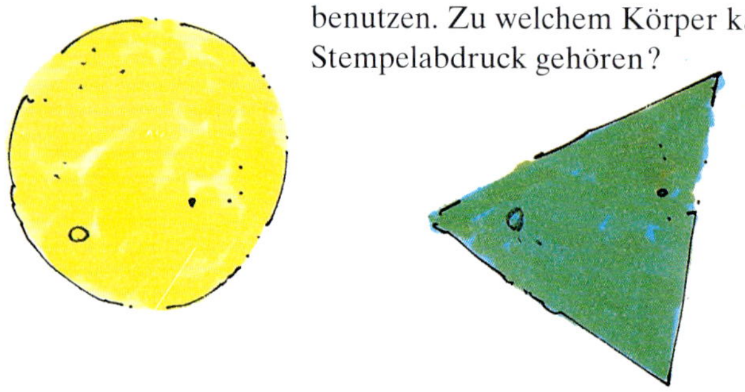

Geraden – Beziehungen zwischen Geraden

Geraden

Wenn du ein Zeichenblatt faltest, entsteht eine *Faltlinie*. Eine Faltlinie ist eine *gerade* Linie; du kannst sie deshalb mit Lineal und Bleistift von Rand zu Rand nachzeichnen. Zwei Faltlinien können sich auf dem Zeichenblatt schneiden (kreuzen), müssen aber nicht.

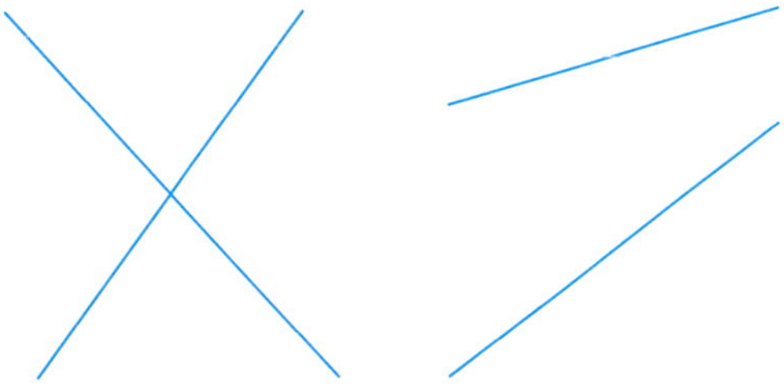

Aufgabe

1. a. Übertrage die vier Faltlinien a, b, c und d auf ein entsprechend kleines Zeichenblatt. Betrachte jeweils zwei der vier Faltlinien.
Welche der Faltlinien *schneiden* (kreuzen) sich auf dem Zeichenblatt?
Markiere jeweils den *Schnittpunkt*.

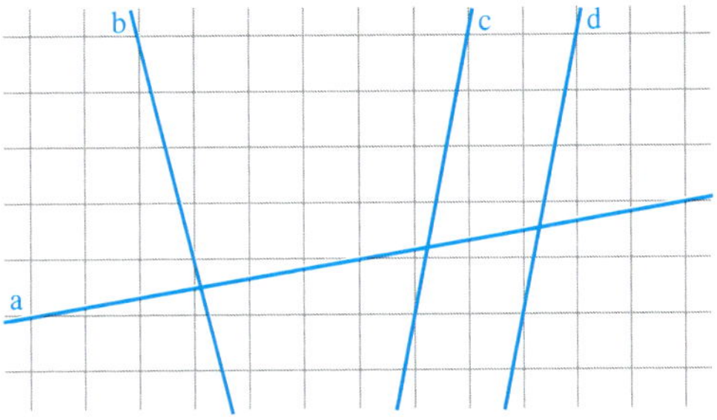

b. Lege nun das Zeichenblatt auf ein zweites größeres Blatt, verlängere die Faltlinien bis zu den Rändern.
Welche der vier Faltlinien schneiden sich außerhalb des ursprünglichen Blattes auf dem neuen Blatt?
Markiere jeweils den Schnittpunkt.

c. Denke dir nun das Zeichenblatt nach allen Seiten unbegrenzt fortgesetzt und damit auch die Faltlinien über die Ränder des Zeichenblattes hinaus beliebig verlängert.
Welche Faltlinien schneiden sich auch dann nicht?

Lösung

a. Die Faltlinien a und b schneiden sich im Punkt P.
Die Faltlinien a und c schneiden sich im Punkt Q.
Die Faltlinien a und d schneiden sich im Punkt R.

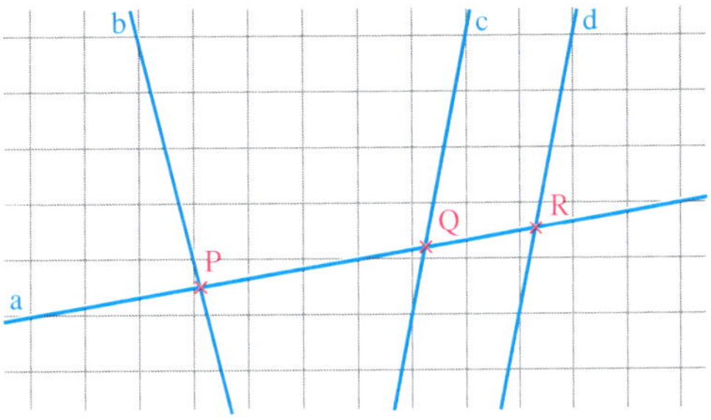

b. Die Faltlinien b und c schneiden sich jetzt im Punkt S. Die Faltlinien b und d schneiden sich nicht auf dem neuen Zeichenblatt; ebenso schneiden sich die Faltlinien c und d nicht.

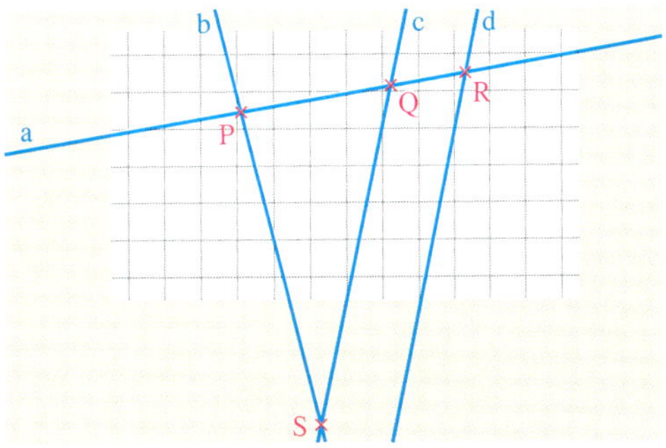

c. Jetzt schneiden sich die Faltlinien b und d, aber die Faltlinien c und d schneiden sich auch außerhalb des neuen Zeichenblattes nicht, auch wenn man sich das Zeichenblatt nach allen Seiten fortgesetzt denkt.

Information

Eine gerade Linie, die man sich über das Zeichenblatt hinaus beliebig verlängert denkt, nennen wir **Gerade.** Geraden werden meist mit kleinen Buchstaben bezeichnet, z. B. mit g.

Strecken und **Geraden** sind *gerade Linien.* Beachte aber den Unterschied zwischen einer *Strecke* und einer *Geraden.*

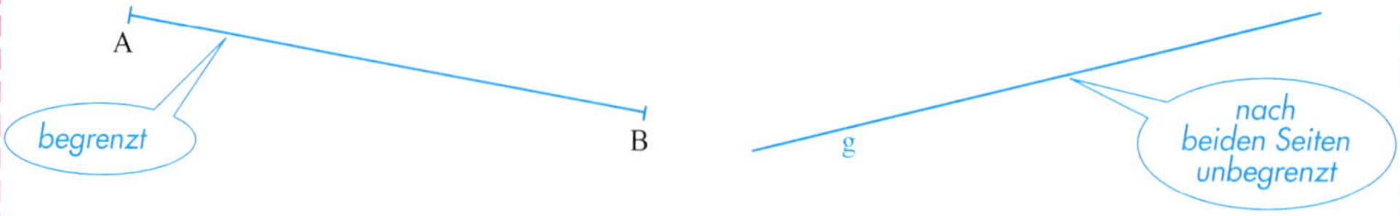

Eine *Strecke* hat stets *zwei Endpunkte.* Sie hat deshalb auch eine bestimmte Länge, die man mit dem Lineal messen kann.

Eine *Gerade* hat *keine Endpunkte.* Sie hat deshalb keine Länge.
Wir können immer nur ein Stück der Geraden zeichnen.

Zum Festigen und Weiterarbeiten

2. a. Wozu wird auf dem Bild die Schnur benutzt?

b. Wozu benutzt der Fliesenleger auf dem Bild die Schnur?

3. a. Welche der Punkte liegen auf einer Geraden?
Prüfe mit dem Lineal.

b. Zeichne fünf Punkte so, dass
(1) genau 3 Punkte,
(2) genau 4 Punkte,
(3) alle Punkte
auf einer Geraden liegen.

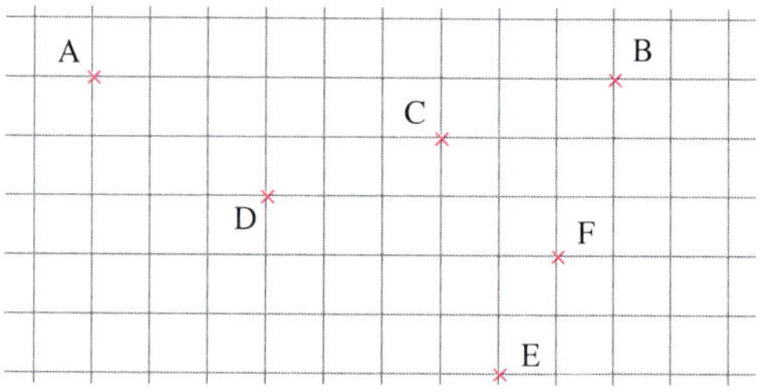

4. Zeichne die Punkte A, B, C in dein Heft. Zeichne nun zu jeweils zwei Punkten die **Verbindungsgerade;** das ist die Gerade, die durch beide Punkte geht.
Wie viele Verbindungsgeraden gibt es zu den drei Punkten?

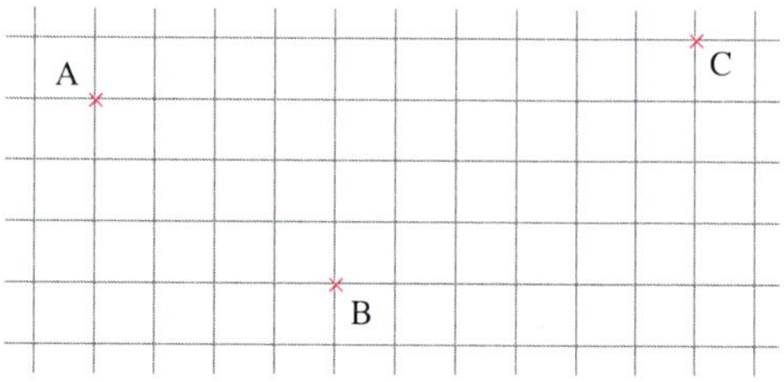

5. **a.** Zeichne zwei Geraden a und b und einen Punkt P.
P soll auf a und zugleich auf b liegen. Man sagt:
Die beiden Geraden schneiden sich im Punkt P.

b. Zeichne drei weitere Punkte Q, R und S.
Q soll auf a, aber nicht auf b liegen;
R soll auf b, aber nicht auf a liegen;
S soll weder auf a noch auf b liegen.

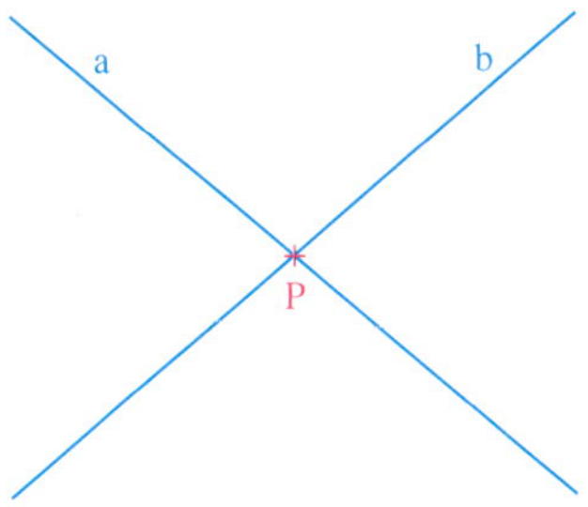

Information

Zu zwei Punkten A und B kann man immer die **Verbindungsgerade** zeichnen.
Wir bezeichnen sie mit AB oder BA.

Wir sagen:
Die Gerade g geht durch die Punkte A und B.
Oder: Die Punkte A und B liegen auf der Geraden g.

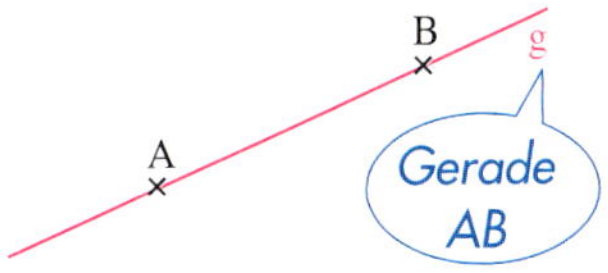

Übungen

6. Zeichne drei Geraden a, b und c.

a. Alle drei Geraden sollen sich in einem Punkt schneiden.

b. Es sollen insgesamt drei Schnittpunkte auf dem Zeichenblatt entstehen.

c. Die Geraden a und b sollen sich in einem Punkt außerhalb des Zeichenblattes schneiden. Die Gerade c soll die Geraden a und b auf dem Zeichenblatt schneiden.

7. Zeichne vier Geraden a, b, c, d so, dass du

a. drei, **b.** vier, **c.** fünf, **d.** sechs Schnittpunkte erhältst.

8. **a.** Markiere einen Punkt P. Zeichne mit einem spitzen Bleistift möglichst viele Geraden durch P.

b. Wie viele Geraden kann man in Gedanken durch den Punkt P zeichnen?

9. Zeichne die Punkte in dein Heft. Zeichne alle Verbindungsgeraden. Schreibe die Namen an die Geraden. Beachte die Information oben.

a.

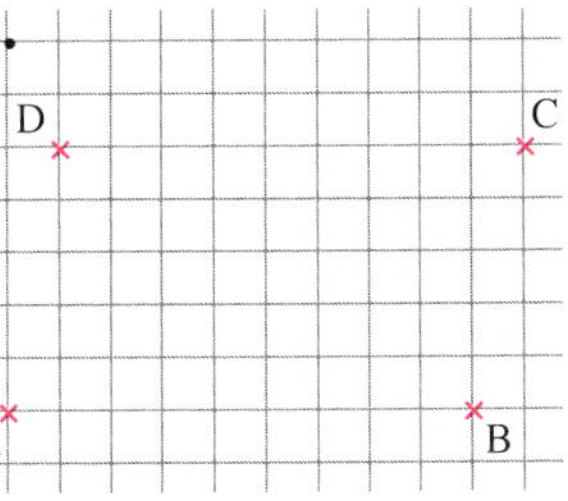

b.

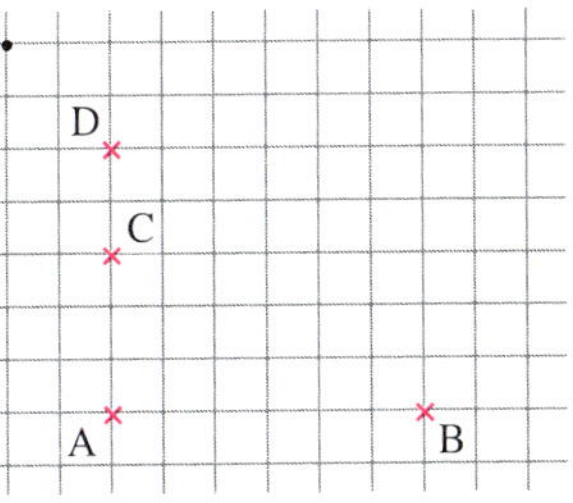

c.

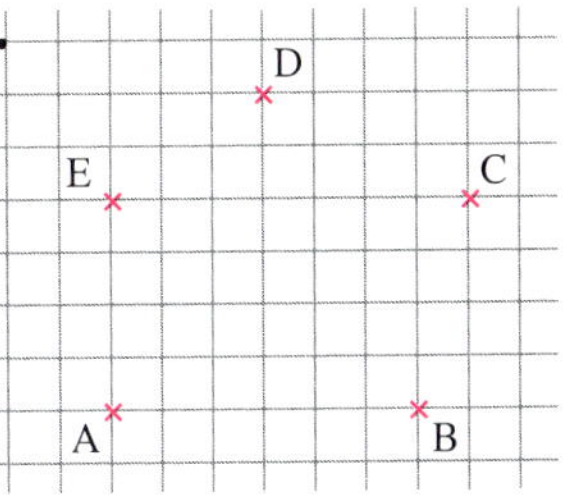

10. Markiere auf einer Geraden g fünf Punkte A, B, C, D und E. Zeichne nun einen weiteren Punkt P, der nicht auf g liegt.
Zeichne die Verbindungsgeraden von P mit den fünf Punkten.

11. Zeichne in ein Koordinatensystem die Punkte A (3 | 2), B (13 | 4), C (15 | 10) und D (5 | 12).
Zeichne alle Verbindungsgeraden.
In welchem Punkt schneidet die Gerade DB die Rechtsachse?

Zueinander senkrechte Geraden

Information

Nimm ein Zeichenblatt und falte es zweimal wie im folgenden Bild angegeben.
Die beiden Faltlinien bestimmen zwei Geraden, nenne sie g und h.
Lege dein Geodreieck wie im Bild an die Faltlinien. Suche noch andere Möglichkeiten zum Anlegen des Geodreiecks an die beiden Faltlinien.

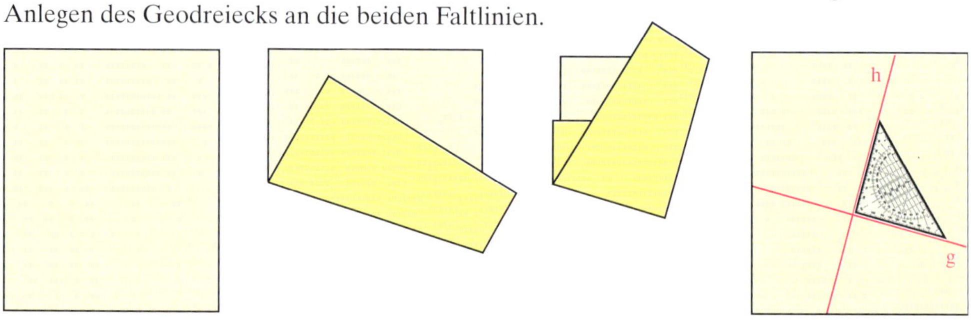

Die Geraden g und h stehen **senkrecht** aufeinander. Man schreibt: $g \perp h$.
Mit dem Geodreieck kann man zueinander senkrechte Geraden zeichnen:

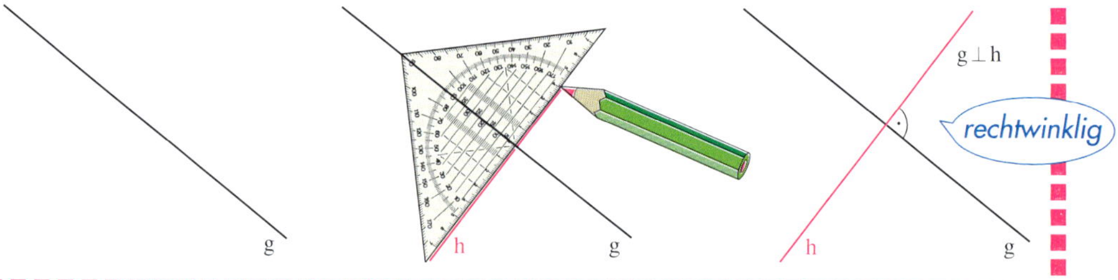

Zum Festigen und Weiterarbeiten

1. Prüfe mit dem Geodreieck, ob die Geraden a und b senkrecht zueinander sind.

a.

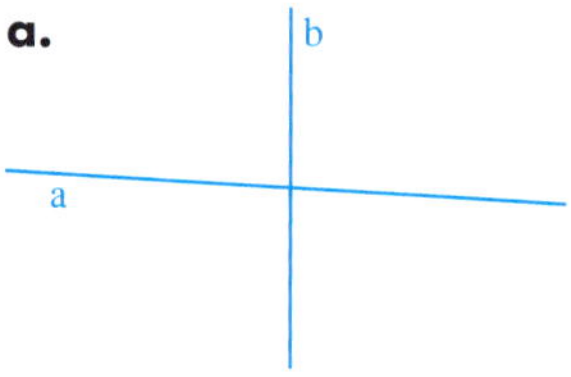

b.

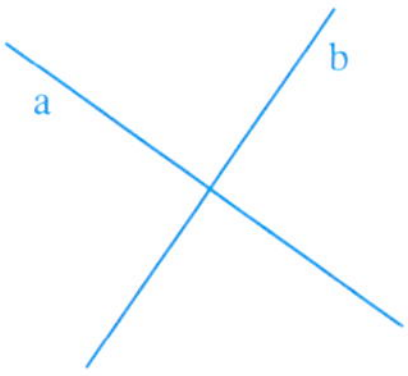

c.

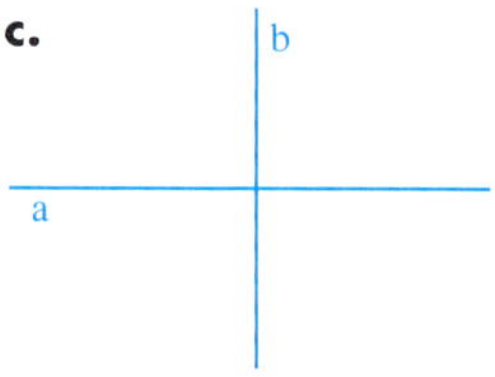

2. Julias Vater benutzt einen Anschlagswinkel (siehe Bild). Wozu?

3. *Gehe auf Entdeckungsreise:* Gib im Klassenraum gerade Linien an, die zueinander senkrecht sind.
Überprüfe das mit einem Tafelgeodreieck oder einem Anschlagwinkel.

4. Zeichne eine Gerade a. Zeichne nun mithilfe des Geodreiecks weitere Geraden b, c und d, die zur Geraden a senkrecht sind.

5. Zeichne eine Gerade g und einen Punkt P, der nicht auf der Geraden g liegt. Zeichne nun die Gerade, die durch P geht und zu g senkrecht ist; nenne sie h.

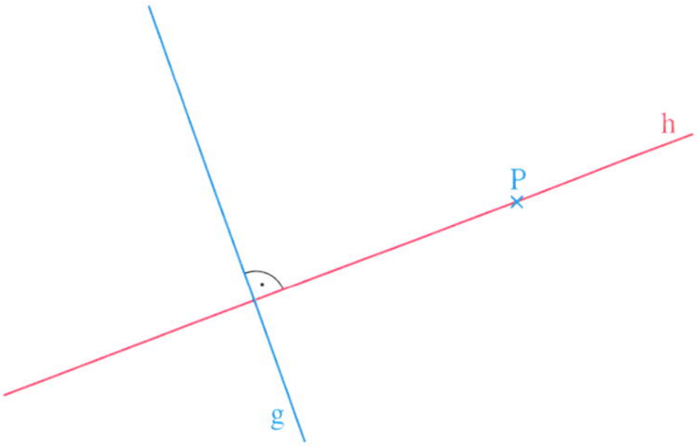

Man nennt die Gerade h die **Senkrechte** zu der Geraden g durch den Punkt P.

Übungen

6. Prüfe, ob die Geraden senkrecht zueinander sind. Schreibe z. B. $g \perp h$

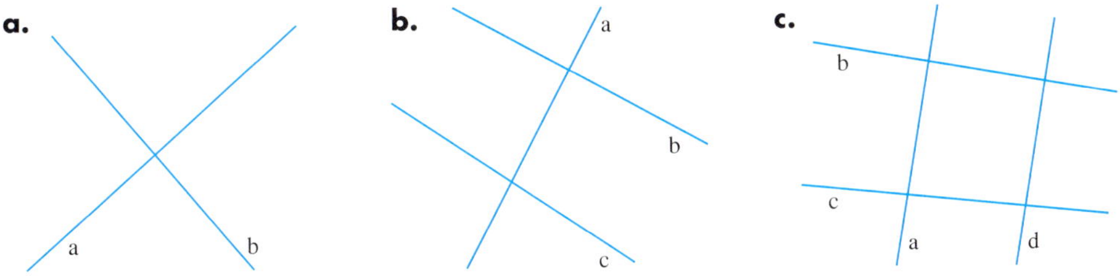

7. Übertrage die Gerade g und die Punkte in dein Heft. Zeichne durch jeden Punkt eine Senkrechte zu g.

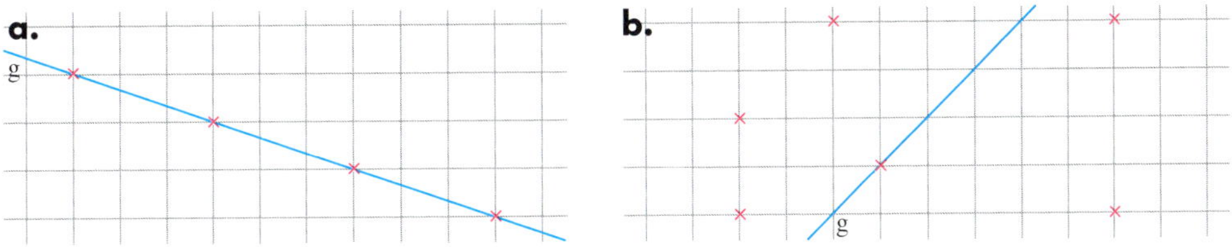

Abstand eines Punktes von einer Geraden

Das Grundstück von Swantjes Eltern liegt abseits der Straße. Es soll mit der Kanalisation verbunden werden. Der Abwasserkanal verläuft längs der Straße.
Wie wird man das Verbindungsrohr zweckmäßig verlegen?

Aufgabe

1. Anstelle des Abwasserkanals ist eine Gerade g und anstelle des Hauses ein Punkt P gegeben.
Bestimme den **Abstand** (Länge der kürzesten Verbindung) des Punktes P von der Geraden g.

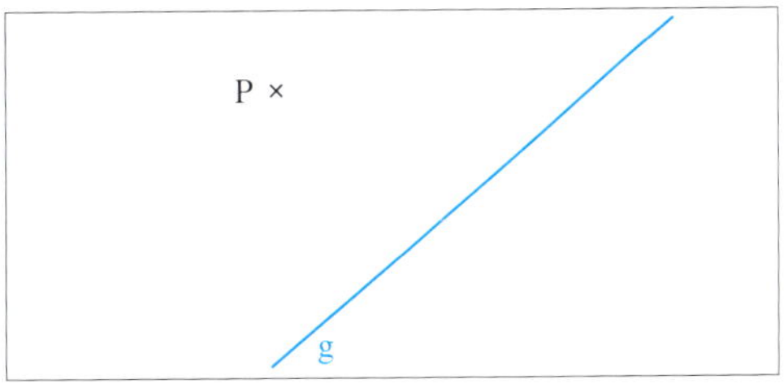

Lösung

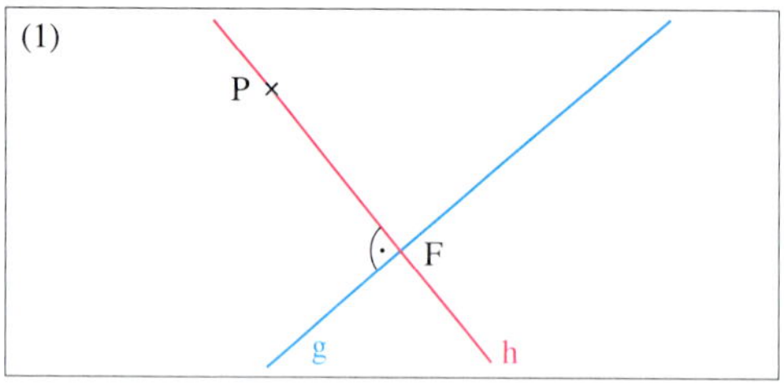

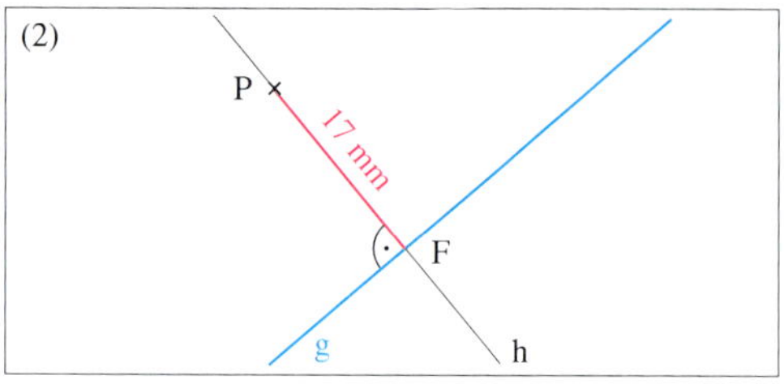

(1) Zeichne durch P die Senkrechte zur Geraden g; nenne sie h. Bezeichne den Schnittpunkt von g und h mit F.

(2) Miss die Länge der Strecke $\overline{PF}$.

Ergebnis: Der Abstand des Punktes P von der Geraden g beträgt 17 mm.

Information

Die Gerade PF ist senkrecht zu g.

Die Strecke $\overline{PF}$ heißt das **Lot** von Punkt P auf die Gerade g. Es verbindet den Punkt P senkrecht mit der Geraden g und ist die kürzeste Verbindung des Punktes P mit der Geraden g.

Die Länge des Lotes heißt der **Abstand des Punktes P von der Geraden g**.

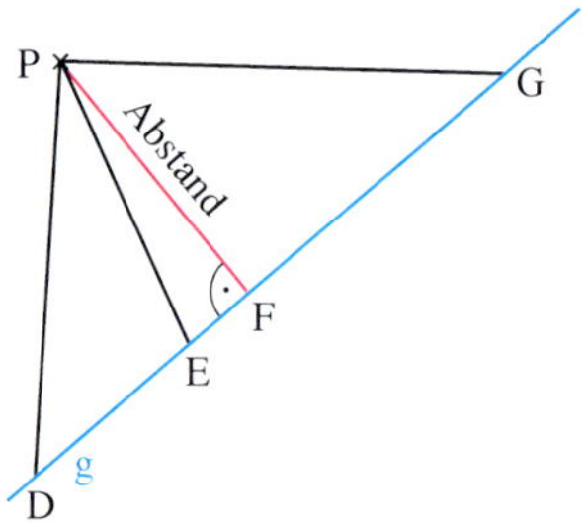

Zum Festigen und Weiterarbeiten

2. a. Bestimme die Abstände der Punkte von der Geraden g.

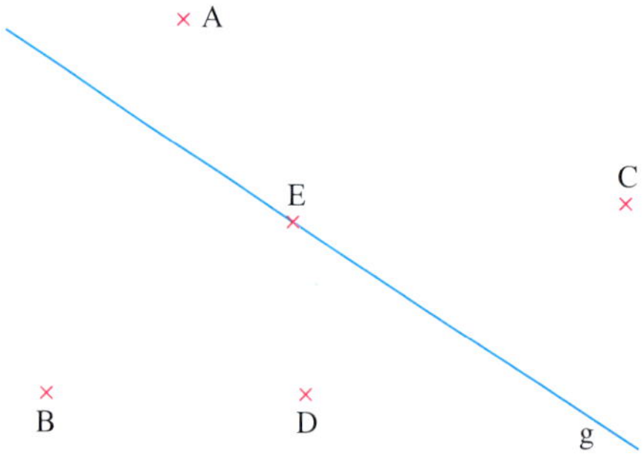

b. Zeichne eine Gerade g und einen Punkt A, der von der Geraden g den Abstand 3 cm hat. Benutze das Geodreieck wie folgt:

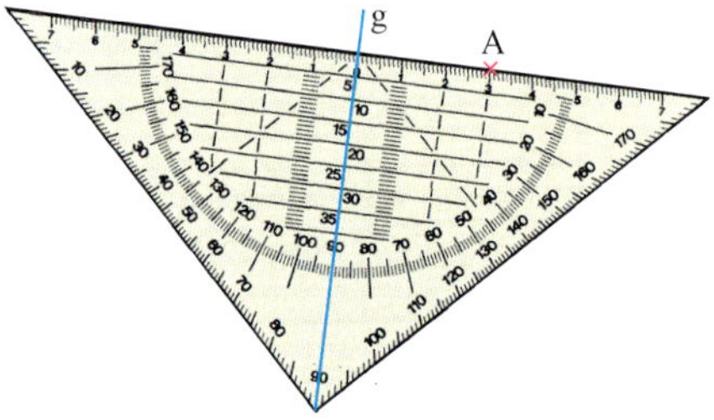

Übungen

3. Rechts siehst du eine achsensymmetrische Figur mit der Symmetrieachse g. Bestimme die Symmetriepartner zu den Punkten A, B, C, D und E.
Was kannst du über die Lage von Punkt und Symmetriepartner bezüglich der Symmetrieachse aussagen?

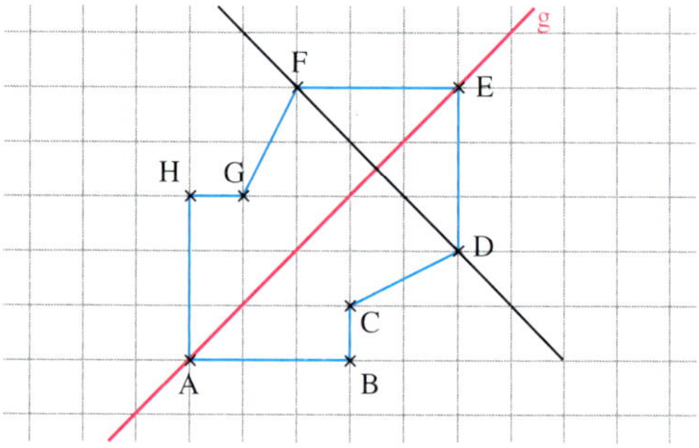

Für *achsensymmetrische Figuren* gilt:

(1) Die Verbindungsgerade zweier Symmetriepartner steht senkrecht auf der Symmetrieachse.

(2) Ein Punkt ist von der Symmetrieachse genauso weit entfernt wie sein Symmetriepartner.

Ein Punkt auf der Symmetrieachse ist sein eigener Symmetriepartner.

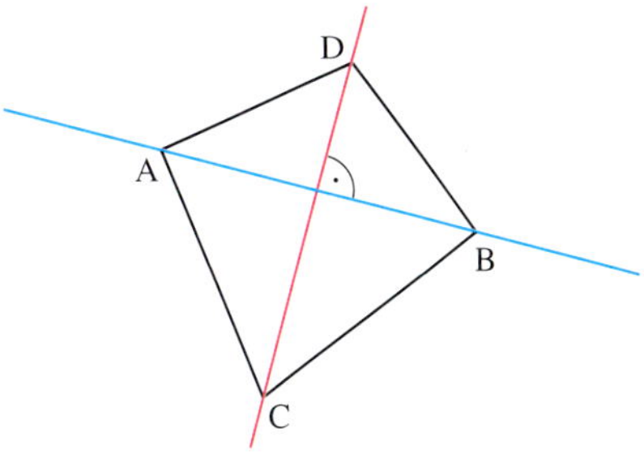

Übungen

4. Übertrage die Gerade g und die Punkte A, B, C, D, E in dein Heft. Bestimme die Abstände dieser Punkte von g, z. B.: *A hat von g den Abstand 18 mm.*

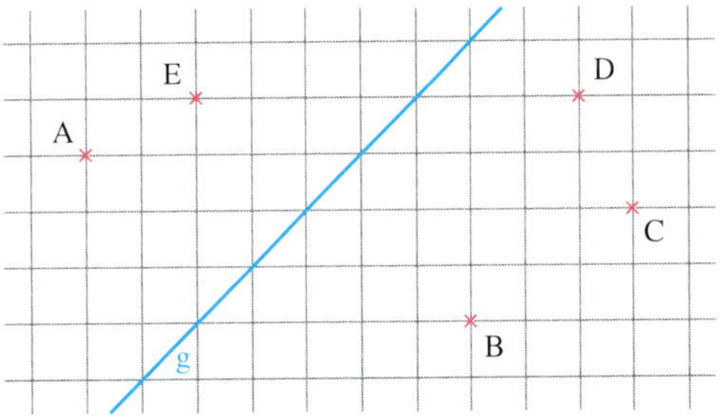

5. Zeichne eine Gerade g in dein Heft. Zeichne dann einen Punkt

a. F, der von g den Abstand 35 mm hat;

b. G, der von g den Abstand 48 mm hat;

c. H, der von g den Abstand 52 mm hat.

6. Zeichne in ein Koordinatensystem die Punkte A(1 3), B(8 10), C(2 9), D(11 5).

a. Bestimme den Abstand des Punktes C [des Punktes D] von der Geraden AB.

b. Bestimme den Abstand des Punktes A [des Punktes B] von der Geraden CD.

7. a. Zeichne ein Dreieck. Zeichne durch die drei Eckpunkte die Senkrechten zu den gegenüberliegenden Seiten. Was fällt dir auf ?

b. Bestimme die Abstände der drei Eckpunkte von den gegenüberliegenden Seiten.

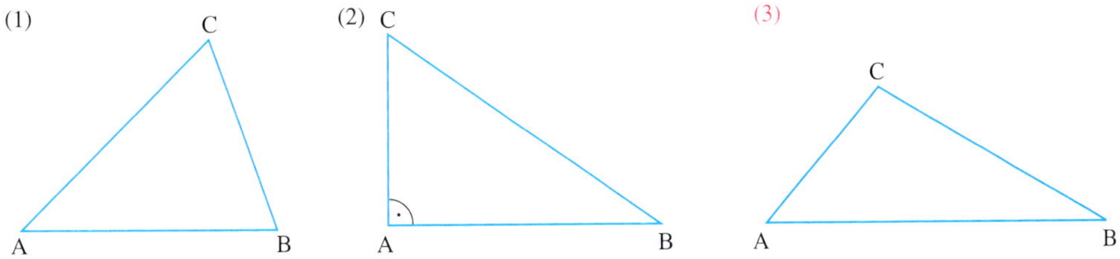

8. Bestimme den Abstand, den ein Punkt und sein Symmetriepartner von der Symmetrieachse g haben. Schreibe wie in Aufgabe 4.

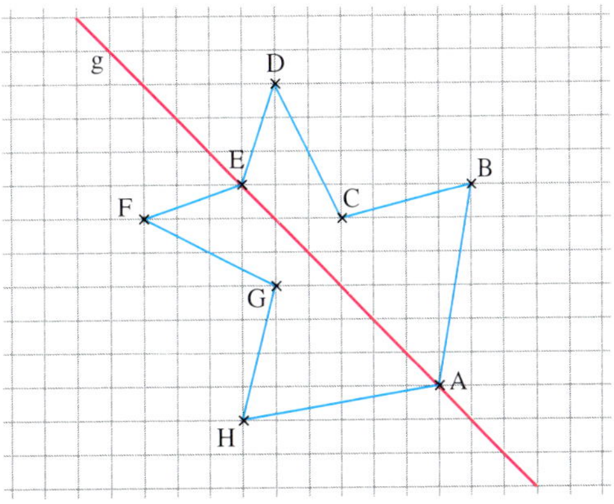

9. Zeichne in ein Koordinantensystem das Dreieck ABC mit den Eckpunkten A(2 3), B(9 10), C(3 10). Ergänze es zu einer achsensymmetrischen Figur mit der Geraden AB als Symmetrieachse. Bestimme den Abstand des Punktes C und seines Symmetriepartners von AB.

10. Ergänze zu einer achsensymmetrischen Figur. Bezeichne alle Eckpunkte und gib die Koordinaten der Symmetriepartner aller Punkte an.

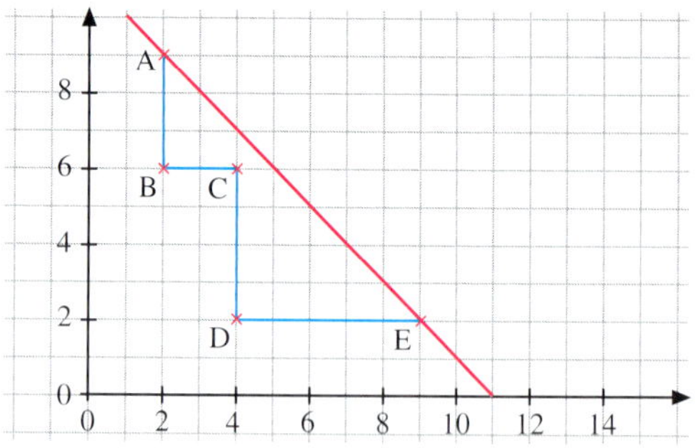

11. Ergänze zu einer achsensymmetrischen Figur. Finde dabei den Symmetriepartner eines Punktes mit dem Geodreieck.

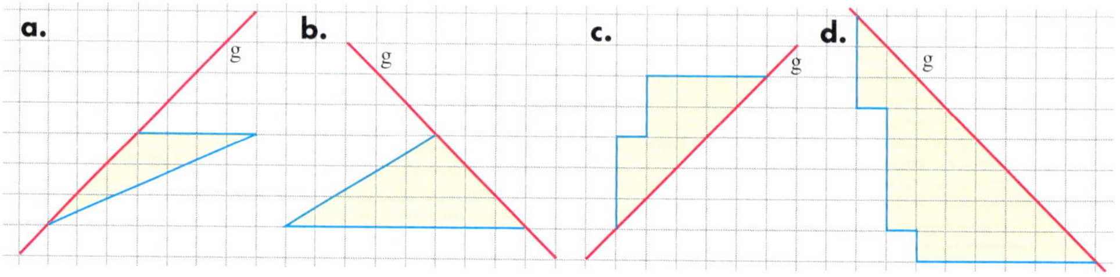

Zueinander parallele Geraden

Eine Gärtnerin will Johannisbeersträucher in zwei Reihen anpflanzen. Die Reihen sollen überall den Abstand 1,20 m haben. Dazu benutzt sie Pflöcke und Spannseile. Beschreibe, wie sie das machen kann.

Aufgabe

1. Gegeben ist eine Gerade g. Zeichne eine Gerade h, deren Abstand von der Geraden g überall 12 mm beträgt.

Lösung

Es gibt zwei Möglichkeiten:

1. Möglichkeit

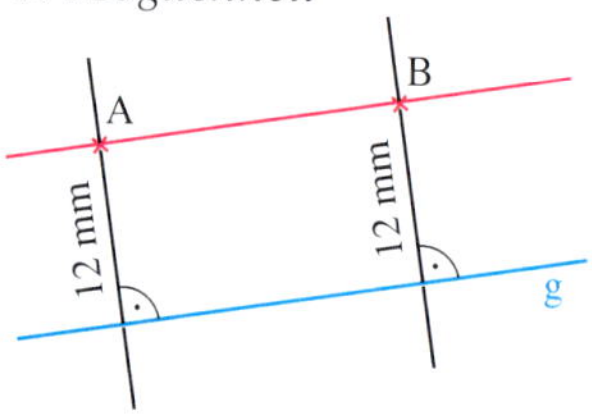

Zeichne zwei Punkte A und B, die von g jeweils einen Abstand von 12 mm haben. Zeichne dann die gesuchte Gerade AB.

2. Möglichkeit

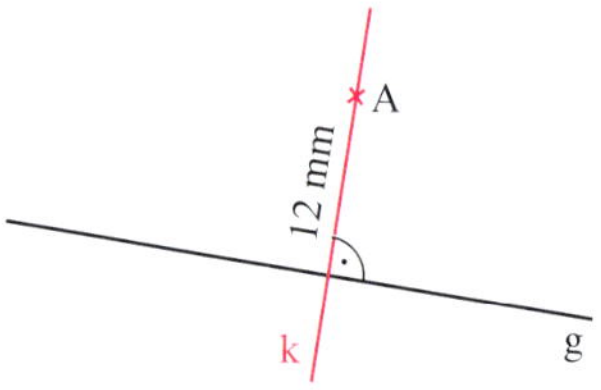

Zeichne zuerst einen Punkt A, dessen Abstand von g 12 mm beträgt.
Die Senkrechte zu g durch den Punkt A nenne k.

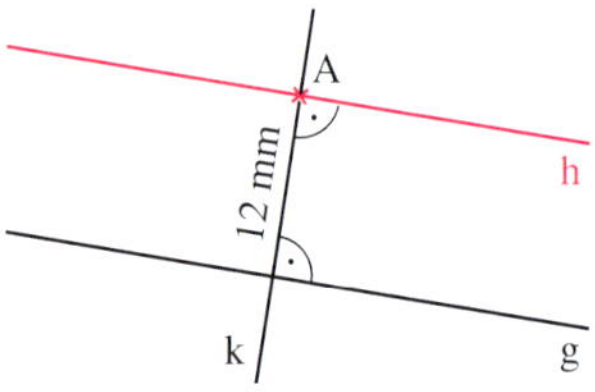

Zeichne dann die Senkrechte durch A zu k; nenne sie h. Die Gerade h ist die gesuchte Gerade.

Information

Zwei Geraden g und h, die überall denselben Abstand haben, nennt man **parallel** zueinander und schreibt: g ∥ h.
Zwei zueinander parallele Geraden schneiden sich nicht.
Sind zwei Geraden a und b *nicht* parallel zueinander, so schreibt man: a ∦ b

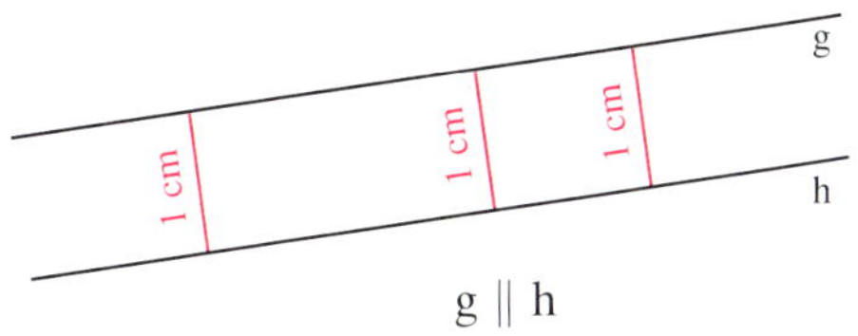

(1) Weitere Möglichkeiten zum Zeichnen
Die folgenden Abbildungen zeigen zwei weitere Verfahren.

1. Möglichkeit

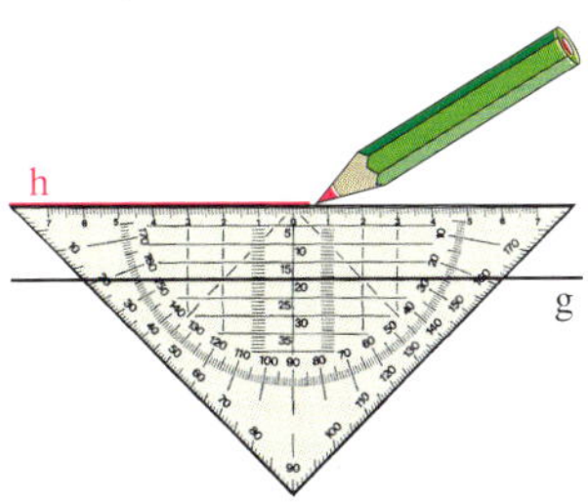

2. Möglichkeit

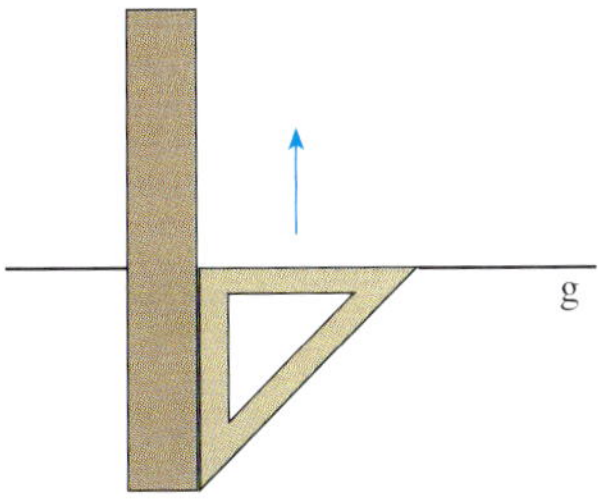

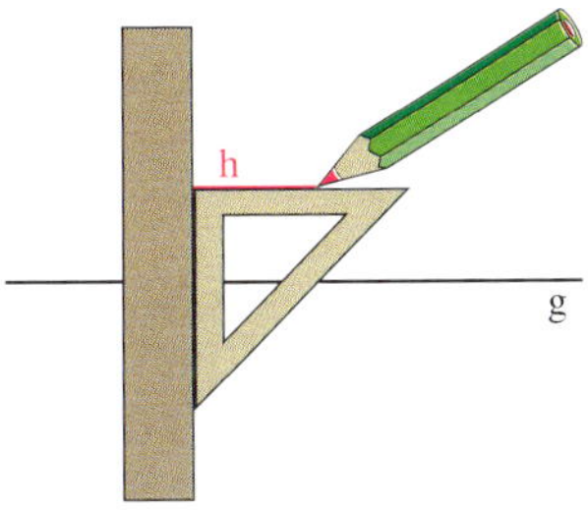

△ **(2) Jede Gerade ist zu sich selbst parallel**
△ Zwei parallele Geraden können im Grenzfall den Abstand null voneinander haben.
△ Dann fallen beide Geraden zu einer einzigen Geraden zusammen. Aus diesem Grunde sagt
△ man:
△ Jede Gerade ist zu sich selbst parallel.

Zum Festigen und Weiterarbeiten

2. Prüfe, ob die beiden Geraden a und b parallel zueinander sind.

a.

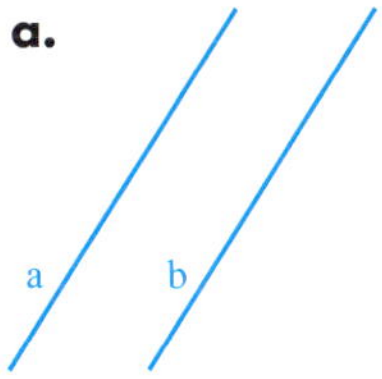

b.

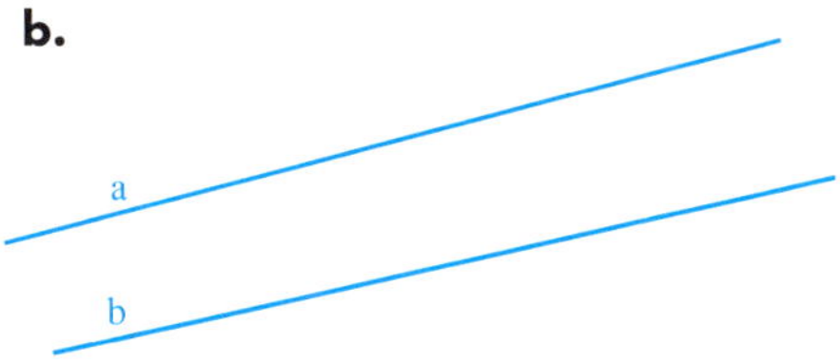

c.

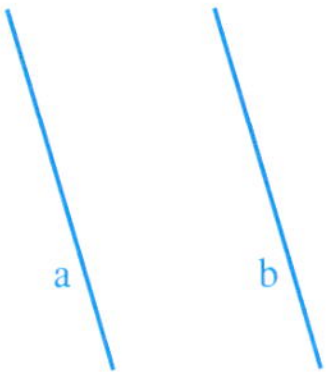

3. *Gehe auf Entdeckungsreise:*

a. Suche im Klassenraum gerade Linien, die zueinander parallel sind.

b. Suche auf deinem Geodreieck zueinander parallele Linien. Bestimme ihren Abstand.

4. Zeichne zwei zueinander parallele Geraden, deren Abstand

a. 15 mm, **b.** 3 cm, **c.** 2,1 cm beträgt.

5. a. Zeichne eine Gerade a. Zeichne nun zwei zu a senkrechte Geraden b und c. Wie liegen die Geraden b und c zueinander?

b. Versuche zueinander parallele Geraden durch Falten herzustellen.

6. Gegeben sind eine Gerade g und ein Punkt P, der nicht auf g liegt. Zeichne diejenige Gerade, die zu g parallel ist und durch den Punkt P geht.
Löse die Aufgabe wie folgt:

(1)

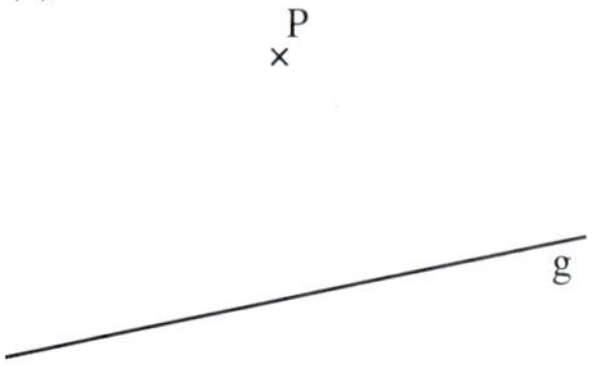

Gegeben: g und P

(2)

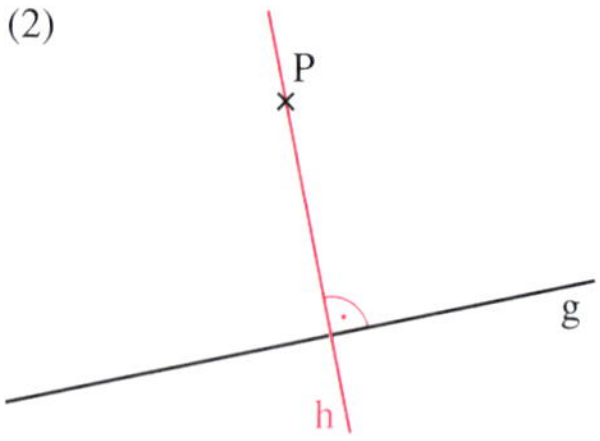

Zeichne die Senkrechte zu g durch P; nenne sie h.

(3)

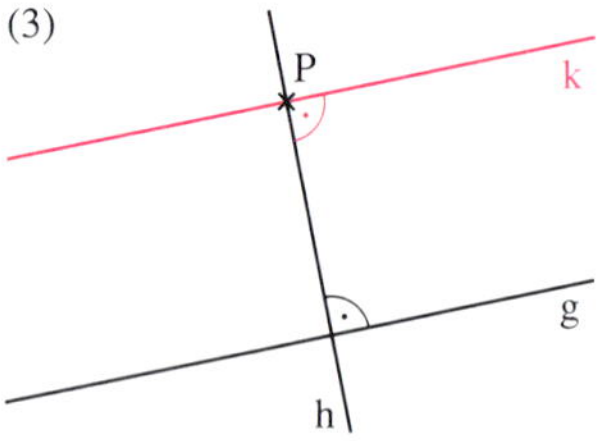

Zeichne die Senkrechte zu h durch P; nenne sie k.

Die Gerade k (im Bild (3)) ist die **Parallele** zu der Geraden g durch den Punkt P.

Übungen

7. Welche Strecken sind zueinander parallel?

a.

b.

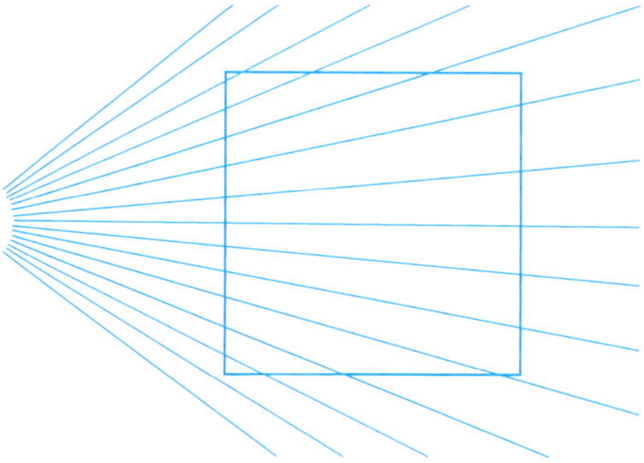

8. Prüfe, welche Geraden parallel zueinander sind. Schreibe z.B.: g h.

(1)

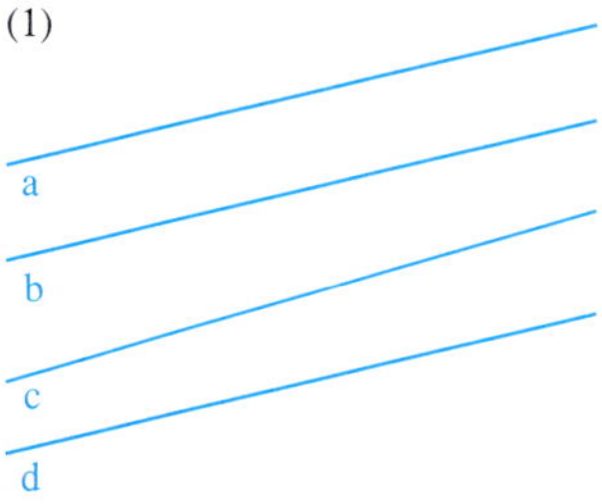

(2)

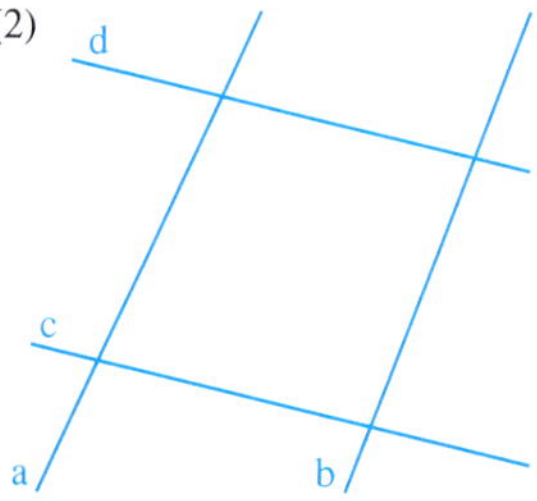

(3)

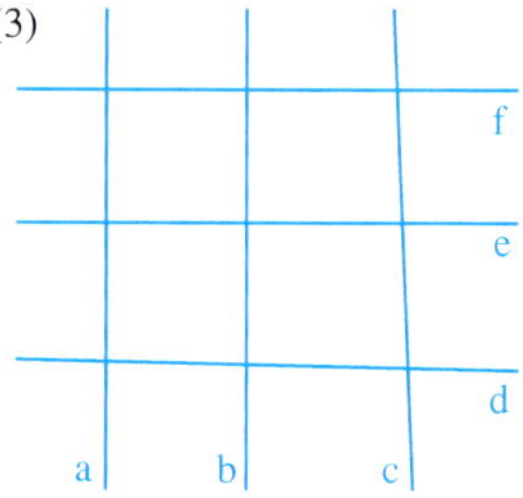

9. Prüfe mit dem Geodreieck und setze dann das Zeichen oder ∦ richtig ein.

a. e ▪ f
b. e ▪ c
c. a ▪ d
d. d ▪ b
e. f ▪ c
f. a ▪ b
g. e ▪ d
h. f ▪ a

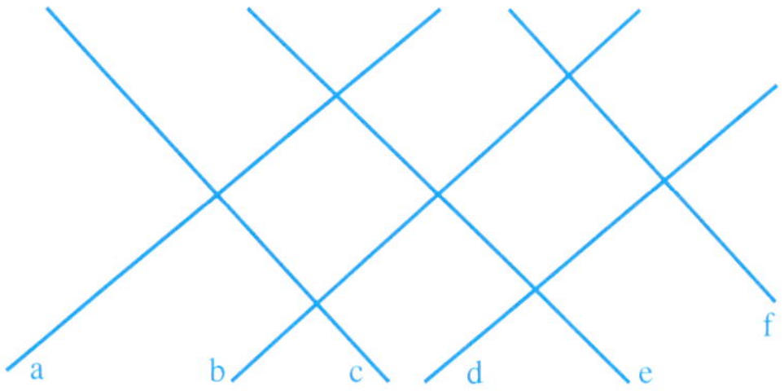

10. Zeichne in deinem Heft durch jeden der Punkte eine Parallele zur Geraden g.

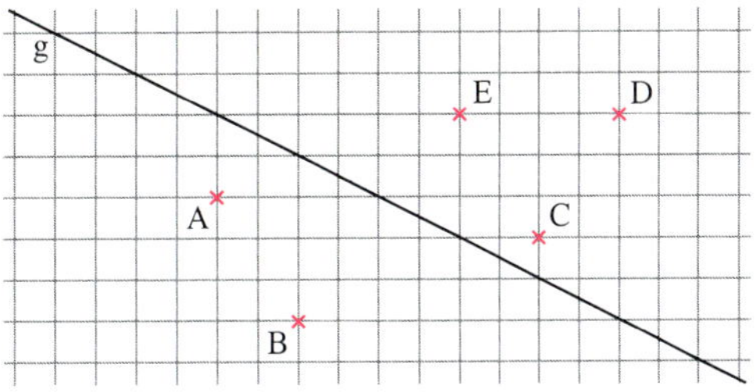

11. Zeichne zwei zueinander parallele Geraden mit dem Abstand:

a. 4 cm **c.** 2,5 cm **e.** 3,9 cm
b. 3 cm **d.** 4,7 cm **f.** 5,2 cm

12. **a.** Zeichne einen Kreis (z.B. durch Umfahren eines 2-€-Stückes). Schraffiere ihn mit dem Geodreieck. Die Parallelen auf dem Geodreieck helfen dir dabei.

b. Zeichne ein Dreieck durch Umfahren deines Geodreiecks und schraffiere es mithilfe der Parallelen auf dem Geodreieck.

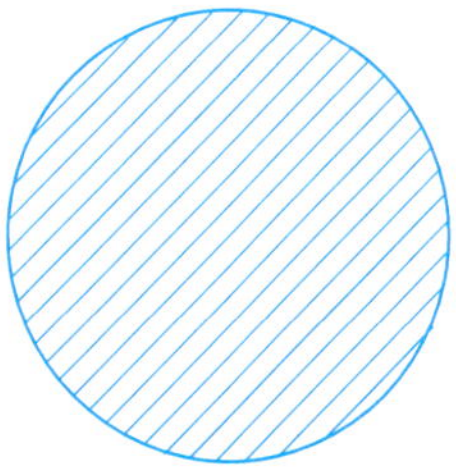

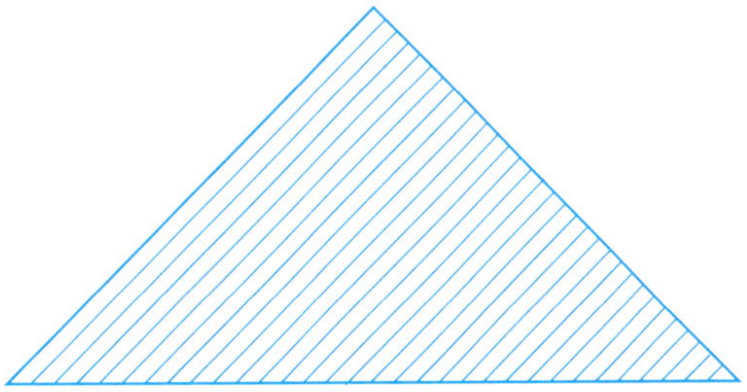

13. Zeichne die Figur auf unliniertem Papier mithilfe der Parallelen auf dem Geodreieck.

a.

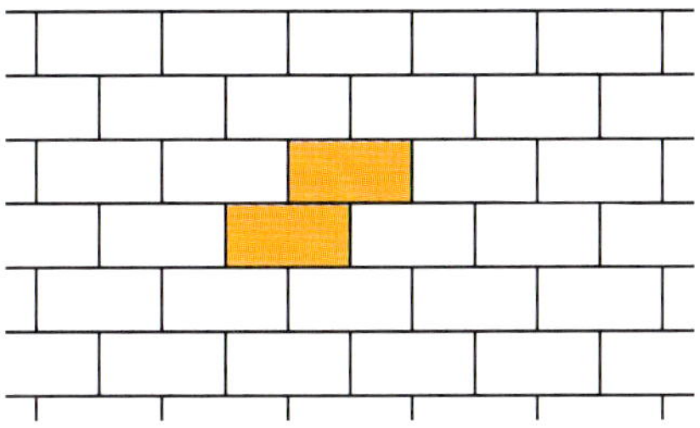

b.

14. Zeichne auf ein unliniertes Blatt Papier eine Gerade g.
Zeichne nun eine Gerade h, die zu g parallel ist und den Abstand 1 cm hat.
Die nächste parallele Gerade soll zu h den Abstand 15 mm haben.
Zeichne weitere Geraden und vergrößere jeweils den Abstand um 5 mm.

Zeichne dann eine Gerade k, die zu g senkrecht ist.
Zeichne nun parallele Geraden zu k und vergrößere den Abstand wieder jeweils um 5 mm.

Du kannst das entstandene Muster farbig ausmalen.

15. Trage die Punkte in ein Koordinatensystem (Einheit 1 cm) ein.

a. A(2 | 1); B(10 | 5); C(0 | 5); D(12 | 11);
b. A(1 | 4); B(8 | 7); C(3 | 2); D(10 | 4);
c. A(3 | 3); B(13 | 7); C(9 | 0); D(5 | 10);
d. A(2 | 6); B(0 | 4); C(8 | 9); D(10 | 3)

Welche Beziehung besteht zwischen den Geraden AB und CD?
Notiere das Ergebnis mithilfe der Zeichen bzw. .

16. *„Senkrecht" und „parallel" an Körpern*

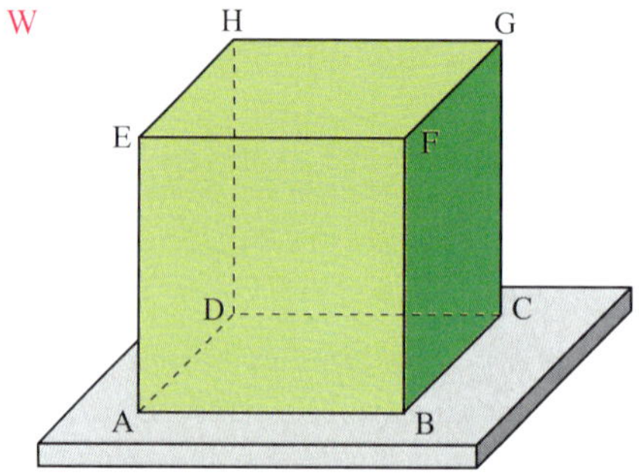

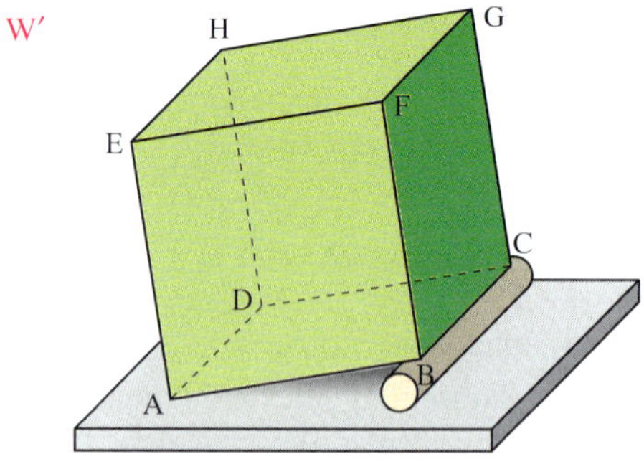

a. Welches Quadrat des Würfels W ist parallel zum
(1) Quadrat ABFE; (2) Quadrat BCGF; (3) Quadrat EFGH?

b. Welche Kanten des Würfels sind senkrecht zur
(1) Kante $\overline{EF}$; (2) Kante $\overline{BC}$; (3) Kante $\overline{GC}$?

c. Welche Kanten des Würfels sind parallel zur
(1) Kante $\overline{EF}$; (2) Kante $\overline{AE}$; (3) Kante $\overline{EH}$?

d. Der Würfel wird wie im Bild verkantet (W′). Treffen deine Antworten in Teilaufgabe a. bis c. auch für diese Lage des Würfels zu?

17. Auf dem Bild siehst du zwei Arbeitsgeräte des Maurers.
Gib an, wie sie heißen und wozu sie benutzt werden.

18. *Lotrechte und waagerechte Kanten*

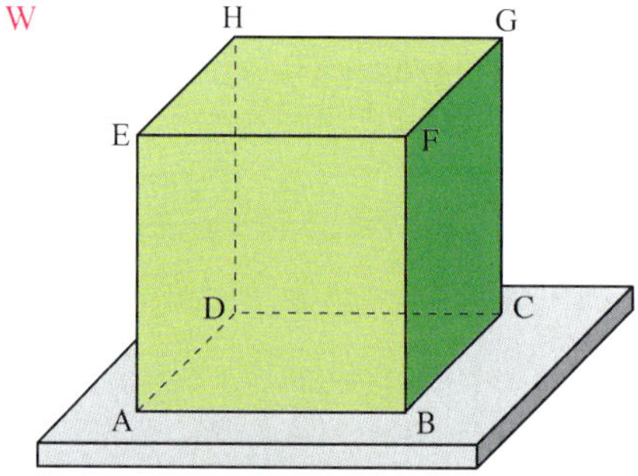

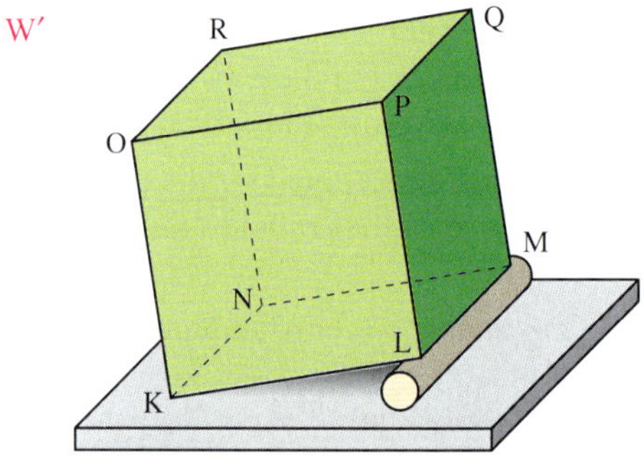

a. *Lotrecht* bedeutet: „Nach dem Lot recht" (d.h. richtig), also senkrecht zur Tischplatte oder zur Erdoberfläche.
Welche Kanten des Würfels (W) bzw. (W′) sind *lotrecht*?

b. *Waagerecht* bedeutet: „Nach der Wasserwaage recht", also parallel zur Tischplatte oder zur Erdoberfläche.
Welche Kanten des Würfels (W) bzw. (W′) sind *waagerecht*?

c. *Gehe auf Entdeckungsreise:*
Nenne „lotrechte Kanten" und „waagerechte Kanten" in deinem Klassenraum.

Rechtecke – Parallelogramme

Rechteck, Quadrat

Rechts siehst du ein Bild des Malers Piet Mondrian (1872 – 1944).
Es besteht aus mehreren farbigen Rechtecken und heißt: Komposition mit Rot, Blau und Gelbgrün (Ludwigshafen, W.-Hack-Museum).

Aufgabe

1. a. Zeichne mit dem Geodreieck ein Rechteck mit den Seitenlängen $a = 5$ cm, $b = 3$ cm.

b. Der Umfang des Rechtecks ist die Länge des Randes.
Bestimme den Umfang u.

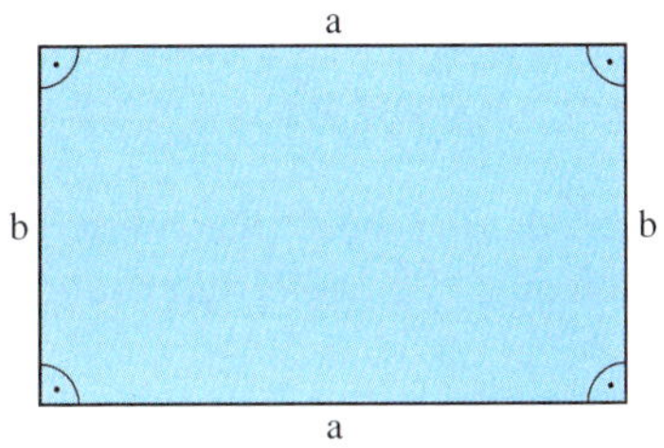

Lösung

a.

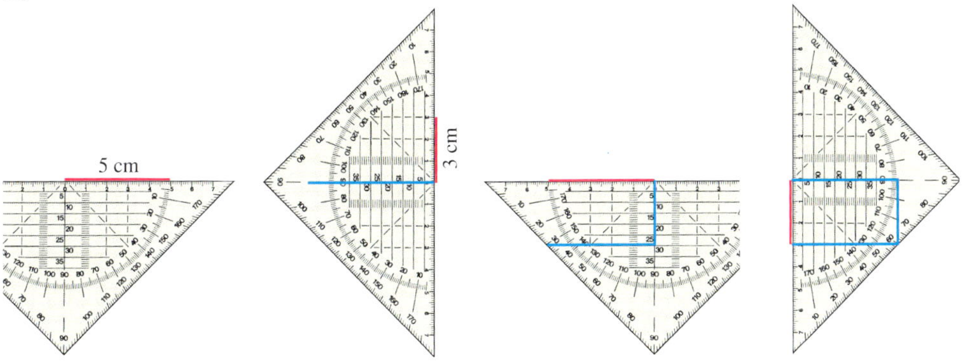

b. $u = 5\text{ cm} + 3\text{ cm} + 5\text{ cm} + 3\text{ cm} = 16\text{ cm}$

Zum Festigen und Weiterarbeiten

2. *Quadrate* sind *besondere* Rechtecke.
Zeichne mit dem Geodreieck ein Quadrat mit der Seitenlänge $a = 4$ cm.

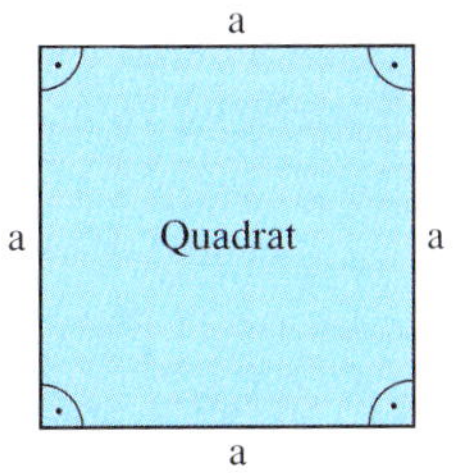

3. *Gehe auf Entdeckungsreise:*
Nenne aus deiner Umwelt Flächen, die
(1) Rechtecke, (2) Quadrate sind.

4. Welche der Vierecke sind Rechtecke? Welche der Rechtecke sind sogar Quadrate? Übertrage die Rechtecke in dein Heft. Färbe parallele Seiten mit derselben Farbe.

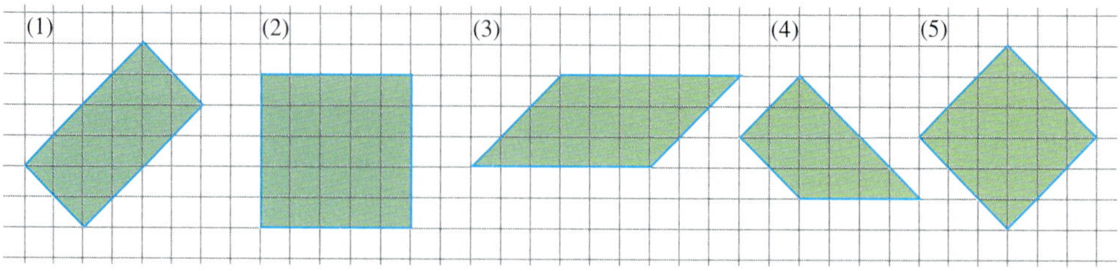

5. **a.** Zeichne ein Rechteck mit den Seitenlängen a   6 cm und b   4 cm. Schneide es aus und bestimme durch Falten die Symmetrieachsen.
Zeichne das Rechteck noch einmal in dein Heft; zeichne nun auch die Symmetrieachsen ein.

b. Zeichne ein Quadrat mit der Seitenlänge 5 cm. Zeichne auch die Symmetrieachse ein. Du kannst wie in Teilaufgabe a. verfahren.

Information

Jedes Viereck, bei dem benachbarte Seiten senkrecht zueinander sind, heißt **Rechteck.** Die gegenüberliegenden Seiten sind parallel zueinander und gleich lang.

Jedes Rechteck mit vier gleich langen Seiten heißt **Quadrat**.

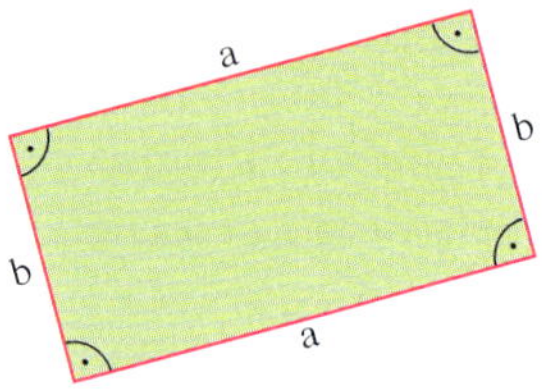

Übungen

6. **a.** Zeichne auf unliniertem Papier ein Rechteck mit den Seitenlängen:
(1) a   8 cm; b   6 cm   (2) a   5,4 cm; b   4,3 cm   (3) a   63 mm; b   37 mm

b. Bestimme den Umfang des Rechtecks.

c. Zeichne die Diagonalen und miss ihre Längen.

7. **a.** Zeichne auf unliniertem Papier ein Quadrat mit der Seitenlänge:
(1) a   5 cm   (2) a   45 mm   (3) a   7 cm 2 mm   (4) a   4,7 cm

b. Bestimme den Umfang des Quadrats.

c. Zeichne die Diagonalen und miss ihre Längen.

8. **a.** Zeichne ein Quadrat mit dem Umfang: (1) 12 cm (2) 16 cm (3) 10 cm (4) 18 cm

b. Zeichne ein Rechteck mit dem Umfang 20 cm, dessen eine Seite 4 cm lang ist.

c. Zeichne mehrere Rechtecke, deren Umfang 12 cm beträgt.

9. Zeichne das Muster in dein Heft und färbe es. Wähle selbst geeignete Seitenlängen.

a.

b.

c.

10. Zeichne die beiden Punkte A und B in ein Koordinatensystem ein. Zeichne zwei weitere Punkte C und D so, dass ein Quadrat ABCD entsteht.
Gib die Koordinaten von C und D an.

a. A(3 3); B(6 3) **b.** A(5 1); B(5 4) **c.** A(3 6); B(5 4) **d.** A(6 6); B(3 3)

11. Ein Quader wird von Rechtecken begrenzt. Zeichne das Rechteck, das du

a. von rechts (bzw. von links) siehst (*Seitenansicht*);

b. von oben siehst (*Draufsicht*);

c. von vorne siehst (*Vorderansicht*).

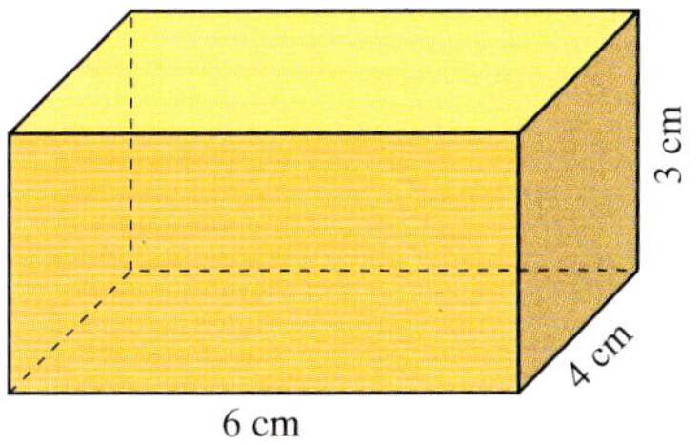

Parallelogramm, Raute

Aufgabe

1. Schneide aus Papier mehrere verschieden breite Parallelstreifen (Streifen, die von zwei parallelen Geraden begrenzt werden). Lege jeweils zwei Parallelstreifen so, dass sie sich kreuzen.
Beschreibe die Eigenschaften des entstandenen Vierecks.

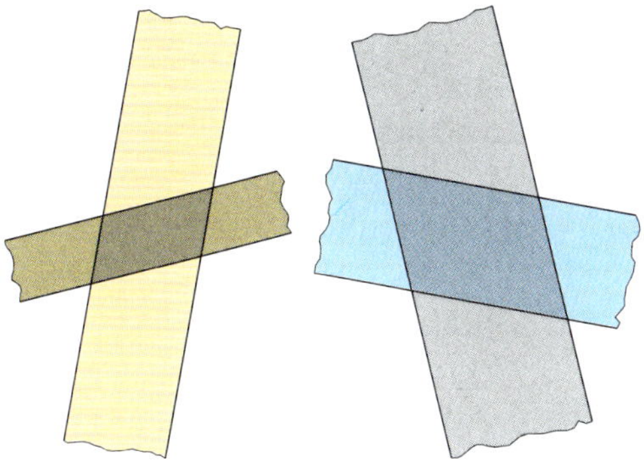

Lösung

Es entsteht jeweils ein Viereck, bei dem gegenüberliegende Seiten auf zueinander parallelen Geraden liegen.
Wir sagen: Die gegenüberliegenden Seiten sind zueinander parallel.
Die gegenüberliegenden Seiten sind außerdem gleich lang.

Ein Viereck, bei dem gegenüberliegende Seiten zueinander parallel sind, heißt **Parallelogramm.** Im Parallelogramm sind gegenüberliegende Seiten gleich lang.

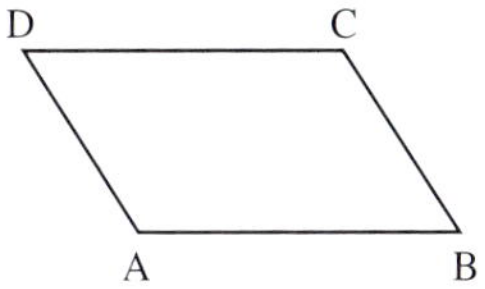

Zum Festigen und Weiterarbeiten

2. A, B, C und D sind die Eckpunkte eines Parallelogramms ABCD.
Welche der Verbindungsgeraden sind zueinander parallel?

3. a. Welche der Vielecke sind Parallelogramme? Begründe.

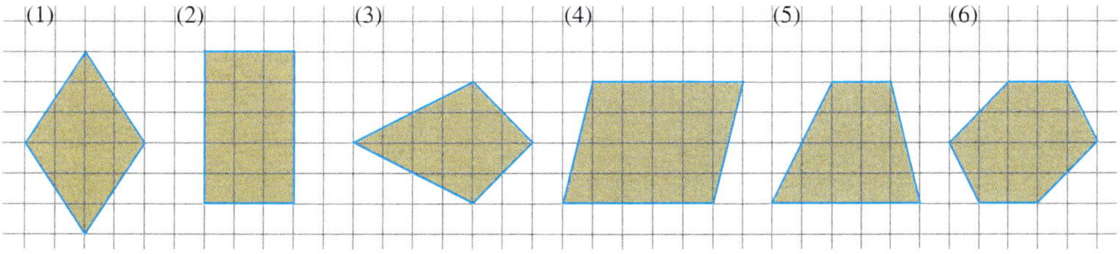

b. In dem Vieleck (6) sind zwei gegenüberliegende Seiten parallel.
Weshalb ist es dennoch kein Parallelogramm?

4. Was kannst du über die Seiten eines Parallelogramms aussagen, das aus zwei *gleich breiten* Parallelstreifen entsteht?

Ein Parallelogramm, in dem alle vier Seiten gleich lang sind, heißt **Raute.**

5. Betrachte die Bilder. Nenne Flächen aus deiner Umwelt, die die Form von
(1) Parallelogrammen (2) Rauten haben.

Übungen

6. Schneide dir einen Parallelstreifen, der 5 cm breit ist, und einen Parallelstreifen, der 3 cm breit ist.

a. Zeichne mithilfe der beiden Streifen drei verschiedene Parallelogramme in dein Heft.

b. Zeichne ein Rechteck mithilfe der beiden Streifen.

7. Schneide dir zwei Parallelstreifen, jeder soll 6 cm breit sein.

a. Zeichne mithilfe der beiden Streifen drei verschiedene Rauten in dein Heft.

b. Zeichne ein Quadrat mithilfe der beiden Streifen.

8. Ergänze zu einem Parallelogramm ABCD.

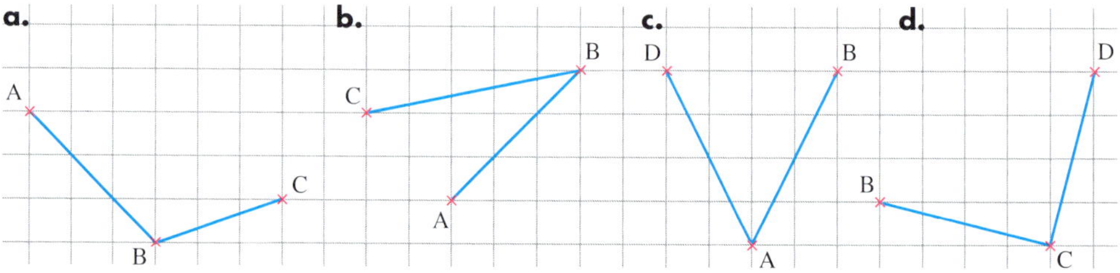

9. **a.** Zeichne zwei verschiedene Parallelogramme mit den Seitenlängen 6 cm und 4 cm.

b. Zeichne zwei verschiedene Rauten mit der Seitenlänge 55 mm.

10. Gib alle Parallelogramme an, die du in der Figur rechts erkennen kannst.

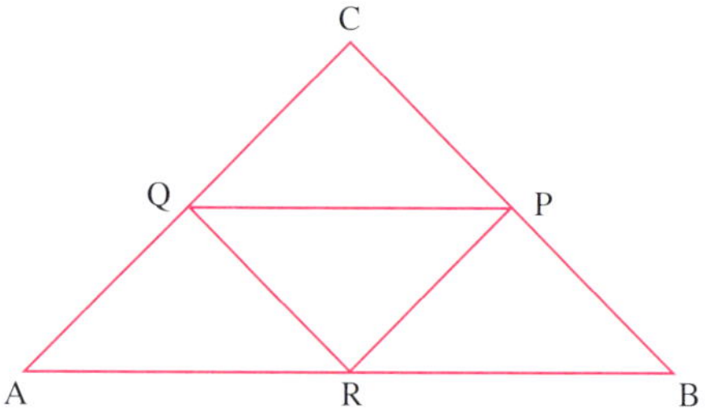

Herstellen von Würfeln und Quadern aus einem Netz

Aufgabe

1. Der Backstein hat die Form eines Quaders. Der Holzklotz hat die Form eines Würfels. Für eine Theateraufführung sollen Attrappen von Würfeln und Quadern aus Karton gebaut werden. Besonders schön werden diese *Flächenmodelle*, wenn man farbigen Fotokarton (Tonkarton) verwendet.

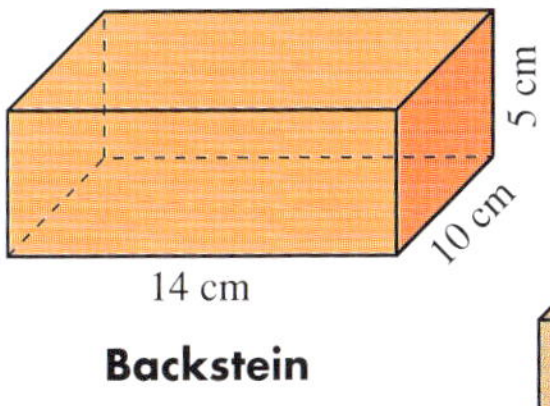

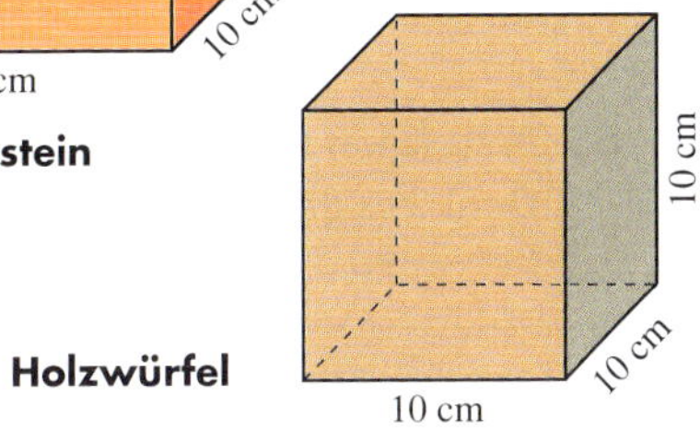

a. Baue ein Flächenmodell des Würfels und des Quaders.

b. Beschreibe: Welche Eigenschaften haben Quader und Würfel gemeinsam, wodurch unterscheiden sie sich?

Lösung

a. Um einen Überblick zu bekommen, welche Seitenflächen erforderlich sind, schneiden wir eine Schachtel entlang der Kanten auf. Man erhält dann ihr **Netz**.

Würfel

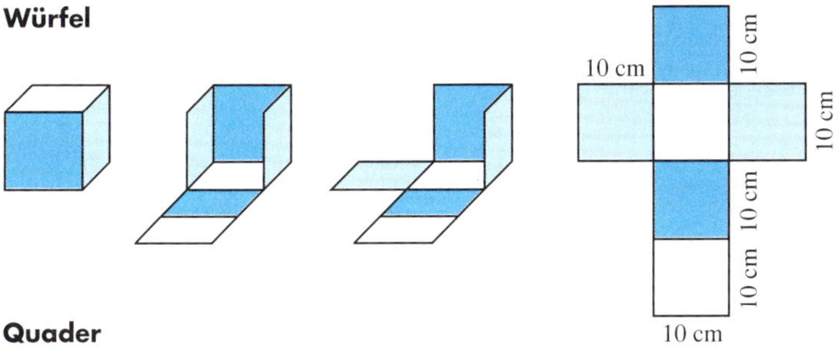

Quader

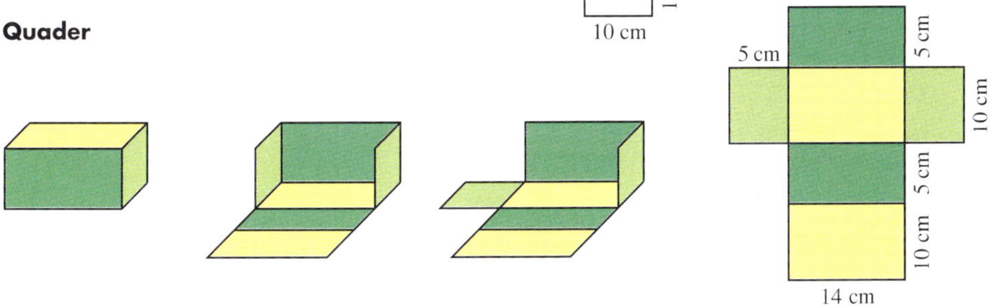

b.

Gemeinsamkeiten von Quader und Würfel

Quader und Würfel haben jeweils 8 Ecken. An jeder Ecke stoßen 3 Kanten zusammen. Je zwei Kanten sind zueinander senkrecht.

Beachte: Jeder Würfel ist ein besonderer Quader.

Unterschiede von Quader und Würfel

Quader	Würfel
(1) Ein Quader hat 12 Kanten, je 4 von ihnen sind gleich lang und parallel zueinander.	(1) Ein Würfel hat 12 Kanten, alle sind gleich lang. Je vier von ihnen sind zueinander parallel.
(2) Ein Quader wird von 6 Rechtecken begrenzt. Gegenüberliegende Rechtecke sind gleich groß und parallel zueinander.	(2) Ein Würfel wird von 6 gleich großen Quadraten begrenzt. Gegenüberliegende Quadrate sind parallel zueinander.

Zum Festigen und Weiterarbeiten

2. a. In welchen Fällen liegt das Netz eines Würfels vor? Denke es dir zu einem Würfel gefaltet.

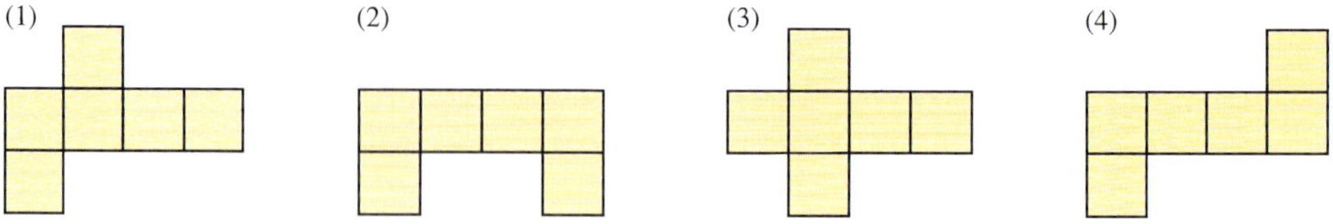

b. In welchen Fällen liegt das Netz eines Quaders vor? Denke es dir zu einem Quader gefaltet.

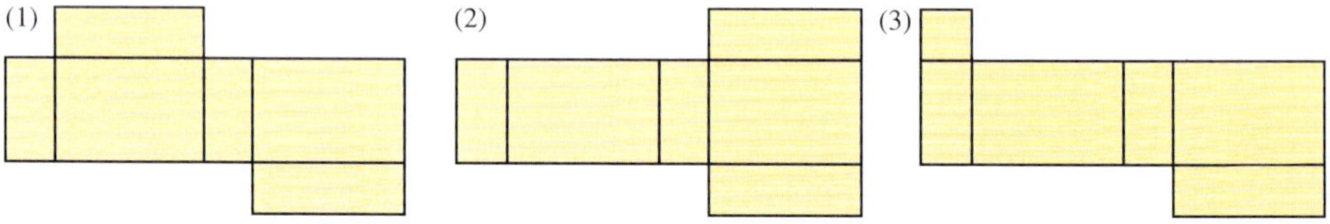

3. a. Zeichne das Netz eines Würfels mit der Kantenlänge 3 cm.

b. Zeichne das Netz eines Quaders, der 4 cm lang, 3 cm breit und 6 cm hoch ist.

4.

Vergleiche die beim Bau der Mauer verwendeten Steine. Mit welchen Steinen lässt sich besser eine Mauer bauen? Begründe deine Vermutung.

Übungen

5. Die vier „Würfelnetze" sind unvollständig. Zeichne sie auf Karopapier und ergänze zu einem vollständigen Würfelnetz.
Hinweis: Es gibt teilweise mehrere Lösungen.

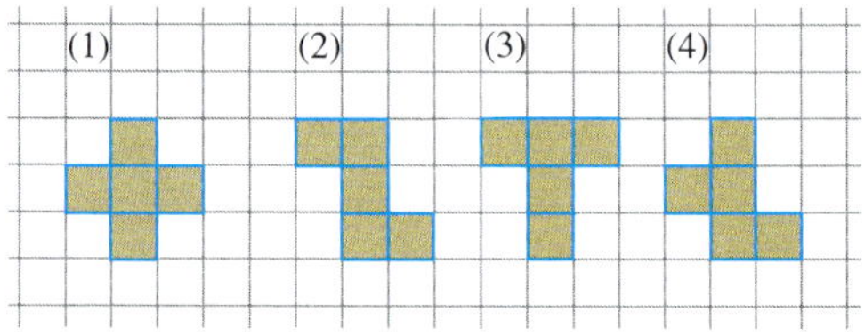

6.

a. In welchen Fällen liegt ein Quadernetz vor?

b. Wähle ein Quadernetz aus, zeichne es in dein Heft. Denke es dir zu einem Quader gefaltet. Färbe mit gleicher Farbe die Flächen, die sich dann gegenüberliegen.

c. Wähle eines der Quadernetze aus. Färbe mit der gleichen Farbe die Kanten, die beim Falten zu einem Quader aneinander stoßen.

7. a. Ein Quader soll 4 cm lang, 2,5 cm breit und 1,5 cm hoch sein. Zeichne zwei verschiedene Quadernetze.

b. Ein Würfel hat die Kantenlänge 2 cm [25 mm]. Zeichne drei verschiedene Würfelnetze.

8. a. Welche Flächen eines Spielwürfels grenzen an die Fläche  ? Bezeichne die Fläche, indem du jeweils die Anzahl der Augen angibst.

b. Welche Würfelflächen haben mit  eine gemeinsame Ecke?

c. Betrachte die Würfel (1) bis (6). Welche können aus dem Netz des Spielwürfels nicht gebaut werden? Wie sieht bei den übrigen Würfeln das untere, das linke und das hintere Augenbild aus?

d. Zeichne weitere Netze, die denselben Würfel ergeben wie das Netz oben.

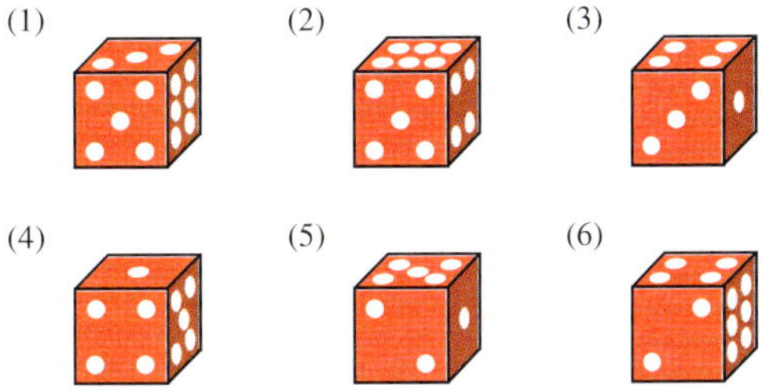

9. Ein Quader ist 3 cm lang, 2 cm breit und 1 cm hoch. Zeichne ein Netz des Quaders und übertrage die Linien in das Netz.

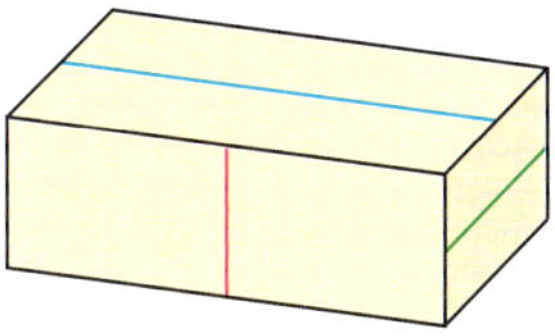

10. Auf dem Quader ist der Weg einer Spinne eingezeichnet. Sie kriecht geradlinig von A nach B, dann von B nach C, von C nach D und von D nach E.
Zeichne drei verschiedene Netze des Quaders. Trage den Weg der Spinne jeweils in das Netz ein.
Beachte: Es kann vorkommen, dass der Weg der Spinne im Netz „Sprünge" hat.

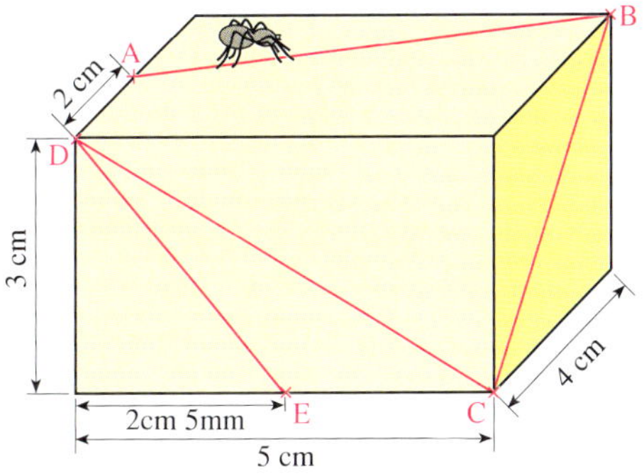

11. Wählt eines der nachstehenden Netze aus. Skizziert es auf einem Blatt Karopapier.
Partner 1 markiert (mit Bleistift oder einer Spielmarke) eine beliebige Fläche.
Das bedeutet: Im zusammengefalteten Modell soll diese Fläche unten sein.
Partner 2 markiert die Fläche, die dann im Modell oben ist. Partnerwechsel nach jeder Übung. (Bei Meinungsverschiedenheiten: Ausschneiden und Zusammenfalten.)

Teamarbeit

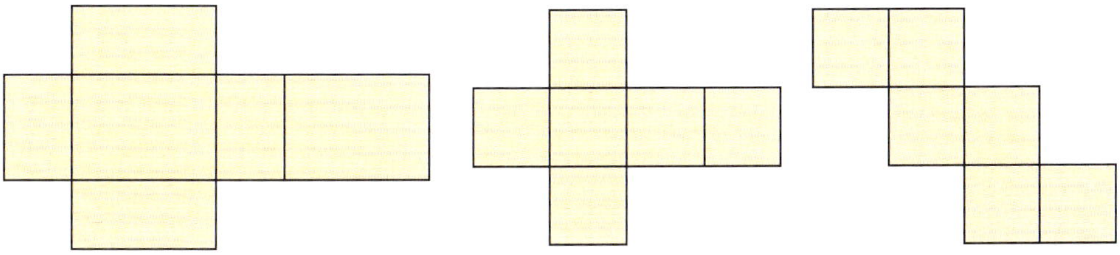

Schrägbild vom Quader

Aufgabe

1. Rechts siehst du ein **Schrägbild** eines Steinbauklotzes. Die nicht sichtbaren Kanten sind gestrichelt dargestellt. Zeichne das Schrägbild in deinem Heft in mehreren Schritten nach.

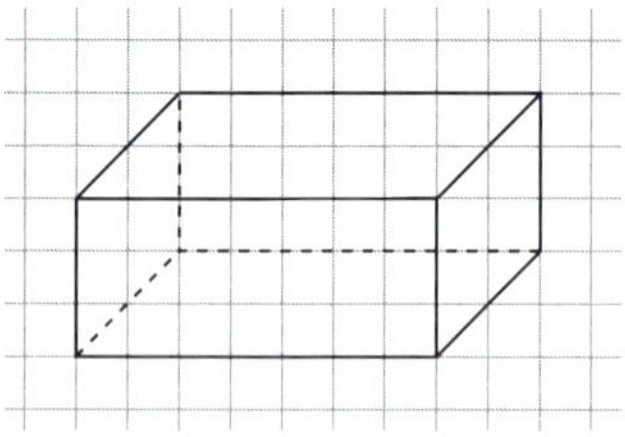

Lösung

1. Schritt:

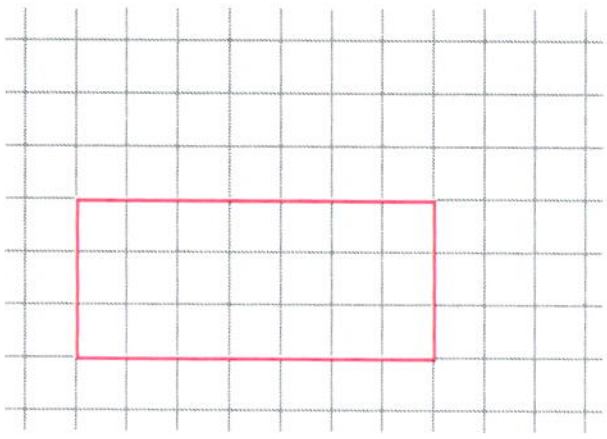

Zeichne die Vorderfläche mit den richtigen Maßen.

2. Schritt:

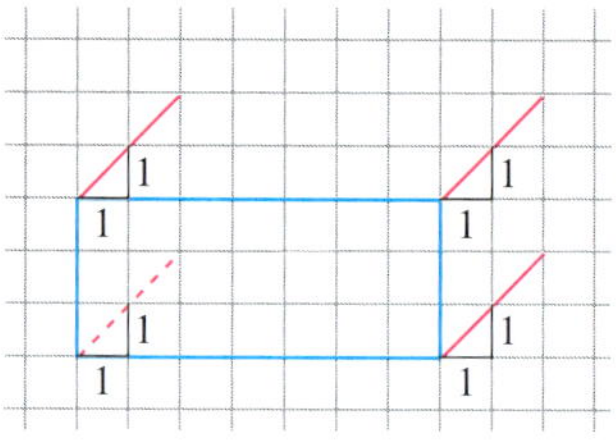

Zeichne die nach hinten verlaufenden Kanten des Quaders schräg und verkürzt (für 1 cm jeweils 1 Kästchendiagonale).

3. Schritt:

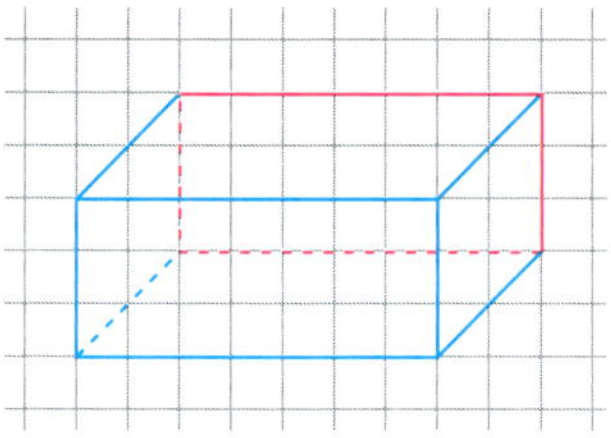

Zeichne die Rückfläche.

Nicht sichtbare Kanten werden gestrichelt gezeichnet.

Zum Festigen und Weiterarbeiten

2. a. Zeichne das Schrägbild eines Würfels mit der Kantenlänge 4 cm.

b. Zeichne das Schrägbild eines Quaders mit den Kantenlängen 5 cm, 4 cm und 3 cm. Notiere im Schrägbild auch die wahren Maße des Körpers.

3. Vervollständige das folgende Schrägbild eines Quaders.

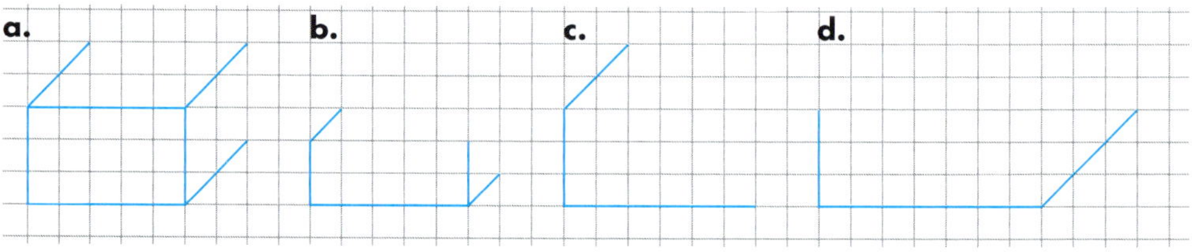

4. a. Notiere alle Kanten des Quaders, die im Schrägbild
(1) in gleicher Länge erscheinen wie in Wirklichkeit;
(2) kürzer sind als in Wirklichkeit.

b. Notiere alle Flächen des Quaders, die im Schrägbild nicht in gleicher Größe und Form erscheinen wie in Wirklichkeit.

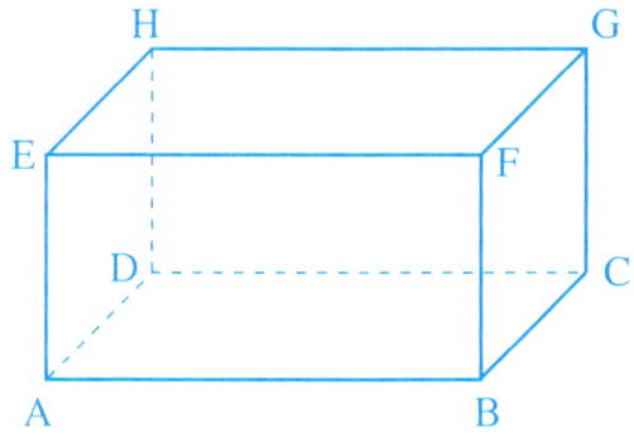

5. Man kann die schrägen Kanten auch nach links zeichnen (statt nach rechts). Dann entsteht der Eindruck, dass man den Körper „von links oben“ sieht statt „von rechts oben“.
Zeichne den Körper in Aufgabe 2 entsprechend.

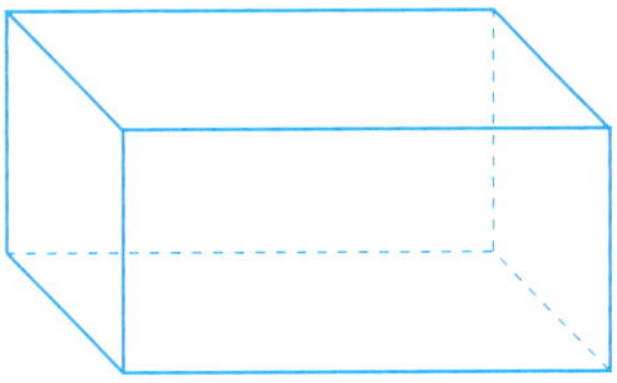

6. *Schrägbildskizzen*
Oft zeichnet man Körper aus freier Hand.

a. Skizziere aus freier Hand das Schrägbild eines Quaders und eines Würfels.

b. Skizziere ein Schrägbild der abgebildeten Gegenstände.

c. Skizziere aus freier Hand verschiedene Gegenstände deiner Umgebung, z. B. das Schulgebäude, die Turnhalle, einen Tisch, ein Regal.
Können deine Mitschüler erkennen, was du gezeichnet hast?

7. Begründe: Warum sind diese Bilder keine Schrägbilder von Quadern?

(1)
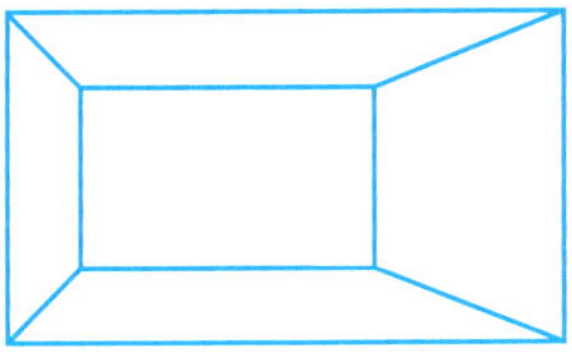

(2)
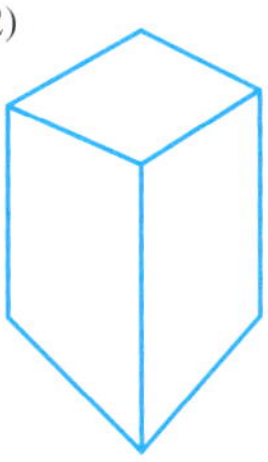

(3)

(4)
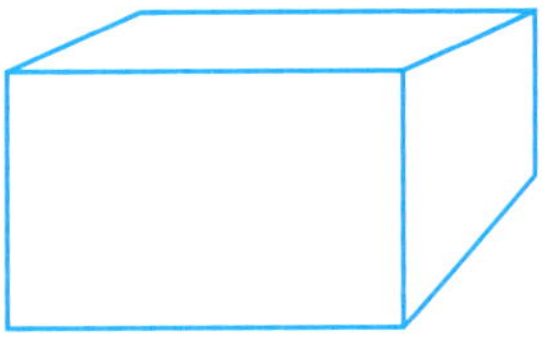

Übungen

8. **a.** Zeichne das Schrägbild eines Quaders mit den Kantenlängen
(1) a = 3 cm, b = 2 cm, c = 5 cm; (2) a = 40 mm, b = 60 mm, c = 30 mm.

b. Zeichne das Schrägbild eines Würfels mit den Kantenlängen
(1) a = 5 cm; (2) a = 3 cm; (3) a = 60 mm.

9. Das Schrägbild des Quaders ist unvollständig. Wähle zwei Schrägbilder aus. Übertrage sie in dein Heft und zeichne die fehlenden Linien ein.

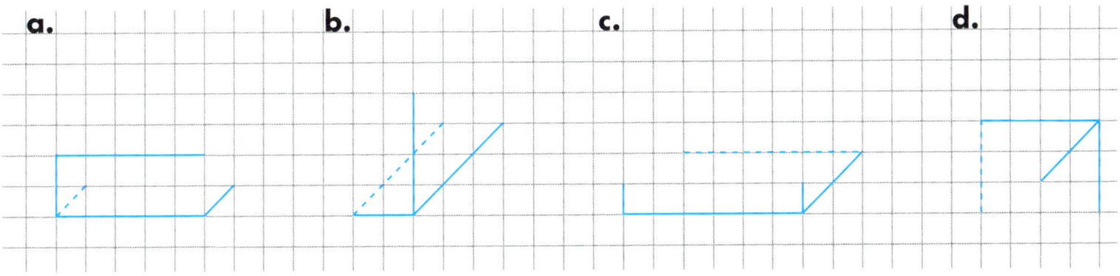

10. Ein Quader hat die Kantenlänge a = 4 cm; b = 3 cm; c = 2 cm.

a. Zeichne ein Schrägbild des Quaders.

b. Stelle dir vor:
Der Quader wird gekippt, sodass er auf einer Seitenfläche steht. Das ist auf zwei Arten möglich. Zeichne für jede Lage des Quaders ein Schrägbild.

11. a. Verbinde in dem Schrägbild des Quaders aus Aufgabe 10a. gegenüberliegende Ecken der sichtbaren Flächen. Färbe die Dreiecke mit unterschiedlichen Farben.

b. Zeichne ein Netz des Quaders und übertrage das Farbmuster in das Netz.

c. Färbe die unsichtbaren Flächen genauso wie die sichtbaren Flächen.

12. *Schrägbildskizzen*
Wähle eine Aufgabe aus (oder mehrere). Skizziere das Schrägbild „aus freier Hand" und zeichne weiter. (Zeichne dünn mit Bleistift, damit du radieren kannst.)

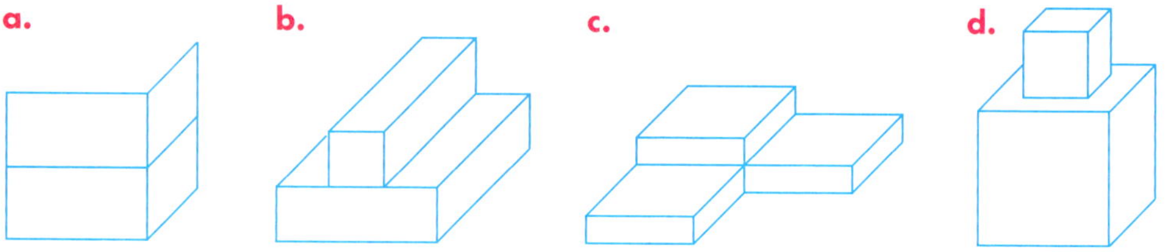

a. Turm aus 5 Quadern; b. Reihe aus 3 Elementen; c. Baue 4 Quader an; d. Turm aus 3 Würfeln

Teamarbeit

13. *Bauen mit Würfeln (Schrägbildskizzen)*

(1) Jeder Partner zeichnet mit Bleistift einen Würfel, der wie im Bild zerschnitten ist (weißes Blatt oder Karopapier).

(2) Jeder Partner stellt dem anderen eine Aufgabe wie die folgende:
Nimm den kleinen Würfel, „rechts, vorn, oben" weg.
(Kanten ausradieren, neu sichtbare Kanten einzeichnen.)
Setze diesen Würfel mit einer Fläche „rechts, hinten, unten" an. (Verdeckte Kanten ausradieren, neuen Würfel zeichnen.)

(3) Jeder Partner zeichnet seine Aufgabe.
Prüft, ob ihr richtig gezeichnet habt.

(4) Danach kann eine neue Aufgabe gestellt werden.
Ihr könnt jedes Mal mit dem Würfel in (1) anfangen. Ihr könnt aber auch immer weiterbauen (d.h. das Ergebnis jeder Aufgabe ist die Ausgangsfigur für die neue Aufgabe).

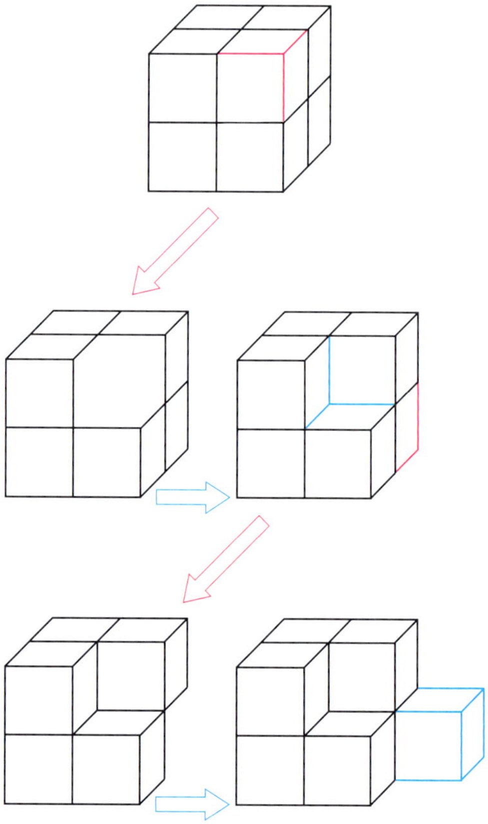

Vermischte Übungen

1. Zeichne auf der Geraden g von S aus fünf Punkte P_1 bis P_5 mit jeweils gleichem Abstand. Verbinde die Punkte P_5 und Q_5 durch eine Gerade. Zeichne zu dieser Geraden P_5Q_5 jeweils eine Parallele durch P_1 bis P_4. Diese Geraden schneiden die Gerade h in den Punkten Q_1 bis Q_4. Was stellst du fest?

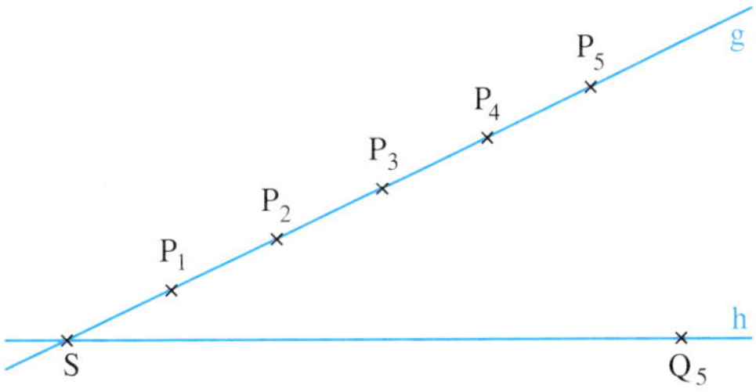

2. Zeichne die Figur mit den angegebenen Maßen in dein Heft. Schraffiere sie dann durch Parallelen zur roten Linie im Abstand 5 mm. Die Parallelen auf dem Geodreieck helfen dir dabei.

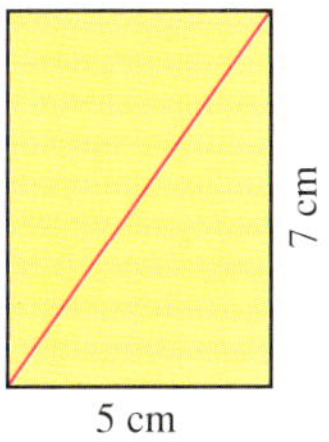

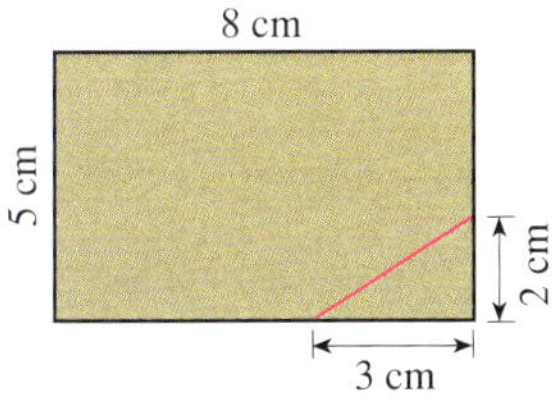

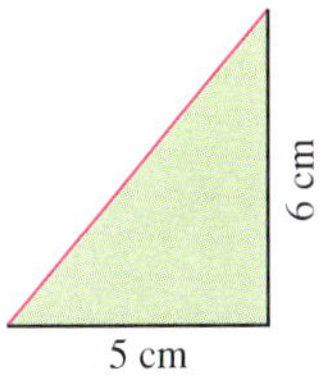

3. Ein Rechteck hat die Seitenlängen

a. a = 16 m; b = 5 m;

b. a = 2,8 km; b = 0,62 km.

Zeichne das Rechteck möglichst groß in dein Heft. Wähle einen geeigneten Maßstab.

4. Übertrage die Figur auf unliniertes Papier. Zeichne dann durch den Punkt P so viele Geraden wie möglich.
Welche „optische Täuschung" entsteht?

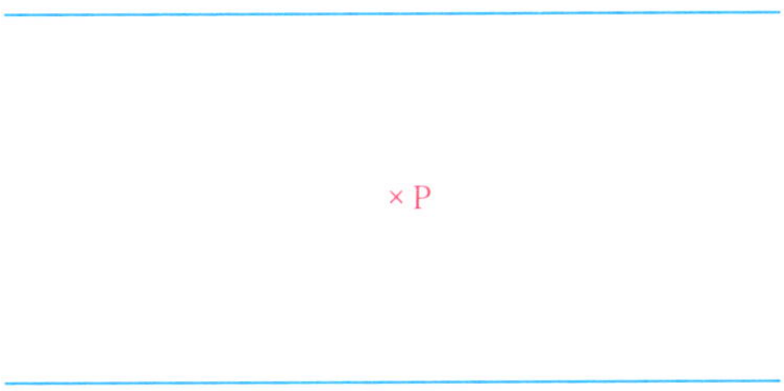

5. **a.** Übertrage nur die achsensymmetrischen Flaggen ins Heft. Zeichne die Symmetrieachsen ein.

Deutschland

Schweden

USA

b. *Gehe auf Entdeckungsreise:* Suche weitere achsensymmetrische Flaggen (z. B. im Lexikon, Atlas usw.). Zeichne sie in dein Heft und trage die Symmetrieachsen ein.

6. Zeichne zwei zueinander parallele Geraden a und b mit dem Abstand 5 cm.
Zeichne nun eine dritte Gerade c. Sie soll zu a und zu b parallel sein. Außerdem soll sie von a den Abstand 2 cm [8 cm] und von b den Abstand 3 cm haben.

7. Rechts siehst du einen Ausschnitt aus dem Stadtplan von Bonn (Maßstab 1 : 19000).

a. Wie weit ist die Namen-Jesu-Kirche vom Markt entfernt?

b. Wie lang ist der Weg vom Opernhaus zum Rathaus?

c. Finde den kürzesten Weg vom Beethoven-Haus zum Viktoriabad.

8. Eine quaderförmige Schachtel ist 3 cm lang, 2 cm breit und 1 cm hoch. Die Schachtel ist

a. oben offen;

b. rechts offen;

c. vorne offen.

Zeichne ein Netz der Schachtel.

9. a. Übertrage die folgenden Netze auf ein Blatt Papier und stelle einen Quader her. Kennzeichne gleich lange Kanten im Netz mit der gleichen Farbe.

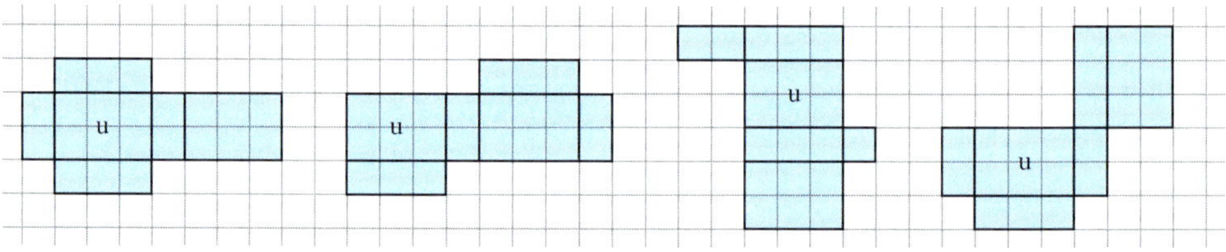

b. Der Buchstabe u in den Netzen von a. bedeutet: Die Fläche ist unten, z. B. auf der Tischplatte. Welche Fläche ist rechts (r), links (l), oben (o), vorn (v), hinten (h)? Schreibe die Buchstaben in die zugehörigen Flächen.

10. a. Übertrage das Rechteck in dein Heft. Bestimme die Abstände des Punktes S von den Seiten des Rechtecks.

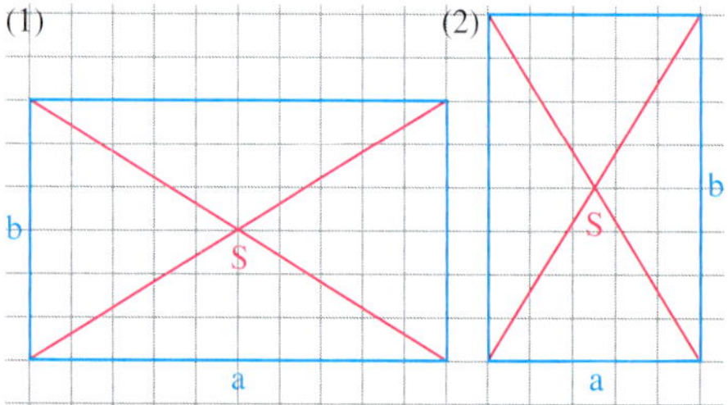

b. Übertrage das Viereck ABCD in dein Heft. Bestimme für jeden der vier Eckpunkte die Abstände von den beiden gegenüberliegenden Seiten.

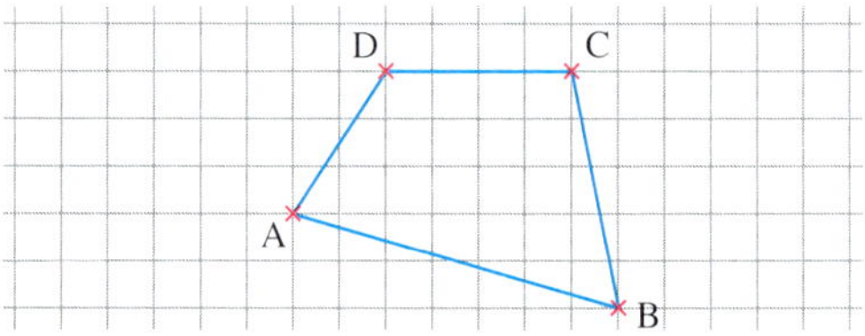

11. a. Zeichne die Punkte A(1 | 6), B(7 | 0) und C(12 | 5) in ein Koordinatensystem. Bestimme den Punkt D so, dass ein Rechteck entsteht, und zeichne es. Gib die Koordinaten von D an. Zeichne die Symmetrieachsen in die Figur ein.

b. Zeichne die drei Punkte A(1 | 3), B(7 | 3) und C(5 | 5) in ein Koordinatensystem. Zeichne einen vierten Punkt D so, dass ABCD ein achsensymmetrisches Viereck ist. Finde möglichst zwei Lösungen.

▲ **c.** Zeichne die Punkte A(1 | 7) und B(8 | 0) in ein Koordinatensystem ein. Zeichne die Punkte C und D so, dass eine Raute entsteht. Gib die Koordinaten von C und D und die Koordinaten des Schnittpunktes S der Diagonalen an.

12. a. Ein Quader ist (1) 8 cm lang, 6 cm breit, 2 cm hoch; (2) 7 cm lang, 4 cm breit, 3 cm hoch.
Welche Längen haben alle Kanten zusammen?

▲ **b.** Ein Quader ist 4 cm lang und 3 cm breit.
Wie hoch ist der Quader, wenn alle Kanten zusammen eine Länge von 48 cm haben?

13. Alle Seitenflächen des Würfels im Bild sind rot angestrichen. Der Würfel ist in kleine Würfel von 1 cm Kantenlänge zersägt.

a. In wie viele kleine Würfel ist der große Würfel zersägt worden?

b. Wie viele kleine Würfel haben drei rote Flächen, wie viele zwei rote Flächen, wie viele eine rote Fläche, wie viele keine rote Fläche?
Gibt es kleine Würfel, die mehr als drei rote Flächen haben?

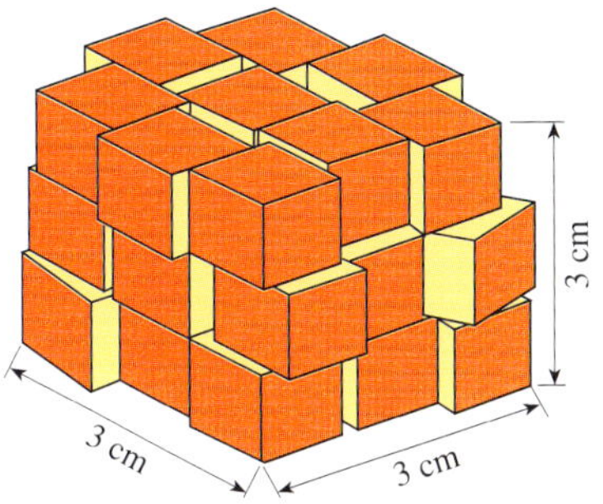

14. Die Würfel werden durch Eintauchen wie angegeben eingefärbt. Zeichne jeweils ein Netz des gefärbten Würfels.

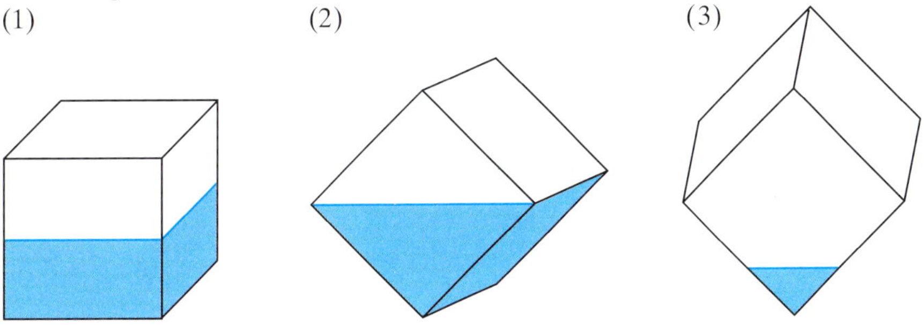

▲ **15.** Drei Flächen des Würfels kannst du nicht sehen. Sie sind genauso gefärbt wie die gegenüberliegenden Seiten. Übertrage die Färbung in das Netz.

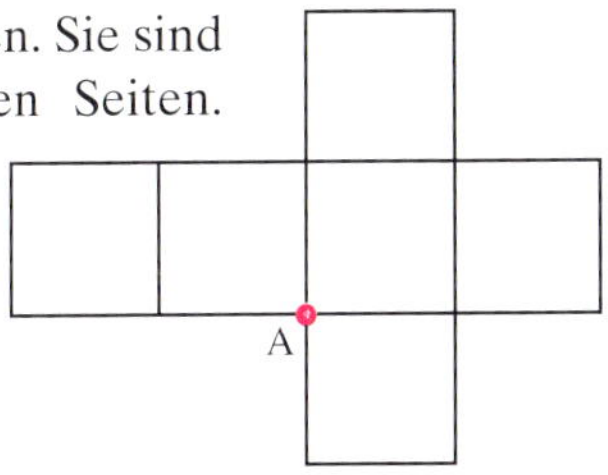

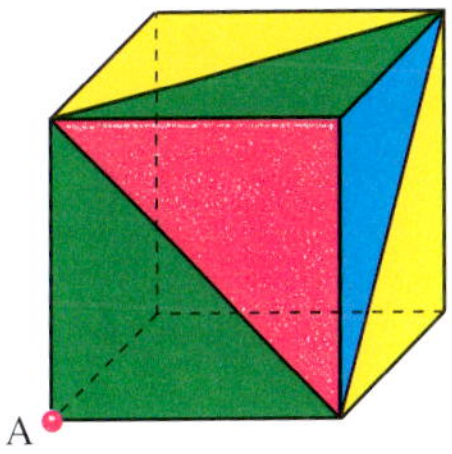

▲ **16.** Gegeben sei ein

a. oben offener Würfel der Kantenlänge 2 cm;

b. oben geschlossener Würfel der Kantenlänge 2 cm.

Gib möglichst viele verschiedene Netze dieses Würfels an.
Anleitung: Beginne mit einer Seitenfläche, füge eine weitere hinzu, überlege dann, wie viele Möglichkeiten es gibt die dritte anzulegen usw.

Zum Knobeln

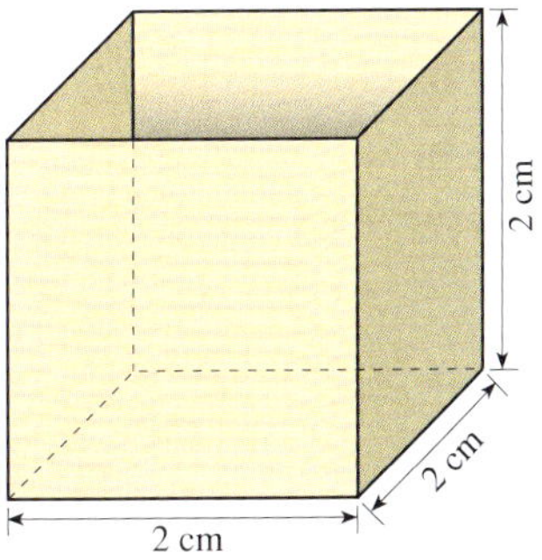

Bist du fit?

1. Vergleiche jeweils die Längen der Strecken a und b. Schätze zuerst und miss dann genau.

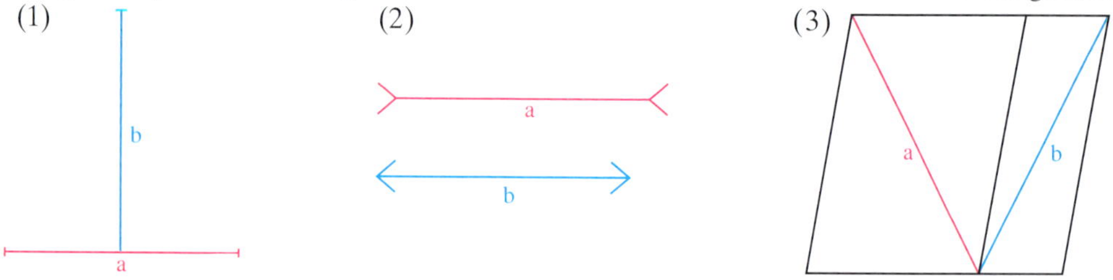

2. Ergänze das Muster zu einem achsensymmetrischen Muster.

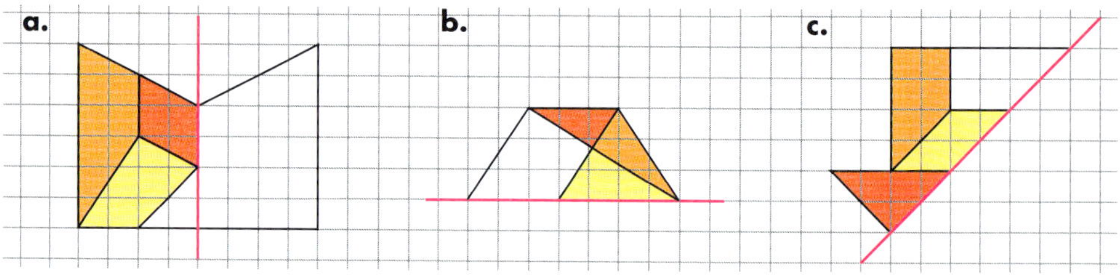

3. Miss die Länge von Strecken in der Figur. Fülle die Tabelle aus.

Strecke	$\overline{AB}$			
Länge in cm	2,5			

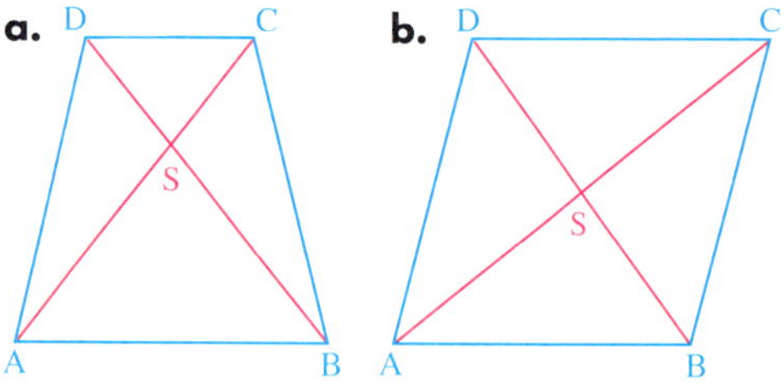

4. Zeichne die Gerade g und den Punkt P in dein Heft.

a. Zeichne eine Gerade a durch P, die zu g senkrecht ist.

b. Zeichne eine Gerade b durch P, die zu g parallel ist.

c. Bestimme den Abstand des Punktes P von der Geraden g.

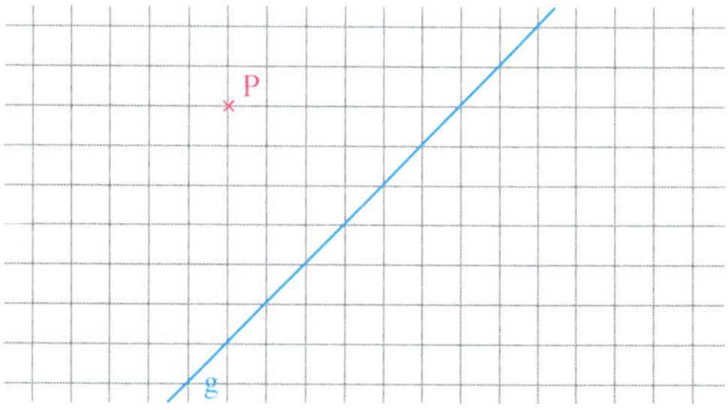

5. Zeichne auf unliniertes Papier ein Rechteck mit

a. a = 5 cm und b = 3 cm;

b. a = 7,5 cm und b = 1,5 cm.

Gib auch den Umfang des Rechtecks an.

6. Zeichne im Koordinatensystem (Einheit 1 cm) die Punkte
A(1|4), B(7|1), C(5|4), D(7|6), E(3|7) ein.
Miss die Entfernungen zwischen den fünf Punkten und lege eine Entfernungstabelle an.

7. Hier siehst du Blätter verschiedener Bäume. Welche sind achsensymmetrisch?

8. Entscheide, ob die Figur achsensymmetrisch ist. Wenn ja, zeichne sie in dein Heft und zeichne dann die Symmetrieachse ein. Notiere in einer Tabelle zu jedem Punkt den Symmetriepartner.

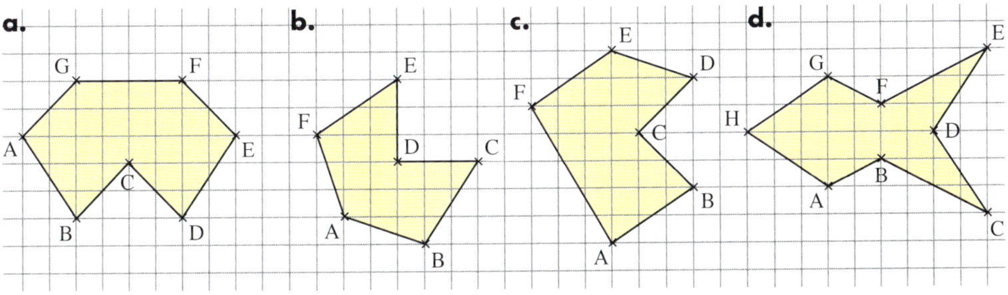

9. Ergänze die Figur zu einer achsensymmetrischen Figur.

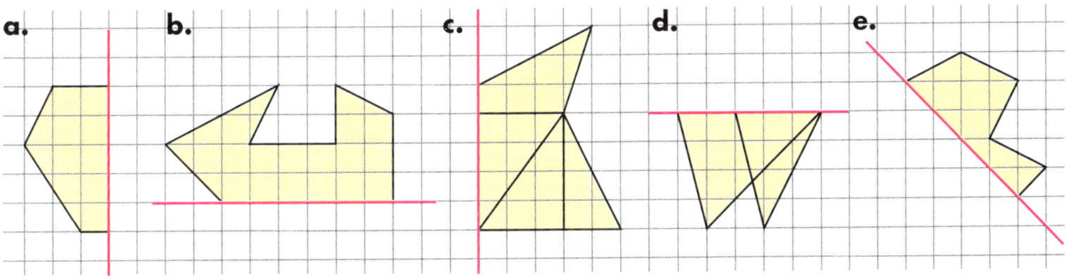

10. Ein Würfel besitzt eine Kantenlänge von (1) 4 cm; (2) 25 mm.

a. Wie lang sind alle Kanten zusammen?

b. Zeichne ein Schrägbild des Würfels.

c. Zeichne zwei verschiedene Netze des Würfels.

▲ **d.** Färbe die *vordere rechte untere* Ecke des Würfels rot. Übertrage dies in die beiden Netze.

11. Ein Quader ist 4 cm lang, 2 cm breit und 3 cm hoch.

a. Wie lang sind alle Kanten zusammen?

b. Zeichne ein Schrägbild des Quaders.

c. Zeichne zwei verschiedene Netze des Quaders.

12. Zeichne die drei Punkte A (1 | 2), B (7 | 3) und C (5 | 5) in ein Koordinatensystem. Zeichne einen vierten Punkt D so, dass ABCD ein achsesymmetrisches Viereck ist. Finde möglichst zwei Lösungen.

Flächeninhalte

Das Wort *Geometrie* stammt aus dem Griechischen und bedeutet wörtlich übersetzt „Erdvermessung“, gemeint ist die Kunst der Landvermessung. Sie entwickelte sich vor über 3000 Jahren in Ägypten. In den fruchtbaren Flusstälern des Nils war bereits damals jedes Fleckchen Land bewirtschaftet.

Bei der Entwicklung der Landvermessung hat der Nil ein gutes Stück mitgeholfen. Mit seinen jährlichen Überschwemmungen überdeckte er die niedrigen Flusstäler mit einer schwarzen Schlammschicht. Das war ein hervorragender Dünger für die Felder und sorgte für eine gute Ernte. Doch die alten Grenzen zwischen den Feldern waren durch die Schlammschicht nicht mehr zu erkennen.

Um Streit zwischen den Besitzern von angrenzenden Feldern zu vermeiden, mussten die Flächen neu vermessen werden. Hierzu benötigte man Landvermesser mit geometrischen Kenntnissen. Sie konnten schon damals die Größe von vielen verschiedenen Flächen bestimmen. Einiges hiervon lernst du in diesem Kapitel.

Ein Rätsel aus dem alten Ägypten:

Drei Monate ist es eine schimmernde Perle,
drei Monate eine schwarze Haut,
dann ein grüner Edelstein
und drei Monate leuchtendes Gold.

Kannst du das Rätsel lösen?

Flächenvergleich – Messen von Flächen

Größenvergleich bei Flächen – Flächeninhalt

Aufgabe

1.

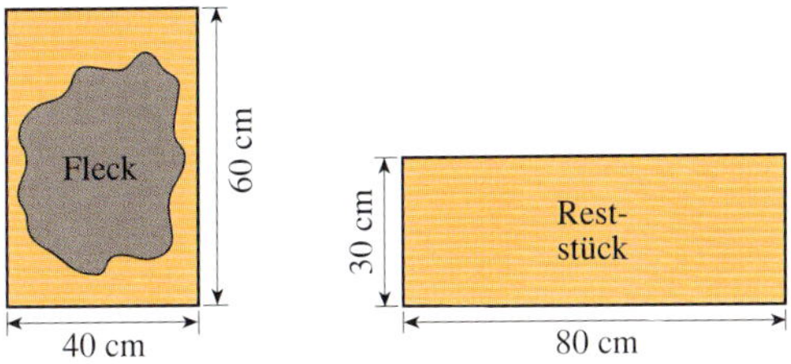

Auf dem Teppichboden ist ein großer Fleck entstanden. Tanjas Vater will den Teppichboden ausbessern. Er besitzt noch ein Reststück.
Der Fleck ist jedoch zu breit.
Wie kann er sich helfen?

Lösung

Tanjas Vater schneidet aus dem Teppichboden ein Rechteck mit den Seitenlängen 40 cm und 60 cm heraus. Dann passt das Reststück genau in die Lücke. Es muss nur in der Mitte zerschnitten werden.

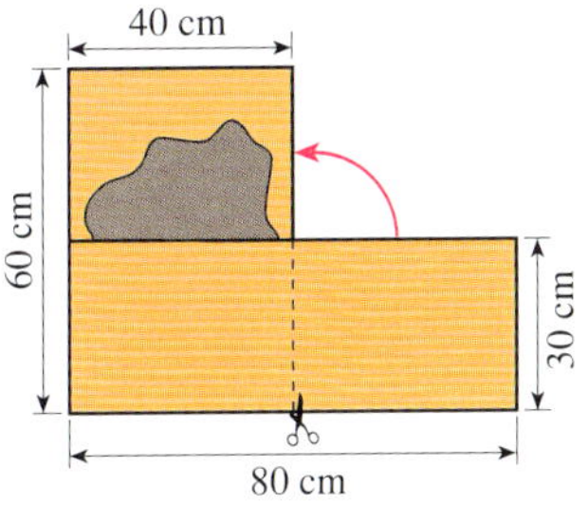

Information

(1) Flächeninhalt

Reststück und Lücke sind Rechtecke. Sie haben zwar verschiedene Abmessungen, sie haben aber dieselbe Größe. In der Mathematik sagt man: Sie haben denselben *Flächeninhalt.*

Diese Flächen bestehen aus denselben Teilflächen. Sie haben denselben **Flächeninhalt.**

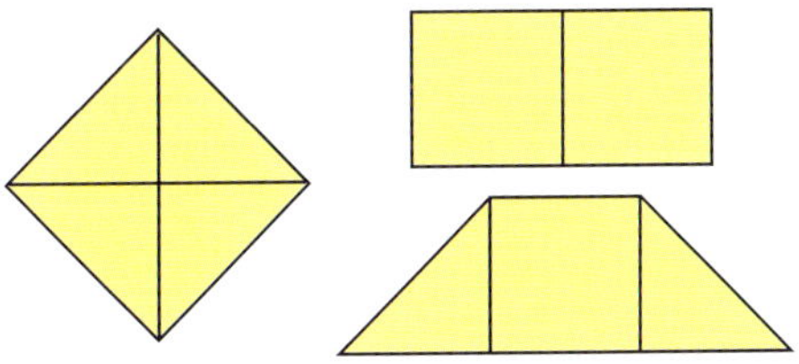

(2) Zur Unterscheidung Flächeninhalt – Umfang

Du musst den Flächeninhalt einer Fläche von ihrem Umfang unterscheiden. Reststück und Teppichlücke in Aufgabe 1 haben denselben Flächeninhalt, ihre Umfänge sind jedoch verschieden.

Umfang des Reststückes: 80 cm + 30 cm + 80 cm + 30 cm = 220 cm
Umfang der Teppichlücke: 60 cm + 40 cm + 60 cm + 40 cm = 200 cm

Unterscheide Flächeninhalt und Umfang - Der Umfang ist eine Länge.

Der Umfang ist eine Länge und wird daher z. B. in cm gemessen.
Der Flächeninhalt ist eine neue Größe.
Später (Seite 173) werden wir sehen, wie man den Flächeninhalt auch messen kann.

Zum Festigen und Weiterarbeiten

2. Die Flächen A bis E sind mit Teppichfliesen ausgelegt.

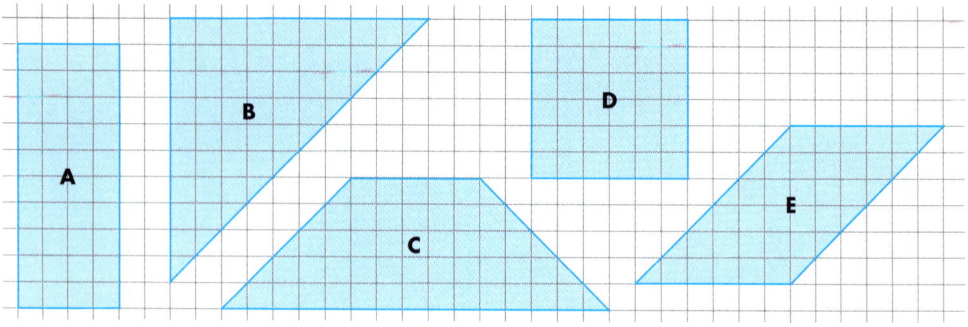

a. Schätze, welche Fläche am größten, welche am kleinsten ist.

b. Welche Flächen sind gleich groß? Du kannst dazu die Flächen abzeichnen, Linien einzeichnen, ausschneiden oder die Fliesen zählen usw.

Teamarbeit

3. Tangram ist ein altes chinesisches Formenspiel. Ihr könnt es euch aus einem Stück fester Pappe leicht selbst herstellen:
Zeichnet ein Quadrat mit der Seitenlänge 10 cm auf Pappe. Unterteilt wie im nebenstehenden Bild und schneidet die Teile aus.
Mit den entstandenen Teilen kann man viele Figuren legen. Partner 1 legt mit einigen Teilen des Tangramspiels eine Figur. Partner 2 soll dann eine Figur legen, die

a. den gleichen Flächeninhalt hat;

b. einen kleineren Flächeninhalt hat;

c. einen größeren Flächeninhalt hat.

Übungen

4.

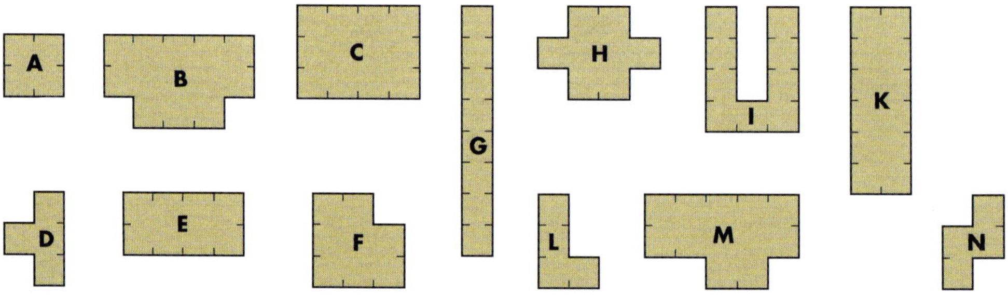

a. Welche Flächen haben den gleichen Flächeninhalt?
Du kannst zeichnen, ausschneiden, zählen und vergleichen.

b. Gib zu jeder Fläche den Umfang an.

c. Gib die Flächen an, die denselben Umfang, aber verschiedene Flächeninhalte haben.

d. Gib die Flächen an, die verschiedene Umfänge, aber denselben Flächeninhalt haben.

5. Entscheide, ob die blauen Flächen L und M den gleichen Flächeninhalt haben.
(Zeichne ab, schneide aus und zerlege.)

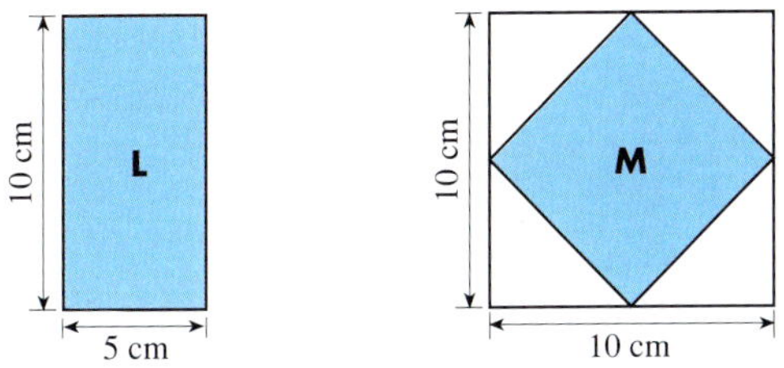

Messen des Flächeninhalts in der Maßeinheit cm^2

Aufgabe

1. Was bedeutet die Angabe $5\ cm^2$, die in der Zeitungsnotiz vorkommt?
Zeichne auf Millimeterpapier mehrere Flächen (nicht nur Rechtecke) mit dem Flächeninhalt $A = 5\ cm^2$.
Bestimme auch den Umfang u der Flächen.

> ... Bei Verbrennungen 3. Grades wird meistens eine Hauttransplantation durchgeführt. Dazu züchtet man aus einem Hautstück ein größeres Stück. $5\ cm^2$ der gezüchteten Haut kostet 75 €. Das ist sehr teuer.

Lösung

(1) Ein Quadrat mit der Seitenlänge 1 cm (ein Zentimeterquadrat) hat den Flächeninhalt **$1\ cm^2$** (gelesen: *1 Zentimeter hoch 2* oder *1 Quadratzentimeter*).
Alle anderen Figuren, die man durch Zerschneiden und erneutes Zusammensetzen eines Zentimeterquadrates erhält, haben auch den Flächeninhalt $1\ cm^2$.

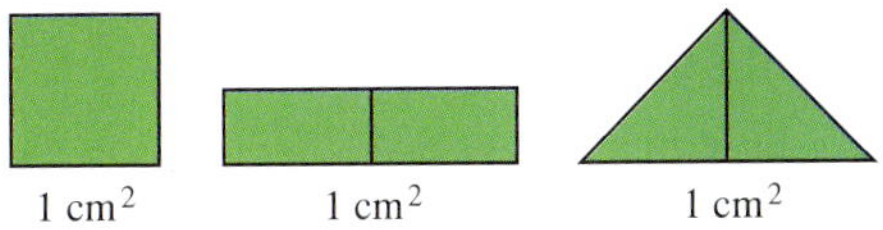

(2) In die Fläche rechts passen 5 Quadrate von 1 cm Seitenlänge.
Die Fläche hat den Flächeninhalt $5\ cm^2$.

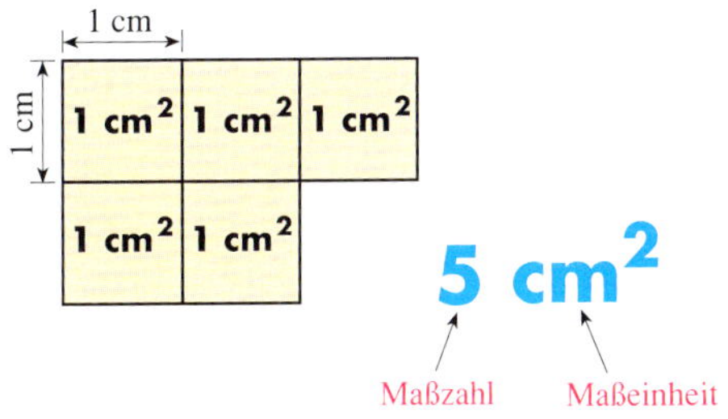

Weitere Beispiele für Flächen mit $A = 5\ cm^2$

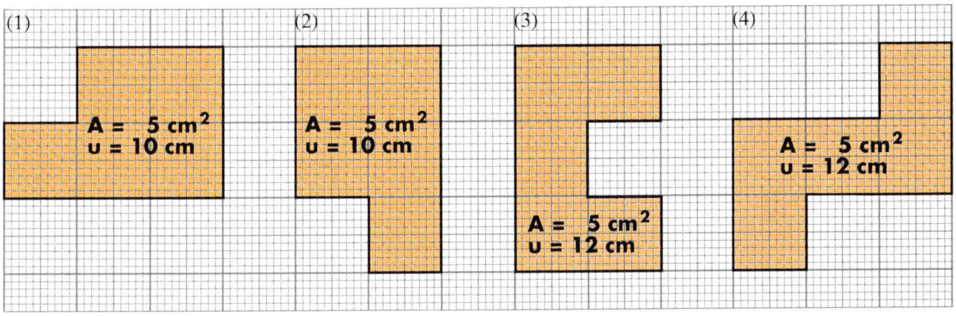

Zum Festigen und Weiterarbeiten

2. a. Bestimme den Flächeninhalt in cm^2.

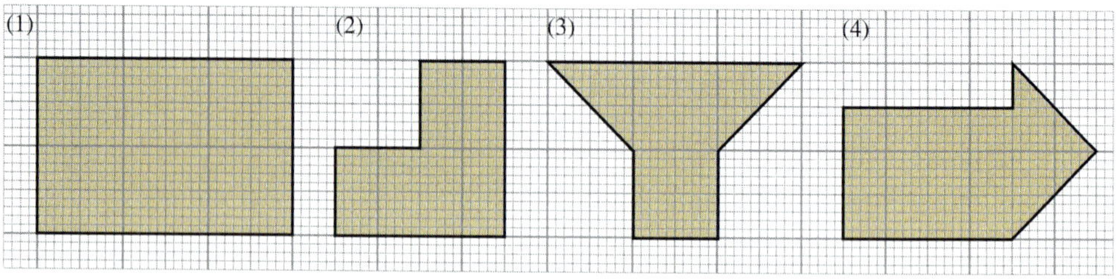

b. Denke dir die Fläche (1) von Teilaufgabe a. ausgeschnitten, zerlegt und neu zu einer anderen Fläche zusammengesetzt. Welchen Flächeninhalt hat die neue Fläche? (Du darfst zeichnen und ausschneiden, zerschneiden und neu mit Klebestreifen zusammenheften.) Miss jeweils den Umfang.

3. Zeichne drei verschiedene Flächen mit dem folgenden Flächeninhalt.

a. 7 cm^2 **b.** 80 cm^2 **c.** 10 cm^2 **d.** 100 cm^2 **e.** 120 cm^2 **f.** 160 cm^2

4. a. Welchen Flächeninhalt hat dieses Rechteck?
Anleitung: Stelle fest, aus wie vielen Zentimeterquadraten es besteht. Zähle zeilen- oder spaltenweise ab.
Wie viele Zeilen sind es?
Wie viele Quadrate sind in jeder Zeile?
Gib auch den Umfang des Rechtecks an.

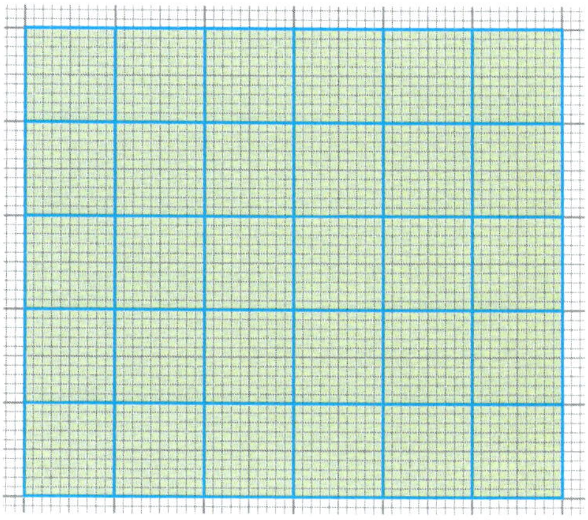

b. Zeichne auf Karopapier ein Rechteck mit den folgenden Seitenlängen. Gib Flächeninhalt und Umfang an.

(1) a = 4 cm; b = 5 cm (2) a = 2 cm; b = 6 cm

Übungen

5.

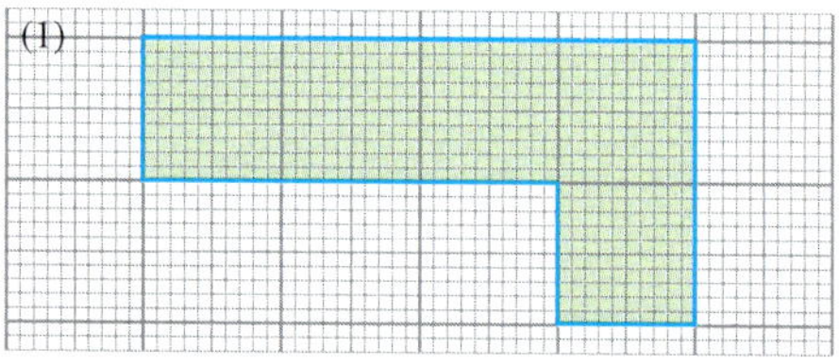

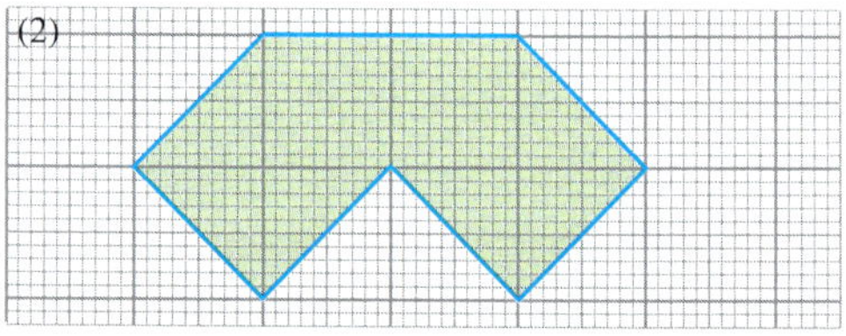

a. Gib den Flächeninhalt in cm^2 an. **b.** Miss den Umfang auf Millimeter genau.

6. a. Zeichne vier verschiedene Flächen, die jeweils aus 24 Zentimeterquadraten bestehen.

b. Wie groß ist der Flächeninhalt einer jeden Fläche?

c. Gib jeweils den Umfang an.

7. Zeichne ein Rechteck mit folgenden Seitenlängen. Gib den Flächeninhalt und den Umfang an.

a. a = 3 cm; b = 5 cm **b.** a = 2 cm; b = 6 cm **c.** a = 4 cm; b = 4,5 cm

8. Zeichne zwei Rechtecke mit dem angegebenen Flächeninhalt. Gib auch den Umfang an.

a. 18 cm^2 **b.** 20 cm^2 **c.** 16 cm^2 **d.** 28 cm^2

9. Für Skilangläufer gibt es Vorschriften über die Größe der Werbe-Logos auf ihren Skianzügen. Ein einzelnes Logo darf nicht größer als 50 cm² sein. Alle Logos zusammen dürfen höchstens 160 cm² groß sein.

a. Fertige aus Papier eine Fläche von 50 cm² an.

b. Stelle 4 Logos her, die zusammen den Vorschriften entsprechen.

Teamarbeit

10. Schneidet aus drei verschiedenfarbigen Buntpapierblättern Rechtecke. Sie sollen die Seitenlängen 8 cm und 10 cm haben.

a. Welchen Flächeninhalt hat jedes Rechteck?
Welchen Flächeninhalt haben alle drei zusammen?

b. Zerschneidet die bunten Rechtecke und setzt sie zu einer Collage zusammen. Alle Teile sollen verwendet werden. Achtet darauf, dass ihr sie nicht übereinander klebt. Wie groß ist die bunte Fläche?

c. Stellt mit den Rechtecken mehrerer Kinder eine große Collage her. Wie groß ist diese?

Maßeinheiten für Flächeninhalte und ihr Zusammenhang

Aufgabe

1. Jedes Kind der Klasse fertigt Quadrate mit der Seitenlänge 10 cm = 1 dm an. Sie werden in 1 cm²-Kästchen aufgeteilt und bunt ausgemalt. (Ihr könnt euch auch Muster ausdenken.)
Wenn die Klasse 100 Quadrate fertig gestellt hat, werden sie auf ein großes Plakat geklebt: jeweils 10 in eine Reihe.
Wie lang ist eine Seite des entstehenden Quadrats?

Lösung

Ihr habt ein buntes Plakat für eure Klasse erhalten, das eine gute Merkhilfe ist. Denn nun könnt ihr nachschauen:

$1\ m^2 = 100\ dm^2$

$1\ dm^2 = 100\ cm^2$

Information

(1) Die Maßeinheit m^2

Die Tafelfläche links im Bild ist ein Quadrat mit 1 m Seitenlänge. Es ist ein Meterquadrat. Der Flächeninhalt dieses Quadrates ist **$1\ m^2$**.

Auf der Wandtafel ist ein Gitternetz gezeichnet. Dadurch entstehen $10 \cdot 10$, also 100 Dezimeterquadrate. Jedes hat die Seitenlänge 1 dm, also den Flächeninhalt $1\ dm^2$.

Es gilt: $1\ m^2 = 100\ dm^2$.

(2) Überblick über alle Flächeninhaltseinheiten

Quadrat mit der Seitenlänge	Flächeninhalt des Quadrates	gelesen
1 mm	$1\ mm^2$	1 mm hoch 2 oder 1 Quadratmillimeter
1 cm	$1\ cm^2$	1 cm hoch 2 oder 1 Quadratzentimeter
1 dm	$1\ dm^2$	1 dm hoch 2 oder 1 Quadratdezimeter
1 m	$1\ m^2$	1 m hoch 2 oder 1 Quadratmeter
10 m	1 a	1 Ar
100 m	1 ha	1 Hektar
1 km	$1\ km^2$	1 Kilometer hoch 2 oder 1 Quadratkilometer

$1\ mm^2$

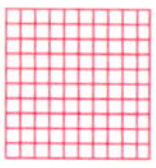

$1\ cm^2$

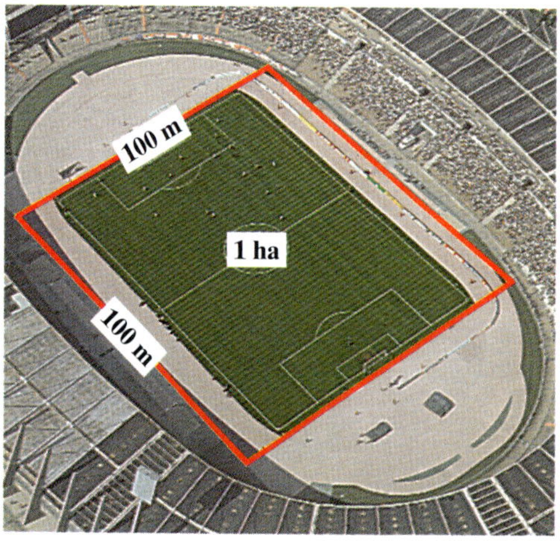

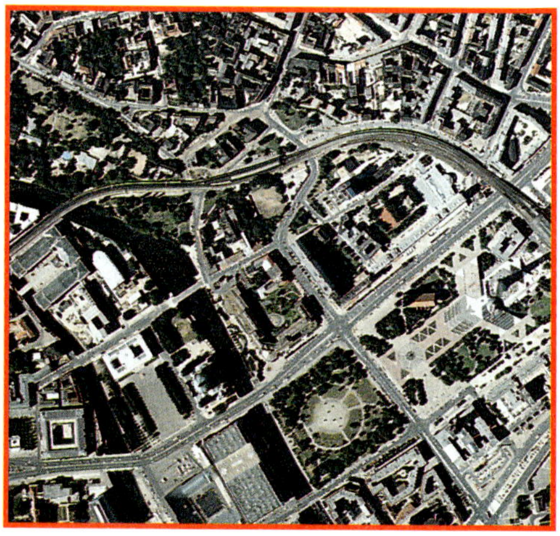

$1\ km^2$ in Berlin:
Alexanderplatz – Museumsinsel

(3) Zusammenhang zwischen den Maßeinheiten

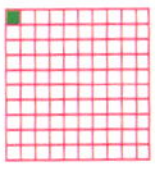

Das Quadrat im Bild rechts hat den Flächeninhalt 1 cm^2.
Es besteht aus $10 \cdot 10$, also 100 Millimeterquadraten mit dem Flächeninhalt 1 mm^2.
Es gilt also: $1\ cm^2 = 100\ mm^2$
Entsprechend erhält man die Zusammenhänge zwischen den anderen Maßeinheiten für Flächeninhalte (vgl. auch Aufgabe 4).

$$1\ km^2 \xrightarrow{:100} 1\ ha \xrightarrow{:100} 1\ a \xrightarrow{:100} 1\ m^2 \xrightarrow{:100} 1\ dm^2 \xrightarrow{:100} 1\ cm^2 \xrightarrow{:100} 1\ mm^2$$

$1\ km^2 = 100\ ha$

$1\ ha = 100\ a$

$1\ a = 100\ m^2$

$1\ m^2 = 100\ dm^2$

$1\ dm^2 = 100\ cm^2$

$1\ cm^2 = 100\ mm^2$

Die Umwandlungszahl ist 100.

Bei Flächenmaßen: Umwandlungszahl 100

(4) Alte Flächeninhaltseinheiten

Früher gab man die Größe (den Flächeninhalt) einer Ackerfläche in *Morgen* an (z. B. 70 Morgen). Hierbei war 1 Morgen die Größe einer Fläche, die ein Bauer an einem Morgen bearbeiten konnte. Eine solche Maßeinheit für Flächeninhalte erwies sich auf die Dauer als unbrauchbar, weil sie von der Schnelligkeit der Bearbeitung abhing. Später setzte man fest:
4 Morgen = 1 ha; 1 Morgen = $\frac{1}{4}$ ha.
Eine andere Maßeinheit dieser Art war *Tagewerk*.

Zum Festigen und Weiterarbeiten

2. a. Fertige aus Papier (Zeitungen, Tapeten, Packpapier) mehrere Meterquadrate (Seitenlänge 1 m) und lege damit verschiedene Flächen der Größe
(1) 3 m^2; (2) 5 m^2.

b. Lege auf dem Schulhof mit einem Seil ein Quadrat mit 10 m Seitenlänge. Es hat die Größe 1 a.

c. Wie viele Meterquadrate (Seitenlänge 1 m) braucht man, um ein Quadrat mit dem Flächeninhalt 1 a auszulegen?
Fülle aus: 1 a = □ m^2.

3. a. Stelle mehrere Dezimeterquadrate her. Lege damit die Fläche eines DIN-A4-Blattes aus.
Wie groß ist die Fläche dieses Blattes?

b. Stelle durch Zerschneiden und Aneinanderlegen andere Flächen als Quadrate mit dem Flächeninhalt 1 dm^2 her.

4. Erkläre, weshalb gilt: **a.** 1 ha = 100 a **b.** 1 km^2 = 100 ha
Sieh dir dazu das Quadrat auf Seite 175 noch einmal an.

▲ **5.** *Krummlinig berandete Flächen*
Das Lederstück rechts hat einen krummen Rand. Bestimme seine Größe (seinen Flächeninhalt). Schätze ab, wie viele mm-Quadrate das Lederstück in den angeschnittenen Quadraten hat.

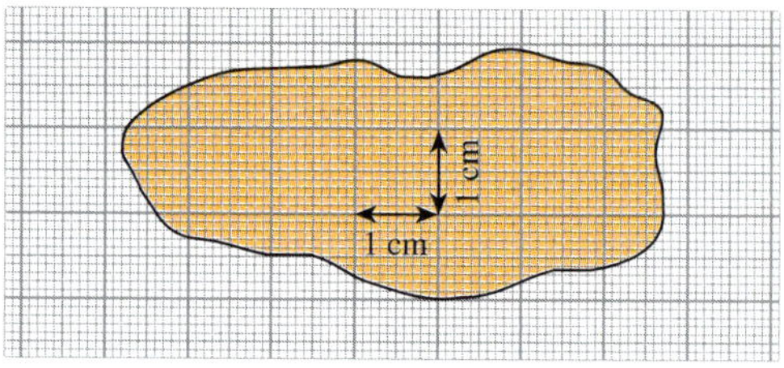

Übungen

6. Übertrage die Figur in dein Heft (1 dm entspricht 2 Karolängen).
Gib den Flächeninhalt an.
Gib bei (1) auch den Umfang an.

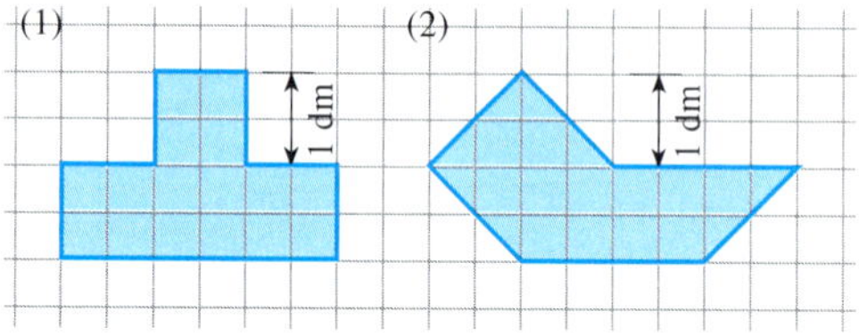

7. Betrachte die Figuren (1) und (2) rechts. Gib jeweils den Flächeninhalt in dm^2 an.

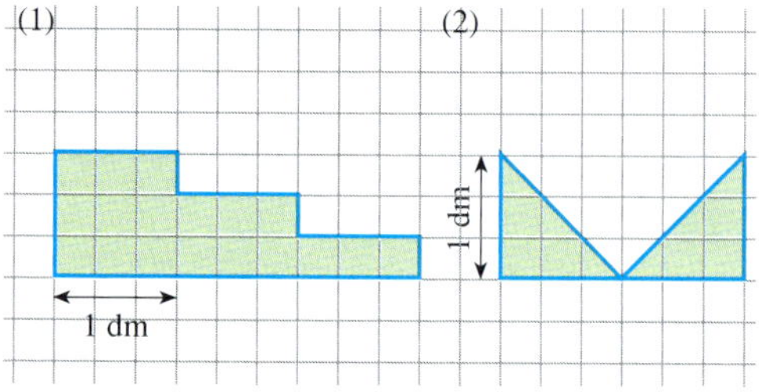

8. In welcher Maßeinheit gibt man zweckmäßig an:
Größe eines Waldgebietes, eines Weinberges, eines Gartens, eines Zimmers?

9. **a.** Gib die Größe der abgebildeten Kellerfläche in m^2 an. Du kannst die Fläche in dein Heft übertragen und die Meterquadrate verkleinert einzeichnen.

b. Zeichne ebenso verkleinert Zimmerflächen mit dem Flächeninhalt $30\ m^2$ [$17\ m^2$].

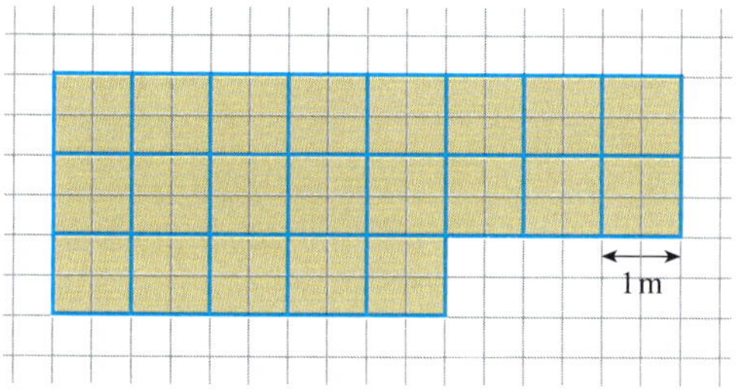

10. Welcher Flächeninhalt passt zu welchem Gegenstand?
Fingernagel, Dachfläche eines Einfamilienhauses, gerahmtes Bild, Taschenrechner, Garagentor, Taschenbuch, Briefmarke.
$20\ dm^2$; $1\ cm^2$; $10\ m^2$; $120\ cm^2$; $120\ m^2$; $3\ cm^2$; $240\ cm^2$.

Teamarbeit

▲ **11.** Schätzt die Größe der Insel Irland ab.
Vergleicht mit dem genauen Wert.
Ihr findet ihn z. B. in einem Lexikon.
Ihr könnt alle Ergebnisse der Klasse zusammenzählen und den Durchschnitt bilden.
Seid ihr jetzt dichter am richtigen Ergebnis?

Umwandeln in andere Maßeinheiten Kommaschreibweise

Umwandeln in andere Maßeinheiten – Einheitentabelle

Ein Grundbuch ist ein öffentliches Verzeichnis der Grundstücke eines bestimmten Gebietes, z. B. einer Gemeinde. Es wird beim Amtsgericht geführt.
In ihm sind unter anderem der Eigentümer des Grundstücks sowie Wirtschaftsart, Lage und Größe des Grundstücks eingetragen.

Auszug aus einem Grundbuch

Nr. der Grundstücke	Eigentümer	Karte		Wirtschaftsart und Lage	Größe		
		Flur	Flurstück		ha	a	m²
1	Müller, Lisa	2	15/7	Bauplatz; Fritzstraße		12	
2	Müller, Hans	2	16/1	Wiese; Helmeweg		3	47
3	Müller, Anne	2	16/2	Acker; Am Morgenhang	37	05	

Aufgabe

1. In Grundbüchern (siehe oben) wird die Größe eines Grundstücks oft in Ar (a) angegeben. Grundstück Nr. 1 hat die Größe 12 a.
Wandele diese Angabe in m² um.
Anleitung: Stelle eine Skizze des Grundstücks mit 12 Quadraten her.

Lösung

Wir denken uns das Grundstück in 12 Quadrate mit 1 a Flächeninhalt zerlegt (siehe Skizze rechts). Jedes dieser Quadrate besteht aus 100 Quadraten der Größe 1 m². Insgesamt besteht das Grundstück aus $12 \cdot 100$, also 1200 Quadraten der Größe 1 m².
Es gilt: $12\ \text{a} = 1200\ \text{m}^2$.

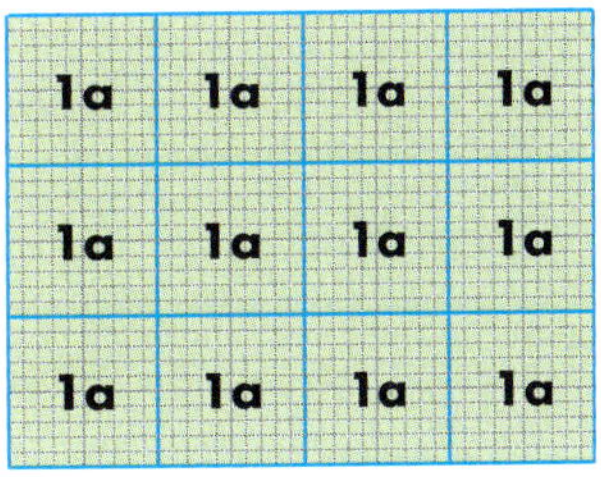

Zum Festigen und Weiterarbeiten

2. Gib in der in Klammern angegebenen Maßeinheit an.
Stelle dir dabei eine Fläche (z. B. Fliese, Beet, Garten, See) mit dem jeweiligen Flächeninhalt vor.

a. 8 dm² (cm²)
15 dm² (cm²)

b. 5 m² (dm²)
27 m² (dm²)

c. 8 a (m²)
75 a (m²)

d. 2 ha (a)
31 ha (a)

e. 4 cm² (mm²)
18 cm² (mm²)

f. 3 km² (ha)
43 km² (ha)

$4\ \text{dm}^2 = \ ?\ \text{cm}^2$
$1\ \text{dm}^2 = 100\ \text{cm}^2$
$4\ \text{dm}^2 = 400\ \text{cm}^2$

3. Drücke in der in Klammern angegebenen Maßeinheit aus.

a. 3800 cm² (dm²)
4000 cm² (dm²)

b. 5900 dm² (m²)
8000 dm² (m²)

c. 400 m² (a)
1400 m² (a)

d. 3000 a (ha)
1700 a (ha)

e. 8000 ha (km²)
400 ha (km²)

f. 300 mm² (cm²)
16000 mm² (cm²)

$2300\ \text{dm}^2 = \ ?\ \text{m}^2$
$100\ \text{dm}^2 = 1\ \text{m}^2$
$2300\ \text{dm}^2 = 23\ \text{m}^2$

4. Wandle in die in Klammern angegebene Maßeinheit um.

a. 4 dm² (cm²); 2 m² (dm²); 5 a (m²); 7 cm² (mm²)

b. 23 dm² (cm²); 5 m² (dm²); 42 a (m²); 18 ha (a)

c. 75 a (dm²); 32 dm² (cm²); 37 m² (dm²); 25 cm² (mm²)

d. 3 ha (m²); 65 km² (a); 12 ha (m²); 4 m² (cm²)

5. Drücke in zwei Maßeinheiten aus.

340 a = 3 ha 40 a

a. 260 ha; 4 821 ha

b. 3 250 a; 4 635 a

c. 4 823 m²; 204 m²

d. 803 a; 4 024 a

e. 846 ha; 1 024 ha

f. 5 020 m²; 305 m²

g. 6 074 dm²

h. 3 437 cm²; 809 cm²

i. 214 mm²

j. 372 dm²; 5 056 dm²

6. Gib in der kleineren Maßeinheit an.

4 a 25 m² = 425 m²
7 m² 4 dm² = 704 dm²

a. 8 a 37 m²; 9 a 14 m²; 15 a 8 m²

b. 3 ha 18 a; 24 ha 48 a; 19 ha 3 a

c. 4 km² 15 ha; 7 km² 63 ha; 19 km² 5 ha

d. 4 m² 12 dm²; 9 m² 75 dm²; 27 m² 9 dm²

e. 4 a 5 m²; 15 a 9 m²; 22 a 13 m²

f. 8 ha 9 a; 24 ha 3 a; 7 ha 45 a

g. 18 cm² 25 mm²; 8 dm² 3 cm²; 23 cm² 85 mm²

Information

Eine Hilfe beim Umwandeln in andere Maßeinheiten ist auch die **Einheitentabelle.** Da die Umwandlungszahl 100 ist, müssen bei jeder Maßeinheit Einer (E) und Zehner (Z) unterschieden werden.

km²		ha		a		m²		dm²		cm²		mm²		Schreibweisen
Z	E	Z	E	Z	E	Z	E	Z	E	Z	E	Z	E	
							4	0	0					4 m² = 400 dm²
					7	5	8							7 a 58 m² = 758 m²
									8	0	2			8 dm² 2 cm² = 802 cm²

Übungen

7. Gib in der in Klammern angegebenen Maßeinheit an.

a. 14 m² (dm²); 18 dm² (cm²); 37 a (m²); 75 ha (a)

b. 9 km² (ha); 2 cm² (mm²); 53 m² (dm²); 73 a (m²)

c. 4 dm² (cm²); 5 km² (ha); 4 a (m²); 9 ha (a)

d. 18 ha (m²); 5 km² (a); 2 m² (cm²); 17 km² (m²)

8. Gib in der in Klammern angegebenen Maßeinheit an.

a. 200 dm² (m²); 300 cm² (dm²); 1 400 m² (a); 800 a (ha); 3 700 ha (km²)

b. 2 500 ha (km²); 8 400 m² (a); 2 000 dm² (m²); 70 000 dm² (m²); 43 000 a (ha)

c. 200 a (km²); 4 700 ha (km²); 900 m² (a); 1 900 m² (a); 300 ha (km²)

d. 40 000 dm² (a); 800 000 a (km²); 900 000 dm² (a); 170 000 dm² (a); 80 000 cm² (m²)

9. Gib in der in Klammern angegebenen Maßeinheit an.

a. 43 dm² (cm²); 73 m² (dm²); 2 dm² (cm²); 5 km² (ha)

b. 400 m² (a); 2 800 a (ha); 8 900 ha (a); 200 ha (km²)

c. 2 000 a (ha); 19 a (m²); 7 km² (ha); 3 a (m²)

d. 7 ha (m²); 5 km² (a); 30 000 m² (ha); 40 000 a (km²)

10.

a. 5 m² (dm²)	**b.** 8 ha (a)	**c.** 2 300 cm² (dm²)	**d.** 125 ha (a)
600 dm² (m²)	900 a (ha)	2 300 cm² (mm²)	30 km² (ha)
7 cm² (mm²)	2 a (m²)	800 dm² (m²)	57 dm² (cm²)
900 mm² (cm²)	600 m² (dm²)	800 dm² (cm²)	3 200 mm² (cm²)
300 cm² (dm²)	500 ha (km²)	48 000 dm² (m²)	7 300 cm² (dm²)

$4785\ m^2 = 47\ a\ \ 85\ m^2$

11. Schreibe in zwei Maßeinheiten.

a. 2 753 m²	**b.** 8 405 a	**c.** 181 a	**d.** 594 cm²	**e.** 482 cm²
885 m²	3 005 m²	9 320 ha	7 323 mm²	8 964 mm²
4 732 m²	280 m²	7 305 ha	9 070 cm²	314 dm²
172 ha	54 008 m²	108 m²	608 mm²	4 241 cm²

12. Gib in der kleineren Maßeinheit an.

a. 5 ha 14 m²	**b.** 84 m² 6 dm²	**c.** 8 ha 17 a	**d.** 85 dm² 18 cm²
17 ha 3 a	3 km² 20 ha	8 km² 19 ha	5 dm² 2 cm²
19 a 2 m²	2 m² 16 dm²	4 a 25 m²	4 cm² 19 mm²
2 km² 6 ha	8 m² 5 dm²	2 ha 50 a	62 cm² 8 mm²

13. Eine Wand ist 21 m² groß. Sie soll mit Fliesen von 1 dm² Größe gekachelt werden. Wie viele Fliesen werden benötigt?

Kommaschreibweise

Aufgabe

1. Was bedeutet die Kommaschreibweise 8,45 a? Wandle in m² um.

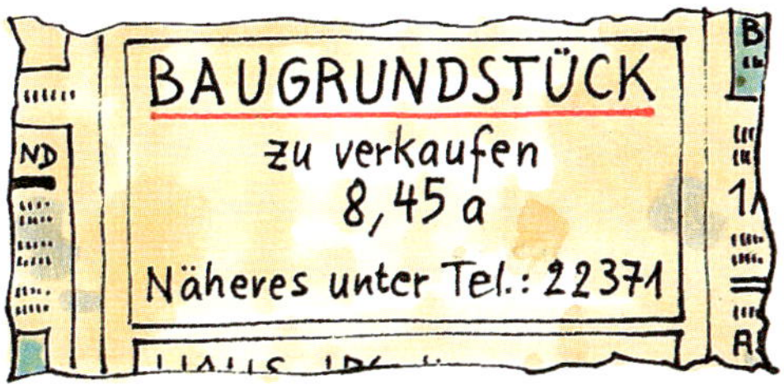

Lösung

Wir tragen 8,45 a in die Einheitentabelle ein und lesen ab:
$8{,}45\ a = 8\ a\ 45\ m^2 = 845\ m^2$

Vor dem Komma		Nach dem Komma	
a		m²	
	8	4	5

Zum Festigen und Weiterarbeiten

2. Gib in zwei Maßeinheiten an. Wandle dann in die kleinere Maßeinheit um. Die Einheitentabelle kann dir helfen.

$8{,}35\ a = 8\ a\ \ 35\ m^2 = 835\ m^2$

a. 2,49 km²	**b.** 0,54 km²	**c.** 2,54 m²	**d.** 4,7 m²	**e.** 7,65 a
37,53 km²	2,04 km²	59,09 m²	0,04 m²	98,23 a
8,06 km²	2,4 km²	3,5 m²	0,4 m²	0,42 a
5,4 km²	0,4 km²	0,45 m²	64,5 m²	23,5 a

3. Schreibe mit Komma. Die Einheitentabelle kann dir helfen.

$618\ m^2 = 6\ a\ 18\ m^2 = 6{,}18\ a$

a. $714\ m^2$; $312\ m^2$; $9\,780\ m^2$; $2\,496\ m^2$
b. $380\ m^2$; $7\ m^2$; $5\ m^2$; $50\ m^2$
c. 144 ha; 219 ha; 5 240 ha; 8 390 ha
d. 440 ha; 40 ha; 4 ha; 400 ha
e. 344 a; 40 a; 4 a; 176 a
f. $730\ dm^2$; $39\ dm^2$; $700\ dm^2$; $6\ dm^2$

4.

km^2			ha		a		m^2		dm^2		cm^2		mm^2		drei Schreibweisen für denselben Flächeninhalt
H	Z	E	Z	E	Z	E	Z	E	Z	E	Z	E	Z	E	
						7	2	3							7 a $23\ m^2$ = 7,23 a = $723\ m^2$
	2	2	0	5											$22\ km^2$ 5 ha = $22{,}05\ km^2$ = 2 205 ha
				3	7	0									3 ha 70 a = 3,7 ha = 370 a
								0	4	7					$0\ m^2$ $47\ dm^2$ = $0{,}47\ m^2$ = $47\ dm^2$

Trage in die Tabelle ein und lies drei Schreibweisen wie oben ab. Beachte die Nullen.

a. 2 ha 17 a; 8,75 a; $2\,421\ m^2$; 3,04 ha; $4\ km^2$; 0,5 ha
b. 2 ha 19 a; 9 ha 55 a; 3,4 a; 8,9 a; $3{,}5\ km^2$; $7{,}2\ km^2$
c. 12 a; 4 ha 73 a; $2{,}07\ km^2$; 7,2 a; $0{,}04\ m^2$; 56 a $7\ m^2$
d. $24\,475\ dm^2$; $82{,}45\ dm^2$; $73{,}65\ cm^2$; $4{,}3\ m^2$; $7{,}05\ dm^2$; $0{,}08\ dm^2$

Übungen

5. Schreibe in zwei Maßeinheiten.

4,2 ha = 4 ha 20 a

a. 2,97 ha; 18,52 a; 37,36 ha; $84{,}28\ m^2$; $8{,}94\ km^2$
b. $52\ km^2$; $7{,}6\ km^2$; $4{,}7\ m^2$; 4,9 a; 2,5 ha
c. $3{,}05\ m^2$; 2,4 ha; 1,97 ha; $0{,}09\ km^2$; 7,49 a
d. $3{,}04\ km^2$; 0,75 a; 0,33 ha; 23,7 ha; $19{,}6\ m^2$
e. 7,5 ha; 6,7 a; 4,2 ha; $2{,}8\ km^2$
f. $3{,}7\ cm^2$; $7{,}8\ dm^2$; $4{,}02\ dm^2$; $2{,}09\ cm^2$

6. Schreibe mit Komma.

a. $7\ m^2$ $12\ dm^2$; $5\ dm^2$ $16\ cm^2$; 12 a $16\ m^2$; 84 ha 13 a
b. 72 a $19\ m^2$; 5 ha 43 a; $3\ cm^2$ $54\ mm^2$; 27 ha 32 a
c. $2\ km^2$ 97 ha; 7 a $83\ m^2$; $4\ dm^2$ $6\ cm^2$; $8\ km^2$ 7 ha
d. 14 a $9\ m^2$; $7\ m^2$ $2\ dm^2$; 3 a $7\ m^2$; $53\ m^2$ $72\ dm^2$
e. 27 ha 32 a; 2 a $9\ m^2$; $5\ cm^2$ $8\ mm^2$; $38\ dm^2$ $7\ cm^2$
f. $41\ m^2$; 50 a; $3\ dm^2$; $4\ cm^2$
g. 7 ha; $8\ m^2$; 20 a; 30 a
h. 4 ha; 40 ha; $6\ dm^2$; $60\ dm^2$

7. Trage in eine Einheitentabelle ein. Lies drei Schreibweisen ab.

a. 29,14 a; 3,50 ha; $5{,}45\ km^2$; $31{,}8\ m^2$
b. 328 a; 735 ha; $574\ m^2$; $219\ dm^2$
c. 2,5 a; 3,7 ha; $4{,}3\ km^2$; $6{,}9\ m^2$
d. 0,45 a; 0,28 ha; $0{,}37\ km^2$; $0{,}46\ m^2$
e. 3,7 ha; $4{,}8\ km^2$; 7,5 a; 2,6 ha
f. $3{,}62\ cm^2$; $0{,}47\ dm^2$; $8{,}04\ cm^2$; $5{,}7\ dm^2$
g. $3{,}7\ m^2$; $2{,}9\ km^2$; $4{,}03\ dm^2$; $0{,}64\ cm^2$
h. 7,5 a; 2,6 ha; $0{,}8\ km^2$; 0,3 ha
i. $2{,}09\ km^2$; $0{,}2\ m^2$; $0{,}02\ m^2$; $0{,}90\ km^2$
j. 3,748 ha; 2,402 a; $0{,}004\ km^2$; 0,024 ha

Rechnen mit Flächeninhalten

Addieren und Subtrahieren von Flächeninhalten

Aufgabe

1. Ein Reiterhof hat einen 842 m² großen Turnierplatz.

a. Da der Turnierplatz zu klein ist, wird das Nachbargrundstück von 715 m² hinzugekauft.
Wie groß ist jetzt der Turnierplatz?

b. Leider muss der Turnierplatz wegen des Baus einer neuen Straße um 188 m² verkleinert werden.
Wie groß ist er jetzt noch?

Lösung

a. *Rechnung:*

$$\begin{array}{r} 842\ \text{m}^2 \\ +\ 715\ \text{m}^2 \\ {\scriptstyle 1}\quad \\ \hline 1\,557\ \text{m}^2 \end{array}$$

Ergebnis: Das Grundstück ist 1 557 m² groß.

b. *Rechnung:*

$$\begin{array}{r} 1\,557\ \text{m}^2 \\ -\ 188\ \text{m}^2 \\ {\scriptstyle 1\,1}\quad \\ \hline 1\,369\ \text{m}^2 \end{array}$$

Ergebnis: Das Grundstück ist dann nur noch 1 369 m² groß.

Zum Festigen und Weiterarbeiten

2. Berechne. Wandle gegebenenfalls in eine andere Maßeinheit um.

a. 847 a + 958 a
b. 450 ha − 338 ha
c. 937 m² − 788 m²
d. 314 dm² + 497 dm²
e. 8,75 m² + 48,2 m²
f. 9,47 ha − 8,36 ha

Mögliche Zahlenwerte: 112; 56,95; 419; 1 805; 59,65; 1,11; 811; 149.

$$\begin{array}{r} 6\,350\ \text{a} \\ +\ 7\,469\ \text{a} \\ {\scriptstyle 1\ \ 1}\quad\ \ \\ \hline 13\,819\ \text{a} \\ = 138\ \text{ha}\ 19\ \text{a} \end{array}$$

3. **a.** Herr Mertens will den Fußboden in seinem Keller mit einer Kautschuk-Farbe streichen. Er misst:
Heizungskeller: 9 m²; Vorratskeller: 16 m²; Hobbyraum: 46 m²; Vorraum: 12 m².
Für wie viel Quadratmeter muss er Farbe kaufen?

b. Ein Ferienhaus soll verputzt werden. Die beiden Seitenflächen sind zusammen 54 m² groß. Die Vorder- und Rückseite des Ferienhauses haben eine Größe von je 21,45 m². Das Ferienhaus hat eine 3,50 m² große Tür und eine 35 m² große Fensterfläche.
Wie viel Quadratmeter müssen verputzt werden?

4. Zeichne zu dem Term passende Flächen wie im Beispiel und schreibe zwei weitere Gleichungen auf.

a. 4 cm² + 3 cm²
b. 5 cm² + 9 cm²

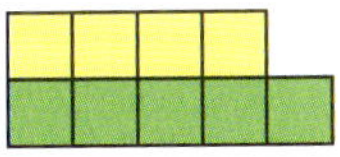

4 cm² + 5 cm² = 9 cm²
9 cm² − 5 cm² = 4 cm²
9 cm² − 4 cm² = 5 cm²

Übungen

5.

a.	**b.**	**c.**	**d.**	**e.**
4 753 a	3 928 ha	8 439 ha	4 753 m²	6 804 a
+ 2 875 a	+ 4 739 ha	+ 2 679 ha	− 2 854 m²	− 5 905 a

6.

a.	**b.**	**c.**	**d.**	**e.**
7 653 m²	7 523 a	3 465 ha	9 846 m²	8 504 a
+ 2 149 m²	+ 2 149 a	+ 2 199 ha	− 2 654 m²	− 3 476 a
+ 4 735 m²	+ 3 904 a	+ 4 124 ha	− 3 769 m²	− 4 921 a
+ 6 843 m²	+ 6 210 a	+ 3 098 ha		

Mögliche Zahlenwerte: 107, 3 289, 19 786, 4 472, 897, 21 380, 955, 3 423, 18 876, 1 276, 12 886, 2 467, 679.

7. Einer Gemeinde gehört eine Fläche von 2 735 ha. Davon sind 481 ha Weideland, 510 ha Ackerland, 618 ha Wald und 22 ha Wohngebiete. 12 ha entfallen auf Straßen und Wege. Der Rest ist Brachland. Wie groß ist dieses?

8. Auf Bestreben einer Bürgerinitiative sollen ein 12 a großes Sumpfgebiet und ein angrenzendes 3,4 ha großes Waldstück unter Naturschutz gestellt werden.

a. Wie groß ist die Fläche, die unter Naturschutz gestellt werden soll?

b. Leider lassen sich die Pläne nicht vollständig verwirklichen. 1,8 ha des Waldgebietes werden weiter zur Holzerzeugung genutzt und nicht unter Naturschutz gestellt. Wie groß wird die geschützte Fläche?

9. Bei einer Flurbereinigung soll das Land neu aufgeteilt werden. Landwirt Schulte hatte vorher Ackerflächen mit folgenden Größen: 3 ha; 2,6 ha; 1,8 ha; 3,9 ha; 24 ha; 12,5 ha. Nach der Flurbereinigung hat er zwei Stücke von 31 ha und 17 ha. Vergleiche.

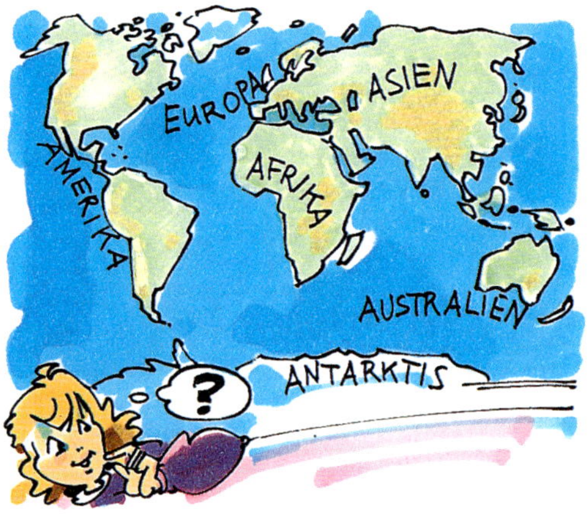

10. Die Landfläche der Erde verteilt sich auf sechs Kontinente:

Europa	10 010 000 km²
Amerika	41 850 000 km²
Asien	44 130 000 km²
Australien	8 900 000 km²
Afrika	29 830 000 km²
Antarktis	14 170 000 km²

a. Wie groß ist die Gesamtfläche aller Kontinente?

b. Die Gesamtfläche der Erde beträgt 509 890 000 km². Wie groß ist die Gesamtwasserfläche unserer Erde?

11. Die Länder der Bundesrepublik Deutschland haben folgende Größe:

Baden-Württemberg	35 751 km²	Niedersachsen	47 439 km²
Bayern	70 553 km²	Nordrhein-Westfalen	34 068 km²
Berlin	883 km²	Rheinland-Pfalz	19 848 km²
Brandenburg	27 061 km²	Saarland	2 569 km²
Bremen	404 km²	Sachsen	16 910 km²
Hamburg	755 km²	Sachsen-Anhalt	24 657 km²
Hessen	21 114 km²	Schleswig-Holstein	15 728 km²
Mecklenburg-Vorpommern	22 954 km²	Thüringen	15 598 km²

a. Wie groß ist die Bundesrepublik Deutschland?

b. Ordne die Länder nach ihrer Größe.

Multiplizieren und Dividieren bei Flächeninhalten

Aufgabe

1. Für 5 Familien werden Gärten vermessen. Jede Familie bekommt einen rechteckigen Garten von 450 m^2.

a. Wie groß ist das Grundstück insgesamt?

b. Wie viele Gärten kann man bekommen, wenn jeder Garten nur 250 m^2 groß sein soll?

c. Das Grundstück wird gleichmäßig an 6 Familien verteilt.
Wie groß ist dann ein Kleingarten?

Lösung

a. 5 Flächen von je 450 m^2 werden zu einer Fläche zusammengefasst.
Rechnung: $5 \cdot 450\ m^2 = 2250\ m^2$
Ergebnis: Das Grundstück ist insgesamt 2250 m^2> groß.

b. Die Gesamtfläche wird in 250 m^2 große Teilflächen zerlegt.
Rechnung: $2250\ m^2 : 250\ m^2 = 9$
Ergebnis: Man erhält 9 Gärten.

c. Die Gesamtfläche wird in 6 gleich große Teilflächen zerlegt.
Rechnung: $2250\ m^2 : 6 = 375\ m^2$
Ergebnis: Jeder Kleingarten ist 375 m^2 groß.

Zum Festigen und Weiterarbeiten

2. Zeichne zu dem Term passende Flächen wie im Beispiel und schreibe zwei weitere Gleichungen auf.

a. $4 \cdot 3\ cm^2$ **b.** $3 \cdot 5\ cm^2$

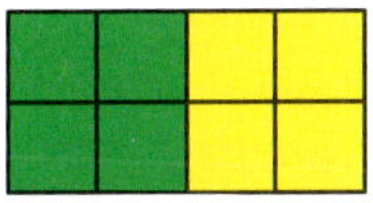

$2 \cdot 4\ cm^2 = 8\ cm^2$
$8\ cm^2 : 2 = 4\ cm^2$
$8\ cm^2 : 4\ cm^2 = 2$

3. a. Rechne im Kopf.

(1)	(2)	(3)	(4)	(5)
$7 \cdot 18\ cm^2$	$8 \cdot 9$ ha	$8 \cdot 47\ m^2$	49 a : 7	$90\ m^2 : 5\ m^2$
$12 \cdot 7$ ha	$7 \cdot 6\ km^2$	$9 \cdot 42$ a	$95\ dm^2 : 5$	39 ha : 3 ha

b. Rechne schriftlich.

(1)	(2)	(3)	(4)
$48 \cdot 243$ a	$219 \cdot 314$ a	7 104 ha : 4	$2\,576\ m^2 : 56\ m^2$
$62 \cdot 780\ m^2$	$104 \cdot 211$ ha	$5\,008\ m^2 : 8$	2 646 a : 42 a

Mögliche Zahlenwerte: 46, 324, 502, 11 664, 21 944, 37 572, 626, 63, 68 766, 36, 1 776, 48 360, 1 614.

4. a. Eine Baugesellschaft sucht ein Grundstück für den Bau von 5 Reihenhäusern. Für jedes Reihenhaus ist ein Bauplatz von 280 m^2 vorgesehen.
Wie groß muss das Grundstück sein?

b. In einem anderen Fall steht ein Grundstück von 6 720 m^2 zur Verfügung. Es wird in 7 gleich große Bauplätze zerlegt. Wie groß ist jeder Bauplatz?

c. Wie viele Bauplätze bekommt man, wenn jeder Bauplatz 1 120 m^2 groß ist?

Übungen

5. Rechne im Kopf; achte besonders darauf, ob das Ergebnis ein Flächeninhalt ist (also eine Maßeinheit hat) oder ob das Ergebnis eine Zahl (ohne Maßeinheit) ist.

a. $7 \cdot 41\ m^2$	**b.** $8 \cdot 102\ m^2$	**c.** $126\ a : 6$	**d.** $168\ m^2 : 8\ m^2$
$8 \cdot 52$ ha	$25 \cdot 44$ ha	$405\ ha : 5$	$135\ a : 9\ a$
$4 \cdot 24\ km^2$	$12 \cdot 52\ km^2$	$147\ m^2 : 3$	$188\ ha : 4\ ha$

6. Rechne schriftlich; achte auf die Maßeinheit.

a. $241 \cdot 47\ m^2$	**b.** $5\,488\ a : 7\ a$	**c.** $2\,842\ m^2 : 29$	**d.** $820 \cdot 715\ km^2$
$28 \cdot 346$ ha	$4\,212\ ha : 6\ ha$	$2\,107\ a : 43$	$259 \cdot 562$ a
$59 \cdot 942\ m^2$	$6\,786\ m^2 : 9\ m^2$	$5\,628\ m^2 : 84$	$706 \cdot 850\ m^2$

Mögliche Zahlenwerte: 9688, 754, 98, 463, 11 327, 784, 67, 89, 600 100, 19 868, 55 578, 49, 145 558, 702, 586 300.

7. Ein bestimmter Mähdrescher kann in einer Stunde ein 53 a großes Feld abernten.

a. Der Mähdrescher ist 13 Stunden im Einsatz. Wie groß ist die Fläche, die er aberntet?

b. Wie viele Stunden benötigt er für ein 424 a großes Feld?

8. Frau Sorp kauft Rasendünger. Frau Sorps Rasenfläche ist 24 m² groß. Wie viel mal kann sie düngen?

9. Die Pausenhalle ist 175 m² groß. Dort soll ein Flohmarkt stattfinden.

a. Die Schulverwaltung möchte Stände zu je 4 m² verteilen. Für den Durchgang müssen 55 m² frei bleiben.

b. 43 Schülerinnen und Schüler möchten mitmachen. Jeder Schüler soll eine Fläche von 3 m² bekommen. Reicht die Pausenhalle?

10. **a.** Die Stellfläche für ein Auto ist 9 m² groß. Ein Parkplatz hat 500 solcher Stellflächen und 200 m² Wegfläche. Wie groß ist der Parkplatz?

b. Für jedes Auto ist in einem Parkhaus eine Fläche von 9 m² vorgesehen. 220 Autos können dort abgestellt werden. Dazu kommen noch 350 m² Wegfläche. Wie groß ist die Gesamtfläche des Parkhauses?

c. Wie viele Autos können im Parkhaus parken, wenn man die Fläche für ein Auto auf 10 m² vergrößert?

Vermischte Übungen

11. Ein Klassenzimmer ist 50 m² groß. Darin stehen 14 Tische, jeder hat eine Fläche von 1 m², sowie 16 schmale Schränke, die je 50 dm² einnehmen. Im Klassenraum arbeiten 26 Schülerinnen und Schüler.
Wie viel freie Fläche steht (rechnerisch) dann für jedes Kind noch zur Verfügung?

12. Die sechs Klassen eines Jahrgangs 5 arbeiten im Biologieunterricht im Schulgarten. Jede Klasse hat ein 18 m² großes Beet angelegt.

a. Die Beete werden zum Winter mit Stroh abgedeckt. Für 12 m² rechnet man einen Ballen Stroh.
Wie viele Ballen müssen für die Klassen bestellt werden?

b. Im Frühjahr soll der Boden mit Hornspänen verbessert werden. Im Gartenbuch finden sie die Angabe: 7 g pro m².
Wie viel Hornspäne werden für alle Beete benötigt?

13. Eine durchschnittliche Buchseite ist rund 5 dm² groß. Ein Buch hat im Schnitt 170 Seiten. In einer Bücherei stehen 5 000 Bücher.
Wie viel a könnten mit den Blättern dieser Bücher bedeckt werden?

14. Betrachte das Bild rechts.
Wandle in m², ha und km² um.

Teamarbeit

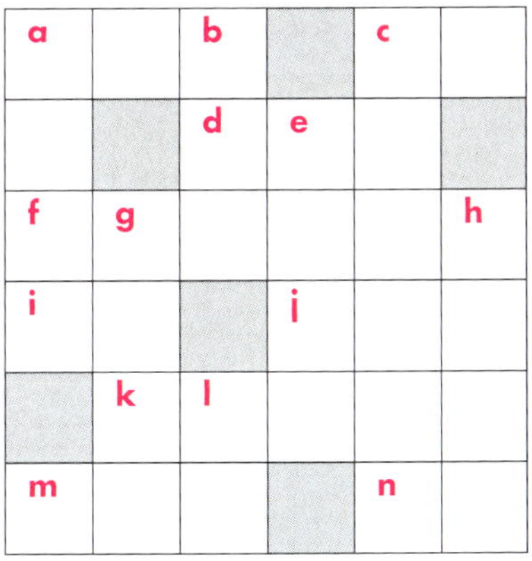

15. *Kreuzzahlrätsel.*
Notiert jeweils das Ergebnis in einer Flächeninhaltseinheit, die möglichst groß ist und keine Kommaschreibweise erfordert.
Tragt nur die Maßzahl ein.

waagerecht:

a. $9 \cdot 24$ cm²
c. 1 dm² : 10
d. $110 \cdot 410$ mm²
f. 3,77 m² · 895
i. 1 m² – 3 000 cm²
j. $80 \cdot 290$ m²
k. 2,27 cm² · 225
m. 1,86 dm² + 22 cm²
n. 1 ha : 2

senkrecht:

a. 30 cm² – 63 mm²
b. 7 ha – 53 a
c. 89,1 m² : 8
e. 53 a + 120 m²
g. 122 dm² · 25
h. 21 km² : 40
l. 18 cm² · 100

Berechnungen am Rechteck

Aufgabe

1. Gegeben sind zwei Rechtecke mit den Seitenlängen:

(1) a = 4 cm; b = 3 cm
(2) a = 5 m; b = 4 m

a. Bestimme den Flächeninhalt der Rechtecke und leite daraus allgemein ein Verfahren ab, wie man aus den beiden Seitenlängen a und b eines Rechtecks den Flächeninhalt A des Rechtecks berechnen kann.

b. Bestimme den Umfang der Rechtecke und gib eine Formel an, mit der man aus den beiden Seitenlängen a und b eines Rechtecks den Umfang u des Rechtecks berechnen kann.

(1)
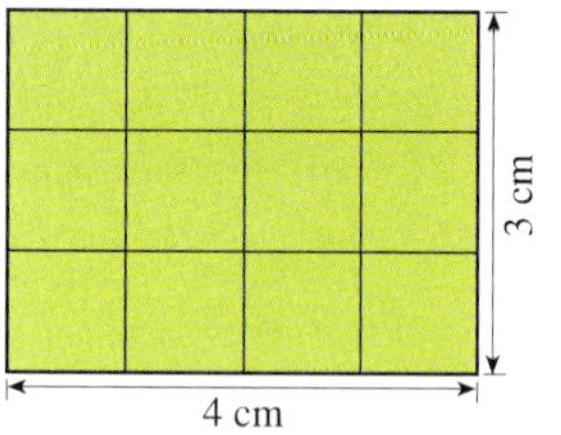

(2)
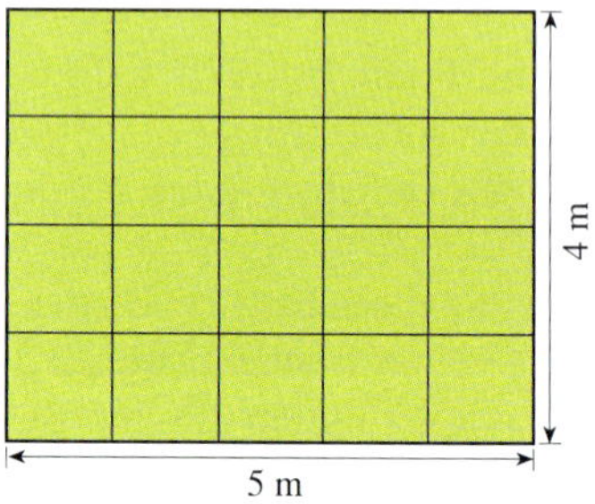

Lösung

a. (1) Zerlege das Rechteck in Quadrate mit dem Flächeninhalt 1 cm².

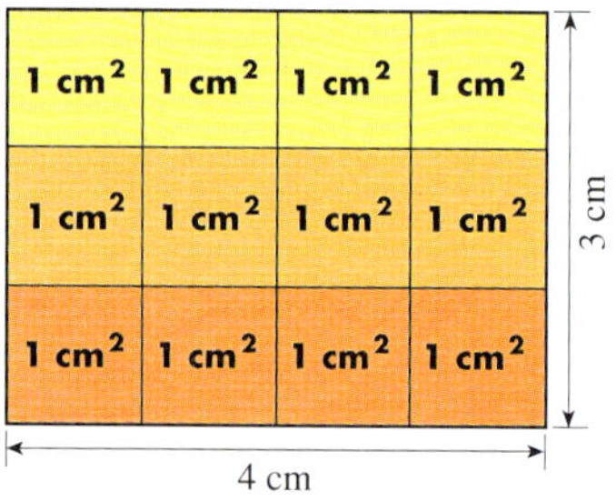

3 · 4, also 12 Quadrate
Flächeninhalt: $(3 \cdot 4) \cdot 1\ \text{cm}^2 = 12\ \text{cm}^2$

(2) Zerlege das Rechteck in Quadrate mit dem Flächeninhalt 1 m².

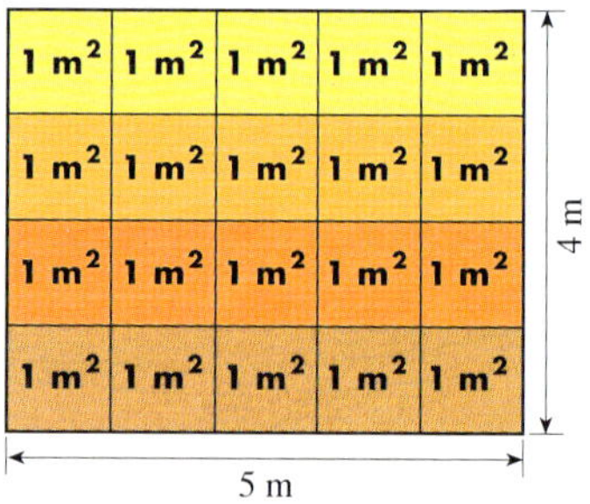

4 · 5, also 20 Quadrate
Flächeninhalt: $(4 \cdot 5) \cdot 1\ \text{m}^2 = 20\ \text{m}^2$

Sind die Seitenlängen eines Rechtecks in *derselben* Längeneinheit angegeben, dann erhält man den **Flächeninhalt A des Rechtecks,** indem man die Maßzahlen der Seitenlängen miteinander multipliziert und mit der entsprechenden Flächeninhaltseinheit versieht.

Beispiel:
Seitenlängen: a = 7 dm; b = 5 dm

Flächeninhalt: $A = (7 \cdot 5)\ \text{dm}^2 = 35\ \text{dm}^2$

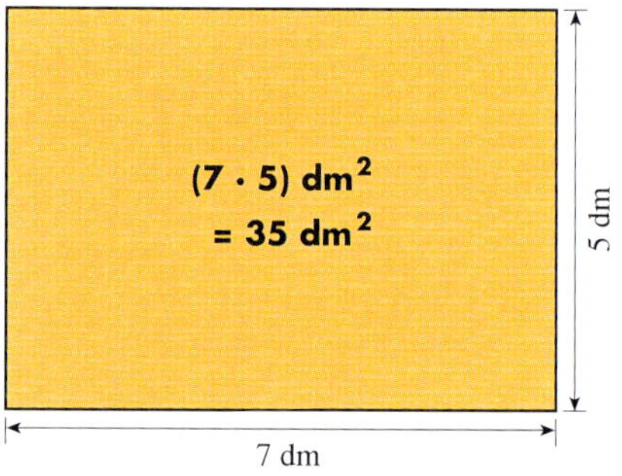

b. (1)

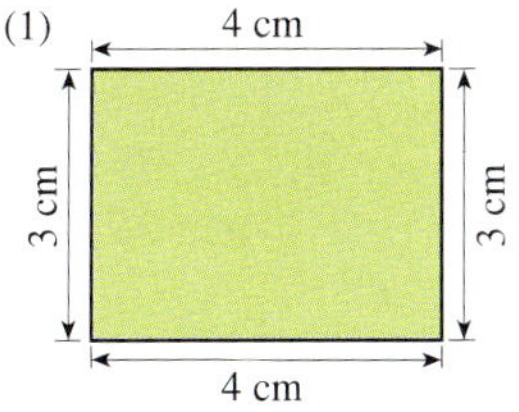

$u = 2 \cdot 4\text{ cm} + 2 \cdot 3\text{ cm}$
$= 8\text{ cm} + 6\text{ cm}$
$= 14\text{ cm}$

(2)

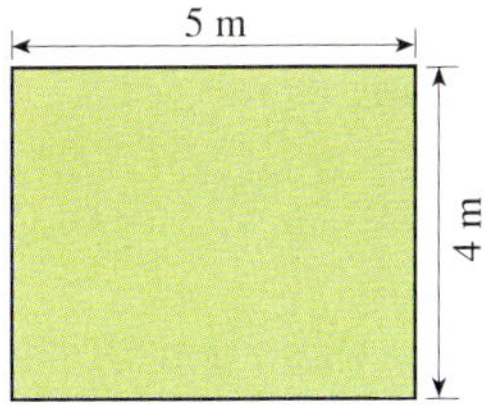

$u = 2 \cdot 5\text{ m} + 2 \cdot 4\text{ m}$
$= 10\text{ m} + 8\text{ m}$
$= 18\text{ m}$

(3)

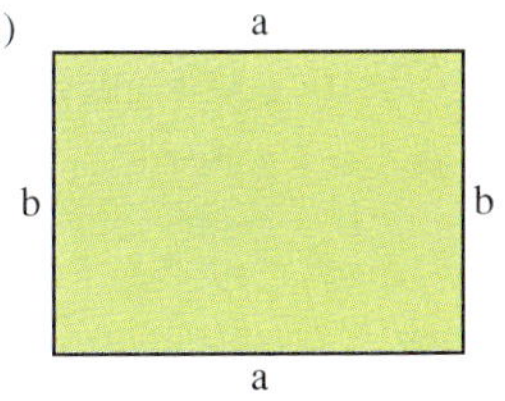

$u = 2 \cdot a + 2 \cdot b$

Für den **Umfang u eines Rechtecks** mit den Seitenlängen a und b gilt die Formel: $\mathbf{u = 2 \cdot a + 2 \cdot b}$

Beispiel: a = 8 dm; b = 12 dm

$u = 2 \cdot 8\text{ dm} + 2 \cdot 12\text{ dm}$
$= 16\text{ dm} + 24\text{ dm}$
$= 40\text{ dm} = 4\text{ m}$

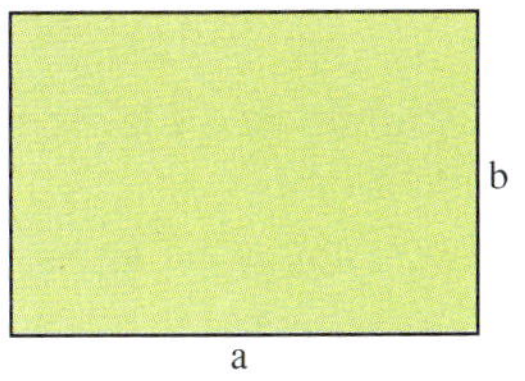

Formel für den Flächeninhalt eines Rechtecks

Information

Für den Umfang eines Rechtecks mit den Seitenlängen a und b haben wir eine Formel aufgestellt. Das ist auch für den Flächeninhalt möglich.
Die Formel lautet: $A = a \cdot b$
Auch im täglichen Leben wird die Größe von Flächen mit *mal* angegeben:
Größe eines Teppiches: 83 cm mal 145 cm
Größe eines Zimmers: 8 m mal 3 m

Die Formel für den **Flächeninhalt A eines Rechtecks** mit den Seitenlängen a und b lautet: $\mathbf{A = a \cdot b}$

Flächeninhalt = Länge · Breite

Beispiel: a = 7 dm; b = 9 dm

$A = a \cdot b$
$= 7\text{ dm} \cdot 9\text{ dm}$
$= 63\text{ dm}^2$

Bei $7\text{ dm} \cdot 9\text{ dm}$ werden zwei Längen multipliziert. Das Ergebnis ist ein Flächeninhalt, nämlich 63 dm^2.

Zum Festigen und Weiterarbeiten

2. Gib den Flächeninhalt A und den Umfang u des Rechtecks an.

	a.	**b.**	**c.**	**d.**	**e.**	**f.**	**g.**
a	3 cm	4 cm	7 cm	2 cm	7 dm	4 m	8 dm
b	5 cm	6 cm	8 cm	3 cm	6 dm	6 m	2,5 dm

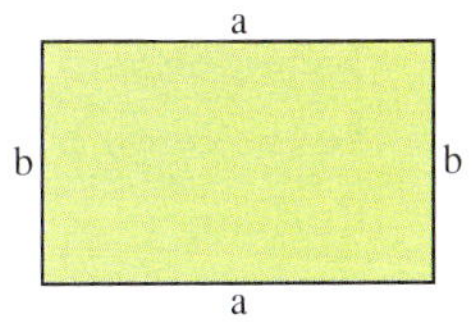

3. a. Ein Quadrat hat die Seitenlänge a = 7 m [a = 3 m].
Wie groß sind Flächeninhalt und Umfang?

b. Ein Quadrat habe die Seitenlänge a. Stelle eine Formel für den Umfang u und eine Formel für den Flächeninhalt A des Quadrates auf.

Übungen

4. Zeichne ein Rechteck mit den angegebenen Seitenlängen; bestimme dann den Flächeninhalt A. Gib auch den Umfang u an.

a. a = 7 cm, b = 5 cm **b.** a = 5 cm, b = 4 cm **c.** a = 6 cm, b = 6 cm **d.** a = 75 mm, b = 35 mm

5. Bestimme den Flächeninhalt A und den Umfang u des Rechtecks mit den Seitenlängen a und b. Wandle gegebenenfalls in eine größere Maßeinheit um.

a.

a	8 cm	9 cm	40 dm	84 cm
b	12 cm	24 cm	70 dm	16 cm

b.

a	4 cm	75 mm	35 mm	7 dm	12 m
b	6 cm	45 mm	63 mm	4 dm	12 m

6. Ein Grundstück ist 60 m lang und 20 m breit. Wie viel m^2 ist es groß?

7. Bestimme den Flächeninhalt des Rechtecks. Wandle das Ergebnis in eine höhere Maßeinheit um.

a. a = 24 m, b = 63 m **b.** a = 226 m, b = 87 m **c.** a = 421 m, b = 329 m **d.** a = 419 m, b = 256 m **e.** a = 897 m, b = 1 302 m

8. Lars und Tim gehören verschiedenen Sportvereinen an. Sie streiten, welcher Verein das größere Fußballfeld hat.

9. Berechne die fehlende Größe.

	a.	**b.**	**c.**	**d.**	**e.**	**f.**	**g.**	**h.**
Seitenlänge a	8 cm		11 cm	18 dm		45 m		2 km
Seitenlänge b	7 cm	9 cm		37 cm	18 dm	27 m	30 m	500 m
Flächeninhalt A		45 cm^2	88 cm^2		306 dm^2		9000 m^2	

10. Berechne die fehlende Größe.

	a.	**b.**	**c.**	**d.**	**e.**	**f.**	**g.**	**h.**
Seitenlänge a	12 cm	10 cm	8 cm			32 m	59 mm	
Seitenlänge b	9 cm			30 m	17 m		43 mm	13 km
Umfang u		28 cm	36 cm	120 m	98 m	112 m		56 km

11. Von einem Quadrat ist die Seitenlänge a gegeben. Berechne den Flächeninhalt und den Umfang.

a. a = 12 cm **b.** a = 24 cm **c.** a = 48 m **d.** a = 143 m **e.** a = 309 m

12. Ein Quadrat hat den Umfang u. Berechne die Seitenlänge a.

a. u = 48 cm **b.** u = 60 cm **c.** u = 88 cm **d.** u = 156 cm **e.** u = 10 cm.

13. Ein rechteckiges Beet, das 74 cm lang und 42 cm breit ist, soll mit Randsteinen eingefasst werden.
Wie lang ist diese Einfassung?

14. Ein Garten (25 m breit; 35,50 m lang) erhält einen neuen Maschendrahtzaun.
Wie lang ist dieser?

15. Die Fußleiste eines Zimmers soll erneuert werden. Das Zimmer ist 4,50 m breit und 5,20 m lang. Die Tür ist 1,20 m breit.
Wie lang ist die Fußleiste?

16. Tarek hat ein Quadrat mit Streichhölzern (Länge 4 cm) gelegt, jede Seite ist 5 Streichhölzer lang.
Wie groß sind Umfang und Flächeninhalt des Quadrates?

17. Hasim legt mit Streichhölzern ein Rechteck, es ist zwei Streichholzlängen lang und 3 Streichholzlängen breit. Jedes Streichholz ist 4 cm lang.
Wie groß sind der Flächeninhalt und der Umfang des Rechtecks?

18. Kannst du mit Streichhölzern (4 cm Länge) ein Rechteck mit 64 cm Umfang und 240 cm^2 Flächeninhalt legen?
Hinweis: Überlege zuerst, wie viele Streichhölzer du verwenden kannst.

19. Die Cheopspyramide hat eine quadratische Grundfläche.

a. Wie viel ha ist die Grundfläche groß?

b. Wie viele Fußballfelder (105 m × 80 m) sind etwa genauso groß wie diese Grundfläche? Schätze zuerst.

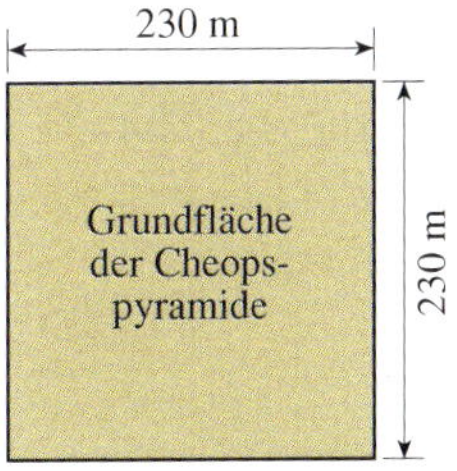

20. Die meisten Klassenräume sind rechteckig. Wie ist es mit eurem?
Messt ihn aus und fertigt eine maßstabsgetreue Zeichnung an.
Berechnet die Fläche eures Klassenraums.
Zeichnet auch die Tische und Schränke in eure Zeichnung ein und berechnet ihre Fläche. Welche Freifläche steht euch zur Verfügung?
Berechnet auch, welche Fläche für jedes Kind frei sein müsste.
Vergleicht eure Ergebnisse mit Aufgabe 11, Seite 187.

Teamarbeit

21. Aus 12 Streichhölzern werden vier gleich große Quadrate gelegt, dabei bildet sich ein großes Quadrat. Drei Streichhölzer sollen umgelegt werden, sodass drei gleich große Quadrate entstehen.

Zum Knobeln

Vermischte Übungen

1. Eine Wohnung besteht aus folgenden Räumen:
Küche (12 m^2), Wohnzimmer (24 m^2), Schlafzimmer (20 m^2), Kinderzimmer (16 m^2) und Flur (7 m^2).

a. Wie groß ist die Wohnung?

b. Die Miete beträgt 5 € pro m^2. Wie hoch ist diese für die ganze Wohnung?

c. Eine andere Wohnung ist 108 m^2 groß. Sie ist auch für 5 € pro m^2 vermietet.
Wie viel m^2 ist diese Wohnung größer? Wie viel € ist sie teurer?

2. In einem Jugendheim schlafen die Kinder im Dachgeschoss von kleinen Häusern auf dem Boden. Dort ist ein rechteckiger Bereich (3,20 m lang und 1,90 m breit) abgeteilt. Hier sollen 4 Matratzen untergebracht werden. Wie lang und wie breit müssen sie sein?
Welche Liegefläche steht für jedes Kind zur Verfügung?
Wie lang ist die Umrandung?

3. Sabrina hat eine rechteckige Sperrholzplatte (34 cm lang, 53 cm breit) vor sich liegen. Daraus will sie rechteckige Steine für ein Dominospiel sägen. Die Steine sollen 4 cm mal 6 cm groß werden. Natürlich will sie möglichst viele Plättchen aus dem Sperrholz ausschneiden.

a. Wie muss sie die Platte einteilen? Zeichne dazu.

b. Wie viel Verschnitt (Reststücke) hat sie mindestens?

4. Karina hat einen Bogen Tonkarton vor sich liegen, der 54 cm lang und 33 cm breit ist.
Sie hat ausgerechnet, dass die Fläche 1 782 cm^2 beträgt, das sind 17 dm^2 und 82 cm^2. Also müsste man auch 17 Dezimeterquadrate ausschneiden können.
Fertige eine Zeichnung an (1 cm des Tonkartons soll 1 mm in der Zeichnung entsprechen).
Kannst du das Problem erklären?

5. Jan und Ari streiten sich, ob der Aletsch-Gletscher in der Schweiz oder der Jostedalsbreen in Norwegen der größte Gletscher auf dem europäischen Festland ist.
Was meinst du dazu?

	Länge	**Fläche**
Aletsch-Gletscher	16 km	115 km^2
Jostedalsbreen	14 km	940 km^2

Jostedalsbreen, Norwegen

großer Aletsch-Gletscher, Schweiz

Bist du fit?

1. a. Bestimme den Flächeninhalt beider Flächen. Miss auch den Umfang (auf mm genau).

(1)

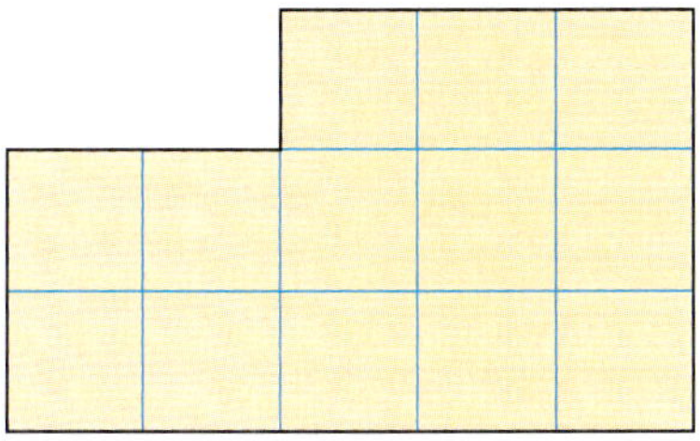

(2)

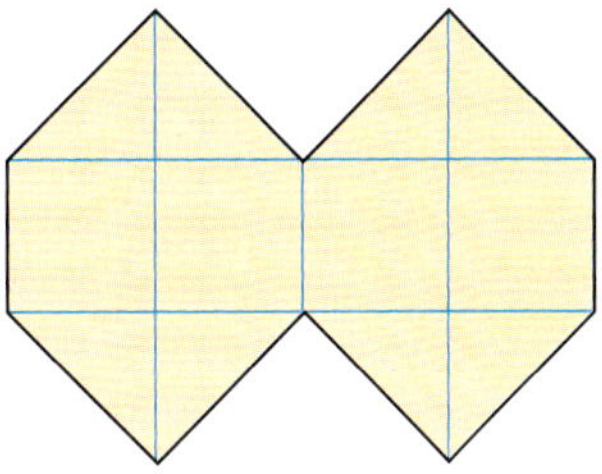

b. Zeichne eine Fläche mit folgendem Flächeninhalt:
(1) 18 cm² (2) 21 cm² (3) 0,25 cm²

2. Gib in der in Klammern angegebenen Maßeinheit an.

a. 120 ha (a); 2 400 m² (a); 3 600 ha (km²)
b. 900 a (m²); 400 ha (a); 400 ha (km²)
c. 900 cm² (dm²); 4 500 m² (dm²); 3 000 dm² (mm²)
d. 200 m² (a); 700 a (ha); 700 a (m²)
e. 29 km² (a); 2 400 m² (cm²); 30 000 m² (ha)
f. 4 cm² (mm²); 7 km² (ha); 12 ha (a)

3. a. Gib in zwei Maßeinheiten an. Wandle dann in die kleinere der beiden Maßeinheiten um.

(1)	(2)	(3)	(4)
3,75 ha	23,5 ha	0,85 ha	37,09 m²
7,52 a	17,05 a	3,75 dm²	9,4 cm²
16,59 km²	4,7 km²	8,04 cm²	0,07 dm²

b. Schreibe mit Komma.

(1)	(2)	(3)	(4)
7 ha 75 a	2 ha 5 a	3 dm² 17 cm²	18 ha
12 a 19 m²	61 a 7 m²	28 cm² 53 mm²	43 m²
49 m² 55 dm²	3 km² 9 ha	12 dm² 4 cm²	5 m²
3 km² 50 ha	4 m² 4 dm²	3 cm² 3 mm²	7 a

4. Ein Rechteck hat die Seitenlängen a und b. Bestimme seinen Flächeninhalt und seinen Umfang.

a. a = 9 cm; b = 7 cm
b. a = 12 cm; b = 9 m
c. a = 14 m; b = 17 m
d. a = 25 m; b = 30 m
e. a = 7,4 m; b = 3 m
f. a = 2,5 m; b = 5 m
g. a = 240 m; b = 70 m
h. a = 142 m; b = 78 m
i. a = 303 m; b = 120 m

5. In einem Schulgebäude sind auf einer Etage 8 Klassenzimmer, die jeweils 80 m² groß sind. Dazwischen sind 44 m² Flur.

a. Wie groß ist die Gesamtfläche?

b. Die Etage wird umgestaltet. Die Flure werden zu einer Aufenthaltsfläche von 114 m² erweitert, ein Lehrerzimmer mit 60 m² wird eingerichtet. Es sollen noch 6 Klassenzimmer Platz finden.
Wie groß kann jedes höchstens werden?

Volumina (Rauminhalte)

Früher wurden Flüssigkeiten in Kannen, Krügen oder Kübeln verkauft. Das Einkaufen war damals nicht so einfach wie heute. Dies zeigt unsere folgende Geschichte aus dem alten Orient:

Ali-Baba möchte von einem Ölhändler 4 Liter Öl kaufen. Der Händler hat einen 8-Liter-Krug, der bis an den Rand mit Öl gefüllt ist. Außerdem hat er noch zwei leere Krüge, einen 3-Liter-Krug und einen 5-Liter-Krug. Wie kann man durch mehrmaliges Umfüllen erreichen, dass in einem der Krüge genau 4 Liter sind?

Eine Möglichkeit ist die folgende:
Man füllt zunächst den 5-Liter-Krug (1. Umfüllen).
Dann füllt man mit dem 5-Liter-Krug den 3-Liter-Krug (2. Umfüllen), usw.

	Ausgangs-situation:	**1. Umfüllen**	**2. Umfüllen**	**3. Umfüllen**	**usw.**
8-Liter-Krug	8 Liter	3 Liter	3 Liter		
5-Liter-Krug	–	5 Liter	2 Liter		
3-Liter-Krug	–	–	3 Liter		

Es ist möglich die gewünschte Ölmenge in acht Schritten zu erhalten.
Kannst du die Aufgabe lösen?

Volumen (Rauminhalt) eines Körpers – Angabe durch Zahlenwert und Maßeinheit

Volumenvergleich von Körpern – Volumen

Aufgabe

1. a. Riko will seine Videokassetten ordentlich in einem Regal verstauen. Er will sie nach Sport und Musik ordnen.
Braucht er für beide Stapel gleich viel Platz im Regal?

b. Hier siehst du verschiedene Regalformen für Videokassetten. Vergleiche sie.
Warum ist der Stauraum bei allen Regalen gleich groß?

c. Baue aus vier Videokassetten (du kannst auch Mathebücher oder Streichholzschachteln nehmen) jeweils verschiedene Körper. Vergleiche die Körper.
Was ist bei allen Körpern, die du gebaut hast, gleich und was ist verschieden?

Lösung

a. Der Stapel der Sportkassetten enthält mehr Kassetten als der Stapel der Musikkassetten. Daher braucht man für die Sportkassetten mehr Platz im Regal.

b. Jedes der Regale hat Platz für acht Kassetten, die alle gleiche Abmessungen haben. Alle drei Regale enthalten daher einen gleich großen Stauraum.
Sie haben das gleiche Volumen (den gleichen Rauminhalt).

c. Alle drei Körper haben das gleiche Volumen (den gleichen Rauminhalt, sie haben aber verschiedene Form (Gestalt)). Auch Körper, die nicht hohl sind, haben ein Volumen.

Körper 1

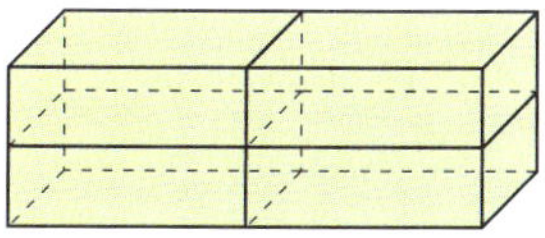

Körper 2

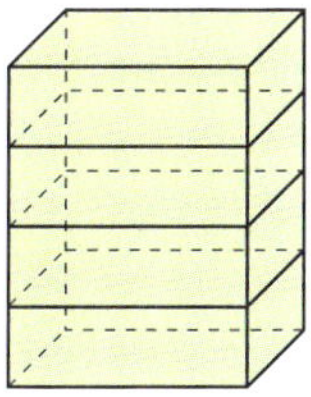

Körper 3

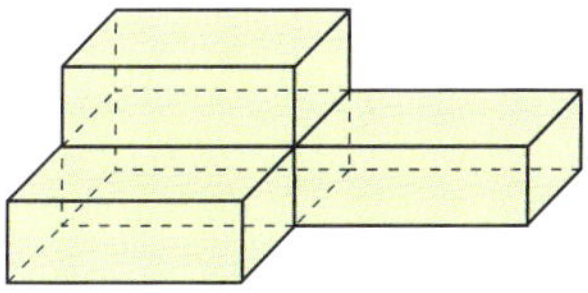

Information

Körper, die man aus derselben Anzahl von Körpern mit jeweils gleichen Abmessungen aufbauen kann, sind gleich groß. Sie haben dasselbe **Volumen** (denselben **Rauminhalt**). Verschiedene Körper können dasselbe Volumen (denselben Rauminhalt) haben.
Verwechsle nicht *Volumen* (Rauminhalt) und *Gewicht* eines Körpers.

Zum Festigen und Weiterarbeiten

2. 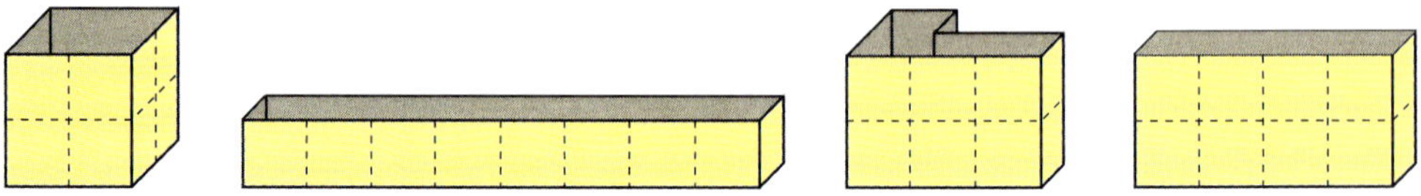

Behälter (1) ist mit Sand gefüllt. Vergleiche mit den anderen Behältern.
Welche Behälter fassen mehr, welche weniger Sand?
Welcher Behälter hat das größte Volumen, welcher hat das kleinste Volumen?

3. Vergleiche die Körper.

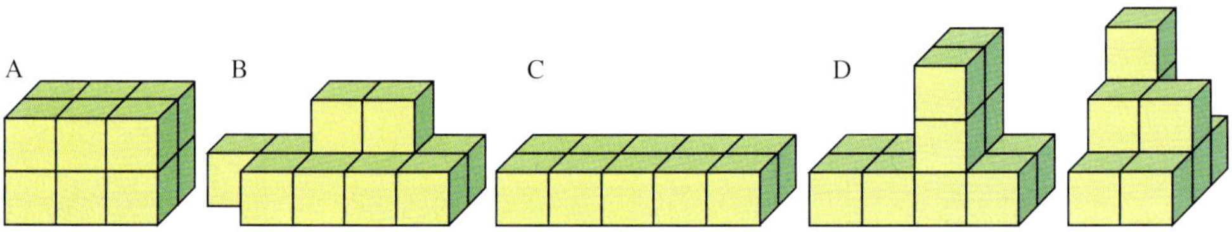

a. Welche haben das gleiche Volumen (den gleichen Rauminhalt)?

b. Ordne die Körper nach der Größe ihres Volumens (Rauminhaltes).

4. Denke dir einen Quader. Zerschneide ihn in Teilkörper. Setze die entstandenen Teilkörper zu immer neuen Körpern zusammen.
Vergleiche die Volumina (Rauminhalte) der entstehenden Körper.

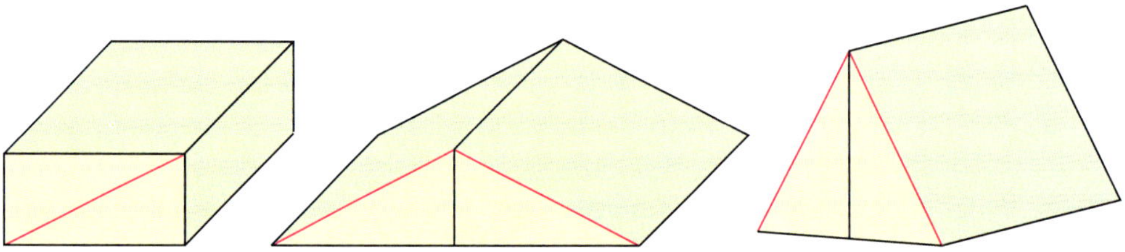

5. *Volumen von Körpern, die nicht quaderförmig sind*

a. Stelle aus 3 gleichartigen Quadern (z.B. Schachteln mit Tintenpatronen oder Streichholzschachteln oder Mathematikbüchern) neue Körper her. Zwei aneinander grenzende Quader sollen immer eine ganze Seitenfläche gemeinsam haben.
Vergleiche ihre Volumina (Rauminhalte).

b. Wie viele Körper kannst du auf diese Weise erhalten?

Übungen

6.

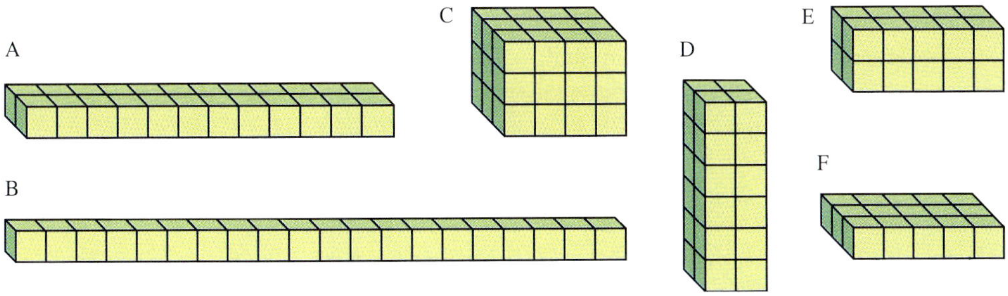

a. Welche der Körper A bis F haben das gleiche Volumen (denselben Rauminhalt)?

b. Ordne die Körper A bis D nach der Größe ihres Volumens (Rauminhalts).

7. Ordne die Behälter nach der Größe ihres Volumens (Rauminhaltes).

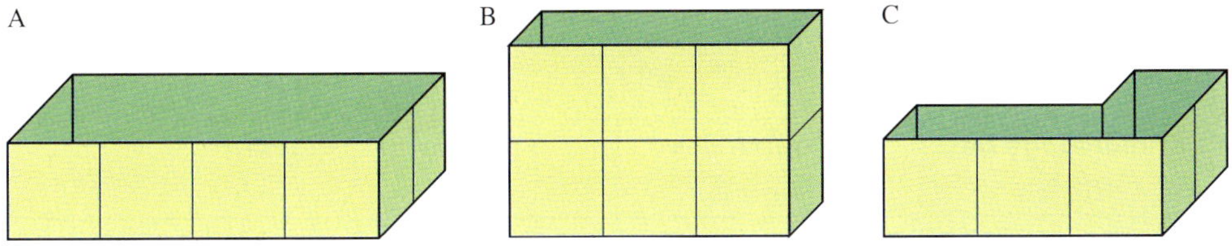

Messen von Volumina (Rauminhalten) – Maßeinheiten

Aufgabe

1. Das Volumen (der Rauminhalt) des Körpers rechts beträgt 5 cm³. Erkläre diese Angabe.

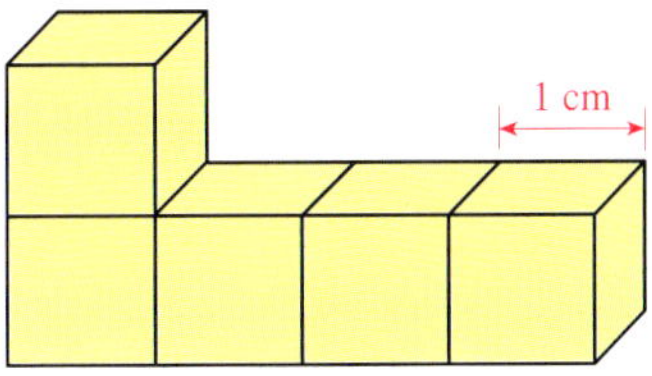

Lösung

Der Körper besteht aus 5 Würfeln. Jeder einzelne Würfel hat die Kantenlänge 1 cm. (Jeder dieser Würfel heißt daher auch Zentimeterwürfel.) Er hat das Volumen 1 cm³. Der ganze Körper hat daher das Volumen 5 cm³.

Information

[3]Ein Würfel mit der Kantenlänge 1 cm (Zentimeterwürfel) hat das Volumen (den Rauminhalt) **1 cm³** (gelesen: *1 Zentimeter hoch 3* oder *1 Kubikzentimeter*).
Alle anderen Körper, die man durch Zerschneiden und erneutes Zusammensetzen eines Zentimeterwürfels erhält, haben auch das Volumen 1 cm³.
Ein Körper hat das Volumen 5 cm³, wenn er dasselbe Volumen hat wie 5 Zentimeterwürfel zusammen.

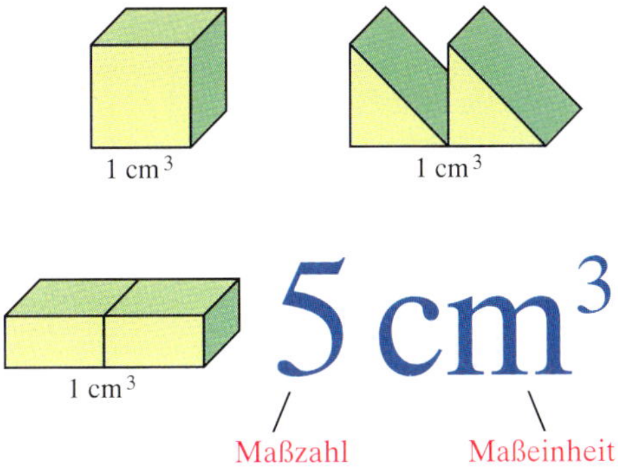

Information

(1) Maßeinheiten für Volumina (Rauminhalte)

Maßeinheiten für Volumina (Rauminhalte) sind: mm^3, cm^3, dm^3, m^3.

Meterwürfel
Kantenlänge 1 m
Volumen (Rauminhalt)
1 m^3

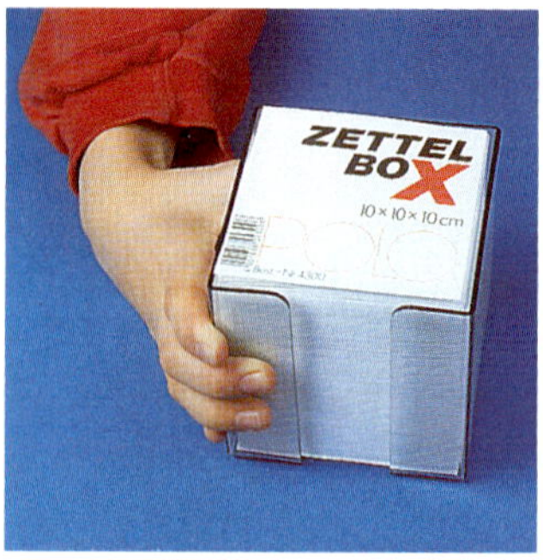

Dezimeterwürfel
Kantenlänge 1 dm
Volumen (Rauminhalt)
1 dm^3 bzw. 1 *l*

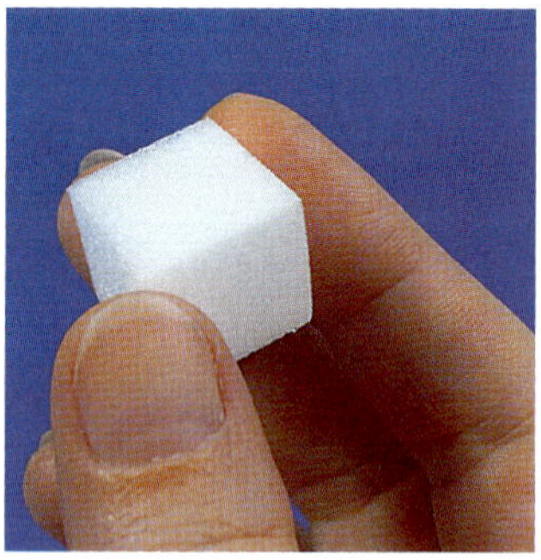

Zentimeterwürfel
Kantenlänge 1 cm
Volumen (Rauminhalt)
1 cm^3 bzw. 1 m*l*

Kantenlänge des Würfels	Volumen des Würfels	gelesen
1 mm	1 mm^3	1 Millimeter hoch 3 oder 1 Kubikmillimeter
1 cm	1 cm^3	1 Zentimeter hoch 3 oder 1 Kubikzentimeter
1 dm	1 dm^3	1 Dezimeter hoch 3 oder 1 Kubikdezimeter
1 m	1 m^3	1 Meter hoch 3 oder 1 Kubikmeter

(2) Die Maßeinheiten Liter (*l*), Milliliter (m*l*) und Hektoliter (h*l*)

Man verwendet zum Messen des Volumens (des Rauminhalts) von Gefäßen wie Töpfe, Eimer, Kannen, Fässer die Maßeinheit Liter (*l*). Es gilt:

$$1\ l = 1\ dm^3$$

Das Volumen der Flüssigkeit in Flaschen (z.B. in Arzneimittelflaschen, Mineralwasserflaschen) wird oft in Milliliter (m*l*) angegeben. Es gilt:

$$1\ ml = 1\ cm^3$$

Außerdem gibt es noch die Maßeinheit Hektoliter (h*l*). Man verwendet sie für das Volumen größerer Fässer und Tanks. Es gilt:

$$1\ hl = 100\ l$$

1 m*l* = 1 cm^3	1 *l* = 1 dm^3	1 h*l* = 100 *l* = 100 dm^3
1 m*l* Wasser wiegt 1 g	1 *l* Wasser wiegt 1 kg	

Eine Filzstiftkappe fasst
1 m*l* Wasser

Messbecher für 1 *l*

Weinfass für 100 *l* = 1 h*l*

Zum Festigen und Weiterarbeiten

2. Nicht nur Würfel mit der Kantenlänge 1 dm haben das Volumen (den Rauminhalt) 1 dm^3. Denke dir den Würfel zerschnitten.
Erkläre das Bild rechts.

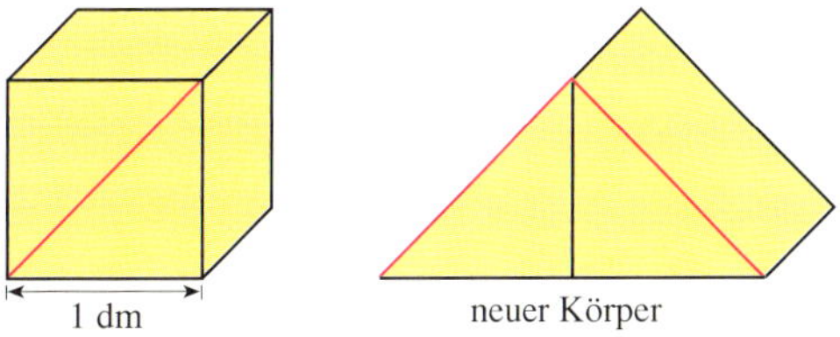

3. Bestimme das Volumen (den Rauminhalt) des Körpers.

a.

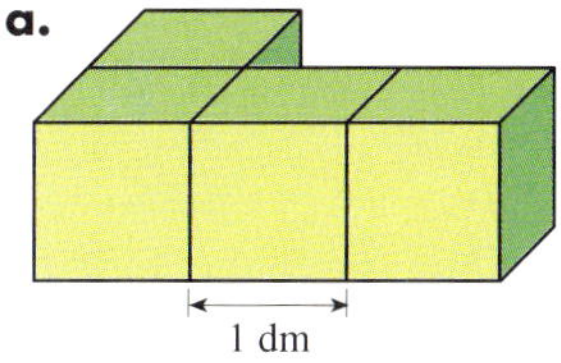

b.

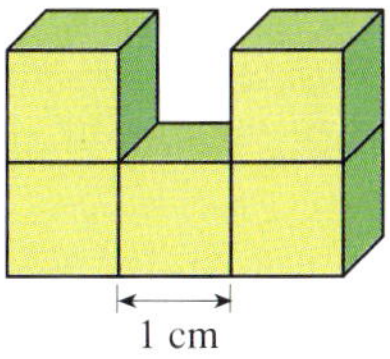

c.

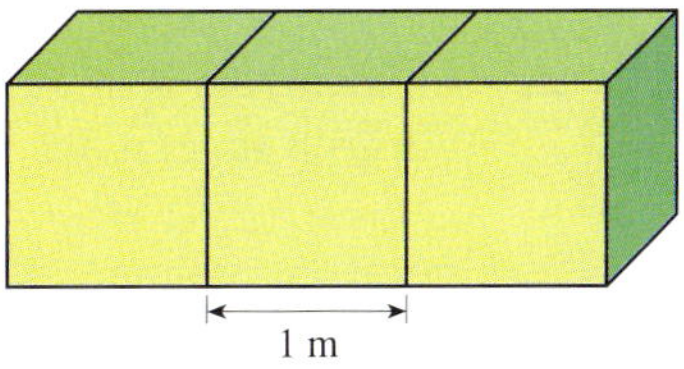

4. Bestimme das Volumen (den Rauminhalt) der Körper (Quader).
Die Kantenlänge der einzelnen Würfel ist:

a. 1 cm **b.** 1 dm **c.** 1 m

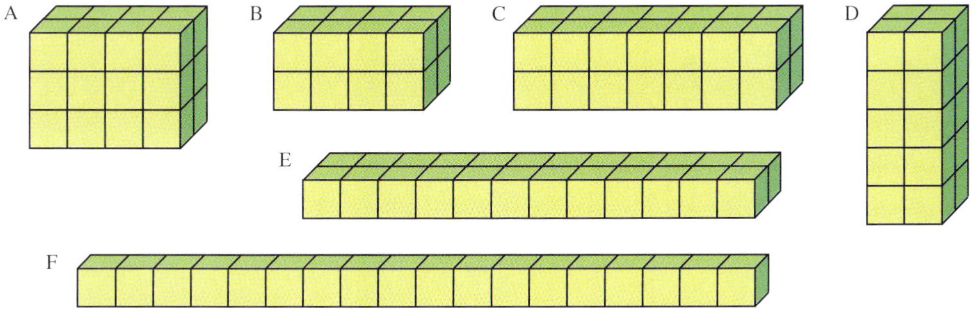

Anleitung: Fülle die Tabelle aus. (Du kannst auch mit Bauklötzen bauen.)

Bezeichnung des Quaders	**A**	**B**	**C**	**D**	**E**	**F**
Anzahl der Würfel in einer Reihe						
Anzahl der Reihen in einer Schicht						
Anzahl der Schichten						
Gesamtzahl der Würfel						

5. Jeder der einzelnen Würfel hat die Kantenlänge (1) 1 cm; (2) 1 dm; (3) 1 m.

a. Bestimme das Volumen (den Rauminhalt) des Körpers.

b. Ergänze den Körper dann (mit möglichst wenig Würfeln) zu einem Quader.
Welches Volumen (welchen Rauminhalt) hat der Ergänzungskörper und welches Volumen (welchen Rauminhalt) hat der Quader?

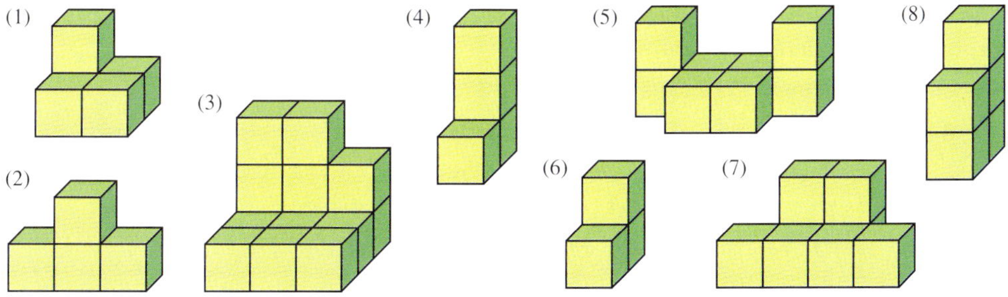

Übungen

6. a. Gib das Volumen (den Rauminhalt) an.

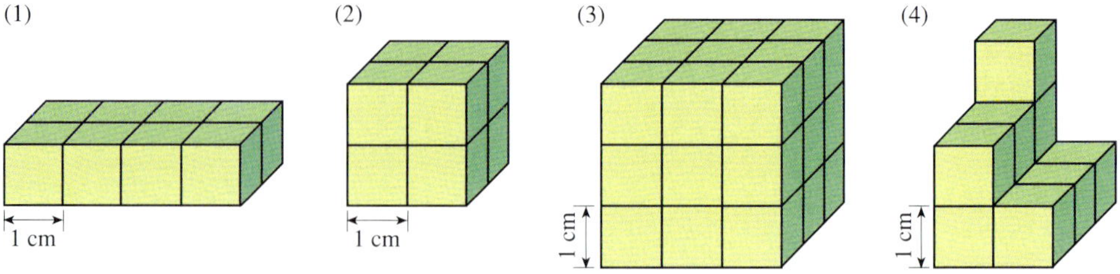

b. Nimm an, die Kantenlänge der einzelnen Würfel sei nicht 1 cm, sondern 1 dm [1 m]. Wie groß ist jetzt das Volumen (der Rauminhalt) des Körpers?

7. Bestimme das Volumen (den Rauminhalt) der Körper von Übungsaufgabe 3, Seite 199. Nimm an, die Kantenlänge der einzelnen Würfel ist (1) 1 cm; (2) 1 dm; (3) 1 m.

8. Bestimme das Volumen der Körper in Aufgabe 6, Seite 197. Nimm an, die Kantenlänge der Teilwürfel ist (1) 1 cm; (2) 1 dm; (3) 1 m.

9. Zeichne ein Schrägbild eines Quaders mit folgendem Volumen (Rauminhalt). Trage die Maße ein.

a. 18 cm^3 **b.** 30 dm^3 **c.** 49 cm^3

10. Auf manchen Gläschen oder Flaschen findest du die Volumenangabe in *cl* (1 Zentiliter): 1 *cl* = 10 m*l*.

a. Wie viel cm^3 ist 1 *cl*?

b. Wie viel cm^3 sind 10 *cl*?

11. a. Gib das Gewicht des Wassers an:

(1) 3 *l* (2) 200 m*l* (3) 500 m*l* (also $\frac{1}{2}$ *l*)

b. Wie viel *l* bzw. m*l* Wasser wiegen

(1) 5 kg; (3) 2000 g;
(2) 750 g; (4) 4,5 kg?

▲ 12. *Weitere (gegenwärtig verwandte) Volumeneinheiten sowie alte Volumeneinheiten*

In der Erdölindustrie wird heute weltweit das Volumen von Erdöl in der Maßeinheit Barrel angegeben.

1 Barrel = 159 *l*

In den USA und in Großbritannien wird Benzin an den Tankstellen nicht in Liter, sondern in der Maßeinheit Gallone verkauft.

in Großbritannien:
1 Gallone = $4\frac{1}{2}$ *l*
in USA:
1 Gallone = $3\frac{3}{4}$ *l*

Eine alte Volumeneinheit für trockenes Schüttgut, wie z. B. Getreide, war der Scheffel.
In Preußen galt im 19. Jahrhundert: 1 Scheffel = 50 *l*.

Gib in der Einheit *l* (Liter) an:

a. 4000 Barrel **c.** 40 Scheffel **e.** 235 Barrel
b. 10 Gallonen **d.** 300 Gallonen **f.** 115 Scheffel

Zusammenhang zwischen den Volumeneinheiten

Aufgabe

1. Der Dezimeterwürfel rechts wird mit Zentimeterwürfeln (Kantenlänge 1 cm) ausgelegt.

a. Bestimme die Anzahl der Würfel in einer Reihe.
Welches Volumen (welchen Rauminhalt) hat eine Reihe?

b. Bestimme die Anzahl der Würfel in einer Schicht.
Welches Volumen (welchen Rauminhalt) hat eine Schicht?

c. Wie viele Schichten werden benötigt?
Wie viele Würfel werden insgesamt benötigt?
Welches Volumen (welchen Rauminhalt) hat der Dezimeterwürfel?

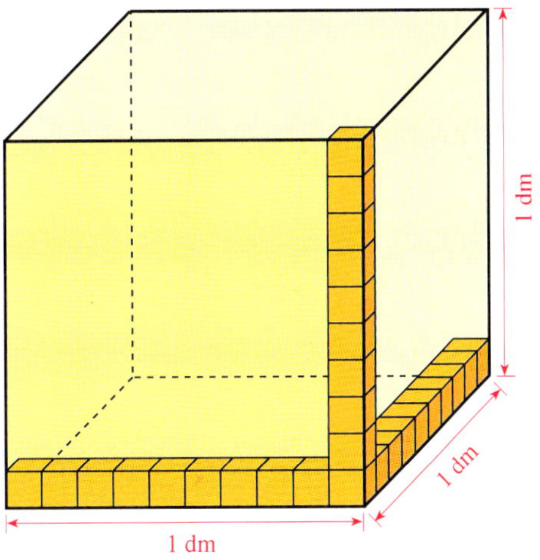

Lösung

a. In einer Reihe sind 10 Würfel.
Eine Reihe hat das Volumen (den Rauminhalt) 10 cm^3.

b. Eine Schicht besteht aus 10 Reihen. Eine Schicht hat $10 \cdot 10$, also 100 Würfel.
Ihr Volumen (Rauminhalt) ist 100 cm^3.

c. Es werden 10 Schichten benötigt, also $10 \cdot 100$, d.h. 1 000 Würfel.
Der Dezimeterwürfel hat das Volumen 1 000 cm^3. Es gilt also:
$1\ dm^3 = 1\,000\ cm^3$

Zum Festigen und Weiterarbeiten

2. a. Ein Meterwürfel (Kantenlänge 1 m) soll mit Dezimeterwürfeln ausgelegt werden.
Wie viele Dezimeterwürfel benötigt man?
Welches Volumen (welchen Rauminhalt) hat der Meterwürfel?

b. Denke dir einen Millimeterwürfel. Wie viele Millimeterwürfel benötigst du, um damit einen Zentimeterwürfel auszufüllen?
Welches Volumen hat der Zentimeterwürfel?

Bei Volumen: Umwandlungszahl 1 000

$$1\ m^3 \xrightarrow{:1\,000} 1\ dm^3 \xrightarrow{:1\,000} 1\ cm^3 \xrightarrow{:1\,000} 1\ mm^3$$

$1\ m^3 = 1\,000\ dm^3$

$1\ dm^3 = 1\,000\ cm^3$

$1\ cm^3 = 1\,000\ mm^3$

$1\ l = 1\ dm^3$

$1\ ml = 1\ cm^3$

$1\ l = 1\,000\ ml$

Die Umwandlungszahl ist 1 000.

Übungen

3. a. Ein Körper hat das Volumen (1) 1 dm^3; (2) 8 dm^3.
Er ist aus Zentimeterwürfeln zusammengesetzt. Wie viele sind das?

b. Ein Körper hat das Volumen (1) 1 m^3; (2) 12 m^3.
Er ist aus Dezimeterwürfeln zusammengesetzt. Wie viele sind das?

Umwandlung in andere Volumeneinheiten – Kommaschreibweise

Umwandlung in andere Volumeneinheiten

Aufgabe

1. Drücke das Volumen 37 m^3 in dm^3 aus.

Lösung

37 Meterwürfel haben zusammen das Volumen 37 m^3. Jeder Meterwürfel besteht aus 1 000 Dezimeterwürfeln. Das sind zusammen 37 000 Dezimeterwürfel. Es gilt also:
37 m^3 = 37 000 dm^3

Zum Festigen und Weiterarbeiten

2. Drücke in der in Klammern angegebenen Maßeinheit aus. Stelle dir dabei einen Körper mit dem jeweiligen Volumen vor.

9 dm^3 = ? cm^3
1 dm^3 = 1 000 cm^3
9 dm^3 = 9 000 cm^3

a. 3 dm^3 (cm^3)
18 dm^3 (cm^3)
319 dm^3 (cm^3)
700 dm^3 (cm^3)
210 dm^3 (cm^3)

b. 5 m^3 (dm^3)
28 m^3 (dm^3)
413 m^3 (dm^3)
30 m^3 (dm^3)
300 m^3 (dm^3)

c. 3 cm^3 (mm^3)
68 cm^3 (mm^3)
148 cm^3 (mm^3)
70 cm^3 (mm^3)
600 cm^3 (mm^3)

d. 8 *l* (m*l*)
24 *l* (m*l*)
37 *l* (m*l*)

e. 15 m^3 (*l*)
3 m^3 (*l*)
4 m^3 (*l*)

3. Schreibe in der in Klammern angegebenen Maßeinheit.

1 000 cm^3 = 1 dm^3

4000 cm^3 = ? dm^3
4000 cm^3 = 4 dm^3

a. 2 000 cm^3 (dm^3)
41 000 cm^3 (dm^3)
200 000 cm^3 (dm^3)
40 000 m*l* (*l*)

b. 180 000 dm^3 (m^3)
52 000 dm^3 (m^3)
4 000 000 dm^3 (m^3)
73 000 *l* (m^3)

4. Schreibe in zwei Maßeinheiten.

2 319 cm^3 = 2 dm^3 319 cm^3

a. 3 742 cm^3
48 046 cm^3

b. 68 540 dm^3
8 039 dm^3

c. 1 047 cm^3
32 008 cm^3

d. 2 219 m*l*

e. 23 003 m*l*

5. Drücke in der kleineren Maßeinheit aus.

4 m^3 275 dm^3 = 4 275 dm^3

a. 2 m^3 150 dm^3
4 m^3 14 dm^3
63 m^3 2 dm^3
7 m^3 90 dm^3

b. 18 dm^3 280 cm^3
41 dm^3 50 cm^3
4 dm^3 5 cm^3
40 dm^3 200 cm^3

c. 28 cm^3 750 mm^3
4 cm^3 17 mm^3
19 cm^3 4 mm^3
17 cm^3 40 mm^3

d. 19 *l* 30 m*l*
2 *l* 75 m*l*
9 *l* 4 m*l*
23 *l* 48 m*l*

Übungen

6. Schreibe in der in Klammern angegebenen Maßeinheit.

a. 7 dm^3 (cm^3)
9 dm^3 (cm^3)
18 dm^3 (cm^3)

b. 4 m^3 (dm^3)
18 m^3 (dm^3)
24 m^3 (dm^3)

c. 5 *l* (m*l*)
17 *l* (m*l*)
23 *l* (m*l*)

d. 4 m^3 (*l*)
11 m^3 (*l*)
12 m^3 (*l*)

e. 2 *l* (m*l*)
3 m^3 (*l*)
4 *l* (m*l*)

f. 3 m^3 (cm^3)
7 m^3 (cm^3)
2 dm^3 (mm^3)

7. Schreibe in der in Klammern angegebenen Maßeinheit.

a. 7000 dm³ (m³)
12000 dm³ (m³)

b. 14000 *l* (m³)
19000 *l* (m³)

c. 31000 cm³ (dm³)
40000 cm³ (dm³)

d. 4000 m*l* (*l*)
15000 m*l* (*l*)

e. 3000 *l* (m³)
4000 m*l* (*l*)

f. 1000000 m*l* (m³)
70000 mm³ (cm³)

g. 5000 dm³ (m³)
24000 *l* (m³)

h. 10000 cm³ (dm³)
8000 m*l* (*l*)

8. Schreibe in der in Klammern angegebenen Maßeinheit.

a. 4 000 m³ (*l*)
7 000 *l* (m*l*)
8 000 dm³ (m³)

b. 9 000 cm³ (dm³)
2 000 m*l* (*l*)
6 000 *l* (m³)

c. 1 000 m*l* (*l*)
4 000 dm³ (m³)
3 000 *l* (m*l*)

d. 2 000 m*l* (*l*)
7 000 *l* (m*l*)
10 000 dm³ (m³)

9. Schreibe in zwei Maßeinheiten.

a. 2 759 dm³
54 928 *l*
2 041 *l*

b. 38 537 m*l*
4 045 m*l*
87 005 m*l*

c. 8 249 cm³
62 049 cm³
3 007 cm³

d. 49 307 dm³
3 018 dm³
70 090 dm³

e. 2 031 mm³
87 906 mm³
12 070 mm³

10. Schreibe in der kleineren Maßeinheit.

3 m³ 459 *l* = 3 459 *l*

a. 64 m³ 59 *l*
9 m³ 274 *l*
8 m³ 7 *l*

b. 18 *l* 250 m*l*
2 *l* 25 m*l*
73 *l* 5 m*l*

c. 9 dm³ 175 cm³
19 dm³ 5 cm³

d. 7 m³ 50 dm³
19 m³ 8 dm³

Wiederholung

11. Drücke in der in Klammern angegebenen Maßeinheit aus.
Wie heißt die Umwandlungszahl bei Längen, wie bei Flächeninhalten?

a. 31 m (dm)
210 cm (dm)
37 km (m)
2 100 cm (m)

b. 720 dm (m)
18 cm (mm)
12 m (cm)
8 000 m (km)

c. 17 m² (dm²)
3 km² (ha)
2 400 dm² (m²)
1 800 ha (km²)

d. 3 dm² (cm²)
14 ha (a)
1 200 m² (a)
2 800 cm² (dm²)

Kommaschreibweise – Einheitentabelle

Aufgabe

1. Tanjas Mutter liest den Gaszähler ab. Tanja fragt:
„Was bedeutet die Schreibweise 4623,082 m³ mit Komma?“
Versuche die Frage zu beantworten.

Lösung

An der nebenstehenden Einheitentabelle erkennst du:
4623,082 m³ = 4623 m³ 82 dm³
Es sind bisher 4623 m³ und 82 dm³ Gas verbraucht worden.

Vor dem Komma				Nach dem Komma			
	m³			dm³			
4	6	2	3	0	8	2	

Information

Die Einheitentabelle von Seite 203 lässt sich zu einer größeren Tabelle ergänzen. Sie ist für das Verständnis der Kommaschreibweise hilfreich.
Beachte: Bei Volumina (Rauminhalten) ist die Umwandlungszahl 1 000. Daher gehören zu jeder Maßeinheit 3 Stellen: H, Z, E.

m^3			dm^3 (= *l*)			cm^3 (= m*l*)			mm^3			Schreibweisen
H	Z	E	H	Z	E	H	Z	E	H	Z	E	
		5			8							5 m^3 8 dm^3 = 5,008 m^3 = 5008 dm^3
				3	2		4	3				32 dm^3 43 cm^3 = 32,043 dm^3 = 32043 cm^3
				3	7		2					37 *l* 20 m*l* = 37,02 *l* = 37020 m*l*
								0	4			0 cm^3 400 mm^3 = 400 mm^3 = 0,4 cm^3
		0		6								0 m^3 60 dm^3 = 60 dm^3 = 0,06 m^3

Zum Festigen und Weiterarbeiten

Als Hilfe kannst du die Einheitentabelle verwenden.

2. Gib in zwei Maßeinheiten an.

a. 3,754 m^3; 24,259 m^3
b. 12,456 *l*; 3,55 *l*
c. 2,55 m^3; 43,7 m^3
d. 18,4 *l*; 9,2 *l*

2,5 *l* = 2 *l* 500 m*l*
4,7 m^3 = 4 m^3 700 *l*

3. Schreibe mit Komma.

a. 2 431 dm^3; 7 419 dm^3; 18 704 dm^3
b. 4 500 dm^3; 5 732 dm^3; 48 400 dm^3
c. 7 200 dm^3; 200 dm^3; 75 dm^3
d. 2 500 m*l*; 33 850 m*l*; 253 m*l*
e. 2 000 m*l*; 200 m*l*; 20 m*l*
f. 2 m*l*; 202 m*l*; 220 m*l*

4739 dm^3 = 4,739 m^3
3 500 m*l* = 3,5 *l*

4. Trage in eine Einheitentabelle ein und lies drei Schreibweisen ab.

a. 18 m^3 453 dm^3; 54 dm^3 800 cm^3; 87 m^3 200 dm^3; 18 dm^3 300 cm^3
b. 3,7 *l*; 2,8 m^3; 4,4 *l*; 7,5 m^3
c. 8,45 m^3; 28,533 cm^3; 0,45 m^3; 0,2 cm^3
d. 2,457 dm^3; 3000 mm^3; 0,05 dm^3; 0,005 dm^3
e. 8 m^3 25 cm^3; 12,04 dm^3; 0,007 m^3; 0,41 cm^3

Übungen

5. Gib in zwei Maßeinheiten an.

a. 27,485 m^3; 68,73 *l*; 8,9 dm^3; 0,4 m^3; 4,02 m*l*
b. 8,256 *l*; 9,24 dm^3; 14,5 m^3; 2,4 m^3; 6,07 dm^3
c. 42,043 dm^3; 8,07 *l*; 74,5 m^3; 18,002 *l*; 7,8 *l*
d. 0,075 m^3; 12,406 *l*; 5,098 dm^3; 0,4 m^3; 0,703 dm^3
e. 9,708 dm^3; 0,79 *l*; 23,011 m^3; 2,06 *l*; 4,005 m^3

6. Schreibe mit Komma.

a. 44 873 *l*; 8 240 dm^3; 31 941 m*l*; 2 147 m*l*; 803 m*l*
b. 8 470 dm^3; 19 400 m*l*; 8 040 *l*; 846 *l*; 3 *l*
c. 7 039 *l*; 71 506 dm^3; 9 070 m*l*; 30 548 *l*; 214 m*l*
d. 418 m*l*; 500 dm^3; 7 250 *l*; 702 m*l*; 763 dm^3
e. 3 027 m*l*; 709 dm^3; 340 dm^3; 40 *l*; 35 dm^3

7. Trage in eine Einheitentabelle ein und lies zwei weitere Schreibweisen ab.

a. 34,857 m³; 2,453 dm³; 48,73 *l*; 8,45 cm³

b. 12,1 *l*; 3,75 m³; 0,34 dm³; 3,4 dm³

c. 17580 *l*; 250 dm³; 180 m*l*; 18000 dm³

d. 0,5 m³; 2,05 cm³; 0,05 dm³; 2,5 m³

e. 14 m³ 275 dm³; 4 cm³ 15 mm³; 25 dm³ 8 cm³; 7 *l* 35 m*l*

8.

Tag	m³	dm³	Wasserverbrauch bis
1.5.		166	■ m³ ■ dm³ = ■ dm³
1.6.	25	456	■ m³ ■ dm³ = ■ dm³
1.7.	51	837	■ m³ ■ dm³ = ■ dm³
1.8.			■ m³ ■ dm³ = ■ dm³

Frau Monske überträgt am 1. eines jeden Monats den Stand des Wasserzählers in die Tabelle.

a. Vergleiche den Stand des Wasserzählers mit den Eintragungen in der Tabelle. Um welche Eintragung handelt es sich? Erkläre die Tabelle.

b. Wie viel Wasser wurde vom 1.5. bis zum 1.6. verbraucht? Ergänze die Tabelle.

c. Vom 1.5. bis zum 1.8. wurden insgesamt 82571 dm³ Wasser verbraucht. Übertrage in die Tabelle.

9. *Gehe auf Entdeckungsreise:*

a. Suche nach Gefäßen und deren Volumen. Welches Gefäß in eurem Haushalt hat das größte Volumen, welches das kleinste?

b. Bei welchem der Gefäße wird das Volumen in m*l*, bei welchem in *l* und bei welchem in h*l* angegeben?

c. Gib das Volumen eines jeden Gefäßes in (1) m*l*, (2) *l*, (3) h*l* an.

Rechnen mit Volumina (Rauminhalten)

Addieren und Subtrahieren von Volumina

Aufgabe

1. Tims Vater kauft für seinen neuen Öltank zunächst 2500 *l* Heizöl, dann während des Winters noch einmal 1500 *l* ein. Am Ende der Heizperiode befinden sich noch 250 *l* im Tank.

a. Wie viel Liter Heizöl wurden insgesamt eingekauft?

b. Wie viel Liter Heizöl sind verbraucht worden?

Lösung

a. *Rechnung:* 2500 *l* + 1500 *l* = 4000 *l*
Ergebnis: Es wurden insgesamt 4000 *l* eingekauft.

b. *Rechnung:* 4000 *l* − 250 *l* = 3750 *l*
Ergebnis: Es sind 3750 *l* verbraucht worden.

Zum Festigen und Weiterarbeiten

2. Schreibe und rechne wie im Beispiel.

a.

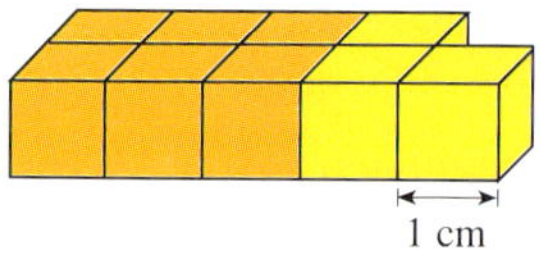

b.

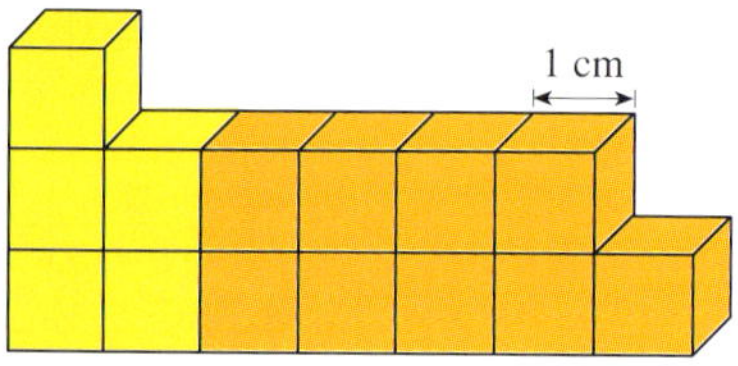

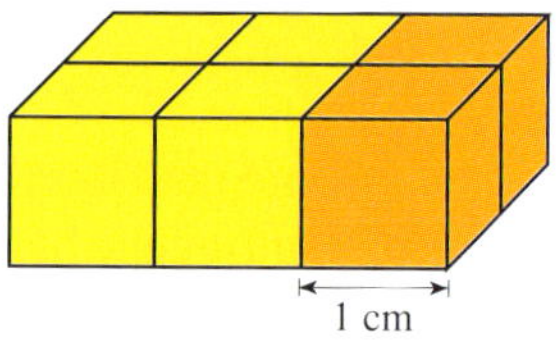

$4\ cm^3 + 2\ cm^3 = 6\ cm^3$
$6\ cm^3 - 2\ cm^3 = 4\ cm^3$
$6\ cm^3 - 4\ cm^3 = 2\ cm^3$

Übungen

3.

a.	b.	c.	d.	e.
$7352\ m^3$	3870 *l*	7654 m*l*	$8947\ m^3$	2473 *l*
$+8978\ m^3$	+4231 *l*	+8466 m*l*	$-6948\ m^3$	−1504 *l*

4.

a.	b.	c.	d.	e.
$8654\ m^3$	7253 *l*	8219 m*l*	$9241\ m^3$	8040 *l*
$+7243\ m^3$	+4853 *l*	+2473 m*l*	$-2476\ m^3$	−2194 *l*
$+4928\ m^3$	+8976 *l*	+4826 m*l*	$-4156\ m^3$	−3197 *l*
$+2043\ m^3$	+4209 *l*	+4654 m*l*	$-1473\ m^3$	−1984 *l*

Mögliche Zahlenwerte: 20172, 665, 22868, 3197, 6560, 25291, 23198, 1136.

5. In einem Wohnhaus wurden im Monat September in den vier Wohnungen folgende Wassermengen verbraucht: $17\ m^3$, $19\ m^3$, $12\ m^3$, $9\ m^3$.
Wie viel m^3 wurden zusammen verbraucht?

6. Für ein Wohnhaus mit mehreren Wohnungen werden im Sommer zunächst 30700 *l* Heizöl in den leeren Tank eingefüllt und während des Winters noch einmal 15800 *l*.
Am Ende der Heizperiode waren noch 175 *l* im Tank.

a. Wie viel *l* Heizöl sind insgesamt eingekauft worden?

b. Wie viel *l* Heizöl sind verbraucht worden?

Multiplizieren und Dividieren bei Volumina

Aufgabe

1. a. An einer Straße werden 7 Reihenhäuser gebaut. Jedes hat einen Rauminhalt (einen umbauten Raum) von 714 m³.
Wie groß ist das Gesamtvolumen?

b. Bei einem anderen Bau sollen 12 000 m³ Gesamtvolumen nicht überschritten werden.
Wie viele 800 m³ große Reihenhäuser können gebaut werden?

c. Es werden 16 Häuser mit einem Gesamtvolumen von 12 000 m³ gebaut.
Wie groß ist ein Haus?

Lösung

a. *Rechnung*

7 · 714 m³

714 m³ · 7
4 998 m³

Ergebnis: Das Gesamtvolumen beträgt 4 998 m³.

b. *Rechnung*

12 000 m³ : 800 m³

120 m³ : 8 m³ = **15**
8
40
40
0

Ergebnis: Es können 15 Häuser gebaut werden.

c. *Rechnung*

12 000 m³ : 16 = **750 m³**
112
80
80
00

Ergebnis: Jedes Haus ist 750 m³ groß.

Zum Festigen und Weiterarbeiten

2. Schreibe und rechne wie im Beispiel.

a.

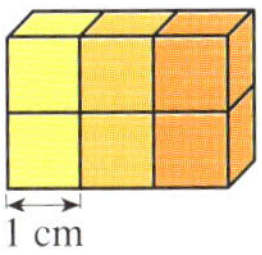

b.

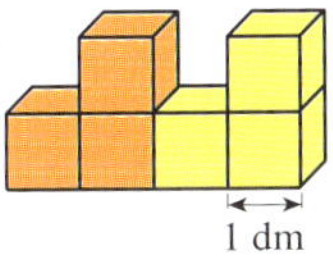

c.

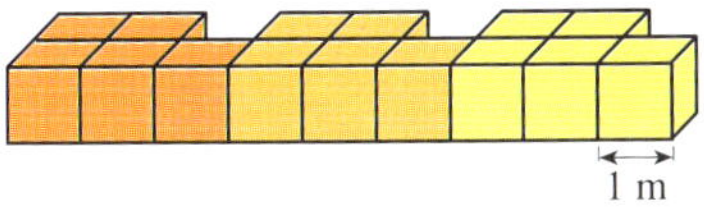

$4 \cdot 3\ \text{cm}^3 = 12\ \text{cm}^3$
$12\ \text{cm}^3 : 4 = 3\ \text{cm}^3$
$12\ \text{cm}^3 : 3\ \text{cm}^3 = 4$

Übungen

3. Rechne im Kopf. Überlege zunächst, ob sich ein Volumen oder eine Zahl ergibt.

a. 7 · 18 *l*; 9 · 24 m³; 3 · 42 m*l*
b. 7 · 8 *l*; 4 · 9 m³; 8 · 8 *l*
c. 12 · 12 *l*; 25 · 44 m³; 50 · 66 *l*
d. 84 *l* : 7; 104 m³ : 8; 54 m³ : 3
e. 96 *l* : 8 *l*; 144 m³ : 12 m³; 155 *l* : 5 *l*

4. Rechne schriftlich.

a. 484 · 319 m³; 597 · 809 *l*; 298 · 917 m³
b. 29 376 m³ : 8; 35 808 *l* : 6; 50 715 m³ : 7
c. 13 478 *l* : 23 *l*; 27 591 m³ : 51 m³; 49 608 *l* : 72 *l*
d. 37 076 m³ : 62 m³; 29 657 m³ : 47 m³; 24 882 m³ : 87 m³

5. Den Wasserverbrauch bei der Spülung einer Toilette kann man zwischen 6 *l* und 9 *l* einstellen. Angenommen, eine Toilette wird 500-mal im Monat benutzt.

a. Wie viel *l* Wasser werden im Monat bei der Einstellung 9 *l* verbraucht?

b. Wie viel *l* Wasser werden im Monat bei der Einstellung 6 *l* verbraucht?

c. Wie viel *l* spart man bei Teilaufgabe b. im Monat?

6. a. Ein Müll-Großbehälter fasst 4400 *l* Müll. In einer Stadt werden an einem Tag 45 volle Großbehälter geleert. Wie viel Müll fällt daraus an?

b. Ein Müllwagen fasst 35 200 *l* Müll.
Wie viele Müll-Großbehälter können bei einer Fahrt entleert werden?

c. In Müllbunkern wird Müll vorübergehend gelagert. Ein Müllbunker (483 m^3) wird mit einem anderen Müllwagen (23 m^3) entleert.
Wie viele Fahrten sind erforderlich?

d. Der Inhalt eines Müllbunkers (490 m^3) wird mit 14 Müllwagen abtransportiert.
Wie viel m^3 muss bei gleichmäßiger Verteilung jeder Wagen aufnehmen?

Vermischte Übungen

7. In Eureka (Kalifornien, USA) nehmen zwei deutsche Schiffe Holz an Bord. Das eine Schiff lädt 4250 m^3, das andere 4550 m^3 Holz.

a. Wie viel Kubikmeter Holz nehmen beide Schiffe auf?

b. Die Fracht für 1 m^3 Holz kostet 21 €. Berechne die Frachtkosten für die gesamte Holzladung.

c. Vor der Vergabe des Auftrages wurden verschiedene Angebote eingeholt. Eine Reederei forderte 99 000 € für den Transport von 4500 m^3 Holz.
Warum wurde dieses Angebot abgelehnt?

8. Bei der Planung eines Hauses werden die Baukosten nach dem umbauten Raum geschätzt.

a. Frau Baum plant ein Haus. Der umbaute Raum für Wohnhaus und Garage wird mit 974 m^3 angegeben, der des Wohnhauses allein mit 826 m^3.
Berechne den Rauminhalt für die Garage.

b. Die Architektin schätzt die Kosten für 1 m^3 umbauten Raum auf 285 €.
Berechne die voraussichtlichen Kosten für das Haus, für die Garage, für Haus und Garage.

c. Die Endkosten beliefen sich insgesamt auf 193 000 €.
Wie hoch waren die tatsächlichen Kosten für 1 m^3 umbauten Raum?

9. Frau Wäsche ließ im Herbst ihren Tank mit 3218 *l* Heizöl füllen. Während des Winters wurden 1120 *l* und 879 *l* nachgefüllt. Im Mai waren noch 216 *l* Öl im Tank.

a. Wie viel Heizöl wurde verbraucht?

b. 100 *l* Öl kosten 26 €. Wie hoch waren die drei Rechnungen, die Frau Wäsche erhielt?

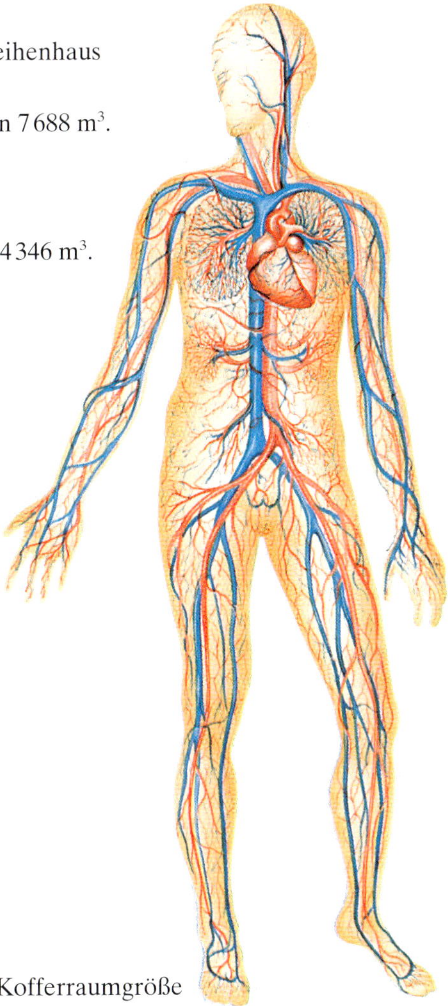

10. **a.** Das Bauunternehmen INFORM errichtet 7 Reihenhäuser. Jedes Reihenhaus hat einen Rauminhalt von 672 m^3. Berechne das Gesamtvolumen.

b. Dieselbe Firma erstellte Wohnungen mit einem Gesamtvolumen von 7688 m^3. Jede Wohnung hat einen Rauminhalt von 248 m^3. Wie viele Wohnungen wurden gebaut?

11. Eine Baufirma errichtete 94 Wohnungen. Das Gesamtvolumen betrug 24346 m^3. Wie viel Kubikmeter entfielen durchschnittlich auf jede Wohnung?

12. An der Abfüllanlage einer Molkerei werden stündlich
(1) 300 1-*l*-Flaschen,
(2) 300 500-m*l*-Flaschen
abgefüllt. Die Anlage arbeitet acht Stunden am Tag.
Wie viel Liter Milch werden jeden Tag abgefüllt?

13. Das menschliche Herz drückt bei jedem Schlag 80 cm^3 (Schlagvolumen) Blut in die Blutbahn.

a. Überschlage, wie oft das menschliche Herz an einem Tag schlägt; rechne mit 70 Schlägen pro Minute und runde auf Zehntausender.

b. Wie viel Liter Blut drückt das Herz jeden Tag in die Blutbahn, wie viel in einem Jahr (365 Tage)?

c. Wie viel Liter Blut wurden vom Herzen eines 85-jährigen seit seiner Geburt in die Blutbahn gedrückt?

d. Bei durchtrainierten Sportlern schlägt das Herz im Schnitt nur 55-mal pro Minute.
Wie viele Herzschläge sind das pro Tag?
Beantworte auch die Frage zu b. und vergleiche.

14. Die Kofferraumgröße bei Automobilen wird in *l* angegeben. Um die Kofferraumgröße messen zu können, werden gleich große Würfel verwendet. Jeder Würfel hat den Rauminhalt 10 *l*.
Bestimme die Größe des Kofferraums.

a.

b.

15. Der Mensch nimmt durchschnittlich pro Tag 1,5 Liter an Getränken zu sich.

a. Wie viel Liter Flüssigkeit ist das in einem Jahr?

b. Wie viel Liter hat ein 70 Jahre alter Mensch in Form von Getränken zu sich genommen?

Berechnungen am Quader

Volumen eines Quaders

Aufgabe

1. Berechne das Volumen V eines Quaders mit den Kantenlängen $a = 5$ cm, $b = 4$ cm und $c = 3$ cm.

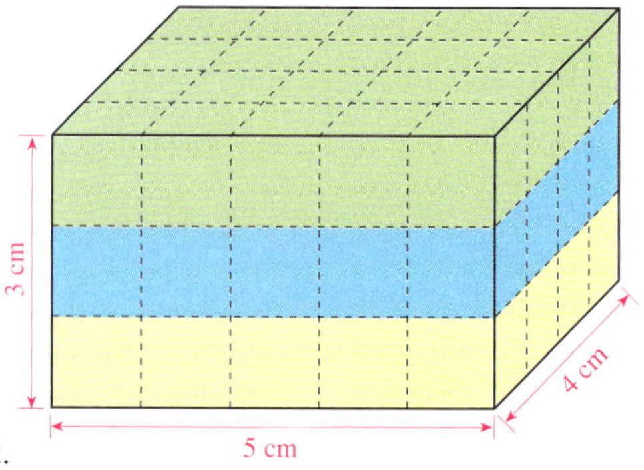

Lösung

Der Quader lässt sich in 3 aufeinander liegende Schichten zerlegen. In jeder Schicht sind $4 \cdot 5$, also 20 Zentimeterwürfel.
Insgesamt ist der Quader also aus $4 \cdot 5 \cdot 3$, also 60 Zentimeterwürfeln aufgebaut.
Der Quader hat das Volumen:
$V = (4 \cdot 5 \cdot 3) \cdot 1\text{ cm}^3 = 60\text{ cm}^3$
Wir schreiben kurz:
$V = 4\text{ cm} \cdot 5\text{ cm} \cdot 3\text{ cm} = (4 \cdot 5 \cdot 3)\text{ cm}^3 = 60\text{ cm}^3$

Information

Volumen eines Quaders

Sind die Kantenlängen eines Quaders in derselben Längeneinheit angegeben, dann erhält man das Volumen eines Quaders, indem man die Maßzahlen der Kantenlängen miteinander multipliziert und das Ergebnis mit der entsprechenden Volumeneinheit versieht.

Formel:
$V = a \cdot b \cdot c$
$V = 3\text{ cm} \cdot 2\text{ cm} \cdot 4\text{ cm} = (3 \cdot 2 \cdot 4)\text{ cm}^3 = 24\text{ cm}^3$

Volumen eines Quaders = Länge · Breite · Höhe

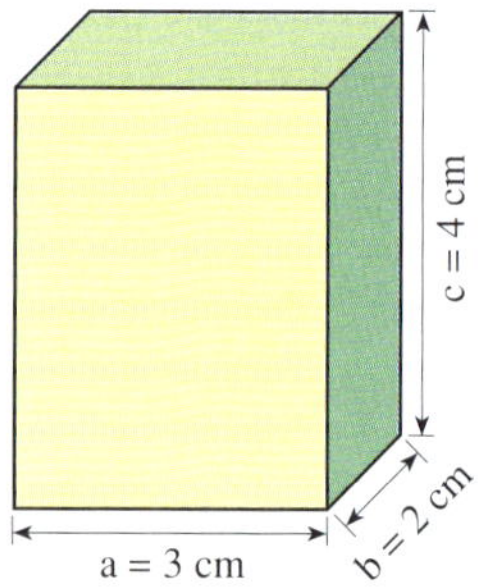

Ein solches Produkt mit drei Längen kommt auch im täglichen Leben vor.
Beispiele: Profilholz nordische Fichte: 14 mm × 121 mm × 1 000 mm
Aluminium-Werkzeugkoffer: 46 cm × 16 cm × 33 cm

Zum Festigen und Weiterarbeiten

2. Ein Quader hat die Maße $a = 4$ dm, $b = 6$ dm, $c = 5$ dm.

a. In welcher Maßeinheit ist hier das Quadervolumen anzugeben?

b. Welche Kantenlänge haben die Maßwürfel?

c. Wie groß ist das Volumen einer Schicht? Wie groß ist das Volumen des Quaders? Wie viele Maßwürfel sind es insgesamt?

3. Berechne das Quadervolumen V aus den Kantenlängen.

a. $a = 4$ cm; $b = 5$ cm; $c = 3$ cm

b. $a = 7$ dm; $b = 5$ dm; $c = 4$ dm

c. $a = 2$ m; $b = 3$ m; $c = 4$ m

d. $a = 27$ cm; $b = 34$ cm; $c = 19$ cm

4. a. Das Volumen eines Quaders beträgt 18 cm³. Er ist in Schichten mit dem Volumen
(1) 3 cm³, (2) 6 cm³, (3) 9 cm³ zerlegt.
Wie viele Schichten sind das?

b. Das Volumen eines Quaders beträgt 12 dm³. Er ist in
(1) 2, (2) 3, (3) 4, (4) 6 gleich große Schichten zerlegt.
Wie groß ist das Volumen einer Schicht?

Übungen

5. Berechne das Volumen V des Quaders aus den Kantenlängen.

a. a = 7 cm; b = 3 cm; c = 9 cm

b. a = 4 dm; b = 3 dm c = 12 dm

c. a = 10 m; b = 5 m; c = 8 m

d. a = 15 cm; b = 15 cm; c = 12 cm

6. Frau Brade hat in ihrem Garten eine Grube angelegt, in welcher sie Regenwasser für ihren Garten sammelt.
Die Grube ist 3 m lang, 2 m breit und 1 m tief.
Wie viel m³ Regenwasser kann sie dort speichern?

7. Ein Aquarium ist 5 dm lang und 4 dm breit. Es ist 4 dm hoch mit Wasser gefüllt.
Wie viel *l* Wasser befindet sich in dem Aquarium?

8. Miss Länge, Breite und Höhe eines Zimmers in eurer Wohnung und bestimme sein Volumen.

9. Berechne das Volumen. Vergleiche mit der Angabe auf der Verpackung.

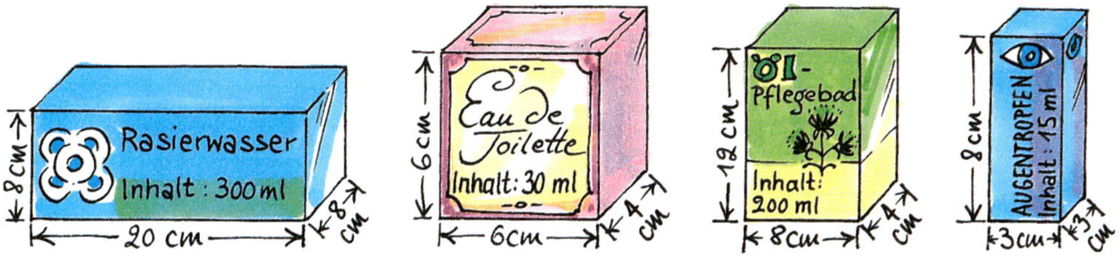

10. Ein Graben soll ausgehoben werden (200 m lang, 5 m tief, 2 m breit).
Wie viel Kubikmeter Erde müssen bewegt werden?

11. Berechne die fehlende Kantenlänge des Quaders.

		a.	b.	c.	d.	e.
Kantenlängen	**a**	5 cm	3 m	14 cm	9 dm	30 dm
	b	6 cm	2 m	3 cm	9 dm	150 dm
Volumen		120 cm³	24 m³	84 cm³	729 dm³	135 m³

Teamarbeit

12. Wie viel Liter Wasser fallen bei dem Unwetter auf eurem Schulhof?
Wie viel cm hoch würde das Wasser stehen, wenn es nicht ablaufen könnte?

Größe der Oberfläche eines Quaders

Aufgabe

1. Ein Quader (s. Bild) soll mit Papier beklebt werden.
Wie viel cm^2 Papier wird benötigt?

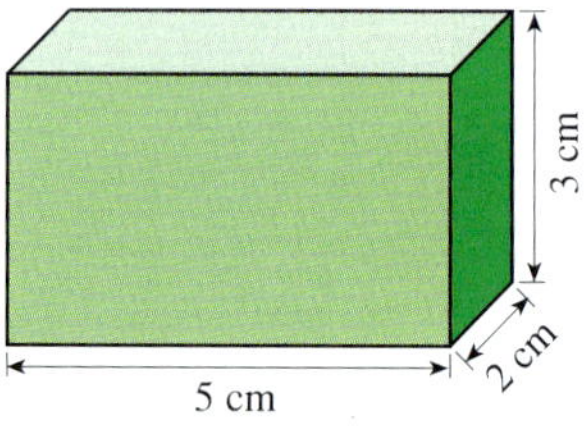

Lösung

Die sechs Flächen des Quaders zusammen bilden seine **Oberfläche.** Die Größe dieser Oberfläche gibt an, wie viel cm^2 Papier benötigt wird. Sie ist gleich dem Flächeninhalt des Quadernetzes.

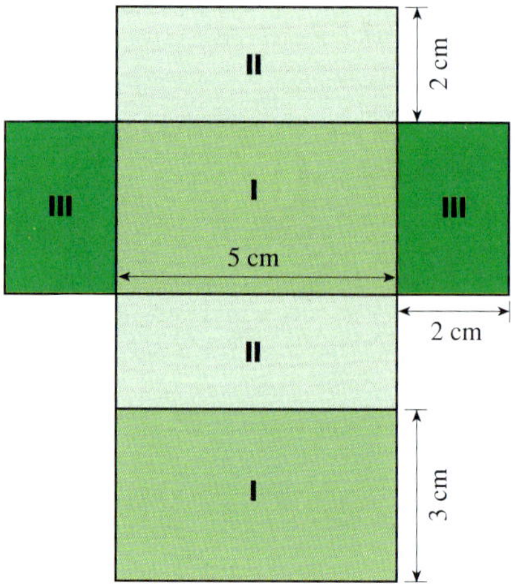

Gegenüberliegende Seitenflächen sind gleich groß. Daher gilt für die Größe der Seitenflächen:

Flächen I	$5\text{ cm} \cdot 3\text{ cm} = 15\text{ cm}^2$
zusammen:	$2 \cdot 15\text{ cm}^2 = 30\text{ cm}^2$
Flächen II	$5\text{ cm} \cdot 2\text{ cm} = 10\text{ cm}^2$
zusammen:	$2 \cdot 10\text{ cm}^2 = 20\text{ cm}^2$
Flächen III	$2\text{ cm} \cdot 3\text{ cm} = 6\text{ cm}^2$
zusammen:	$2 \cdot 6\text{ cm}^2 = 12\text{ cm}^2$

Für den Flächeninhalt A der gesamten Oberfläche gilt dann:
$A = 30\text{ cm}^2 + 20\text{ cm}^2 + 12\text{ cm}^2$
$A = 62\text{ cm}^2$

Ergebnis: Es werden 62 cm^2 Papier benötigt.

Alle sechs Flächen, die zum Netz eines Quaders gehören, bilden seine **Oberfläche.**
Die **Größe der Oberfläche** ist der Flächeninhalt dieser sechs Flächen zusammen.

Größe der Oberfläche $= 2 \cdot$ Größe der Grundfläche $+ 2 \cdot$ Größe der Seitenfläche $+ 2 \cdot$ Größe der Vorderfläche

Zum Festigen und Weiterarbeiten

2. a. Berechne die Größe der Oberfläche von Quader (1) und (2) (Maße in cm).

b. Zeichne auch das Netz des Quaders.

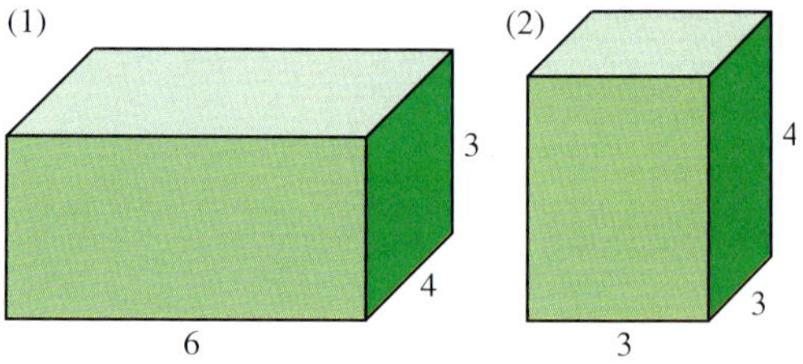

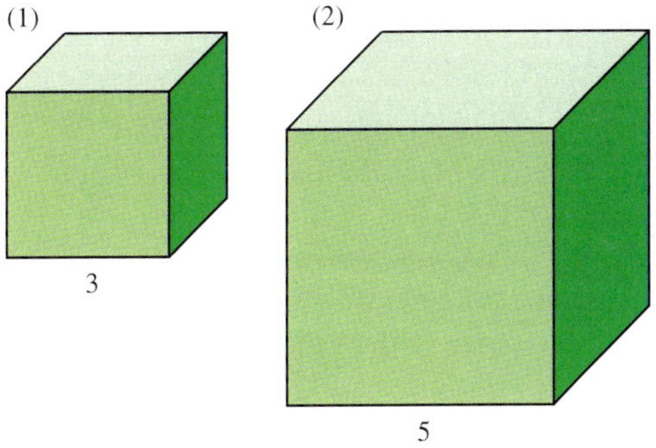

3. **a.** Würfel sind besondere Quader. Berechne die Größe ihrer Oberfläche (Maße in cm).

b. Zeichne auch das Netz.

4. Berechne Volumen und Oberflächengröße der beiden Quader (1) und (2). Vergleiche.

a. (1) 3 cm; 4 cm; 2 cm
(2) 2 cm; 6 cm; 2 cm

b. (1) 1 m; 3 m; 3 m (2) 7 m; 1 m; 1 m

5. Berechne die Größe der Oberfläche und das Volumen des Quaders.

a. a = 4 cm; b = 2 cm; c = 3 cm **b.** a = 7 cm; b = 5 cm; c = 5 cm

6. Gib Quader mit gleichem Volumen (z. B. 24 cm^3), aber verschiedener Oberflächengröße an.

Übungen

7. Berechne die Größe der Oberfläche des Quaders mit den angegebenen Kantenlängen.

a.	**b.**	**c.**	**d.**	**e.**
a = 2 m	a = 9 m	a = 14 cm	a = 34 cm	a = 54 m
b = 9 m	b = 7 m	b = 28 cm	b = 59 cm	b = 67 m
c = 4 m	c = 8 m	c = 9 cm	c = 17 cm	c = 78 m

8. Berechne die Größe der Oberfläche der Quader

a. von Aufgabe 3, Seite 210 **b.** von Aufgabe 5, Seite 211

9. Eine Kiste hat einen Rauminhalt von 24 m^3. Gib 4 mögliche Kantenlängen an und berechne jeweils die zugehörige Größe der Oberfläche.

Vermischte Übungen

10. Berechne das Volumen und die Größe der Oberfläche. Maße in cm.

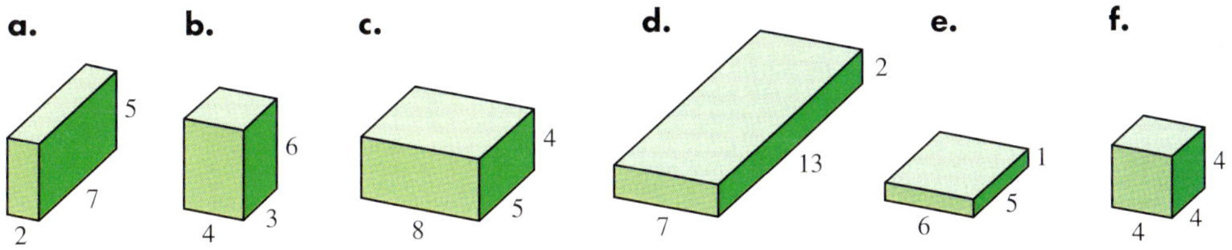

11. Ein Karton (Maße: 22 cm × 22 cm × 22 cm) soll vollständig mit Papier beklebt werden.
Wie viel cm^2 Papier ist erforderlich?
Wandle das Ergebnis in dm^2 um.

12. Frau Müller baut einen Flachdach-Bungalow, der 18 m lang, 12 m breit und 3 m hoch sein soll. Der Kubikmeter umbauten Raumes kostet 270 €.
Wie teuer wird das Haus?

13. Ein Aquarium ist 5 dm lang und 4 dm breit.

a. Das Wasser steht 1 cm hoch.
Wie viel dm^3 (l) Wasser befinden sich in dem Aquarium?

b. Wie hoch steht das Wasser, wenn man 50 l hineingießt?

14. Ein Schwimmbad von 50 m Länge, 20 m Breite und 2 m Tiefe soll mit Wasser gefüllt werden. Der Kubikmeter Wasser kostet 1,95 €.
Wie teuer ist die Füllung des Bades?

15. Beim Bau einer U-Bahn wird eine Grube von 20 m Tiefe, 25 m Breite und 3 km Länge ausgehoben. Ein Lkw fasst 6 m^3 Erde.
Wie viele Fahrten sind zum Abtransport der Erde notwendig?

16. Das Bild zeigt den Querschnitt eines 17 m langen Holzbalkens.

a. Wie viel m^3 Holz hat der Balken?

b. Die Oberfläche des Balkens soll durch Hobeln geglättet werden. Wie viel m^2 sind zu hobeln?

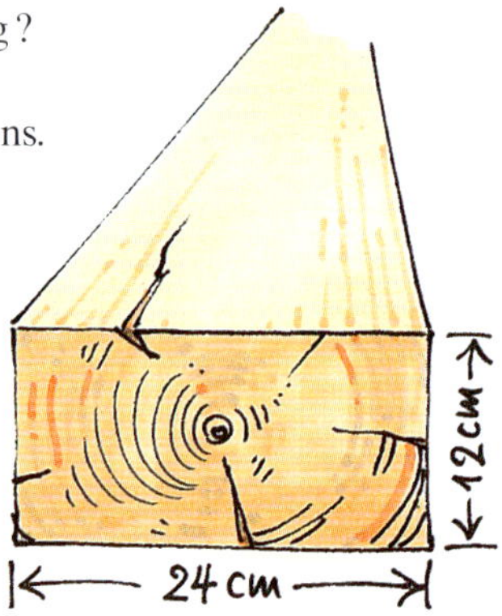

17. Berechne das Volumen des Quaders aus der Größe A der Grundfläche und der Kantenlänge c.

a. $A = 24\ cm^2$; $c = 5\ cm$

b. $A = 17\ cm^2$; $c = 4\ cm$

c. $A = 28\ cm^2$; $c = 3\ cm$

18. Julias Vater lässt im Herbst seine drei Heizöltanks auffüllen. Jeder Tank fasst 1 000 l Heizöl. Ihm werden 2 854 l Heizöl in Rechnung gestellt.

a. Wie viel Liter wurden nachgefüllt? Wie viel Liter Öl waren noch in den Tanks?

b. 1 l Heizöl kostet 26 Cent.
Welche Summe wurde Julias Vater in Rechnung gestellt?

19. Ein Zimmer hat folgende Maße: 4 m breit, 5 m lang, 2,50 m hoch. Das Fenster im Zimmer hat die Maße: 3 m breit, 1 m hoch. Die Tür ist 1 m breit und 2 m hoch. Die Tapete des Zimmers (ohne Decke) soll mit Farbe neu bestrichen werden. Auf dem Farbeimer steht die Angabe: Inhalt: 2,5 kg; 1 kg reicht für 4 m^2.

a. Wie viel kg Farbe wird voraussichtlich benötigt?

b. Ein Eimer Farbe kostet 12 €.
Wie teuer ist der Anstrich, wenn die Anstreicharbeit nicht berechnet wird?

20. Ein Dromedar (einhöckriges Kamel) wiegt 800 kg. Es kommt bis zu 17 Tage ohne Wasser aus und verliert dann durch Verdunstung den vierten Teil seines Körpergewichts.
Wie viel l Wasser sind nach 17 Tagen verdunstet?
(1 l Wasser wiegt 1 kg).

21. **a.** Eine quaderförmige Futterkrippe in einem Stall für Zebras ist 8 dm lang, 4 dm breit und 2 dm hoch.
Wie oft muss ein Eimer (10 *l* Fassungsvermögen) gefüllt und umgeschüttet werden, bis die Futterkrippe gefüllt ist?

b. Ein Zebra säuft ungefähr 20 *l* Wasser pro Tag. In einem Gehege steht eine Tränke (8 dm lang, 6 dm breit, 3 dm hoch), die jeden Tag gefüllt wird.
Für wie viele Zebras reicht das?

22. **a.** Ein Kamel säuft täglich 75 *l* Wasser. Wie viel *l* benötigt es in einer Woche?

b. Ein Elefant braucht 140 *l* Wasser pro Tag. Wie viel ist das in einem Jahr?
Gib den Verbrauch in m^3 an.

23. Für ein Pferd sind 40 m^3 Luftraum vorgeschrieben.

a. Wie viele Pferde dürfen in einem Stall (24 m lang, 8 m breit, 5 m hoch) untergebracht werden?

b. Ein anderer Stall ist 25 m lang, 8 m breit und 6 m hoch. Es sind 20 Pferde untergebracht. Ist das gestattet?

24. Christinas Mutter will feststellen, wie viel *l* Benzin ihr Auto auf 100 km verbraucht.
Dazu merkt sie sich den Kilometerstand beim letzten Volltanken: 38417 km.
Beim nächsten Tanken beträgt der Kilometerstand 38867 km.
Beim Tanken passen genau 45 *l* in den Tank.

25. Aus einem Wetterbericht:
„Während der letzten 24 Stunden fielen 3 mm Niederschlag.“
Frau Meier überlegt, wie viel m^3 (bzw. *l*) Wasser sie hätte gewinnen können, wenn sie das Regenwasser vom Dach ihres Flachdachbungalows aufgefangen hätte. Die Verdunstung des Wassers berücksichtigt sie nicht.

a.

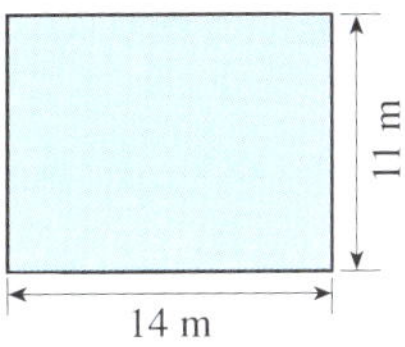

b.

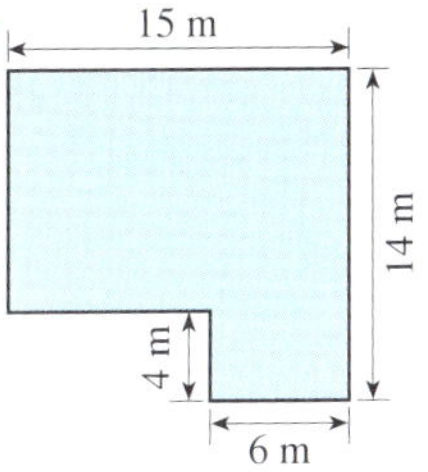

26. Ein Hallenbad hat ein Becken für Schwimmer (25 m; 12 m; 2 m), eines für Nichtschwimmer (14 m; 12 m; 1 m) und ein Planschbecken (3 m; 4 m; 0,50 m).
1 m^3 Wasser kostet 1,95 €.

a. Wie teuer ist eine Füllung jedes einzelnen Beckens?

b. Wie lange dauert es, bis die Becken gefüllt sind, wenn man in 1 Stunde 2400 *l* Wasser zulaufen lässt?

c. Man muss mit einem Verlust von täglich 7000 *l* Wasser rechnen (Verdunstung usw.). Welche Kosten entstehen dadurch im Juli?

Vermischte Übungen

1. a. Liana plant zu ihrem Geburtstag ein Picknick im Wald. Ihr Vater kauft zunächst 2 Packungen mit je 10 Trinktüten. Jede Tüte enthält 190 m*l* Fruchtsaftgetränk.
Wie viel m*l* Saft hat er insgesamt eingekauft?

b. An dem Picknick nehmen voraussichtlich 8 Kinder teil.
Wie viel m*l* kann jedes Kind trinken?

c. Lianas Vater hat vermutlich zu wenig Fruchtsaftgetränk eingekauft. Er rechnet damit, dass jedes Kind etwa $\frac{3}{4}\,l$ (also 750 m*l*) Fruchtsaftgetränk trinkt.
Wie viel m*l* Fruchtsaftgetränk muss er noch einkaufen? Wie viele Tüten sind das?

2. Frau Lilienthals Hobby sind Zierfische.
Sie hat ein großes Aquarium (2,00 m × 0,80 m × 1,40 m) im Wohnzimmer stehen.
Wie viel cm hoch steht das Wasser im Wohnzimmer (5,60 m × 4,00 m), wenn das Wasser auslaufen sollte?
Schätze zuerst.

3. a. Ein mittelgroßes Tankschiff liegt an einer Ladebrücke im Persischen Golf. Stündlich werden 7 000 m³ Rohöl in die Tanks des Schiffes gepumpt. Nach 8 Stunden sind alle Tanks gefüllt.
Wie viel Kubikmeter Rohöl hat das Schiff geladen?

b. An der Löschbrücke im Wilhelmshavener Ölhafen wird die Ladung in 14 Stunden gelöscht.
Wie viel Kubikmeter Öl wurden in einer Stunde aus den Tanks gedrückt?

c. Das Schiff hat mehrere Öltanks mit je 3 500 m³.
Wie viele Tanks waren gefüllt?

d. 1 m³ Rohöl wiegt 950 kg. Berechne das Gewicht der Ladung
(1) in kg; (2) in t.

▲ **4. a.** Bei einem Bau soll das abgebildete Fundament gemauert werden.
Wie viel m³ ist es groß?
Achte auf die Maßeinheiten.

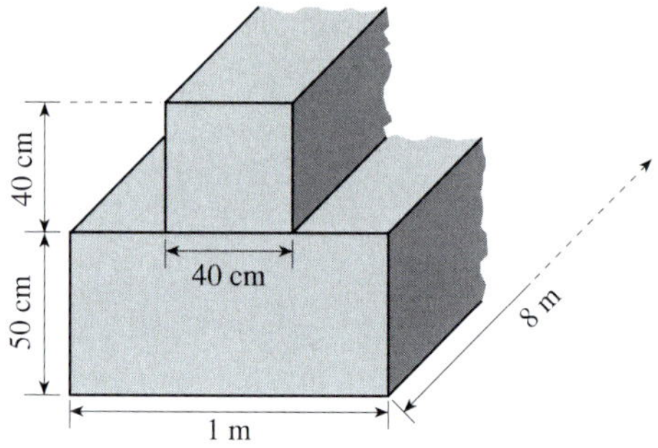

b. Für 1 m³ benötigt man 370 Steine. Wegen Verlust oder Beschädigung der Steine rechnet man noch den 10. Teil hinzu.
Wie viele Steine müssen bestellt werden?

Bist du fit?

1. a. Gib das Volumen des Körpers an.

b. Zeichne im Schrägbild Körper mit folgendem Volumen:
(1) $V = 7\ \text{cm}^3$ (2) $V = 9\ \text{cm}^3$

c. Gib Volumen und Größe der Oberfläche des Quaders mit folgenden Maßen an.
(1) a = 8 cm; b = 7 cm; c = 11 cm
(2) a = 12 m; b = 14 m; c = 9 m

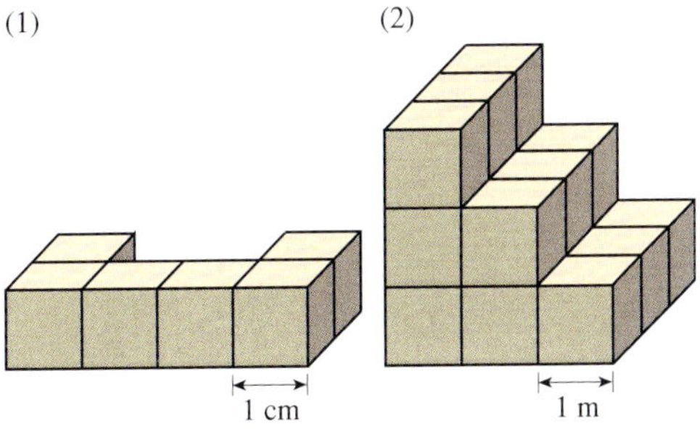

2. Schreibe in der in Klammern angegebenen Maßeinheit.

a. $7\ \text{m}^3$ (dm^3); $9\ \text{cm}^3$ (mm^3); $4\,000\ \text{dm}^3$ (m^3); $8\,000\ \text{m}^3$ (l)

b. $8\ l$ ($\text{m}l$); $25\ \text{m}^3$ (l); $2\,000\ \text{m}l$ (l); $4\,000\ l$ ($\text{m}l$)

c. $4\,000\ l$ (m^3); $7\,000\ \text{m}^3$ (l); $8\,000\ \text{cm}^3$ (dm^3); $3\,000\ \text{dm}^3$ (cm^3)

d. $3{,}475\ \text{m}^3$ (dm^3); $2{,}45\ l$ (ml); $3{,}5\ \text{m}^3$ (l); $0{,}02\ l$ ($\text{m}l$)

3. Schreibe mit Komma.

a. $4\,575\ \text{dm}^3$; $8\,500\ l$; $9\,840\ \text{cm}^3$

b. $3\,926\ \text{m}l$; $4\,090\ \text{dm}^3$; $5\,700\ \text{cm}^3$

c. $7\,089\ \text{cm}^3$; $850\ \text{m}l$; $4\,007\ \text{dm}^3$

d. $210\ \text{m}l$; $7\,049\ \text{cm}^3$; $803\ l$

e. $30\ l$; $300\ \text{cm}^3$; $83\ \text{m}l$

4. Schreibe mit zwei Maßeinheiten.

a. $2\,619\ \text{cm}^3$; $7{,}2\ \text{m}^3$; $85{,}24\ \text{dm}^3$

b. $9\,020\ \text{m}l$; $3{,}503\ l$; 7,5 l

c. $4\,856\ l$; $2{,}4\ \text{m}^3$; $5{,}027\ \text{cm}^3$

d. $8{,}07\ \text{dm}^3$; $9{,}903\ l$; $6\,002\ \text{cm}^3$

e. $12{,}04\ \text{m}^3$; $8{,}09\ l$; $7{,}003\ \text{dm}^3$

5. a. Das Bild zeigt 26 Schwimmdach-Tanks bei Wilhelmshaven. Jeder fasst $30\,000\ \text{m}^3$ Erdöl.
Wie viel fassen alle zusammen?

b. Die Seeschleuse bei Emden hat die Maße 260 m mal 46 m mal 12 m.
Wie viel m^3 Wasser fasst diese Schleuse?

6. Sarahs Großmutter hat 4 Balkonkästen (60 cm lang, 20 cm breit, 20 cm hoch). Sie werden nur bis 5 cm unter dem Rand mit Blumenerde gefüllt.
Ein Sack Blumenerde (25 l) kostet 4,10 €.
Wie viel kostet das Auffüllen der vier Kästen mit Erde?

Im Blickpunkt

Wir planen eine Klassenfahrt

Die 13 Schülerinnen und 12 Schüler der Klasse 5c aus Münster möchten eine Klassenfahrt in den Harz machen. Sie entscheiden sich für eine Fahrt in das Haus der Sportjugend Niedersachsen in Clausthal-Zellerfeld.

Björn und Birthe kümmern sich um die Fahrkosten. Sie haben sich bei der Bahn nach den Preisen für eine Klassenreise erkundigt und dabei die Auskunft bekommen, dass der nächste Bahnhof Goslar ist. Die Bahn macht folgendes Angebot:
Wenn mindestens 20 Schüler/innen mitfahren, betragen die Fahrkosten für eine Hin- und Rückfahrt pro Person 27 €. Zusätzlich bekommt die Gruppe zwei Freiplätze. Das heißt: Zwei Schüler können umsonst mitfahren.

1. **a.** Wie viel muss jeder für die Bahnfahrt bezahlen?
b. Für den Transport von Goslar nach Clausthal-Zellerfeld und zurück kann ein Bus für insgesamt 100 € gemietet werden.
Wie viel € muss jeder für die gesamte Fahrt von Münster nach Clausthal-Zellerfeld bezahlen?

2. Zusätzlich informieren sich Birthe und Björn über die Kosten einer Busfahrt von Münster nach Clausthal-Zellerfeld. Sie erfahren, dass das billigste Angebot einer Hin- und Rückfahrt 600 € beträgt.
a. Welche Kosten entstehen für jeden der 25 Schüler/innen?
b. Vergleiche dieses Angebot mit dem Angebot aus Aufgabe 1.

3. Eike und Suleiman haben das Haus der Sportjugend angeschrieben. Sie haben die abgebildete Preisliste zurückgeschickt bekommen. Die beiden Jungen wollen nun die Kosten für Unterkunft und Verpflegung ausrechnen. Die Schüler kommen am Montag an. Die erste gemeinsame Mahlzeit ist das Abendessen. Am Freitag nach dem Frühstück geht es wieder nach Hause. Wie hoch sind die Kosten für Unterkunft und Verpflegung pro Person?

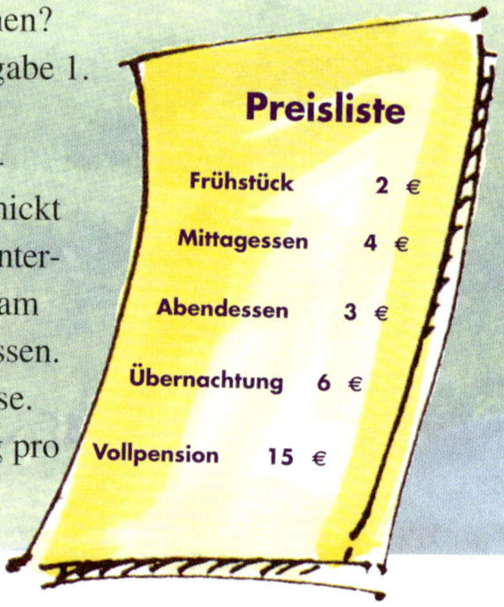

4. Es ist eine Fahrt geplant, bei der die Tropfsteinhöhlen in Rübeland, die Sommerrodelbahn in St. Andreasberg und die Bergwerksanlage in Bad Grund besucht werden sollen. Hierzu wird ein Bus gemietet.

a. Lisa plant einen möglichst kurzen Rundkurs, bei dem alle angegebenen Orte angefahren werden und keine Strecke doppelt gefahren werden muss. Wie lang ist dieser Rundkurs?

b. Das Busunternehmen fordert für 100 gefahrene Kilometer einen Preis von 125 €. Für jeden zusätzlich gefahrenen Kilometer berechnet es 0,65 €. Wie teuer wird die Fahrt im günstigsten Fall?

c. Das Eintrittsgeld für die Tropfsteinhöhle beträgt 1,25 €, für die Benutzung der Sommerrodelbahn 1,75 € und für die Bergwerksanlage 1,50 € pro Schüler. Wie hoch sind die Gesamtkosten für die Eintrittsgelder?

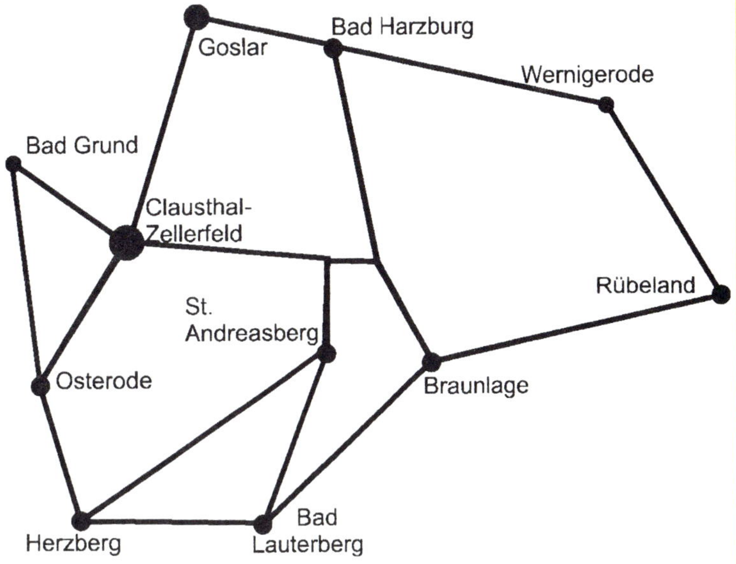

Hinweis: Miss die Längen der Strecken. Der Maßstab ist 1 : 500 000.

5. Für den Mittwoch plant die Klasse eine Wanderung. Alina hat sich den Prospekt „Wanderungen um Clausthal-Zellerfeld" besorgt und die untenstehende Wanderung herausgesucht.

a. Wie lang ist die Gesamtstrecke?

b. Ungeübte Wanderer benötigen ungefähr 20 Minuten für einen Kilometer. Die Gruppe plant zwei Pausen von jeweils einer Stunde ein. Wann spätestens muss die Klasse aufbrechen, um pünktlich zum Abendessen um 17:30 Uhr wieder im Haus der Sportjugend zu sein?

Wanderungen um Clausthal-Zellerfeld

Zellerfeld-Schalke-Auerhahn-Hahnenklee-Zellerfeld

Nordostausgang Zellerfeld auf Straße nach Schulenberg. Nördlich ab auf bezeichnetem Wiesenweg 7G über Kiefhölzer Teich-Weg nach Festenburg verlassen und ostwärts Zankwieser Teich vorbei in nördlicher Richtung Fußweg Schalke, Aussichtsturm, ca. 5,6 km. In nordwestlicher Richtung auf Fahrstraße (Weg 1F) nach dem Auerhahn (ca. 1,8 km). Weiter auf Wanderweg 1E südlich des Bocksberges vorbei nach Hahnenklee (2,1 km). Von dort über Bockswiese, Spiegeltal, Bockswieser Höhe auf bezeichnetem Wiesenweg 2D zurück nach Zellerfeld (6,5 km).

Aus einem Wanderführer

Bist du fit?

Seite 30

1. **a.** 408 092 **b.** 4 623 000 **c.** 5 054 000 **d.** 8 527 000 **e.** 4 200 750 000 **f.** 3 035 012 000

2. **a.** 50 000 000 **c.** 600 000 000 000 **e.** 4 180 000 000 000
b. 120 000 000 **d.** 32 000 000 000 **f.** 32 040 000 000

3. $7061 > 6071 > 6017 > 1076 > 1067 > 761 > 176 > 167$

4. **a.** 789; 791 **c.** 14 888; 14 890 **e.** 299 999; 300 001
b. 3 999; 4 001 **d.** 92 998; 93 000 **f.** 59 999 999; 60 000 001

5. **a.** 998; 999; 1 000; 1001; 1002; 1003; 1004; 1005
b. 8 999; 9 000; 9 001; 9 002
c. 99 996; 99 997; 99 998; 99 999; 100 000; 100 001; 100 002; 100 003
d. 999 998; 999 999; 1 000 000; 1 000 001; 1 000 002; 1 000 003; 1 000 004

6. 60 000; 180 000; 330 000; 410 000; 620 000; 690 000; 840 000; 1 040 000; 1 100 000

7. **a.** 500 **b.** 1 700 **c.** 350 000 **d.** 950 000

8. **a.** $<$ **b.** $>$ **c.** $<$ **d.** $<$

9. **a.** 6 500; 13 700; 9 600; 1 500 **b.** 6 000; 14 000; 10 000; 1 000

10. **a.** Eiffelturm: 300 m; Kölner Dom: 160 m; Petersdom: 130 m; Empire State B.: 380 m; Moskau: 430 m
b. Papier: 40 mm; Kunststoffe: 28 mm; Glas: 44 mm

Seite 53

1. **a.** 90 dm; 140 dm; 37 000 m; 4 m
b. 7 km; 13 m; 7 cm; 700 mm
c. 3 500 m; 78 mm; 57 cm; 470 cm
d. 38 000 g; 14 000 kg; 900 000 mg; 80 000 mg
e. 12 kg; 7 g; 4 t; 9 kg
f. 3 700 g; 500 kg; 1 500 mg; 2 700 kg

2. **a.** 4,78 km 4 km 780 m; 4,75 m 4 m 75 cm
b. 1,9 cm 1 cm 9 mm; 7,5 km 7 km 500 m
c. 7,53 dm 7 dm 53 mm; 4,823 m 4 m 823 mm
d. 2,575 kg 2 kg 575 g; 8,473 t 8 t 473 kg
e. 5,9 g 5 g 900 mg; 3,5 t 3 t 500 kg
f. 0,012 kg 0 kg 12 g; 0,041 t 0 t 41 kg

3. **a.** 1 920 s; 1 080 min; 13 h
b. 636 s; 1 338 min; 74 h
c. 33 min; 8 d; 96 h
d. 270 s; 210 min

4. **a.** 5 min; 20 min; 5 min; 20 min; 5 min **b.** ja

5. 1 h 7 min

6. **a.** 14 t 750 kg = 14,750 t
b. 29 t 770 kg = 29,770 t 14 t 880 kg = 14,880 t
15 t 450 kg = 15,450 t 13 t 820 kg = 13,820 t

7. 4,725 m = 472,5 cm; 1,786 m = 178,6 cm

8. (1) 2 m 743 mm; 1 m 525 mm; 0 m 762 mm
(2) 2 743 mm; 1 525 mm; 762 mm
(3) 274,3 cm; 152,5 cm; 76,2 cm

9. **a.** Länge: 6,5 km Breite: 2,4 km **b.** –

Seite 74

1. **a.** 26 179 **b.** 17 112 **c.** 59 215 **d.** 15 112 **e.** 208 346 **f.** 2 190 685 **g.** 40 650 **h.** 7 731 633 **i.** 1 246 578

2. **a.** 592 **b.** 302 **c.** 714

3. **a.** 542 **b.** 795 **c.** 393 **d.** 76 **e.** 68 **f.** 135

4. 566 €

5. 11 075 €

6. **a.** 37 005 **b.** 98 353 **c.** 1 647

7. 3 730 kg

8. nein; das Regal ist 5 cm zu hoch.

Seite 99

1. **a.** 77 R5 **b.** 186 **c.** 67 R3 **d.** 68 R1 **e.** 54 R4 **f.** 79 R2

2. **a.** 3 600; 2 660; 2 040 **b.** 12; 26; 13 **c.** 828; 1 560; 400 **d.** 52; 11; 32

3. **a.** 5 555; 12 345; 11 111
b. 44 844; 65 856; 97 779
c. 7 654; 8 888; 3 443
d. 999 000; 369 630; 345 678
e. 777; 555; 345

4. 22 Boote

5. **a.** 46 280 € **b.** 3 720 €

6. **a.** 1 242 **b.** 1 337

7. **a.** 125 Tassen **b.** ~ 142 Tassen **c.** 2,5 g

8. **a.** 360 s = 6 min **b.** 68 s = 1 min 8 s **c.** 8 Runden

Seite 126

1. **a.** 96; 61; 101; 45
b. 27; 9; 10; 40
c. 28; 52; 55; 25
d. 2; 32; 32; 2
e. 60; 36; 7; 39
f. 189; 47; 117; 119
g. 116; 78; 83; 39
h. 24; –; 113; 266

2. **a.** 7; 51 **b.** 4; 53 **c.** 456; 8 **d.** 275; 179 **e.** 24; 0 **f.** 6; 17 **g.** 258; 128 **h.** 162; 290

3. 15 €

4. **a.** 77 € **b.** 50 € **c.** 30 € **d.** 1022 € **e.** 127 €

5. **a.** 540; 800; 10 800 **b.** 1 850; 210; 720 **c.** 1 677; 2 482; 1 521 **d.** 297 135; 60 168; 61 242

Seite 127

6. 139,97 €

7. **a.** 717; 999; 746
b. 5 100; 7 300; 43 000
c. 240; 101; 150
d. 1 600; 402; 42 000
e. 118; 1 902; 300
f. 23 347; 7 340 000; 20 000

8. 12 Kinder

9. **a.** 960 **b.** 387 **c.** 8 496 **d.** 6 448 **e.** 1 045 **f.** 8 216

10. **a.** L = {1, 2, 3, 5, 6} **b.** L = {4, 5, 6} **c.** L = {4, 5, 6} **d.** L = {2, 4, 6} **e.** L = {2, 6} **f.** L = {2, 5}

11. **a.** L = {5} **b.** L = {1, 2, 3, 4, 5} **c.** L = {5, 6, 7, 8, 9} **d.** L = { } **e.** L = G **f.** L = {5}

12. **a.** 8 **b.** 8 **c.** 36 **d.** 13 **e.** 36 **f.** 6
g. L = {1, 2, 3, 4, 5, 6, 7, 8}
h. L = {1, 2, 3, 4, 5, 6, 7}
i. L = {15, 16, 17, ...}
j. L = {13, 14, 15, ...}
k. L = {8, 9, 10, ...}
l. L = {21, 22, 23, ...}

Seite 168

1. Es ist jeweils a = b.

2. –

3. a.

Strecke	$\overline{AB}$	$\overline{BC}$	$\overline{CD}$	$\overline{DA}$	$\overline{AC}$	$\overline{BD}$	$\overline{SD}$	$\overline{SC}$	$\overline{SA}$	$\overline{SB}$
Länge	2,5	2,2	1,4	2,2	2,9	2,9	1	1	1,9	1,9

b.

Strecke	$\overline{AB}$	$\overline{BC}$	$\overline{CD}$	$\overline{DA}$	$\overline{AC}$	$\overline{BD}$	$\overline{SD}$	$\overline{SC}$	$\overline{SA}$	$\overline{SB}$
Länge	2,2	2,2	2,2	2,2	3,5	2,6	1,3	1,75	1,75	1,3

4. c. 2,1 cm

5. a. u = 16 cm **b.** u = 18 cm

6. [cm]

	A	**B**	**C**	**D**	**E**
A	–	33,5	20	31,5	18
B	33,5	–	18	25	36
C	20	18	–	14	18
D	31,5	25	14	–	21
E	18	36	18	21	–

Seite 169

7. Esche, Bergahorn

8. a.

Punkt	A	B	C	D	E	F	G
Symmetriepartner	E	D	C	B	A	G	F

b.

Punkt	A	B	C	D	E	F
Symmetriepartner	A	F	E	D	C	B

c. nicht achsensymmetrisch

d.

Punkt	A	B	C	D	E	F	G	H
Symmetriepartner	G	F	E	D	C	B	A	H

9. –

10. a. 48 cm; 300 mm **b.**, **c.**, **d.** –

11. a. 36 cm **b.**, **c.** –

12. $D_1(5\,|\,1)$; $D_2(3\,|\,5)$

Seite 193

1. (1) A = 13 cm²
u = 16 cm
(2) A = 8 cm²
u = 17,2 cm

2. a. 12 000 a; 24 a; 36 km²
b. 90 000 m²; 40 000 a; 4 km²
c. 9 dm²; 450 000 dm²; 30 000 000 mm²
d. 2 a; 7 ha; 70 000 m²
e. 290 000 a; 24 000 000 cm²; 3 ha

3. a. (1) 3 ha 75 a = 375 a
7 a 52 m² = 752 m²
16 km² 59 ha = 1659 ha
(2) 23 ha 50 a = 2350 a
17 a 5 m² = 1705 m²
4 km² 70 ha = 470 ha
(3) 0 ha 85 a = 85 a
3 dm² 75 cm² = 375 cm²
8 cm² 4 mm² = 804 mm²
(4) 37 m² 9 dm² = 3709 dm²
9 cm² 40 mm² = 940 mm²
0 dm² 7 cm² = 7 cm²

b. (1) 7,75 ha
12,19 a
49,55 m²
3,5 km²
(2) 2,05 ha
61,07 a
3,09 km²
4,04 m²
(3) 3,17 dm²
28,53 cm²
12,04 dm²
3,03 cm²
(4) 0,18 km²
0,43 a
0,05 a
0,07 ha

4. a. A = 63 cm², u = 32 cm
b. A = 1,08 m², u = 1824 cm
c. A = 238 m², u = 62 m
d. A = 750 m², u = 110 m
e. A = 22,2 m², u = 20,8 m
f. A = 12,5 m², u = 15 m
g. A = 16 800 m², u = 620 m
h. A = 11 076 m², u = 440 m
i. A = 36360 m², u = 846 m

5. a. 684 m² **b.** 85 m²

Seite 217

1. a. (1) 6 cm³ (2) 18 m³ **b.** – **c.** (1) V = 616 cm², O = 442 cm² (2) V = 1512 m³, O = 804 m²

2. a. 7000 dm³; 9000 mm³; 4 m³; 8 000 000 *l*
b. 8000 m*l*; 25 000 *l*; 2 *l*; 4 000 000 ml
c. 4 m³; 7 000 000 *l*; 8 dm³; 3 000 000 cm³
d. 3475 dm³; 2450 m*l*; 3500 *l*; 20 m*l*

3. a. 4,575 m³; 8,5 m³; 9,84 dm³
b. 3,926 *l*; 4,09 m³; 5,7 dm³
c. 7,089 dm³; 0,85 *l*; 4,007 m³
d. 0,21 *l*; 7,049 dm³; 0,803 m³
e. 0,03 m³; 0,3 dm³; 0,083 *l*

4. a. 2 dm³ 619 cm³; 7 m³ 200 dm³; 85 dm³ 240 cm³
b. 9 *l* 20 m*l*; 3 *l* 503 m*l*; 7 *l* 500 m*l*
c. 4 m³ 856 dm³; 2 m³ 400 dm³; 5 cm³ 27 mm³
d. 8 dm³ 70 cm³; 9 *l* 903 m*l*; 6 dm³ 2 cm³
e. 12 m³ 40 dm³; 8 *l* 90 m*l*; 7 dm³ 3 cm³

5. a. 780 000 m³ **b.** 143 520 m³

6. 72 *l* Erde; 3 Säcke; 12,30 €

Maßeinheiten und ihre Umrechnungen

Längen

10 mm = 1 cm
10 cm = 1 dm
10 dm = 1 m
1 000 m = 1 km

Flächeninhalte

100 mm^2 = 1 cm^2	100 m^2 = 1 a
100 cm^2 = 1 dm^2	100 a = 1 ha
100 dm^2 = 1 m^2	100 ha = 1 km^2

Die Umwandlungszahl ist 100

Volumina

1 000 mm^3 = 1 cm^3	1 000 dm^3 = 1 m^3	1 dm^3 = 1 *l*
1 000 cm^3 = 1 dm^3	1 cm^3 = 1 m*l*	1 000 m*l* = 1 *l*

Die Umwandlungszahl ist 1 000

Zeitspannen

60 s = 1 min
60 min = 1 h
24 h = 1 d

Gewichte

1 000 mg = 1 g
1 000 g = 1 kg
1 000 kg = 1 t

Die Umwandlungszahl ist 1 000

Verzeichnis mathematischer Symbole

Zahlen

$a = b$	a gleich b	$a + b$	Summe aus a und b; a plus b
$a \neq b$	a ungleich b	$a - b$	Differenz aus a und b; a minus b
$a < b$	a kleiner b	$a \cdot b$	Produkt aus a und b; a mal b
$a > b$	a größer b	$a : b$	Quotient aus a und b; a durch b
$a \approx b$	a ungefähr gleich (rund) b	a^n	Potenz aus Grundzahl a und Hochzahl n; a hoch n

Geometrie

$\overline{AB}$	Verbindungsstrecke der Punkte A und B; Strecke mit den Endpunkten A und B	ABC	Dreieck mit den Eckpunkten A, B und C
AB	Verbindungsgerade durch die Punkte A und B; Gerade durch A und B	ABCD	Viereck mit den Eckpunkten A, B, C und D
$g \parallel h$	Gerade g ist parallel zu Gerade h	P(x | y)	Punkt P mit den Koordinaten x und y, wobei x die erste Koordinate, y die zweite Kordinate ist
$g \perp h$	Gerade g ist senkrecht zu Gerade h		

Stichwortverzeichnis

Abstand 147 f.
Achsensymmetrie 129 f.
Addieren 57, 183, 206
–, schriftliches 65
Assoziativgesetz 111
Aussagen 122

Basis 13, 84
Bilddiagramm 22
Billion 10

Diagonale 137
Differenz 57
Distributivgesetz 118
Dividend 76
Dividieren 75, 185, 207
–, mehrfaches 116
– mit Rest 95
–, schriftliches 90
Divisor 76

Ecke 141
Eckpunkte 136
Einheitentabelle 36, 45, 180, 204
Elemente 122
Endpunkte 130
Entfernungstabelle 134
Exponent 13, 84

Faktoren 76
Fläche 141
Flächeninhalt 171
– des Rechtecks 188
Flächeninhaltseinheiten 176 f.
Flächenmessung 171

Gerade 144
Gewichtseinheiten 42
Gewichtsmessung 41
Gleichung
–, Lösung einer 123
größer als 19
Grundmenge 121 f.
Grundzahl 13, 84

Hochachse 138
Hochwert 138
Hochzahl 13, 84

Kante 141
Klammern 103
kleiner als 19
Kommaschreibweise
– bei Flächeninhaltseinheiten 181
– bei Gewichten 45
– bei Längen 35
– bei Volumeneinheiten 202
Kommutativgesetz 113
Koordinaten 138
Koordinatensystem 138
Körper 140

Länge
– einer Strecke 130
Längeneinheiten 31
Längenmessung 31
leere Menge 124
Lösung 124
– einer Gleichung 123
– einer Ungleichung 123
Lösungsmenge 123 f.
Lot 148
lotrecht 154

Maßeinheiten
– für Volumina 198
Maßstab 39
mehrfaches
– Dividieren 116
– Subtrahieren 116
Menge
– der natürlichen Zahlen 123
–, leere
Milliarde 10
Million 10
Minuend 57
Multiplizieren 75, 185, 207
–, schriftliches 87

Nachfolger 15
natürliche Zahlen
–, Menge der 123
Netz 160

Oberfläche
– eines Quaders 212
–, Größe der 212
Ordnen von Zahlen 19

parallel 151 f.
Parallelogramm 157
Platzhalter 121 f.
Potenz 13, 84
Produkt 76

Quader 159
– -s, Oberfläche eines 212
– -s, Volumen eines 210
Quadrat 156
Quotient 76

Rauminhalt 196
Raute 158
Rechnen
– mit der Eins 83
– mit der Null 83
Rechteck 156
– -s, Flächeninhalt eines 188
– -s, Umfang eines 189
Rechtsachse 138
Rechtswerte 138
Römische Zahlzeichen 28
runden 22

Säulendiagramm 7
Schnittpunkt 143
Schrägbild 162
schriftliches
– Addieren 65
– Dividieren 90
– Multiplizieren 87
– Subtrahieren 69
Seiten
– eines Vielecks 136
senkrecht 146 f.
Skala 17
Stellentafel 10
Strecke 130, 144
–, Länge der 130
Strichliste 7
Stufenzahlen 10
Subtrahend 57
Subtrahieren 57, 183, 206
–, mehrfaches 116
–, schriftliches 69
Summand 57
Summe 57
Symmetrieachse 129 f.
Symmetriepartner 129

Term 103
– en, Vorrangregeln für das Berechnen von 107

Umfang 171
– eines Vielecks 136
– eines Rechtecks 189
Umwandlung
– von Flächeninhaltseinheiten 179
– von Gewichtseinheiten 49
– von Längeneinheiten 33
– von Volumeneinheiten 203
– von Zeiteinheiten 48
Ungleichung 123
–, Lösung einer 123

Verbindungsgerade 144 f.
Verbindungsgesetz 111
Vertauschungsgesetz 113
Verteilungsgesetz 118
Vieleck 136
– -s, Seiten eines 136
– -s, Umfang eines 136
Volumen 196
–, eines Quaders 210
Volumeneinheiten 198
Vorgänger 15
Vorrangregeln für das Berechnen von Termen 107

waagerecht 154
Würfel 159

Zahlenfolge 26
Zahlenstrahl 17
Zehnerpotenz 13
Zehnersystem 10
Zeitdauer 47
Zeitmessung 47
Zeitpunkt 47, 48
Zeitspanne 47, 48

Bildquellenverzeichnis

Seite 6, 24 (Menschenmenge) Deuter – Zefa, Düsseldorf; Seite 12 (Goldbarren) Merten – Zefa, Düsseldorf; Seite 15, 64 VDO Kienzle, Frankfurt; Seite 17 (Kilometerzähler-Auto) Kneer – Bavaria, Gauting; Seite 17 (Personenwaage), 32 (Elle, Spanne), 34, 59, 79, 105, 141 (Kantenmodell, Pyramide), 131 (Jungengesicht), 146, 154, 158, 162, 163, 176 (Tafel), 198 (Meterwürfel, Dezimerterwürfel, Zentimeterwürfel, Filzstiftkappe, Messbecher), 203 Tooren-Wolff, M., Hannover; Seite 17 (Messbecher, Lineal), 19, 31, 33, 38, 107, 109, 200 Torsten Warmuth, Kassel; Seite 21 Streichan – Zefa, Düsseldorf; Seite 23 Vidler – Mauritius, Mittenwald; Seite 24, 176 (Fußballstadion) Weigel – Zefa, Düsseldorf; Seite 25 VCB – Bavaria, Gauting; Seite 28 Manfred Klöckner – Ullstein, Berlin; Seite 29 ehapa; Seite 32 (Ohrwurm, Honigbiene, Marienkäfer, Maikäfer), 97 (Taube, Schwalbe, Kolibri), 44, 95 (Biene), 214, 215 Toni Angermayer, Holzkirchen; Seite 40 (Modellauto) siku-Sieper Werke, Lüdenscheid; Seite 40 (Wasserfloh) Nature & Science, Vaduz; Seite 47 (Stoppuhr), 208 AGE Kat – Mauritius, Mittenwald; Seite 47 (Armbanduhr) Boddenberg – Zefa, Düsseldorf; Seite 52 Stüvermann – Bavaria, Gauting; Seite 56 Tony Stone, München; Seite 61 GFP – Mauritius, Mittenwald; Seite 64 (Marktszene) Mauritius – Rosenfeld, Mittenwald; Seite 66 Bundesverband der Deutschen Binnenschifffahrt e.V., Duisburg; Seite 67 (Wappen) Stadt Bielefeld; Seite 69 Mauritius – Josef Beck, Mittenwald; Seite 72 Benelux Press – Bavaria, Gauting; Seite 74 Lehn – Mauritius, Mittenwald; Seite 75 Otto – Imagine, Hamburg; Seite 76 Bordus – Mauritius, Mittenwald, Seite 81 PP/Bavaria, Gauting; Seite 89 Mauritius – Sporting Pictures, Mittenwald; Seite 91, 128 (Spielwürfel), 138 M. Fabian, Edemissen; Seite 91 Spor-Imagine Professional, Hamburg; Seite 95 (Leichtathletik) Bordis – Imagine, Hamburg; Seite 96 Mauritius – Photo Library, Mittenwald; Seite 97 (Mauersegler) Reinhard – Zefa, Düsseldorf; Seite 98 (ICE) DB, Berlin; Seite 98 (Braunkohletagebau) Lausitzer Braunkohle AG, Rauhut; Seite 99 Weyer – Mauritius, Mittenwald; Seite 103, 191 Geisser – Mauritius, Mittenwald; Seite 114 Superstock – Mauritius, Mittenwald; Seite 116 Tony Stone – Peter Cade, München; Seite 117, 216 Pictor, Hamburg; Seite 119 (oben) Gisela Schuster, Hameln; Seite 119 (unten) Wolfgang Schnell, Hameln; Seite 126 Märklin, Göppingen; Seite 128 (Salzkristall, Bleisulfid) Dr. Medenbach, Witten; Seite 131 (Lufttaxi) Mauritius – Pelken, Mittenwald; Seite 141 (ägyptische Pyramide), 175 Pigneter – Mauritius, Mittenwald; Seite 155 (Mondrian: Komposition) Studio Kauffelt, Mannheim; Seite 166 Vergrößerung aus der Stadtkarte 1:15000, vervielfältigt mit Genehmigung des Kataster- und Vermessungsamtes der Bundesstadt Bonn vom 27.11.97 Nr. 126/87; Seite 169 (Esche, Bergahorn, Stieleiche) M. Simper, Hannover; Seite 169 (Ulme) Silvestris Fotoservice, Kastl; Seite 176 (Luftaufnahme Berlin) BSF Bildflug, Diepensee. Mit Erlaubnis der Senatsverwaltung für Bauen, Wohnen und Verkehr – vom 22.01.96; Seite 177 Jürgen Purschke, Kassel; Seite 186 (Parkplatz) J. Beck – Mauritius, Mittenwald; Seite 186 (Mähdrescher) SDP – Mauritius – Phototheque, Mittenwald; Seite 192 (Jostedalsbren) Meier – Imagine, Hamburg; Seite 192 (Aletsch-Gletscher) Troisfontaines – Mauritius, Mittenwald; Seite 198 (Weinfass) Europress, Oppenheim; Seite 207 N. Fischer – Mauritius, Mittenwald; Seite 209 (links) W. Priester, (rechts) J. Faber – H. Bauer Lapis KG, Köln; Seite 217 (Schwimmtanks Wilhelmshaven) Luftbildfreigabe Bez. Reg. Weser-Ems 0147/10/40; Seite 217 (Seeschleuse bei Emden) Nds. Hafenamt, Emden.

Trotz entsprechender Bemühungen ist es nicht in allen Fällen gelungen, den Rechtsinhaber ausfindig zu machen. Gegen Nachweis der Rechte zahlt der Verlag für die Abdruckerlaubnis die gesetzlich geschuldete Vergütung.